职业教育BIM应用技术系列教材

广联达BIM建筑工程算量软件应用教程（配微课）

第2版

主　编　袁　帅
副主编　欧阳焜　韩争艳
参　编　杨想红　孙　浩　牟　宏　何　缘
闫江波　赵　魁　李宏斌

机械工业出版社

本书为校企“双元”合作开发的教材，以广联达 BIM 土建计量平台 GTJ2021 为基础，通过实际工程案例的引入，以任务驱动编写模式，详细介绍了 BIM 在建筑工程算量上的应用。

本书共三个项目，分别为算量前的准备工作、×× 幼儿园的建模算量和 ×× 小区 6 号楼的导图算量。本书融理论、实践与检验为一体，对软件操作的每个步骤均进行了详细讲解，并有相关图示，使读者一目了然。此外，为了满足广大读者了解装配式建筑造价的需求，本书在第 1 版的基础上，新增了装配式建筑的相关操作内容。

本书既可作为职业院校建筑类工程造价专业的教学用书，也可作为 BIM 造价实训教程，还可作为 BIM 造价爱好者的自学资料。

为了便于教学，本书配有 CAD 图纸、微课视频、电子课件和模型文件。读者可扫描下方二维码（左边）获取本书 CAD 图纸；扫描文前或正文二维码可观看相关微课视频；需要电子课件和模型文件的教师，可登录机械工业出版社教育服务网 www.cmpedu.com 注册下载。为了更好地服务读者，本书配有 BIM 算量交流 QQ 群（434520347），读者可扫描下方二维码（右边）进群交流，也可就专业问题向专家团队进行咨询。如有疑问，请拨打编辑电话 010-88379373。

下载本书配套
CAD 图纸

加入 BIM 算量
交流 QQ 群

图书在版编目（CIP）数据

广联达BIM建筑工程算量软件应用教程：配微课 / 袁帅主编. — 2版. — 北京：机械工业出版社，2022. 1（2024.2重印）

职业教育BIM应用技术系列教材

ISBN 978-7-111-69865-4

Ⅰ. ①广… Ⅱ. ①袁… Ⅲ. ①建筑工程 – 计量 – 职业教育 – 教材 Ⅳ. ①TU723.32

中国版本图书馆CIP数据核字（2021）第258685号

机械工业出版社（北京市百万庄大街22号 邮政编码100037）
策划编辑：陈紫青 责任编辑：陈紫青
责任校对：张 征 张 薇 封面设计：马精明
责任印制：李 昂
北京捷迅佳彩印刷有限公司印刷
2024 年 2 月第 2 版第 3 次印刷
184mm × 260mm · 13 印张 · 318 千字
标准书号：ISBN 978-7-111-69865-4
定价：66.00元

电话服务 网络服务
客服电话：010-88361066 机 工 官 网：www.cmpbook.com
010-88379833 机 工 官 博：weibo.com/cmp1952
010-68326294 金 书 网：www.golden-book.com
封底无防伪标均为盗版 机工教育服务网：www.cmpedu.com

前言

随着工程建设规模的不断扩大，以及BIM技术的不断应用，工程造价（管理）工作分工越来越细，对人才的能力要求越来越高，现有工程造价人才的数量及质量已经逐渐不能满足行业需求。目前工程造价作为承接BIM设计模型、向施工管理输出模型的中间环节，起着至关重要的作用，BIM技术的应用，颠覆了以往传统的造价模式，造价岗位也将面临新的变革，造价人员必须逐渐转型，接受BIM技术，掌握BIM造价方法。高校作为人才的输出地，迫切需要加快土木类新工科人才工程造价能力的转型提升，结合BIM培养具有较高职业素质、较强创新能力以及工程造价管理能力的应用型专门人才。近年来，工程造价专业不止在职业院校开设，普通高等学校也已开设，工程造价BIM软件技术也成为必修的专业课程。

本书为工程造价专业软件技术教程用书，具有以下特点。

1. 基于实际案例，实操性强

本书融理论、实践与检验为一体，基于实际工程案例进行“手把手”教学，对基于广联达BIM 土建计量平台GTJ2021的软件操作步骤均进行详细讲解。读者只要按照本书的步骤进行操作，在输入无误的情况下，即可得到与本书相同的计算结果。同时，考虑到篇幅有限，本书在编写时每类图元只给出其中一个的详细操作步骤，其余图元的操作步骤均在配套视频中体现。本书内容根据第1版读者的反馈情况及其在实践中的应用需求进行调整，做到繁简适宜。

2. 解析难点，增加装配式内容

为满足不同层次读者的需要，本书除了对建模算量中的难点进行解析并提出解决方案外，还新增了装配式建筑内容，以满足广大读者对装配式建筑的造价需求。

3. 基于实践经验，介绍操作技巧及相关知识

本书除介绍软件操作方法外，编者还根据自身多年的造价一线从业经验，对软件操作背后的造价原理、技巧及相关的计价知识（相应构件均套用了清单项、定额）进行详细阐述，不但能让读者“知其然，知其所以然”，而且能为读者学习清单编制、定额计价奠定良好的基础。读者通过系统学习本书，不仅能掌握对每类构件的列项，而且对其工程量计算规则、清单及定额套用了然于心，从而有效提高造价工作的有效性和准确性。

4. 配套数字化资源，建立读者交流群

为了便于学校教学以及读者自学，本书配套有相应的视频、电子课件、图样和模型

文件，并建立了读者交流群，便于读者更好地学习、交流和提升。需要注意的是，打开这些电子版图样需同时安装AutoCAD 软件及天正建筑软件；若只安装AutoCAD 软件而不安装天正建筑软件，可能会出现图样显示不全的情况。

通过本书的系统学习，即便是造价新手，也可以胜任工作岗位要求的中等难度及以下的建筑工程软件算量工作及基本的列项、提量、清单编制、计价工作。另外，本书还可以作为工具书，供读者在实际工作中进行查询，如构件对应清单定额、楼梯需计算的项目、单构件输入方式、表格输入方式等。

本书由贵州民族大学袁帅（全国注册造价工程师）担任主编，负责全书的统稿工作；贵州工业职业技术学院欧阳焜（全国注册造价工程师）和贵州建设职业技术学院韩争艳（专业监理工程师）担任副主编，负责全书的校核工作；贵州民族大学杨想红、牟宏、闫江波，永明项目管理有限公司孙浩，西安瑞君建设项目管理有限公司何缘，贵州师范大学赵魁和贵州元亨信诚工程管理咨询有限公司李宏斌参与了编写。

为适应应用型新工科人才培养需求,本书主要针对软件配合实际工程案例实操学习使用，因此，需要读者具备一定基础的计算操作能力和建筑工程识图知识，方可达到更佳的学习效果。

本书插图丰富、可操作性强，可作为职业院校和普通高等学校土木类工程造价专业教材，也可作为工程技术人员的培训用书和自学教程等。

由于编者水平有限，书中难免有不妥之处，敬请读者指正。

编　者

微课视频列表

序号	二维码	页码	序号	二维码	页码
2-1	基础层独立基础绘制	23	2-7	首层梁原位标注	37
2-2	基础层柱绘制	27	2-8	首层板受力筋绘制	43
2-3	基础层基础梁绘制	30	2-9	首层板负筋绘制	44
2-4	基础层基础梁原位标注	33	2-10	首层叠合板及后浇层绘制	45
2-5	首层梁构件定义	34	2-11	首层叠合板现浇层钢筋绘制	47
2-6	首层梁绘制	36	2-12	首层墙绘制	49

（续）

序号	二维码	页码	序号	二维码	页码
2-13	首层门绘制	51	2-21	二层门绘制	62
2-14	首层窗绘制	58	2-22	二层窗绘制	62
2-15	二层柱绘制	59	2-23	女儿墙及屋面零星砌体绘制	64
2-16	二层梁绘制	59	2-24	楼梯梯柱绘制	71
2-17	二层板绘制	59	2-25	楼梯梯梁及平台梁绘制	72
2-18	二层板受力筋绘制	60	2-26	楼梯平台板及板筋绘制	73
2-19	二层板负筋绘制	60	2-27	楼梯踏步单构件输入	75
2-20	二层墙绘制	61	2-28	二层预制墙绘制	90

（续）

序号	二维码	页码	序号	二维码	页码
2-29	二层墙后浇水平段绘制	93	2-33	装配式部分钢筋分离	130
2-30	砌体加筋生成	93	3-1	首层梁识别	173
2-31	其余房间装修绘制	118	3-2	首层板识别	178
2-32	汇总计算及报表导出	129	3-3	首层板筋识别	184

目录

前言

微课视频列表

项目一 算量前的准备工作 / 1

任务一 相关软件安装 / 1

任务二 广联达 BIM 土建计量平台 GTJ2021 算量前的必要准备 / 2

项目二 ×× 幼儿园的建模算量 / 4

任务一 了解框架结构工程的算量特点 / 4

任务二 新建工程及相关设置 / 4

1. 新建工程 / 4
2. 楼层设置 / 7
3. 计算设置 / 10

任务三 轴网绘制 / 14

任务四 基础层结构构件绘制 / 17

1. 基础层独立基础绘制 / 17
2. 基础层垫层绘制 / 23
3. 基础层柱绘制 / 24
4. 基础层基础梁绘制 / 26

任务五 首层结构构件绘制 / 33

1. 首层柱绘制 / 33
2. 首层梁绘制 / 34
3. 首层现浇板绘制 / 37
4. 首层现浇板受力筋绘制 / 42
5. 首层板负筋绘制 / 43
6. 首层叠合板及后浇层绘制 / 44
7. 首层叠合板现浇层钢筋绘制 / 46
8. 首层砌体墙绘制 / 47
9. 首层门绘制 / 49
10. 首层洞口绘制 / 51
11. 首层窗绘制 / 51

任务六 二层结构构件绘制 / 58

1. 二层柱绘制 / 58
2. 二层梁绘制 / 58
3. 二层板绘制 / 58
4. 二层板受力筋绘制 / 58
5. 二层板负筋绘制 / 60
6. 二层板洞绘制 / 60
7. 二层砌体墙绘制 / 61

8. 二层门绘制 / 61
9. 二层窗绘制 / 62

任务七　屋面结构构件绘制 / 62
1. 女儿墙绘制 / 62
2. 女儿墙压顶绘制 / 63
3. 封堵顶板绘制 / 67
4. 烟道顶板绘制 / 68

任务八　楼梯处理 / 70
1. 楼梯梯柱绘制 / 70
2. 楼梯梯梁及平台梁绘制 / 70
3. 楼梯平台板及板筋绘制 / 71
4. 楼梯踏步单构件输入 / 73
5. 楼梯绘制 / 75
6. 楼梯间护窗栏杆绘制 / 77

任务九　顶层边角柱判断 / 78

任务十　生成梁侧面钢筋 / 80

任务十一　过梁布置 / 82

任务十二　生成构造柱 / 85

任务十三　二层预制墙绘制 / 87

任务十四　二层墙后浇水平段绘制 / 90

任务十五　生成砌体加筋 / 93

任务十六　建筑及装饰构件绘制 / 93
1. 基坑土方绘制 / 93
2. 基槽土方绘制 / 96
3. 平整场地绘制 / 97
4. 房心回填绘制 / 98
5. 建筑面积绘制 / 100
6. 外墙面绘制 / 101
7. 女儿墙内抹灰绘制 / 103
8. 雨篷防水及装饰工程量计算 / 104
9. 楼梯间内墙面绘制 / 104
10. 楼梯间楼地面绘制 / 106
11. 楼梯间踢脚绘制 / 111
12. 楼梯间天棚绘制 / 113
13. 其余房间装修绘制 / 115
14. 屋面绘制 / 118
15. 屋面分格缝绘制 / 120
16. 水落管表格输入 / 124
17. 散水绘制 / 125
18. 坡道绘制 / 127

任务十七　汇总计算及报表导出 / 129

任务十八　分离出装配式部分钢筋量 / 129

项目三　×× 小区 6 号楼的导图算量 / 132

任务一　了解高层剪力墙结构工程的算量特点 / 132

任务二　新建工程 / 132

任务三　图样导入 / 132

任务四　楼层识别 / 134

任务五　计算设置 / 136

任务六　图样分割 / 137

任务七　识别轴网 / 138

任务八　识别暗柱大样 / 143

任务九　识别暗柱 / 147

任务十　识别剪力墙表 / 151

任务十一　识别剪力墙 / 153

任务十二　识别梁 / 155

任务十三　识别板 / 174

任务十四　识别板筋 / 178

任务十五　孔桩处理 / 185

后记 / 197

项目一

算量前的准备工作

任务一　相关软件安装

本书使用的广联达 BIM 土建计量平台 GTJ2021 版本是 1.0.26.0（贵州省）。具体安装流程如下。

➤ 第一步：双击程序“贵州 _ 广联达 BIM 土建计量平台 GTJ2021（年费版）_1.0.26.0_（1588938106475）.exe”（见图 1-1）。

贵州_广联达BIM土建计量平台GTJ2021（年费版）_1.0.26.0_(1588938106475).exe

▲ 图 1-1　双击安装程序

➤ 第二步：在弹出的“欢迎安装广联达软件”对话框中单击“立即安装”（见图 1-2）。

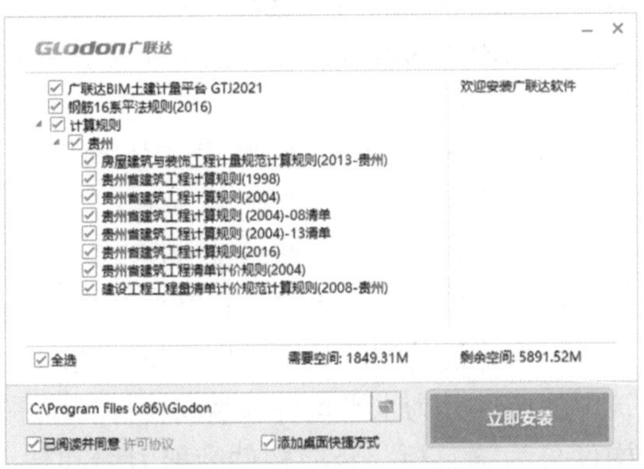

▲ 图 1-2　“欢迎安装广联达软件”对话框

➤ 第三步：软件进入解压缩界面（见图 1-3）。

▲ 图 1-3　软件解压缩界面

➤ 第四步：软件进入安装界面（见图 1-4）。

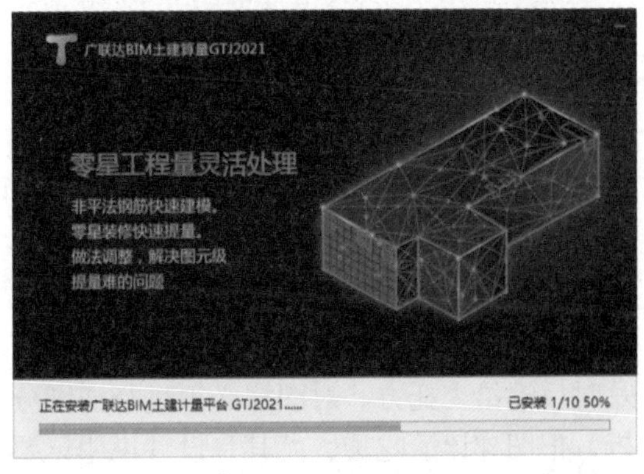

▲ 图 1-4　软件安装界面

➤ 第五步：单击“广联达软件安装完成”界面的“完成”按钮，完成广联达 BIM 土建计量平台 GTJ2021 的安装（见图 1-5）。

▲ 图 1-5 安装完成后的界面

使用类似方法完成广联达云计价平台 GCCP6.0 及加密锁驱动安装。本书使用的广联达云计价平台 GCCP6.0 版本对应的软件版本是贵州 _GCCP6_6.1100.7.101-1587442693047【32 位】.exe（适用于 32 位操作系统）/ 贵州 _GCCP6_6.1100.7.101-1587442781205【64 位】.exe（适用于 64 位操作系统），加密锁驱动版本对应的驱动程序是贵州 _ 广联达加密锁驱动 _V3.8.592.4454_（1587454188248）.exe。

任务二 广联达 BIM 土建计量平台 GTJ2021 算量前的必要准备

磨刀不误砍柴工。不少初学者往往不重视算量前的准备工作，结果事倍功半，甚至出现返工的情况。因此，在拿到工程时，不要着急算量，应先进行一些必要的准备工作。具体而言，准备工作有以下四个方面。

第一，必要的资料及软件准备。包括工程图样、定额规则（合同或委托方要求采用的定额）、清单计量规范、标准图集（包括 16G101 系列图集及其他标准图集）、施工组织设计、工程软件（AutoCAD、天正、广联达钢筋及土建算量软件等）、性能较高的计算机、计算器（简单辅助算量用）、记事本等。

第二，分析研读图样。拿到工程图样之后，对照图样目录进行检查，查看图样是否齐全，尤其是存在设计变更时，如不齐全应及时反馈给委托方。对图样必须进行详细分析，把图样读懂吃透，尤其是设计说明，要逐字逐句研读两遍以上，注意图样中影响工程量计算的关键点并记录在小本子上，软件建模的时候注意进行相应处理，如设计图样采用的平法图集、柱插筋弯折长度、分布筋配筋信息、阳角放射筋信息等。读图时按照“五先五后”的顺序进行：先看图样目录，后看施工图样；先看建施，后看结施；先看平、立、剖面图，后看详图；先看图线，后看文字说明；先整体，后局部。对结构设计图与建筑设计图之间及建筑平、立、剖面图之间相互矛盾的地方要及时记录并反馈给委托方。

第三，分析绘图先后顺序。总体来说，绘图遵循从下到上、由竖到平、先主后次的顺序。从下到上，即先绘制基础层，再绘制地下层，然后首层、二层、标准层，最后屋顶层，与建筑的实际施工顺序保持一致。建筑中的构件分为水平构件和竖向构件，水平构件分为梁、板，竖向构件为剪力墙和柱。由竖到平，即在同一层不同类型的构件中，先绘制柱、墙等竖向构件，后绘制梁、板等水平构件，因为后者要以前者为支座；最后绘制零星构件。先主后次，是指同类型的构件中，先绘制起主要支撑作用的构件，后绘制起辅助支撑作用的构件，如先绘制主梁，后绘制次梁，因为次梁要以主梁为支座。

第四，建立楼层关系表。在广联达软件中，层的概念很重要，要在图样总说明及分页图样中找到楼层表。画图之前必须找到楼层关系表，若图样中未明确体现，则应自己手动建立楼层关系表，并按总说明及分页说明在此表中标上构件混凝土强度等级，便于在钢筋软件里尽快设置好钢筋的锚固和搭接长度。

项目二

××幼儿园的建模算量

任务一 了解框架结构工程的算量特点

框架结构是指由梁和柱以刚接或者铰接相连接而成，构成承重体系的结构，即由梁和柱组成框架，共同抵抗使用过程中出现的水平荷载和竖向荷载的结构。框架结构的房屋、墙体不承重，仅起到围护和分隔作用，一般用预制的加气混凝土、膨胀珍珠岩、空心砖或多孔砖、浮石、蛭石、陶粒等轻质板材砌筑或装配而成。对于框架结构而言，框架柱、框架梁等构件的新建与处理会占用软件绘图的大部分时间。

装配式建筑是用预制部品部件在工地装配而成的建筑。对于装配式建筑而言，预制柱、预制梁、叠合板、外墙板、内墙板、预制楼梯及其他预制构件（如阳台、空调板、压顶等）的建模方法总体上与现浇柱、墙、梁、板等一致，所不同的是有些预制构件虽然以现浇构件形式新建（但不套用做法），但是需要采用表格输入方式进行处理（尤其是预制构件钢筋及后浇带钢筋等）。建议读者在进行装配式部分建模前，先熟悉图集《桁架钢筋混凝土叠合板（60mm 厚底板）》（15G366—1）、《预制混凝土剪力墙外墙板》（15G365—1）及《预制混凝土剪力墙内墙板》（15G365—2）。

任务二 新建工程及相关设置

1. 新建工程

➤ 第一步：双击打开桌面上广联达 BIM 土建计量平台 GTJ2021 的快捷图标[T]，进入软件操作界面（见图 2-1）。

➤ 第二步：单击操作界面左上角的“新建”按钮，弹出“新建工程”对话框（见图 2-2）。

➤ 第三步：在“新建工程”对话框中输入相应信息。“工程名称”栏输入“××装配式幼儿园”；“计算规则”中的“清单规则”选择“房屋建筑与装饰工程计量规范计算规则（2013-贵州）(R1.0.26.0)”，“定额规则”选择“贵州省建筑工程计算规则（2016）(R1.0.26.0)”；“钢筋规则”中的“平法规则”选择“16系平法规则”，“汇总方式”选择“按照钢筋图示尺寸-即外皮汇总”（见图 2-3）。

需要说明的是，读者可根据自己的实际情况来选择“计算规则”。就本项目而言，因为在结构设计说明第三条中明确说明设计主要采用的标准设计图集为 16G101 图集，所以选择“16系平法规则”。

第四步：单击“新建工程”对话框右下角的“创建工程”按钮，进入广联达 BIM 土建计量平台 GTJ2021 工作界面（见图 2-4）。

▲图 2-1　广联达 BIM 土建计量平台 GTJ2021 操作界面

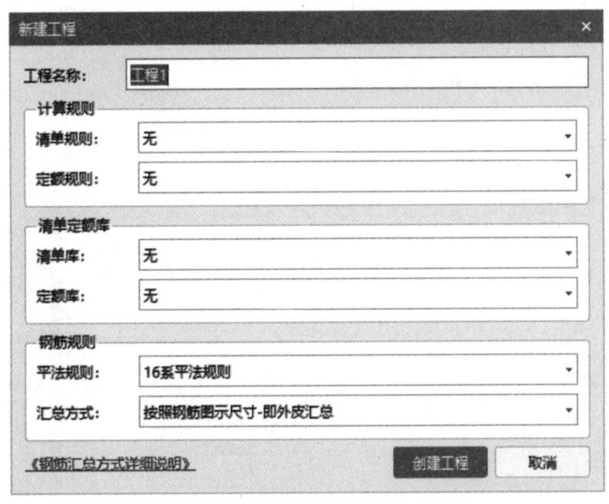

▲图 2-2　“新建工程”对话框

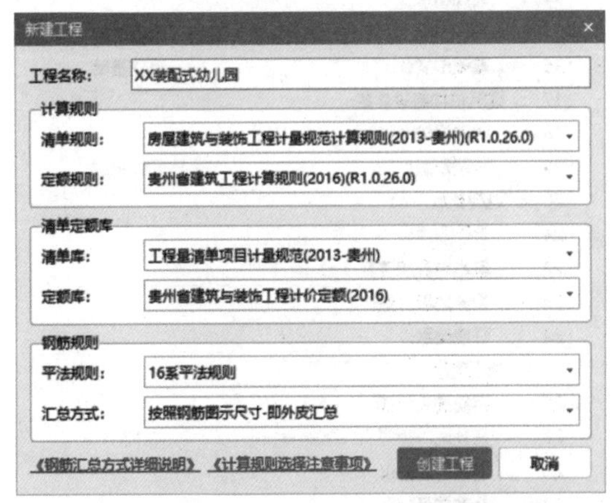

▲图 2-3　“新建工程”对话框输入信息

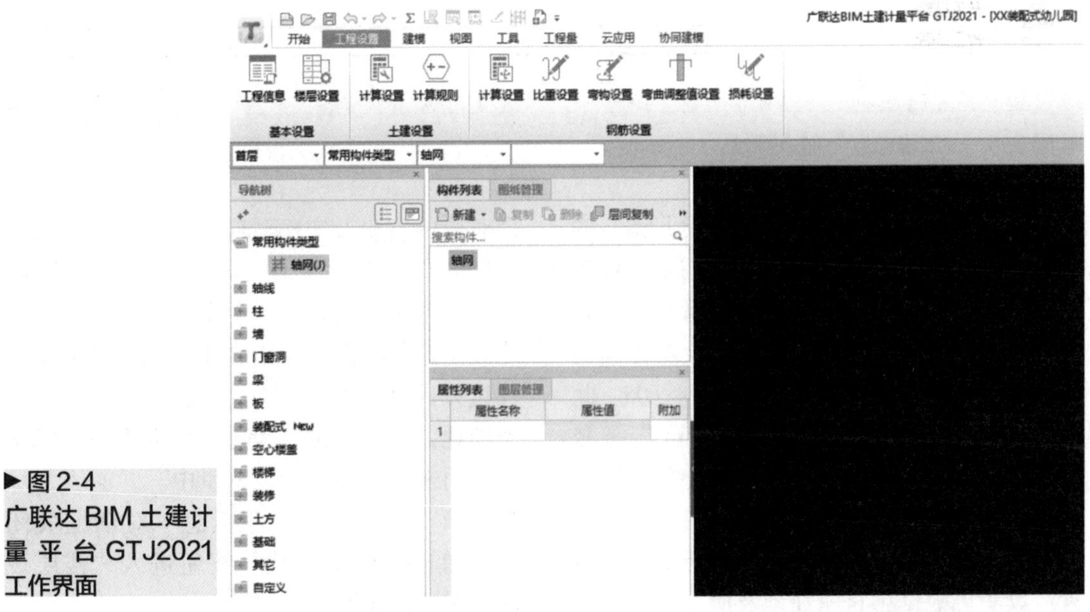

▶图 2-4　广联达 BIM 土建计量平台 GTJ2021 工作界面

➤ 第五步：单击工作界面中的“工程信息”按钮，进入“工程信息”对话框。注意，仅需处理蓝色字体栏即可，黑色字体栏的输入与否不影响计算结果，仅起到标识作用。“结构类型”栏选择“框架结构”，“设防烈度”栏输入“6”（该数据可以从结构设计说明中获得），“檐高（m）”栏输入“7.05”（该数据可以从建筑立面图中获得）。输入设防烈度和檐高后，“抗震等级”栏会自动选择“四级抗震”。“室外地坪相对 ±0.000 标高（m）”栏输入“−0.15”（见图 2-5）。

工程信息

工程信息 | 计算规则 | 编制信息 | 自定义

	属性名称	属性值
12	地下面积(m²):	(0)
13	人防工程:	无人防
14	檐高(m):	7.05
15	结构类型:	框架结构
16	基础形式:	独立基础
17	⊟ 建筑结构等级参数:	
18	抗震设防类别:	
19	抗震等级:	四级抗震
20	⊟ 地震参数:	
21	设防烈度:	6
22	基本地震加速度（g）：	
23	设计地震分组:	
24	环境类别:	
25	⊟ 施工信息:	
26	钢筋接头形式:	
27	室外地坪相对±0.000标高(m):	-0.15
28	基础埋深(m):	
29	标准层高(m):	
30	地下水位线相对±0.000标高(m):	-2
31	实施阶段:	招投标
32	开工日期:	
33	竣工日期:	

▲图 2-5 “工程信息”输入完成

需要说明的是，平屋顶（带女儿墙）的檐高是指从室外地坪到屋顶结构板上皮标高之间的距离。从建筑立面图可以看出，室外地坪标高是 −0.150，屋顶结构板上皮标高为 6.900，故檐高应为 6.900−（−0.150）=7.05。此外，“室外地坪相对 ±0.000 标高（m）”务必准确设置，否则会影响土石方工程量的计算。

➤ 第六步：单击“工程信息”对话框中的“计算规则”选项卡，进行“钢筋报表”设置。读者可根据项目所在地及所用定额，选择对应的省份及定额对应的年份。此处选择“贵州（2016）”（见图 2-6）。部分读者可能对“6 钢筋损耗：不计算损耗”存在疑问，此处不进行更改的原因在于：钢筋的清单工程量只计算净量，不考虑损耗；定额虽然考虑损耗，但是该损耗考虑在钢筋主材消耗量中，而未考虑在定额工程量中。

➤ 第七步：将“工程信息”对话框关闭后，单击“楼层设置”按钮进入“楼层设置”对话框（见图 2-7）。

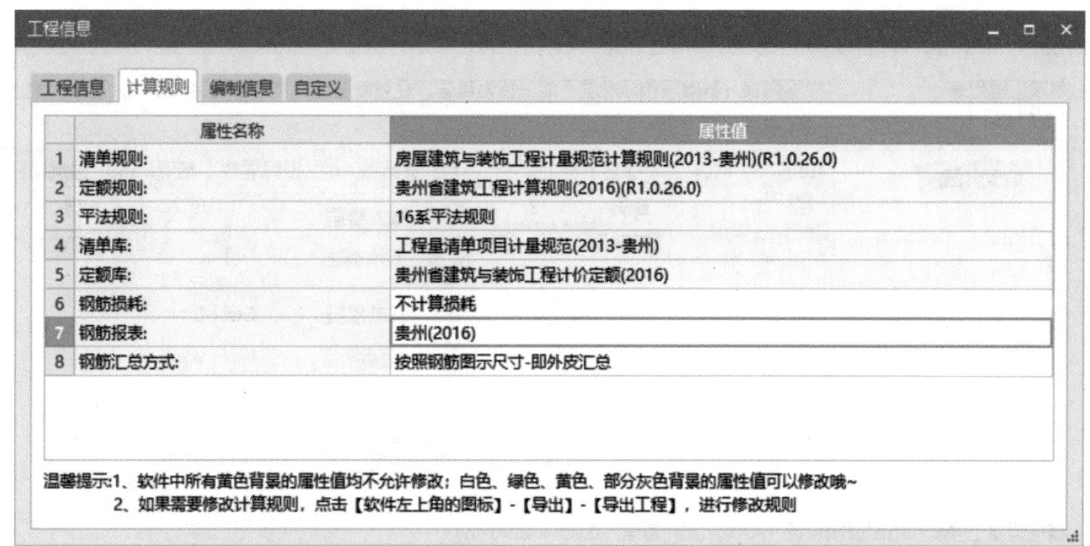

	属性名称	属性值
1	清单规则:	房屋建筑与装饰工程计量规范计算规则(2013-贵州)(R1.0.26.0)
2	定额规则:	贵州省建筑工程计算规则(2016)(R1.0.26.0)
3	平法规则:	16系平法规则
4	清单库:	工程量清单项目计量规范(2013-贵州)
5	定额库:	贵州省建筑与装饰工程计价定额(2016)
6	钢筋损耗:	不计算损耗
7	钢筋报表:	贵州(2016)
8	钢筋汇总方式:	按照钢筋图示尺寸-即外皮汇总

▲图 2-6　“钢筋报表”设置

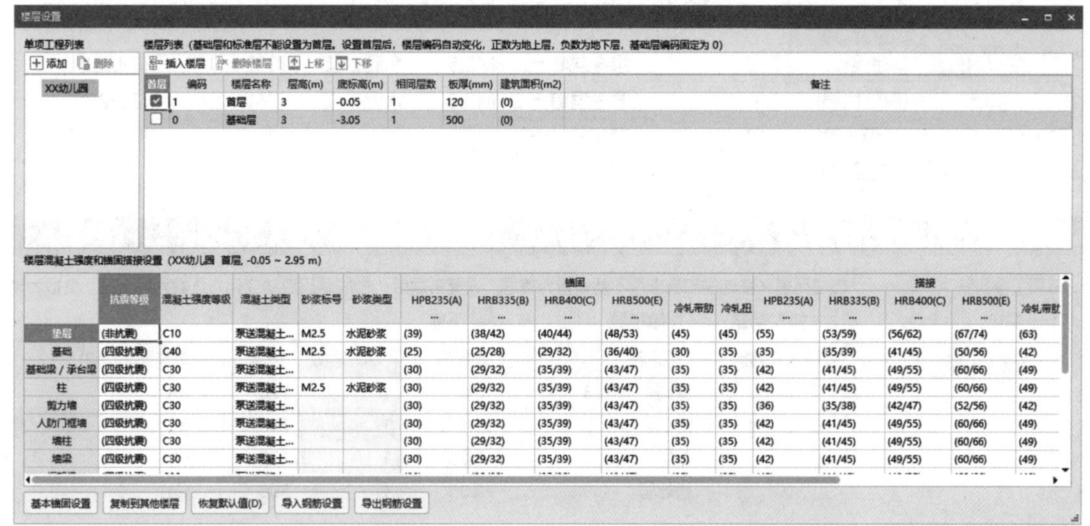

首层	编码	楼层名称	层高(m)	底标高(m)	相同层数	板厚(mm)	建筑面积(m2)	备注
☑	1	首层	3	-0.05	1	120	(0)	
☐	0	基础层	3	-3.05	1	500	(0)	

	抗震等级	混凝土强度等级	混凝土类型	砂浆标号	砂浆类型	锚固 HPB235(A) ...	锚固 HRB335(B) ...	锚固 HRB400(C) ...	锚固 HRB500(E) ...	锚固 冷轧带肋	锚固 冷轧扭	搭接 HPB235(A) ...	搭接 HRB335(B) ...	搭接 HRB400(C) ...	搭接 HRB500(E) ...	搭接 冷轧带肋
垫层	(非抗震)	C10	泵送混凝土...	M2.5	水泥砂浆	(39)	(38/42)	(40/44)	(48/53)	(45)	(45)	(55)	(53/59)	(56/62)	(67/74)	(63)
基础	(四级抗震)	C40	泵送混凝土...	M2.5	水泥砂浆	(25)	(25/28)	(29/32)	(36/40)	(30)	(35)	(35)	(35/39)	(41/45)	(50/56)	(42)
基础梁 / 承台梁	(四级抗震)	C30	泵送混凝土...			(30)	(29/32)	(35/39)	(43/47)	(35)	(35)	(42)	(41/45)	(49/55)	(60/66)	(49)
柱	(四级抗震)	C30	泵送混凝土...	M2.5	水泥砂浆	(30)	(29/32)	(35/39)	(43/47)	(35)	(35)	(42)	(41/45)	(49/55)	(60/66)	(49)
剪力墙	(四级抗震)	C30	泵送混凝土...			(30)	(29/32)	(35/39)	(43/47)	(35)	(35)	(36)	(35/38)	(42/47)	(52/56)	(42)
人防门框墙	(四级抗震)	C30	泵送混凝土...			(30)	(29/32)	(35/39)	(43/47)	(35)	(35)	(42)	(41/45)	(49/55)	(60/66)	(49)
墙柱	(四级抗震)	C30	泵送混凝土...			(30)	(29/32)	(35/39)	(43/47)	(35)	(35)	(42)	(41/45)	(49/55)	(60/66)	(49)
墙梁	(四级抗震)	C30	泵送混凝土...			(30)	(29/32)	(35/39)	(43/47)	(35)	(35)	(42)	(41/45)	(49/55)	(60/66)	(49)

▲图 2-7　“楼层设置”对话框

2. 楼层设置

从本工程图样建施 06 建筑立面图可以看出，本工程楼层只有两层，但基础应单独设置一层（即为基础层），女儿墙、压顶也应单独设置一层，故在软件中应设置楼层为四层，即基础层、首层、第 2 层和第 3 层（用于绘制女儿墙、压顶等）。读者在遇到新的项目时，若设计图样已经给出楼层表，则可按楼层表进行设置。具体步骤如下所述。

第一步：单击“首层”，右击弹出楼层操作菜单栏（见图 2-8）。

第二步：单击楼层操作菜单栏中的“插入楼层”，完成第 2 层的插入。用同样操作完成第 3 层的插入（见图 2-9）。

此处读者需注意首层底标高的修改。因本项目设计图未给出楼层表，故根据结施 04 楼梯结构布置图，结合建施 06 建筑立面图，为保持结构层的相对高度不变，减少结构建模修改工程量，首层底标高采用结

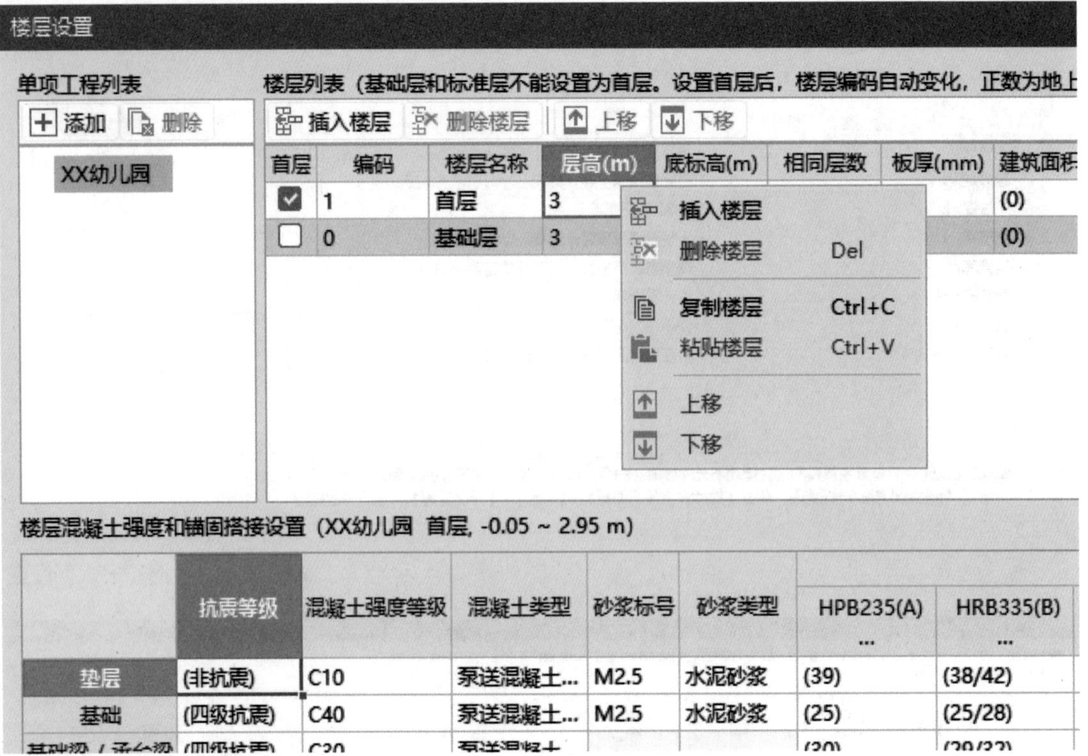

▲图 2-8　楼层操作菜单栏

楼层设置

单项工程列表　添加　删除　XX幼儿园

楼层列表（基础层和标准层不能设置为首层。设置首层后，楼层编码自动变化，正数为地上层，负数为地

插入楼层　删除楼层　上移　下移

首层	编码	楼层名称	层高(m)	底标高(m)	相同层数	板厚(mm)	建筑面积(m2)
☐	3	第3层	3	5.95	1	120	(0)
☐	2	第2层	3	2.95	1	120	(0)
☑	1	首层	3	-0.05	1	120	(0)
☐	0	基础层	3	-3.05	1	500	(0)

楼层混凝土强度和锚固搭接设置（XX幼儿园 第3层, 5.95 ~ 8.95 m）

▲图 2-9　插入第 2、3 层

构标高较为合适。本项目首层结构底标高为-0.05，与软件默认标高一致，故此处不作修改。

第三步：因本项目设计图未给出楼层表，故根据结施 04 ，结合建施 06，得出首层层高为 3.9m，在“楼层列表”中进行修改；第 2 层层高为 3.0m，无须修改；第 3 层女儿墙高为 1.5m，故修改第 3 层的层高为 1.5m（见图 2-10）。

第四步：根据结施 02 基础布置图、柱

平面布置图及地梁配筋图中的说明，大部分基础的底标高为-1.4m。为减少建模时的标高修改工作量，设置基础层层高为-0.5m-(-1.4m)=1.35m（见图 2-11）。

第五步：修改基础层的混凝土强度等级。根据结施 01 和结施 02 可知，框架柱、梁、板、独立基础的混凝土强度等级为 C30，构造柱、过梁的混凝土强度等级为 C25，垫层的混凝土强度等级为 C15。单击“基础层”，双击“垫层”栏中的混凝土强度等级“C10”，点开下拉菜单，选中“C15”（见图 2-12）。

楼层设置

单项工程列表　添加　删除　XX装配式幼儿园

楼层列表（基础层和标准层不能设置为首层。设置首层后，楼层编码自动变化，正数为地上层，负数为地下层，基础层编码固定为 0）

插入楼层　删除楼层　上移　下移

首层	编码	楼层名称	层高(m)	底标高(m)	相同层数	板厚(mm)	建筑面积(m2)
☐	3	第3层	1.5	6.85	1	120	(0)
☐	2	第2层	3	3.85	1	120	(0)
☑	1	首层	3.9	-0.05	1	120	(0)
☐	0	基础层	3	-3.05	1	500	(0)

▲ 图 2-10　修改首层、第 3 层层高

楼层设置

单项工程列表　添加　删除　XX装配式幼儿园

楼层列表（基础层和标准层不能设置为首层。设置首层后，楼层编码自动变化，正数为地上层，负数为地下层，基础层编码固定为 0）

插入楼层　删除楼层　上移　下移

首层	编码	楼层名称	层高(m)	底标高(m)	相同层数	板厚(mm)	建筑面积(m2)
☐	3	第3层	1.5	6.85	1	120	(0)
☐	2	第2层	3	3.85	1	120	(0)
☑	1	首层	3.9	-0.05	1	120	(0)
☐	0	基础层	1.35	-1.4	1	500	(0)

▲ 图 2-11　修改基础层层高

楼层设置

单项工程列表　添加　删除　XX装配式幼儿园

楼层列表（基础层和标准层不能设置为首层。设置首层后，楼层编码自动变化，正数为地上层，负数为地下层，基础层编

插入楼层　删除楼层　上移　下移

首层	编码	楼层名称	层高(m)	底标高(m)	相同层数	板厚(mm)	建筑面积(m2)
☐	3	第3层	1.5	6.85	1	120	(0)
☐	2	第2层	3	3.85	1	120	(0)
☑	1	首层	3.9	-0.05	1	120	(0)
☐	0	基础层	1.35	-1.4	1	500	(0)

楼层混凝土强度和锚固搭接设置（XX装配式幼儿园 基础层，-1.40 ~ -0.05 m）

	抗震等级	混凝土强度等级	混凝土类型	砂浆标号	砂浆类型	锚固			
						HPB235(A) ...	HRB335(B) ...	HRB400(C) ...	HRB500(E) ...
垫层	(非抗震)	C10	泵送混凝土...	M2.5	水泥砂浆	(39)	(38/42)	(40/44)	(48/53)
基础	(四级抗震)	C10	泵送混凝土...	M2.5	水泥砂浆	(25)	(25/28)	(29/32)	(36/40)
基础梁 / 承台梁	(四级抗震)	C15	泵送混凝土...			(30)	(29/32)	(35/39)	(43/47)

▲ 图 2-12　修改基础层垫层混凝土强度等级

第六步：使用与第五步同样操作将基础的混凝土强度等级修改为C30，基础梁/承台梁、柱、框架梁、非框架梁及现浇板的混凝土强度等级保持C30不变，将构造柱、圈梁/过梁及其它（本工程主要为压顶）的混凝土强度等级修改为C25（见图2-13）。

第七步：保护层核查与修改。根据结施01，现浇板的保护层厚度为15mm，框架梁、非框架梁、柱的保护层厚度为20mm；根据结施02，基础的保护层厚度为40mm；其余未说明的构件保护层厚度按16G101—1第56页执行。经核查，该数据与软件中默认的保护层厚度均一致，故无须修改。

第八步：用与第六步同样操作完成首层和第2、3层的垫层、基础、构造柱、圈梁/过梁及其它混凝土强度等级设置（见图2-14）。

	抗震等级	混凝土强度等级	混凝土类型	砂浆标号	砂浆类型	锚固			
						HPB235(A)...	HRB335(B)...	HRB400(C)...	HRB500(E)...
垫层	(非抗震)	C15	泵送混凝土...	M2.5	水泥砂浆	(39)	(38/42)	(40/44)	(48/53)
基础	(四级抗震)	C30	泵送混凝土...	M2.5	水泥砂浆	(30)	(29/32)	(35/39)	(43/47)
基础梁 / 承台梁	(四级抗震)	C30	泵送混凝土...			(30)	(29/32)	(35/39)	(43/47)
柱	(四级抗震)	C30	泵送混凝土...	M2.5	水泥砂浆	(30)	(29/32)	(35/39)	(43/47)
剪力墙	(四级抗震)	C30	泵送混凝土...			(30)	(29/32)	(35/39)	(43/47)
人防门框墙	(四级抗震)	C30	泵送混凝土...			(30)	(29/32)	(35/39)	(43/47)
暗柱	(四级抗震)	C30	泵送混凝土...			(30)	(29/32)	(35/39)	(43/47)
端柱	(四级抗震)	C30	泵送混凝土...			(30)	(29/32)	(35/39)	(43/47)
墙梁	(四级抗震)	C30	泵送混凝土...			(30)	(29/32)	(35/39)	(43/47)
框架梁	(四级抗震)	C30	泵送混凝土...			(30)	(29/32)	(35/39)	(43/47)
非框架梁	(非抗震)	C30	泵送混凝土...			(30)	(29/32)	(35/39)	(43/47)
现浇板	(非抗震)	C30	泵送混凝土...			(30)	(29/32)	(35/39)	(43/47)
楼梯	(非抗震)	C10	泵送混凝土...			(39)	(38/42)	(40/44)	(48/53)
构造柱	(四级抗震)	C25	泵送混凝土...			(34)	(33/36)	(40/44)	(48/53)
圈梁 / 过梁	(四级抗震)	C25	泵送混凝土...			(34)	(33/36)	(40/44)	(48/53)
砌体墙柱	(非抗震)	C15	泵送混凝土...	M2.5	水泥砂浆	(39)	(38/42)	(40/44)	(48/53)
其它	(非抗震)	C25	泵送混凝土...	M2.5	水泥砂浆	(34)	(33/36)	(40/44)	(48/53)
叠合板(预制底板)	(非抗震)	C30	泵送混凝土...			(30)	(29/32)	(35/39)	(43/47)

▲图2-13 修改垫层、构造柱、圈梁/过梁及其它的混凝土强度等级

读者在建模时务必注意混凝土强度等级的设置，否则会因影响钢筋的锚固长度，产生计算误差。有些读者习惯在新建构件时进行混凝土强度等级修改，这样做虽然不会影响计算结果，但会加大建模工程量。

3. 计算设置

第一步：在软件工作界面单击土建设置中的“计算设置”按钮，进入“计算设置”界面（见图2-15）。

第二步：选中“计算设置”对话框中“清单”下的“土方”项，进行如下修改：将1~3项中的设置选项“1 加工作面”均更改成“0 不考虑工作面”；将4~6项中的设置选项“1 计算放坡系数”均更改成“0 不考虑放坡”（见图2-16）。

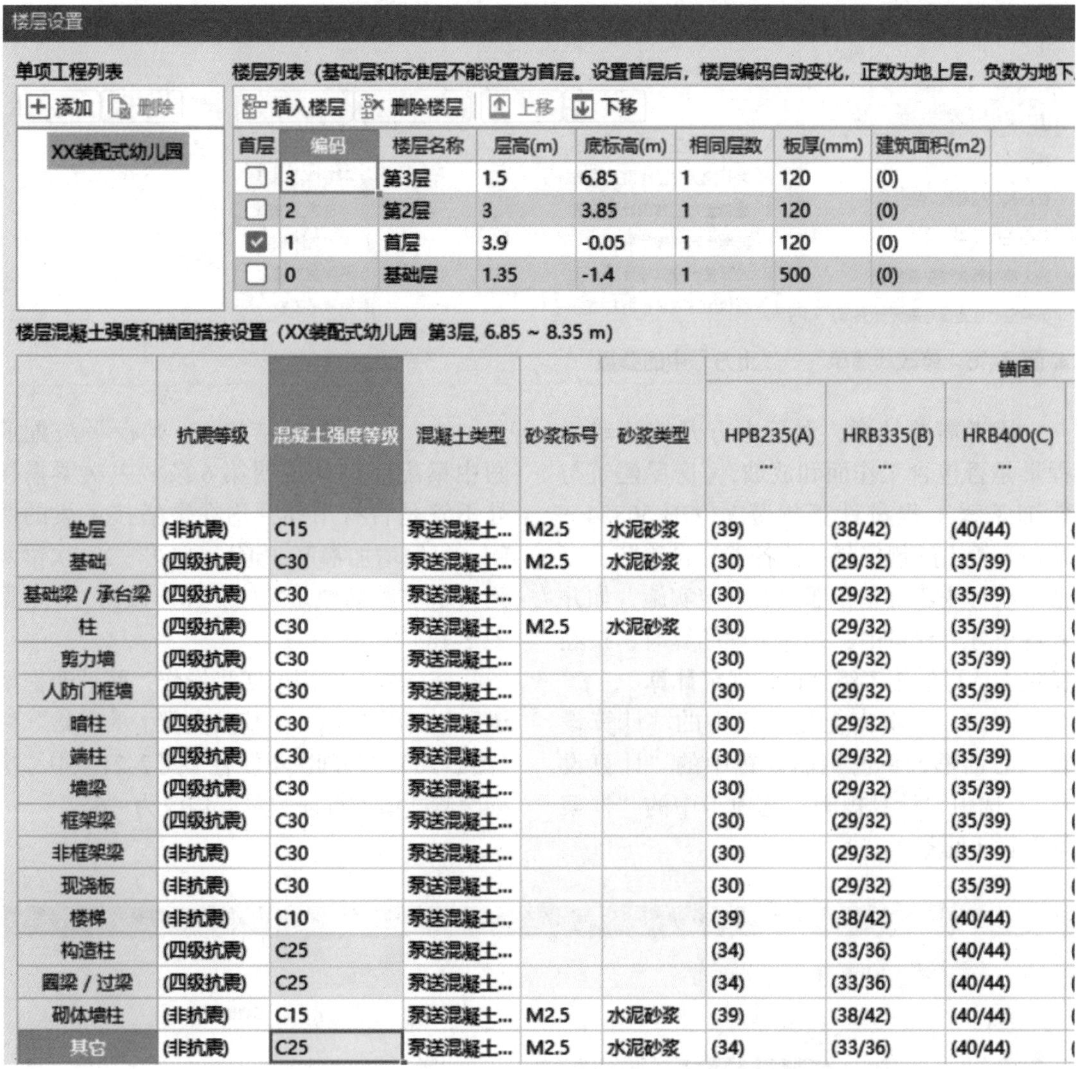

楼层设置

单项工程列表

添加　删除

XX装配式幼儿园

楼层列表（基础层和标准层不能设置为首层。设置首层后，楼层编码自动变化，正数为地上层，负数为地下

插入楼层　删除楼层　上移　下移

首层	编码	楼层名称	层高(m)	底标高(m)	相同层数	板厚(mm)	建筑面积(m2)
☐	3	第3层	1.5	6.85	1	120	(0)
☐	2	第2层	3	3.85	1	120	(0)
☑	1	首层	3.9	-0.05	1	120	(0)
☐	0	基础层	1.35	-1.4	1	500	(0)

楼层混凝土强度和锚固搭接设置（XX装配式幼儿园 第3层, 6.85 ~ 8.35 m）

	抗震等级	混凝土强度等级	混凝土类型	砂浆标号	砂浆类型	锚固 HPB235(A) ...	锚固 HRB335(B) ...	锚固 HRB400(C) ...
垫层	(非抗震)	C15	泵送混凝土...	M2.5	水泥砂浆	(39)	(38/42)	(40/44)
基础	(四级抗震)	C30	泵送混凝土...	M2.5	水泥砂浆	(30)	(29/32)	(35/39)
基础梁 / 承台梁	(四级抗震)	C30	泵送混凝土...			(30)	(29/32)	(35/39)
柱	(四级抗震)	C30	泵送混凝土...	M2.5	水泥砂浆	(30)	(29/32)	(35/39)
剪力墙	(四级抗震)	C30	泵送混凝土...			(30)	(29/32)	(35/39)
人防门框墙	(四级抗震)	C30	泵送混凝土...			(30)	(29/32)	(35/39)
暗柱	(四级抗震)	C30	泵送混凝土...			(30)	(29/32)	(35/39)
端柱	(四级抗震)	C30	泵送混凝土...			(30)	(29/32)	(35/39)
墙梁	(四级抗震)	C30	泵送混凝土...			(30)	(29/32)	(35/39)
框架梁	(四级抗震)	C30	泵送混凝土...			(30)	(29/32)	(35/39)
非框架梁	(非抗震)	C30	泵送混凝土...			(30)	(29/32)	(35/39)
现浇板	(非抗震)	C30	泵送混凝土...			(30)	(29/32)	(35/39)
楼梯	(非抗震)	C10	泵送混凝土...			(39)	(38/42)	(40/44)
构造柱	(四级抗震)	C25	泵送混凝土...			(34)	(33/36)	(40/44)
圈梁 / 过梁	(四级抗震)	C25	泵送混凝土...			(34)	(33/36)	(40/44)
砌体墙柱	(非抗震)	C15	泵送混凝土...	M2.5	水泥砂浆	(39)	(38/42)	(40/44)
其它	(非抗震)	C25	泵送混凝土...	M2.5	水泥砂浆	(34)	(33/36)	(40/44)

▲ 图 2-14　修改首层和第 2、3 层的混凝土强度等级

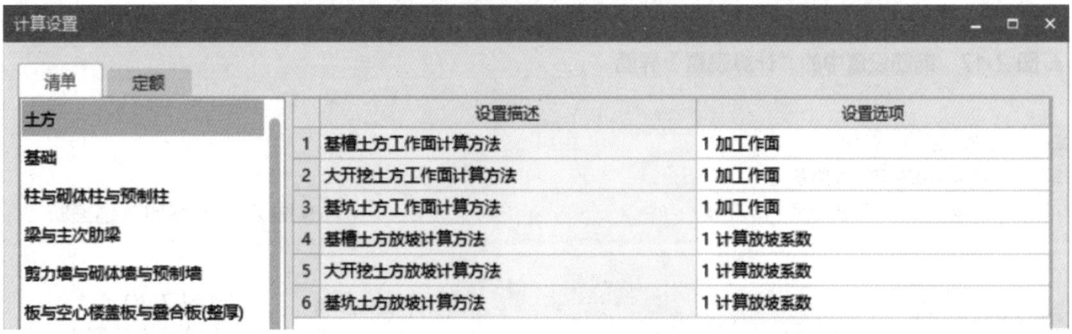

计算设置

清单　定额

土方
基础
柱与砌体柱与预制柱
梁与主次肋梁
剪力墙与砌体墙与预制墙
板与空心楼盖板与叠合板(整厚)

	设置描述	设置选项
1	基槽土方工作面计算方法	1 加工作面
2	大开挖土方工作面计算方法	1 加工作面
3	基坑土方工作面计算方法	1 加工作面
4	基槽土方放坡计算方法	1 计算放坡系数
5	大开挖土方放坡计算方法	1 计算放坡系数
6	基坑土方放坡计算方法	1 计算放坡系数

▲ 图 2-15　土建设置中的“计算设置”界面

计算设置

清单 | 定额

土方
基础
柱与砌体柱与预制柱
梁与主次肋梁
剪力墙与砌体墙与预制墙
板与空心楼盖板与叠合板(整厚)

	设置描述	设置选项
1	基槽土方工作面计算方法	0 不考虑工作面
2	大开挖土方工作面计算方法	0 不考虑工作面
3	基坑土方工作面计算方法	0 不考虑工作面
4	基槽土方放坡计算方法	0 不考虑放坡
5	大开挖土方放坡计算方法	0 不考虑放坡
6	基坑土方放坡计算方法	0 不考虑放坡

▲ 图 2-16 修改“清单”→“土方”中的参数

读者需要注意，对于土方开挖清单工程量是否包含工作面和放坡，《房屋建筑与装饰工程工程量计算规范》（GB 50854—2013）给出的规定是：按各省、自治区、直辖市或行业建设主管部门的规定实施，如并入各土方工程量中，办理工程结算时，按经发包人认可的施工组织设计规定计算。

➤ 第三步：退出土建设置中的“计算设置”对话框，单击钢筋设置中的“计算设置”，选中“计算规则”选项卡中的“框架梁”栏（见图 2-17）。

➤ 第四步：根据结施 03 梁板平法配筋图中梁配筋设计说明第 6 条“主次梁搭接处不管是否有吊筋，均在被搭接主梁的两侧，每侧增加箍筋 3 道”，单击“27 次梁两侧共增加箍筋数量”，将“0”改为“6”（见图 2-18）。

➤ 第五步：使用第四步操作，将“非框架梁”栏（图 2-19）、“基础主梁 / 承台梁”栏（图 2-20）、“基础次梁”栏（图 2-21）中“次梁两侧共增加箍筋数量”均改为“6”。

计算设置

计算规则 | 节点设置 | 箍筋设置 | 搭接设置 | 箍筋公式

柱 / 墙柱
剪力墙
人防门框墙
连梁
框架梁
非框架梁

	类型名称	设置值
1	⊟ 公共部分	
2	纵筋搭接接头错开百分率（不考虑架立筋）	50%
3	截面小的框架梁是否以截面大的框架梁为支座	是
4	梁以平行相交的墙为支座	否
5	梁垫铁计算设置	按规范计算
6	梁中间支座处左右均有加腋时，梁柱垂直加腋加腋钢筋做法	按图集贯通计算
7	梁中间支座处左右均有加腋时，梁水平侧腋加腋钢筋做法	按图集贯通计算
8	⊟ 上部钢筋	

▲ 图 2-17 钢筋设置中的“计算设置”界面

26	⊟ 箍筋/拉筋	
27	次梁两侧共增加箍筋数量	6
28	起始箍筋距支座边的距离	50

◀ 图 2-18 增加 6 道箍筋

非框架梁
板
叠合板(整厚)

28	吊筋弯折角度	按规范计算
29	⊟ 箍筋/拉筋	
30	次梁两侧共增加箍筋数量	6
31	起始箍筋距支座边的距离	50

◀ 图 2-19 钢筋计算设置中“非框架梁”界面

▶图 2-20
钢筋计算设置中“基础主梁/承台梁”界面

基础	20	⊟ 箍筋/拉筋	
基础主梁 / 承台梁	21	次梁两侧共增加箍筋数量	6
	22	起始箍筋距支座边距离	50

▶图 2-21
钢筋计算设置中“基础次梁”界面

基础主梁 / 承台梁	22	⊟ 箍筋/拉筋	
基础次梁	23	次梁两侧共增加箍筋数量	6

第六步：选中“计算规则”选项卡中的“砌体结构”栏，修改“15 填充墙构造柱做法”及“48 填充墙过梁端部连接构造”的默认设置值。根据结施 01 中的图 13 构造柱预埋筋，将“15 填充墙构造柱做法”默认设置值修改为“上下部均预留钢筋”（见图 2-22）；根据结施 01 中的第 10.5.9 条说明，将“48 填充墙过梁端部连接构造”默认设置值修改为“预留钢筋”（见图 2-23）。

第七步：退出钢筋设置的“计算设置”对话框，单击钢筋设置中的“比重设置”，进入“比重设置”对话框（见图 2-24）。此处软件给出了各种钢筋的字母代码。为便于后续建模，读者需记住几种常见钢筋的字母代码：ф 在软件中用 A 或 a 表示；ф 在软件中用 B 或 b 表示；ф 在软件中用 C 或 c 表示；ф^{R} 在软件中用 L 或 l 表示。

读者需注意的是，鉴于项目所在地直径 6mm 的圆钢可能会出现停产的情况，故建模时遇到直径 6mm 的圆钢时，最好查下当地的造价信息，有无直径 6mm 的圆钢的造价信息（见图 2-25）。从图中可以看出，2020 年 5 月贵阳市的造价信息有直径 6mm 的圆钢。若无直径 6mm 的圆钢的造价信息，应注意将圆钢直径由 6 改为 6.5。

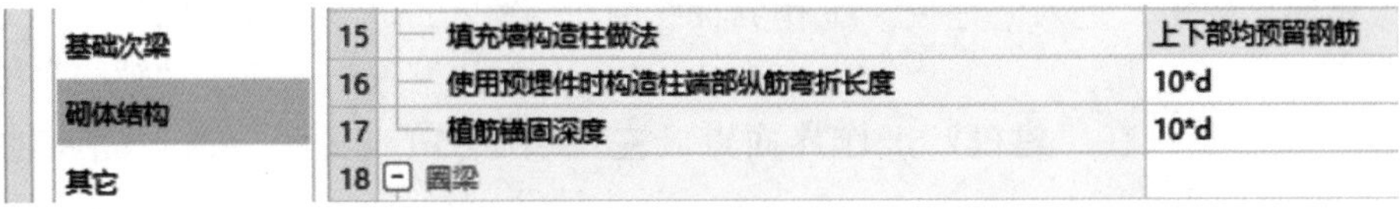

▶图 2-22
修改填充墙构造柱的设置值

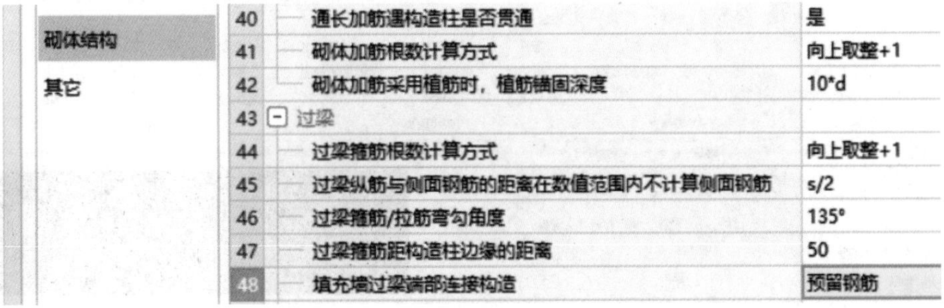

基础次梁	15	填充墙构造柱做法	上下部均预留钢筋
砌体结构	16	使用预埋件时构造柱端部纵筋弯折长度	10*d
	17	植筋锚固深度	10*d
其它	18	⊟ 圈梁	

▶图 2-23
修改填充墙过梁端部连接构造的设置值

砌体结构	40	通长加筋遇构造柱是否贯通	是
	41	砌体加筋根数计算方式	向上取整+1
其它	42	砌体加筋采用植筋时，植筋锚固深度	10*d
	43	⊟ 过梁	
	44	过梁箍筋根数计算方式	向上取整+1
	45	过梁纵筋与侧面钢筋的距离在数值范围内不计算侧面钢筋	s/2
	46	过梁箍筋/拉筋弯勾角度	135°
	47	过梁箍筋距构造柱边缘的距离	50
	48	填充墙过梁端部连接构造	预留钢筋

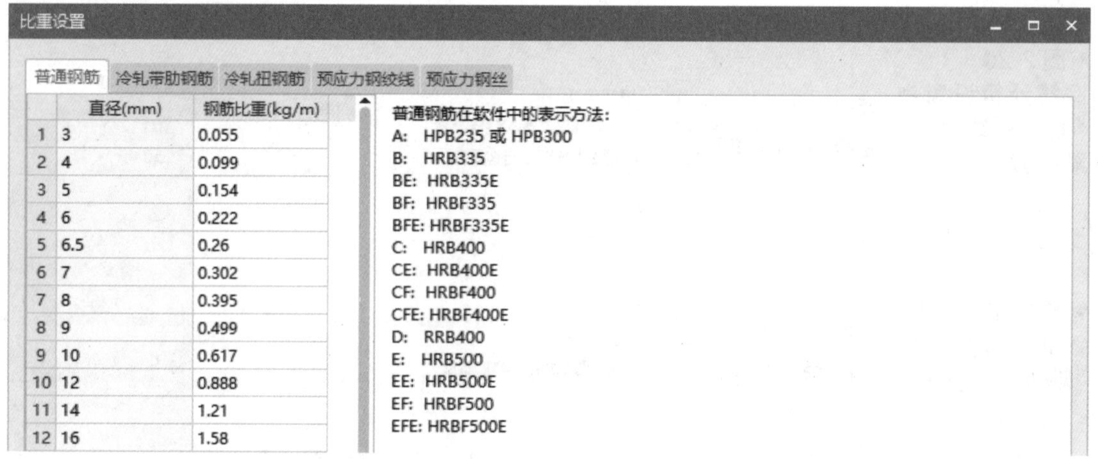

▲ 图 2-24 钢筋设置中的“比重设置”对话框

2020 年 5 月贵阳市区主要建筑安装材料市场综合参考价

序号	材料名称	规格或型号	单位	除税价格(元)	备 注
01 黑色及有色金属					
1	盘元(HPB300)	Φ6	t	3620.00	
2	盘元(HPB300)	Φ8	t	3490.00	
3	盘元(HPB300)	Φ10	t	3490.00	

◀图 2-25 直径 6mm 圆钢的造价信息

任务三 轴网绘制

第一步：在软件左上角导航栏单击“建模”按钮，进入“建模”工作界面（见图 2-26）。

第二步：在“建模”工作界面点开左侧导航栏中“轴线”前面的“+”号（见图 2-27）。

第三步：双击“轴线”按钮下面的“轴网（J）”（见图 2-28），进入轴网定义界面。

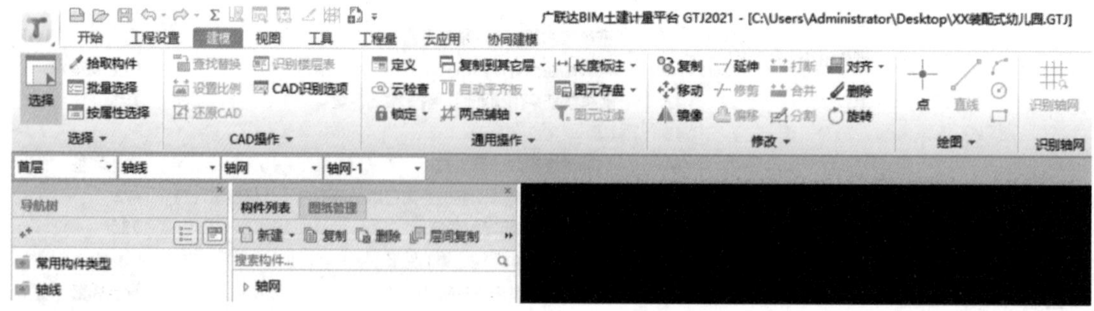

▲ 图 2-26 “建模”工作界面

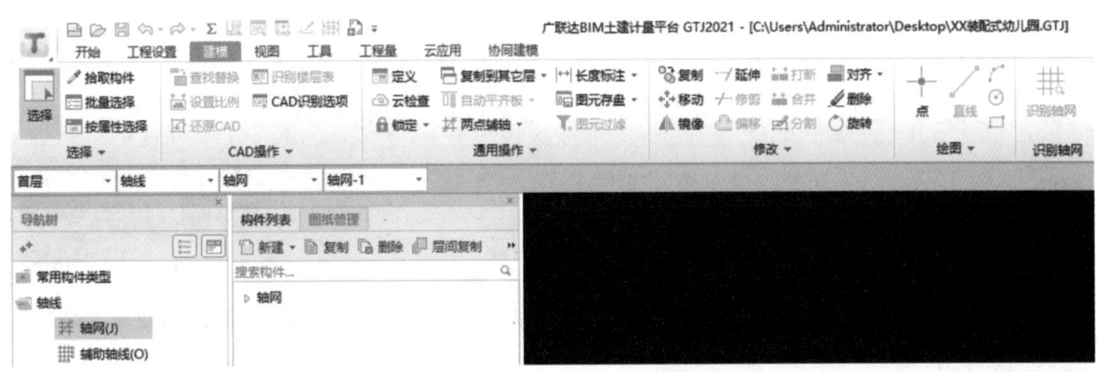

▲ 图 2-27　展开左侧导航栏“轴线”按钮

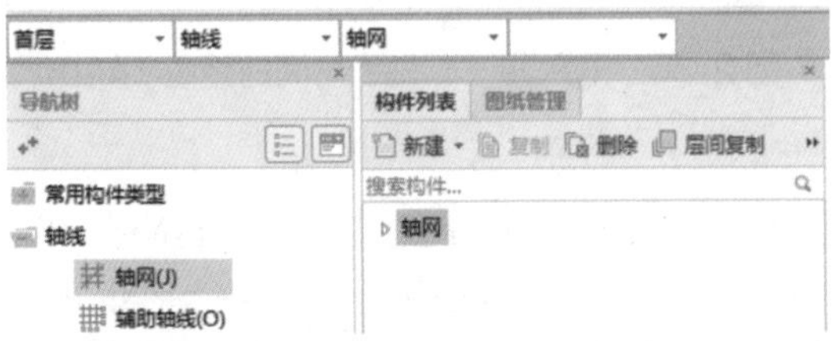

▲ 图 2-28　双击“轴网（J）”进入轴网定义界面

第四步：先单击“新建”按钮，展开后单击“新建正交轴网”（见图 2-29）。

第五步：单击“下开间”，进入下开间的定义界面（见图 2-30）。

第六步：根据结施 02，①～②轴线之间的距离为 3000，在“轴距”中输入“3000”（见图 2-31）。

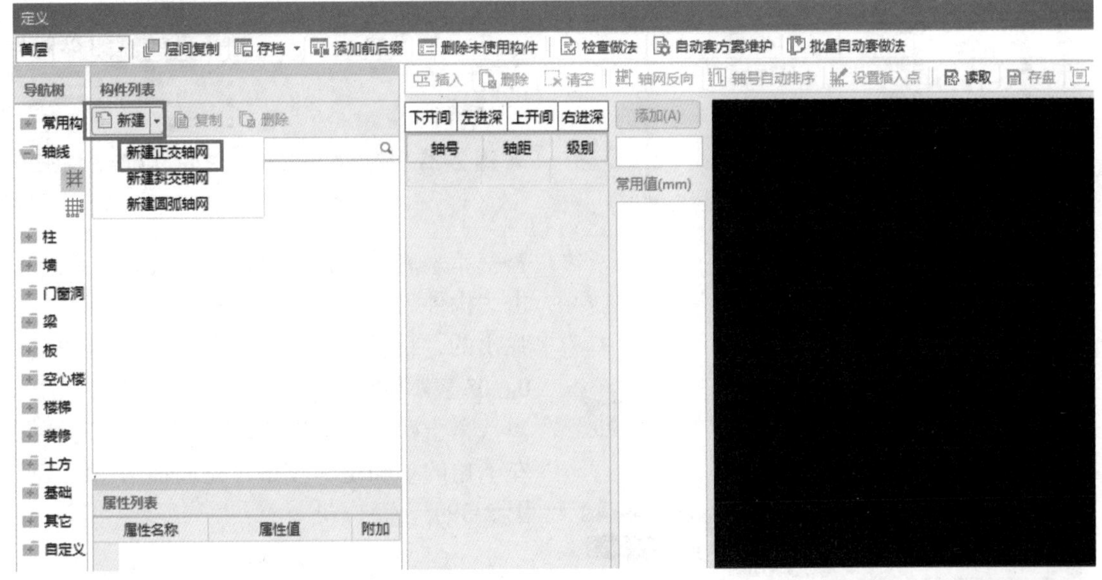

▲ 图 2-29　新建正交轴网

▲ 图 2-30　单击“下开间”进入下开间定义界面

▲ 图 2-31　输入①～②轴线之间的距离“3000”

第七步：按“Enter”键，在轴号“2”后面的空格栏输入②～③轴线之间的距离“3000”（见图 2-32）。

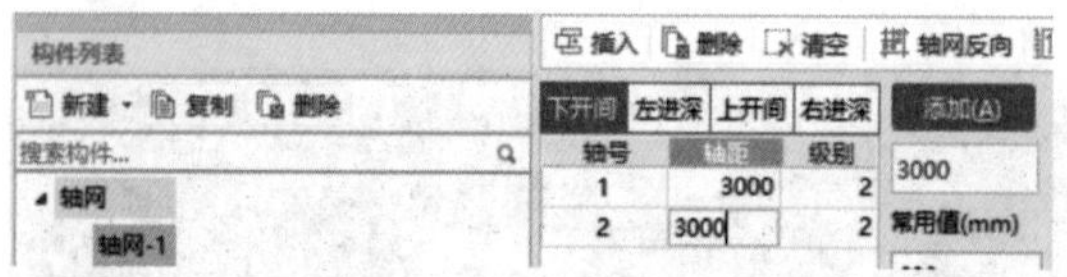

▲ 图 2-32 输入②～③轴线之间的距离“3000”

第八步：根据结施 02，依次输入③～④轴线之间的距离 2400，④～⑤轴线之间的距离 3300，⑤～⑥轴线之间的距离 2400，⑥～⑦轴线之间的距离 3000，⑦～⑧轴线之间的距离 3000（见图 2-33）。

轴号	轴距	级别
1	3000	2
2	3000	1
3	2400	1
4	3300	1
5	2400	1
6	3000	1
7	3000	1
8		2

▲ 图 2-33 依次输入轴线③～④、④～⑤、⑤～⑥及⑥～⑦之间的距离

第九步：单击“左进深”，进入左进深轴距输入界面（见图 2-34）。

▲ 图 2-34 进入左进深轴距输入界面

第十步：根据结施 02，Ⓐ～Ⓑ轴线之间的距离为 1800，在“轴距”中输入“1800”（见图 2-35）。

第十一步：按“Enter”键，在“B”后面的空格栏输入Ⓑ～Ⓒ轴线之间的距离“4800”（见图 2-36）。

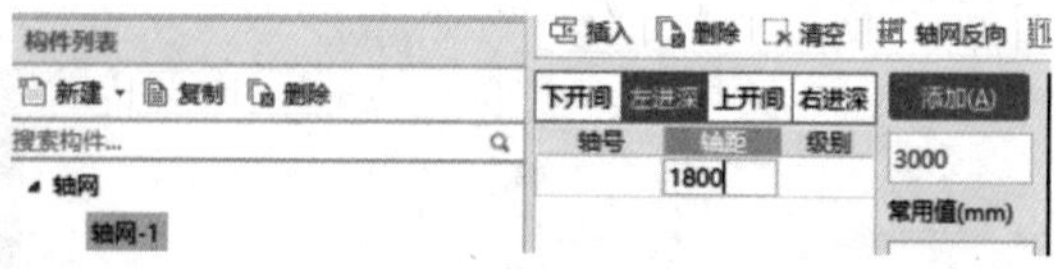

▲ 图 2-35 输入Ⓐ～Ⓑ轴线之间的距离“1800”

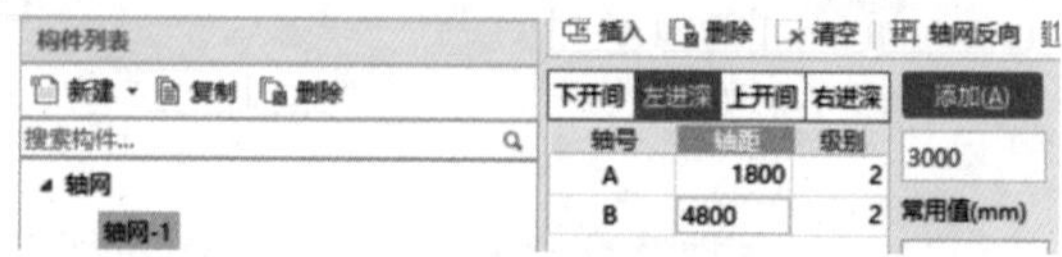

▲ 图 2-36 输入Ⓑ～Ⓒ轴线之间的距离“4800”

第十二步：按下键盘上的“Enter”键，在“C”后面的空格栏输入Ⓒ～Ⓓ轴线之间的距离“1200”，输入完成后再按下键盘上的“Enter”键（见图 2-37）。

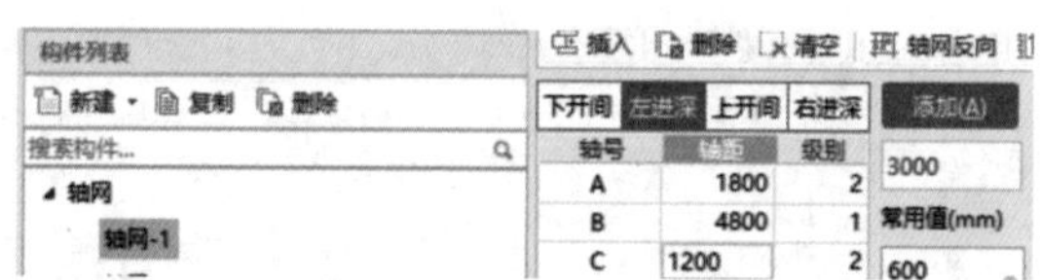

▲ 图 2-37 输入Ⓒ～Ⓓ轴线之间的距离“1200”

第十三步：将轴网信息输入完毕后，双击“构件列表”下方的“轴网-1”按钮，在弹出的“请输入角度”对话框中输入角度：0。0° 表示轴网无须进行旋转（见图 2-38）。

第十四步：单击“请输入角度”对话框左下角的“确定”按钮，完成轴网绘制（见图 2-39）。

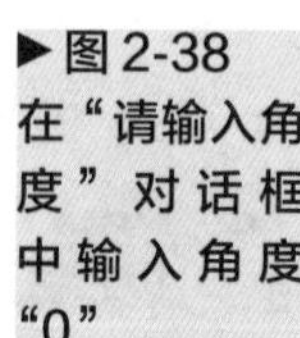

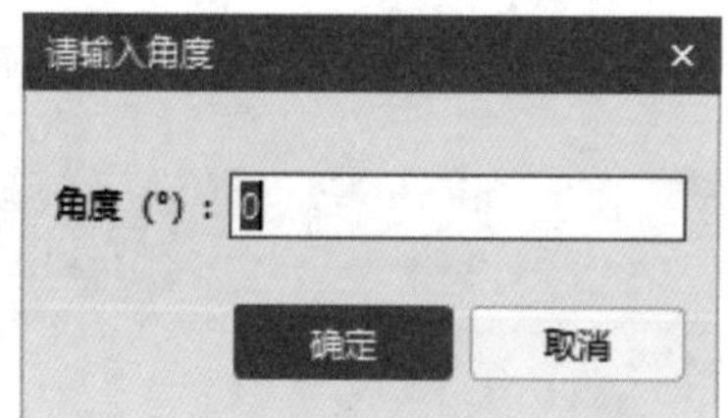

► 图 2-38 在“请输入角度”对话框中输入角度“0”

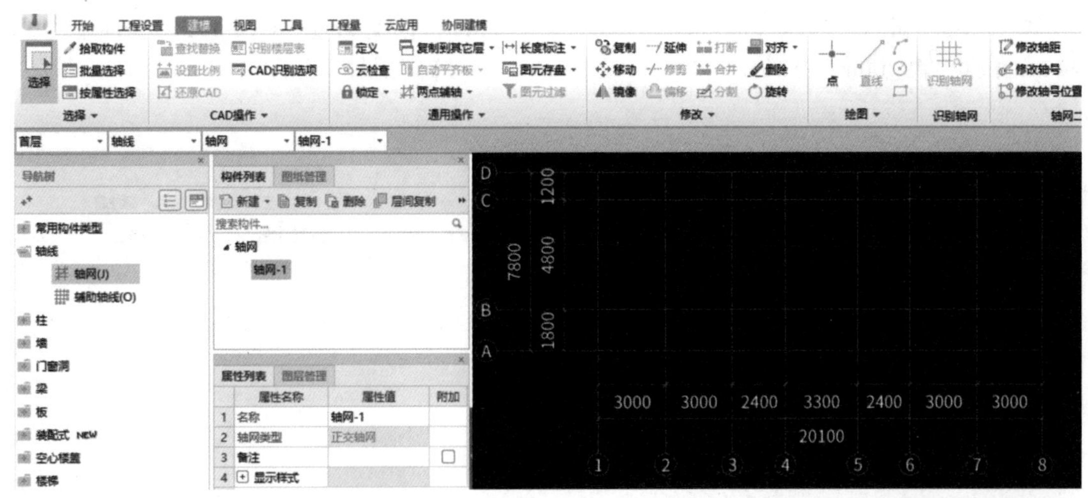

▲图 2-39 轴网绘制完成界面

任务四 基础层结构构件绘制

1. 基础层独立基础绘制

➤ 第一步：单击楼层选择框，在下拉楼层列表中单击“基础层”，切换楼层到基础层（见图 2-40）。

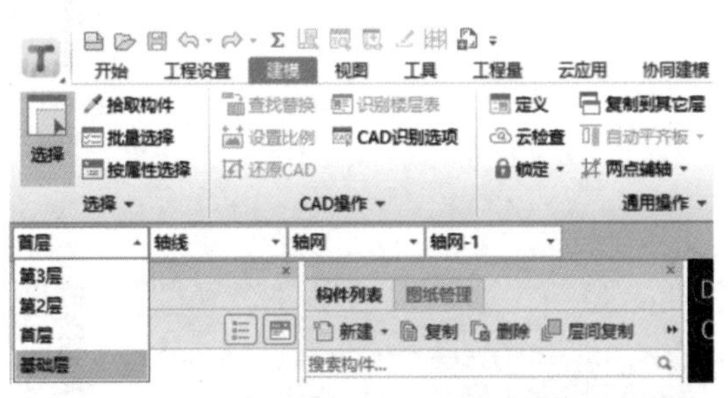

▲图 2-40 切换楼层到基础层

读者一定要注意楼层的切换，切忌未切换楼层就进行建模从而导致返工。

➤ 第二步：单击“导航树”导航栏下面“基础”前面的“+”号，展开列表双击“独立基础（D）”，进入独立基础定义界面（见图 2-41）。

➤ 第三步：单击“新建”按钮，在弹出的菜单里单击“新建独立基础”，修改 DJ-1 的属性。

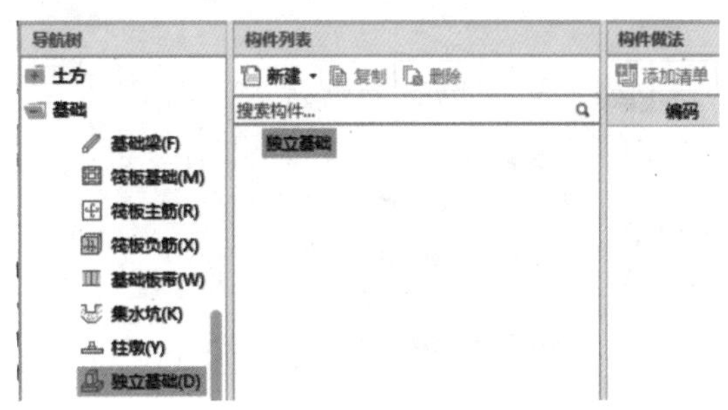

▲图 2-41 进入独立基础定义界面

① 将名称“DJ-1”修改为“J-1”。读者需注意，建模时使用的名称尽量与图样一致，便于后续修改及核对。

② 核查底标高。此处软件默认的底标高为“层底标高”，即楼层设置中对应的基础层标高-1.4，故按软件默认即可，无须再进行标高修改（见图 2-42）。

➤ 第四步：将光标移到“J-1”上，单击鼠标右键弹出菜单，单击“新建矩形独立基础单元”（见图 2-43）。

➤ 第五步：根据结施 02 输入独立基础

“（底）J-1-1”相关参数。截面长度（mm）：1400；截面宽度（mm）：1400；高度（mm）：600；横向受力筋：C14-150；纵向受力筋：C14-150（见图 2-44）。

图 2-42 修改独立基础属性

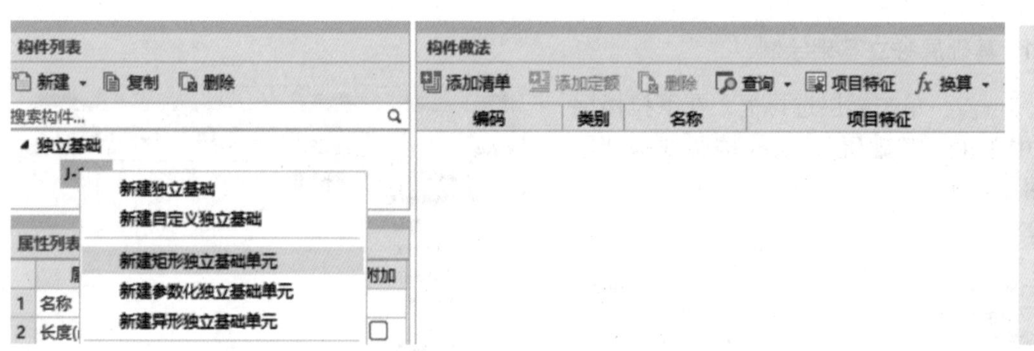

图 2-43 新建矩形独立基础单元

	属性名称	属性值	附加
1	名称	J-1-1	
2	截面长度(mm)	1400	☐
3	截面宽度(mm)	1400	☐
4	高度(mm)	600	☐
5	横向受力筋	⌀14@150	☐
6	纵向受力筋	⌀14@150	☐
7	短向加强筋		☐

图 2-44 修改矩形独立基础单元 J-1-1 相应参数

第六步：单击“添加清单”按钮，为独立基础单元 J-1-1 套取混凝土浇筑做法（见图 2-45）。

第七步：单击“查询清单库”按钮，先选择“混凝土及钢筋混凝土工程”，再选择“现浇混凝土基础”，在右侧的清单界面选择“010501003 独立基础”（见图 2-46）。

第八步：双击编码“010501003”所在的行，为 J-1-1 选取混凝土浇筑的清单项，在项目特征栏输入“C30”（见图 2-47）。

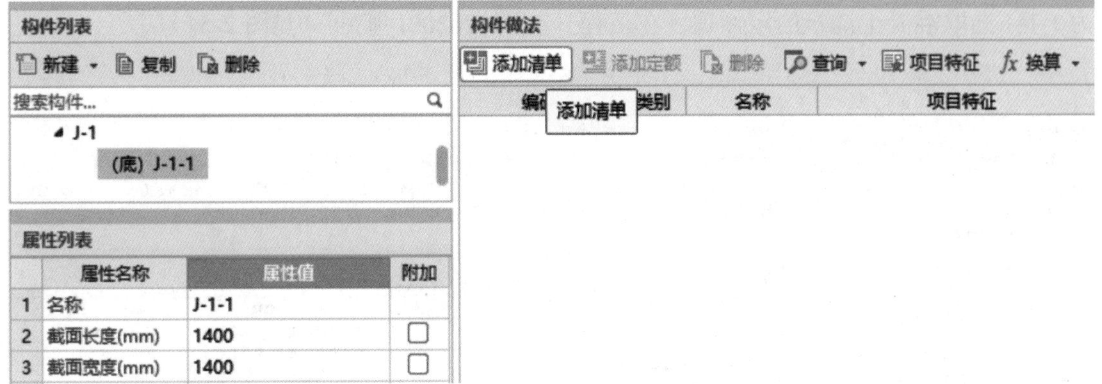

▲ 图 2-45　套取混凝土浇筑做法

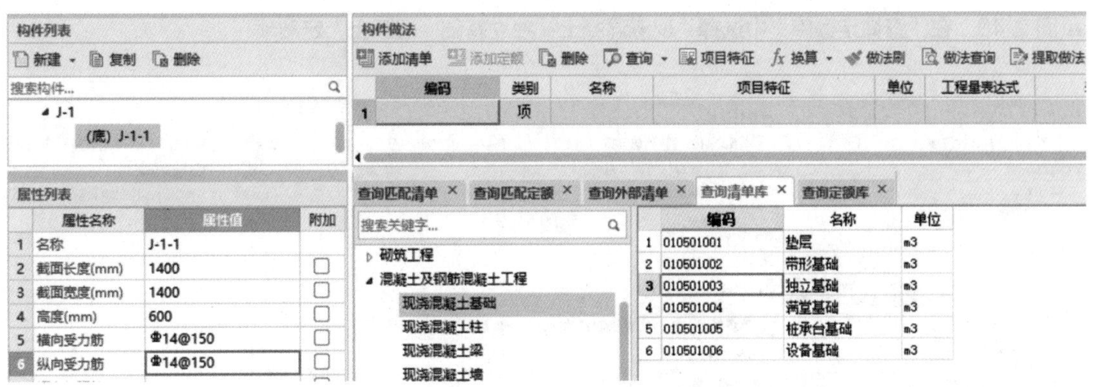

▲ 图 2-46　在“查询清单库”中选择“独立基础”清单项

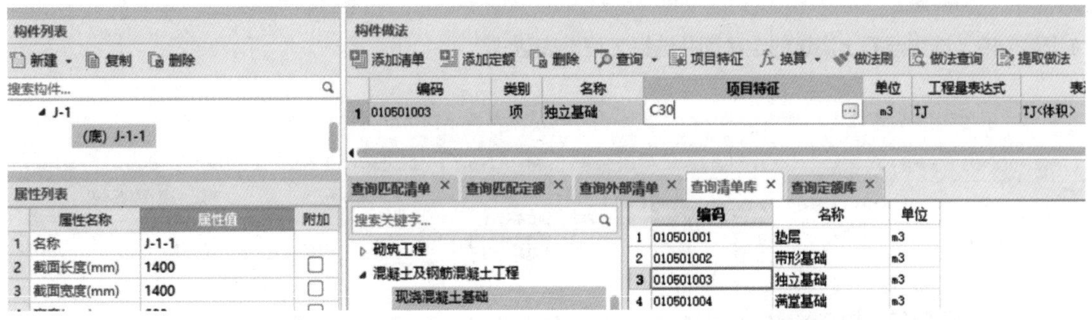

▲ 图 2-47　选中“独立基础”清单项并输入项目特征

第九步：单击“查询定额库”按钮，先选择“混凝土及钢筋混凝土工程”，再选择“现浇混凝土”，在右侧的定额界面选择“A5-6 现浇混凝土 独立基础 混凝土”定额（见图 2-48）。

第十步：双击编码“A5-6”所在的行，为 J-1-1 选取混凝土浇筑的定额项，在工程量表达式栏选择“体积”（见图 2-49）。

第十一步：单击“添加清单”按钮，为独立基础单元 J-1-1 套取模板做法（见图 2-50）。

第十二步：单击“查询清单库”按钮，先选择“措施项目”，再选择“混凝土模板及支架（撑）”，在右侧的清单界面选择“011702001 基础”（见图 2-51）。

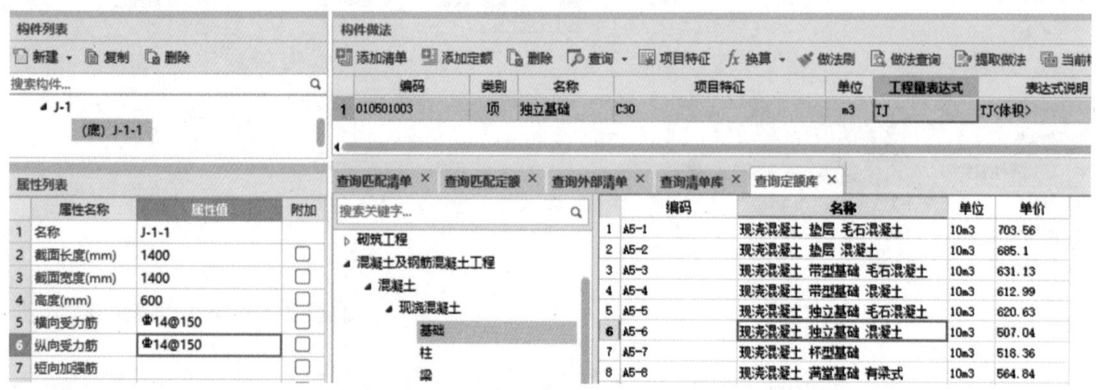

▲图 2-48 在“查询定额库”中选择“现浇混凝土 独立基础 混凝土”定额项

▲图 2-49 选中混凝土浇筑的定额项并选择工程量表达式

▲图 2-50 套取模板做法

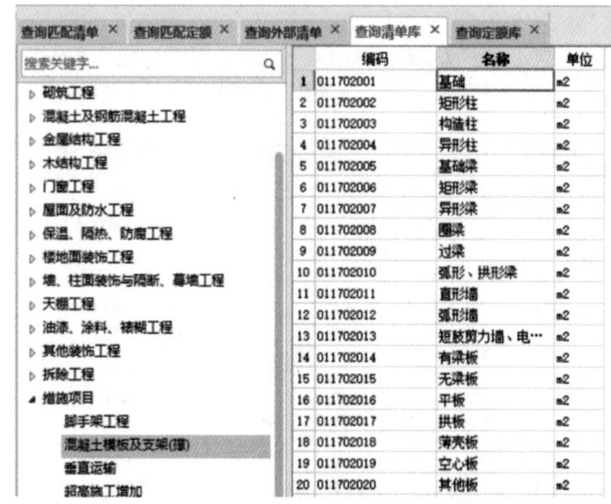

▲ 图 2-51　在“查询清单库”中选择基础模板清单项

第十三步：双击编码“011702001”所在的行，为 J-1-1 选取混凝土模板及支撑的清单项，在项目特征栏输入“独立基础”（见图 2-52）。

此处需注意，若图样设计采用砖胎模，则不应再套用混凝土模板清单项（砖胎模按砖基础另行单独列项计算）。

第十四步：单击“查询定额库”按钮，先选择“混凝土及钢筋混凝土工程”，再选择“模板”，在右侧的定额界面选择“A5-243 现浇混凝土模板　独立基础　混凝土”定额（见图 2-53）。

第十五步：双击编码“A5-243”所在的行，为 J-1-1 选取混凝土模板及支撑的定额项，在工程量表达式栏选择“模板面积”（见图 2-54）。

第十六步：使用与第三～十五步相同操作，完成 J-2 的新建（含做法套用）（见图 2-55）。

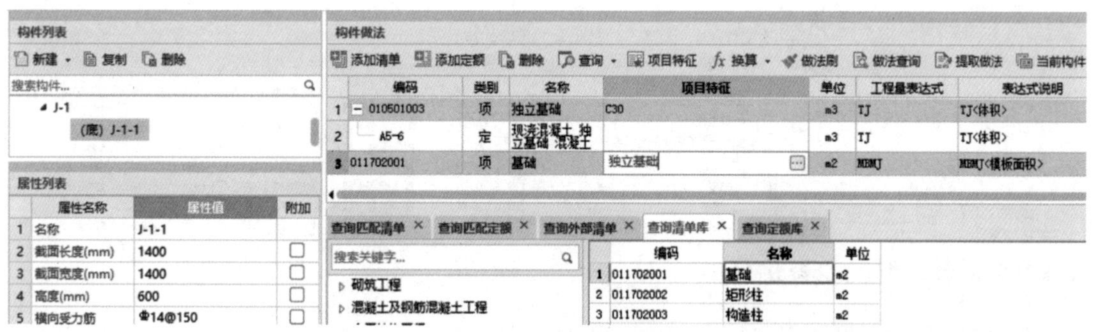

▲ 图 2-52　选中基础模板清单项并输入项目特征

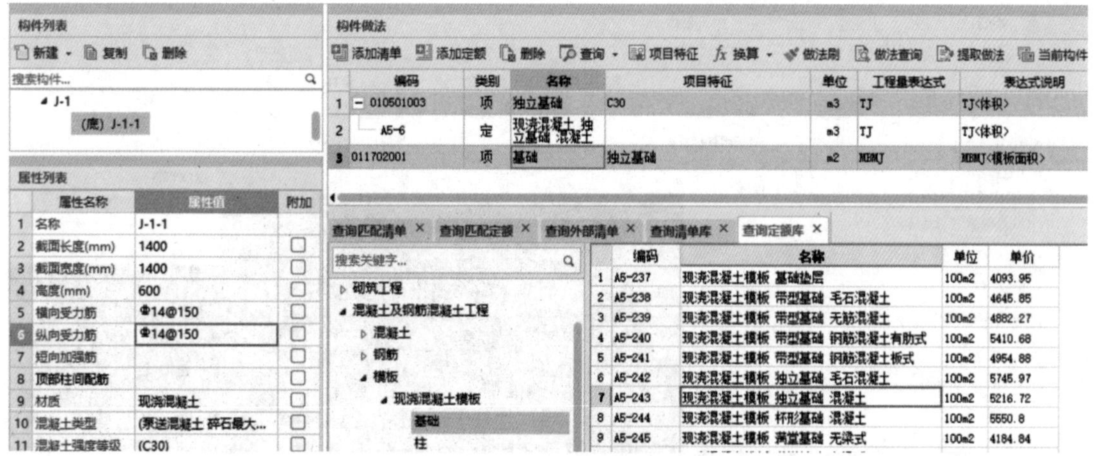

▲ 图 2-53　在“查询定额库”中选择“现浇混凝土模板　独立基础　混凝土”定额项

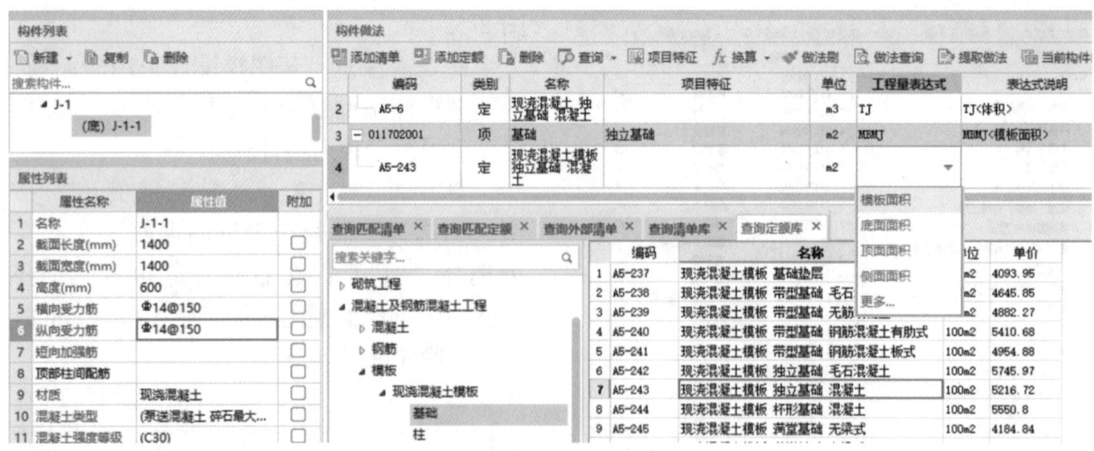

▲ 图 2-54 选中混凝土模板及支撑定额项并选择工程量表达式

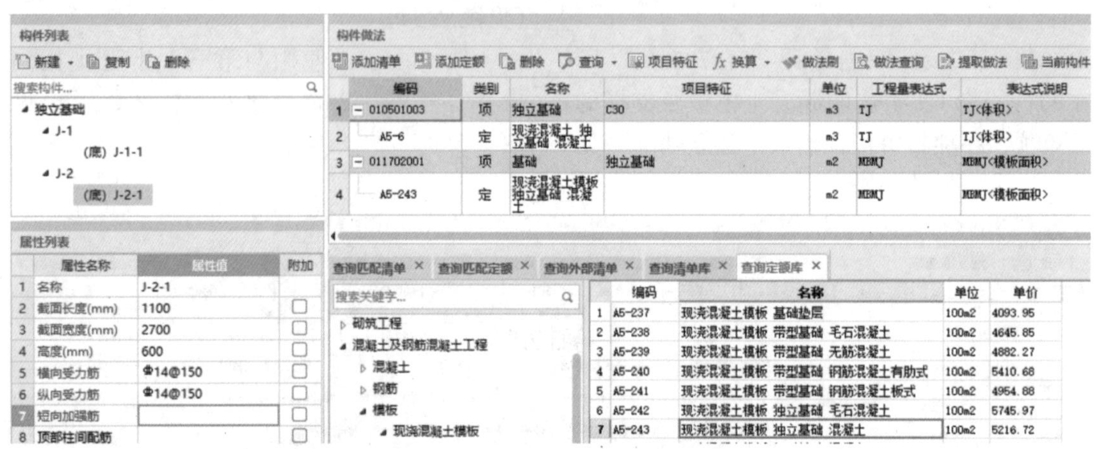

▲ 图 2-55 独立基础 J-2 参数及做法

第十七步：关闭“定义”对话框，进入“建模”工作界面，先选择“J-1”，再在“建模”工作界面中选择“点”画法（见图 2-56）。

▲ 图 2-56 选择“J-1”并选择“点”画法

第十八步：根据结施 02 确定独立基础在轴网中的位置，在①轴线和Ⓒ轴线的交点位置先按住“Shift”键再单击鼠标左键，出现“请输入偏移值”对话框（见图 2-57）。在“请输入偏移值”对话框中输入“X＝100，Y＝-100”（见图 2-58）。

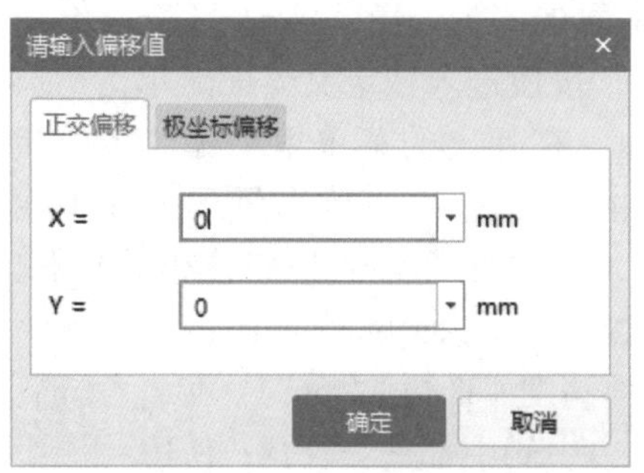

▲ 图 2-57　“请输入偏移值”对话框

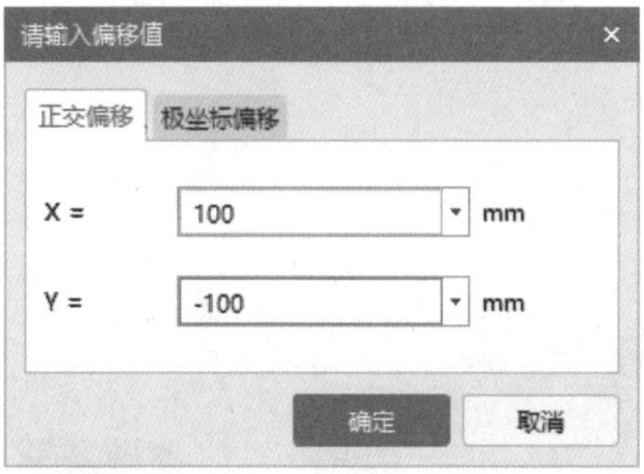

▲ 图 2-58
在“请输入偏移值”对话框中输入信息

读者需学会正交偏移量的计算方法。此处给出正交偏移量的计算公式：X 方向正交偏移量＝（图元位于中心点右侧长度-图元位于中心点左侧长度）/2；Y 方向正交偏移量＝（图元位于中心点上部长度-图元位于中心点下部长度）/2。以处于①轴线和Ⓒ轴线上的独立基础 J-1 为例，中心点为①轴线和Ⓒ轴线的交点，J-1 位于中心点右侧长度为 800，位于中心点左侧长度为 600，位于中心点上部长度为 600，位于中心点下部长度为 800，则可计算出 X 方向正交偏移量＝（800-600）/2＝100，Y 方向正交偏移量＝（600-800）/2＝-100。

第十九步：单击“请输入偏移值”对话框中的“确定”按钮，完成处于①轴线和Ⓒ轴线上的独立基础 J-1 的布置（见图 2-59）。按照第十七、十八步操作完成其余独立基础的布置（见图 2-60）。

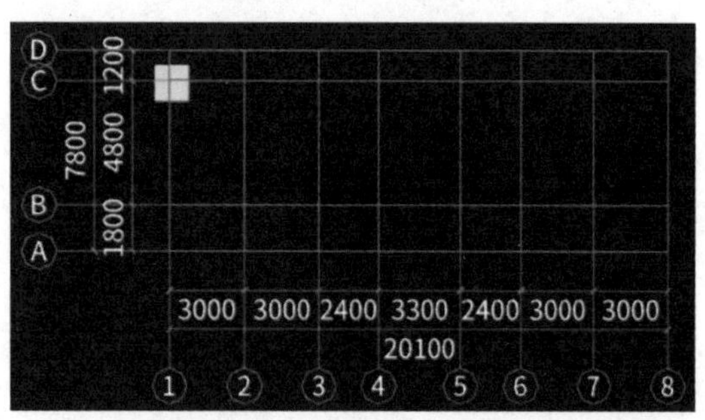

▲ 图 2-59
①轴线和Ⓒ轴线上的独立基础 J-1 布置完成

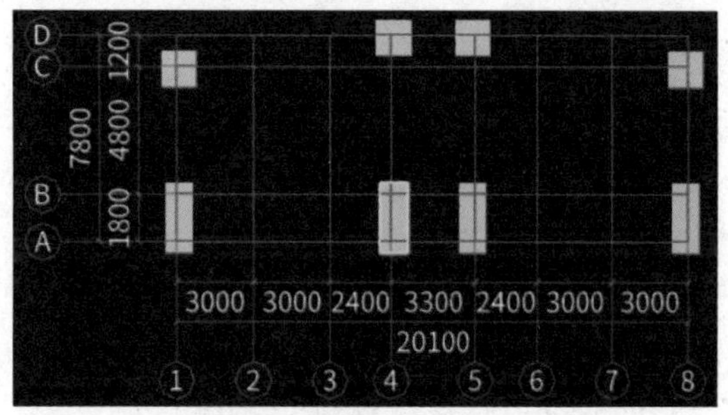

▲ 图 2-60　其余独立基础布置完成

2. 基础层垫层绘制

第一步：单击“导航树”导航栏下“基础”前面的“+”号，展开列表，单击“垫层（X）”按钮，进入垫层定义界面。单击“新建”按钮，在弹出的菜单里单击“新建面式垫层”。根据结施 02 基础布置图、柱平面布置图、地梁配筋图中的基础构造详图 A，核查垫层相关参数，即厚度（mm）：100（见图 2-61）。

第二步：使用上节操作，为垫层 DC-1 套取混凝土浇筑及模板做法（见图 2-62）。

第三步：关闭“定义”界面，在“建

模”界面中单击“智能布置”，在下拉菜单中单击“独基”（见图 2-63）。

	属性名称	属性值	附加
1	名称	DC-1	
2	形状	面型	☐
3	厚度(mm)	100	☐
4	材质	现浇混凝土	☐
5	混凝土类型	(泵送混凝土 ...	☐
6	混凝土强度等级	(C15)	☐
7	混凝土外加剂	(无)	
8	泵送类型	(混凝土泵)	
9	顶标高(m)	基础底标高	☐
10	备注		☐
11	⊞ 钢筋业务属性		

▲图 2-61　修改垫层相关参数

➤ 第四步：移动光标到独立基础上，单击选中所有独立基础（见图 2-64）。单击鼠标右键，出现“设置出边距离”对话框。在“设置出边距离”对话框中输入“出边距离（mm）：100”（见图 2-65）。单击“确定”按钮，垫层布置完成（见图 2-66）。

3. 基础层柱绘制

➤ 第一步：单击“导航树”导航栏下“柱”前面的“+”号，展开列表，单击“柱（Z）”按钮进入柱定义界面。单击“新建”按钮，在弹出的菜单里单击“新建矩形柱”。根据结施 02 基础布置图、柱平面布置图、地梁配筋图输入框架柱相关参数。名称：KZ-1；截面宽度（B 边）（mm）：400；截面高度（H 边）（mm）：400；角筋：4c18；B 边一侧中部筋：2c18；H 边一侧中部筋：2c18；箍筋：c8-100/200（4 * 4）（见图 2-67）。

构件做法

添加清单　添加定额　删除　查询　项目特征　fx 换算　做法刷　做法查询　提取做法　当前

	编码	类别	名称	项目特征	单位	工程量表达式	表达式说明
1	⊟ 010501001	项	垫层	C15	m3	TJ	TJ<体积>
2	A5-2	定	现浇混凝土 垫层 混凝土		m3	TJ	TJ<体积>
3	⊟ 011702025	项	其他现浇构件	基础垫层模板	m2	MBMJ	MBMJ<模板面积>
4	A5-237	定	现浇混凝土模板 基础垫层		m2	MBMJ	MBMJ<模板面积>

◀图 2-62　垫层 DC-1 做法

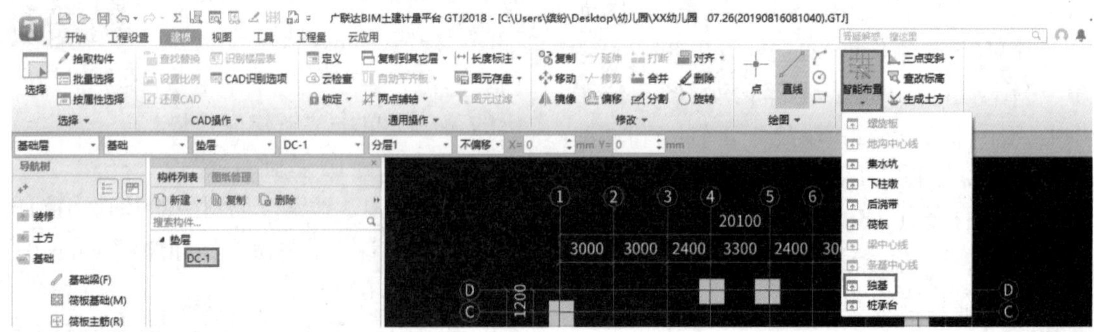

▲图 2-63　选择“智能布置”下拉菜单中的“独基”

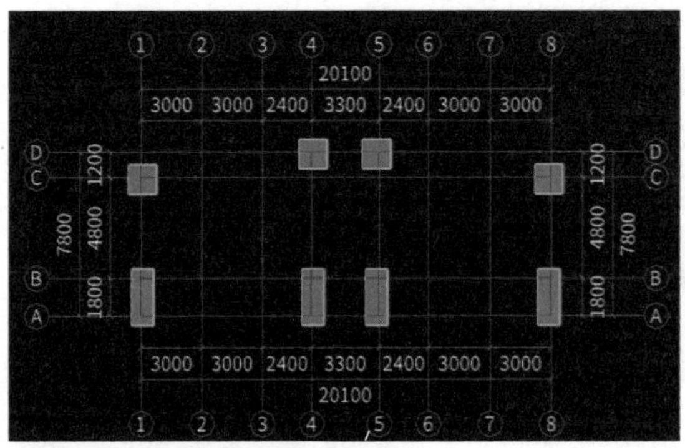

▲ 图 2-64　选中所有独立基础

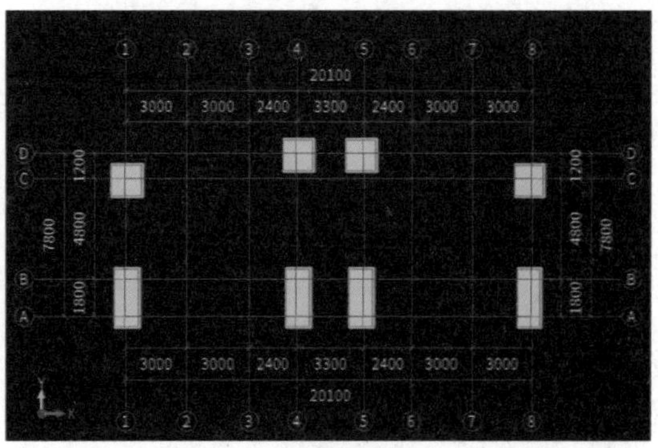

▲ 图 2-66　垫层布置完成

设置出边距离　×

出边距离(mm)　100

确定　取消

▲ 图 2-65　单击鼠标右键弹出“设置出边距离”对话框

第二步：单击“构件做法”选项卡，再单击“添加清单”按钮，为框架柱 KZ-1 套取混凝土浇筑及模板做法（见图 2-68）。

第三步：使用与第一、二步相同操作方法，完成 KZ-2 的新建（含做法套用）（见图 2-69）。

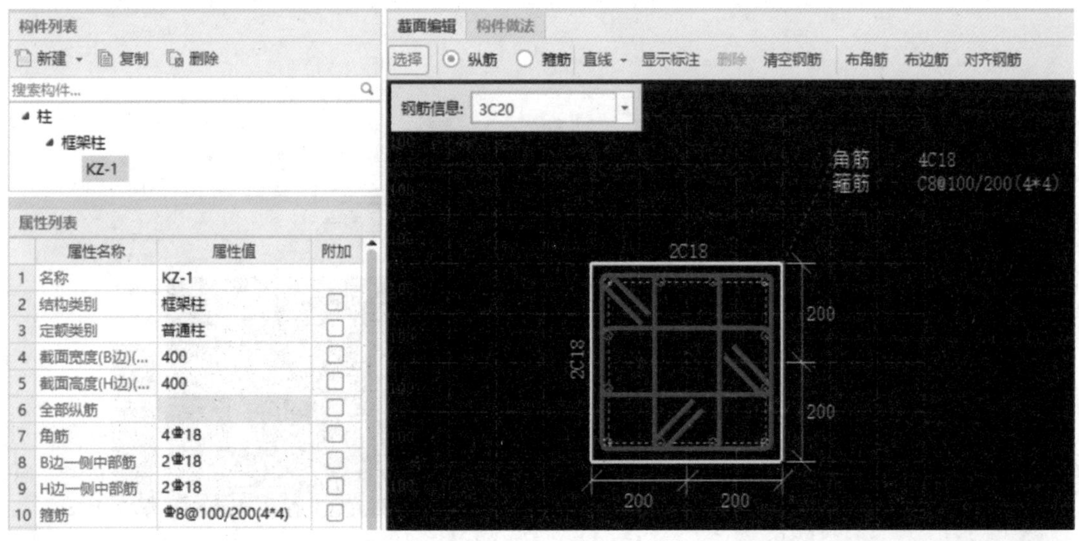

▲ 图 2-67　修改框架柱相关参数

截面编辑　构件做法

添加清单　添加定额　删除　查询　项目特征　fx 换算　做法刷　做法查询　提取做法　当前构件自动套做法

	编码	类别	名称	项目特征	单位	工程量表达式	表达式说明	单价
1	010502001	项	矩形柱	C30	m3	TJ	TJ<体积>	
2	A5-13	定	现浇混凝土 矩形柱		m3	TJ	TJ<体积>	1282.02
3	011702002	项	矩形柱	模板支撑高度3.6m以内	m2	MBMJ	MBMJ<模板面积>	
4	A5-254	定	现浇混凝土模板 矩形柱		m2	MBMJ	MBMJ<模板面积>	6089.09

▲ 图 2-68　框架柱 KZ-1 做法

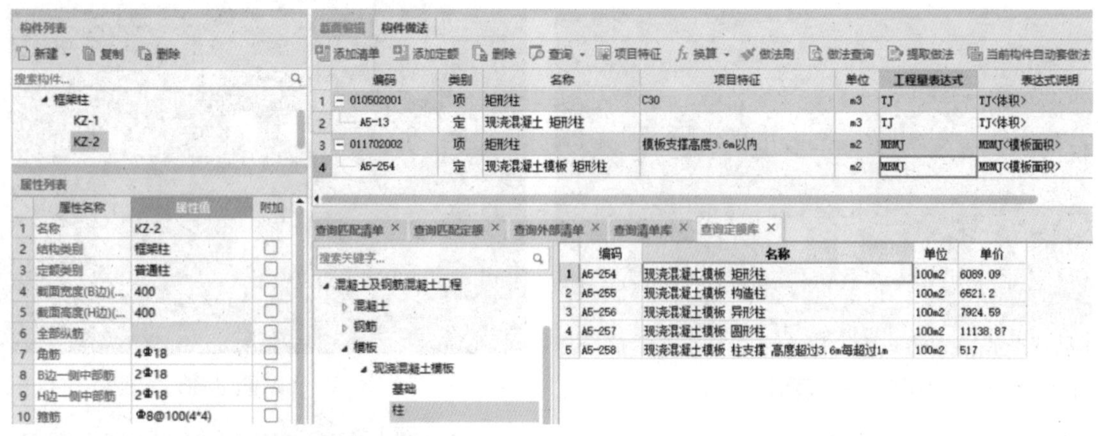

▲图 2-69 框架柱 KZ-2 参数及做法

第四步：关闭“定义”界面，在“建模”界面选择“KZ-1”，并选择“点”画法（见图 2-70）。

第五步：根据结施 02 确定框架柱在轴网中的位置，在①轴线和Ⓒ轴线的交点位置先按住“Shift”键再单击鼠标左键，出现“请输入偏移值”对话框（见图 2-71）。在“请输入偏移值”对话框中输入“X=100，Y=-100”，单击“确定”按钮，完成 KZ-1 在①轴线和Ⓒ轴线的布置（见图 2-72）。

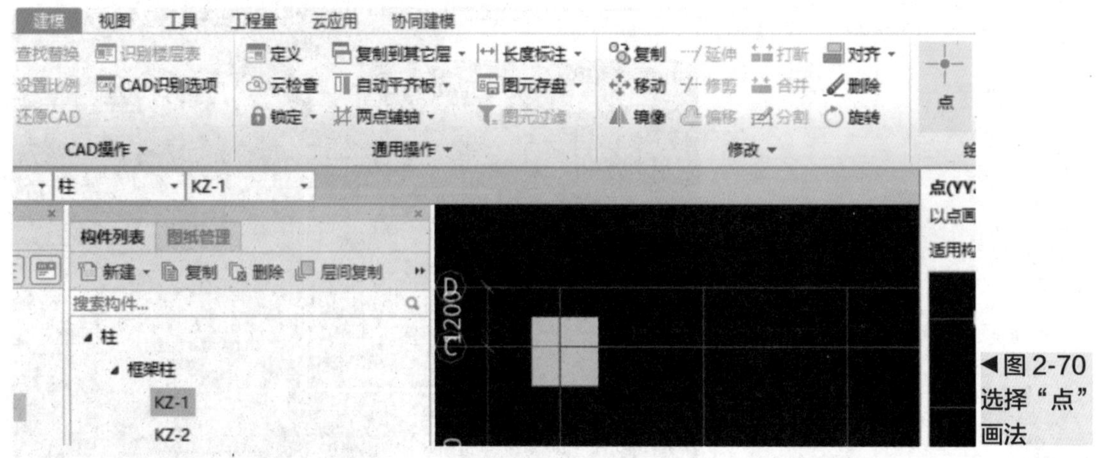

◀图 2-70 选择“点”画法

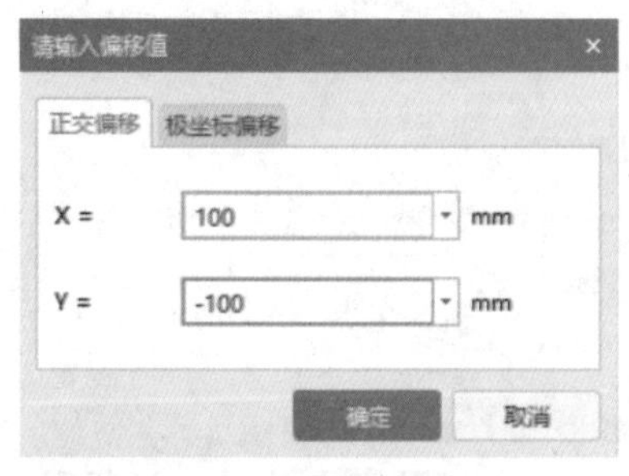

▲图 2-71 基础层①轴交Ⓒ轴处 KZ-1 偏移量

第六步：使用第五步操作方法完成剩余位置的框架柱布置（见图 2-73）。

4. 基础层基础梁绘制

第一步：单击“导航树”导航栏下“基础”前面的“+”号，展开列表，单击“基础梁（F）”按钮进入基础梁定义界面。单击

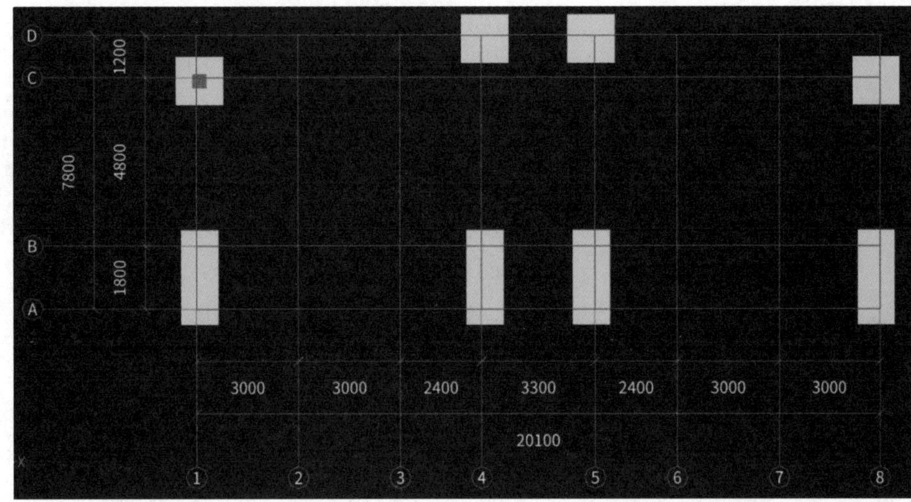

◀图 2-72
基础层①轴交Ⓒ轴处 KZ-1 布置完成

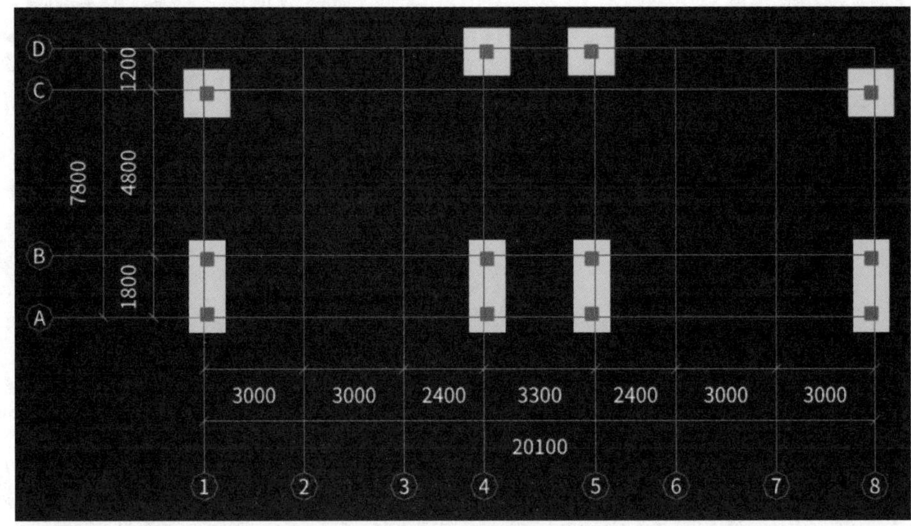

基础层柱绘制

◀图 2-73
基础层框架柱布置完成

"新建"按钮，在弹出的菜单里单击"新建矩形基础梁"。根据结施 02 输入矩形基础梁相关参数。名称：DKL1；类别：基础主梁；截面宽度（mm）：250；截面高度（mm）：500；跨数量：2；箍筋：C8-100/150；下部通长筋：2C14；上部通长筋：2C20；侧面构造或受扭筋（总配筋值）：N4C12（见图 2-74）。

初学者需注意，基础梁与楼层梁不是一个概念。基础梁属于基础范畴，不属于梁的范畴，切忌用梁构件来定义基础梁，否则会产生较大的计算误差。还需注意的是，一定要将基础梁顶标高修改为 −0.05 或者层顶标高。

第二步：使用与其他构件绘制同样操作，完成 DKL1 的做法套用（见图 2-75）。

此处需注意，若图样设计采用砖胎模，则不应再套用混凝土模板清单项（砖胎模按砖基础另行单独列项计算）。

第三步：使用第一、二步操作方法，完成 DKL2~DKL7、DL1~DL3（注意类别为基

▲ 图 2-74 修改矩形基础梁 DKL1 的参数

础次梁）及 DTL2 矩形基础梁新建（含做法套用）。注意 DTL2 不要套用做法，原因是 DTL2 属于楼梯的一部分（梯梁）。根据《房屋建筑与装饰工程工程量计算规范》（GB 50854—2013），现浇混凝土楼梯的混凝土浇筑及模板工程量均按设计图示尺寸以水平投影面积计算（不扣除宽度 ≤ 500mm 的楼梯井，伸入墙内部分不计算）。整体楼梯（包括直形楼梯、弧形楼梯）水平投影面积包括休息平台、平台梁、斜梁和楼梯的连接梁。当整体楼梯与现浇楼板无梯梁连接时，以楼梯的最后一个踏步边缘加 300mm 为界。故此处只提取 DTL2 的钢筋量，不再提取其混凝土浇筑及模板工程量。

➤ 第四步：选择“DKL1”，在“建模”工作界面中选择“直线”画法（见图 2-76）。

➤ 第五步：根据结施 02 确定 DKL1 矩形基础梁在轴网中的位置。为了保证所画图元的整齐，可以点开页面下方的“正交”按钮（见图 2-77）。

	编码	类别	名称	项目特征	单位	工程量表达式	表达式说明
1	− 010503001	项	基础梁	C30	m3	TJ	TJ<体积>
2	A5-18	定	现浇混凝土 基础梁		m3	TJ	TJ<体积>
3	− 011702005	项	基础梁	模板支撑高度3.6m以内	m2	MBMJ	MBMJ<模板面积>
4	A5-259	定	现浇混凝土模板 基础梁		m2	MBMJ	MBMJ<模板面积>

▲ 图 2-75 矩形基础梁 DKL1 的做法套用

➤ 第六步：在①轴线和Ⓐ轴线的交点位置先按住“Shift”键，再单击鼠标左键，在“请输入偏移值”对话框中输入“X=25，Y=0”，单击“确定”按钮。向上移动光标（见图 2-78），至①轴和Ⓒ轴交点位置单击鼠标左键，再单击鼠标右键，完成①轴线上矩形基础梁的绘制（见图 2-79）。

➤ 第七步：使用第四 ~ 六步操作方法完成剩余的矩形基础梁布置（见图 2-80）。

➤ 第八步：在“建模”界面中单击“原位标注”，弹出“梁平法表格”（见图 2-81）。

➤ 第九步：单击①轴上的 DKL1 矩形基础梁，出现 DKL1 矩形梁原位标注对话框（见图 2-82）。

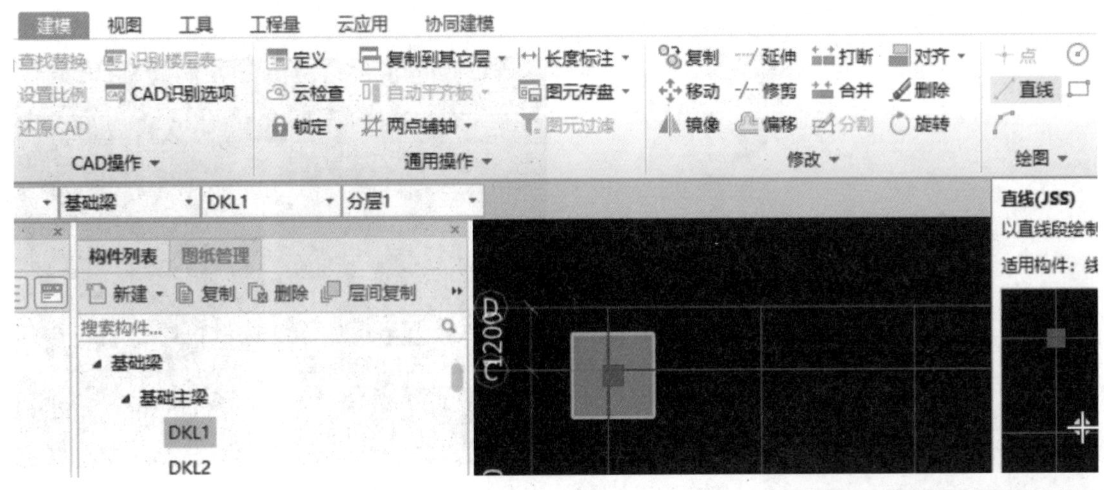

▲图 2-76　选择“直线”画法

▶图 2-77
点开“正交”按钮

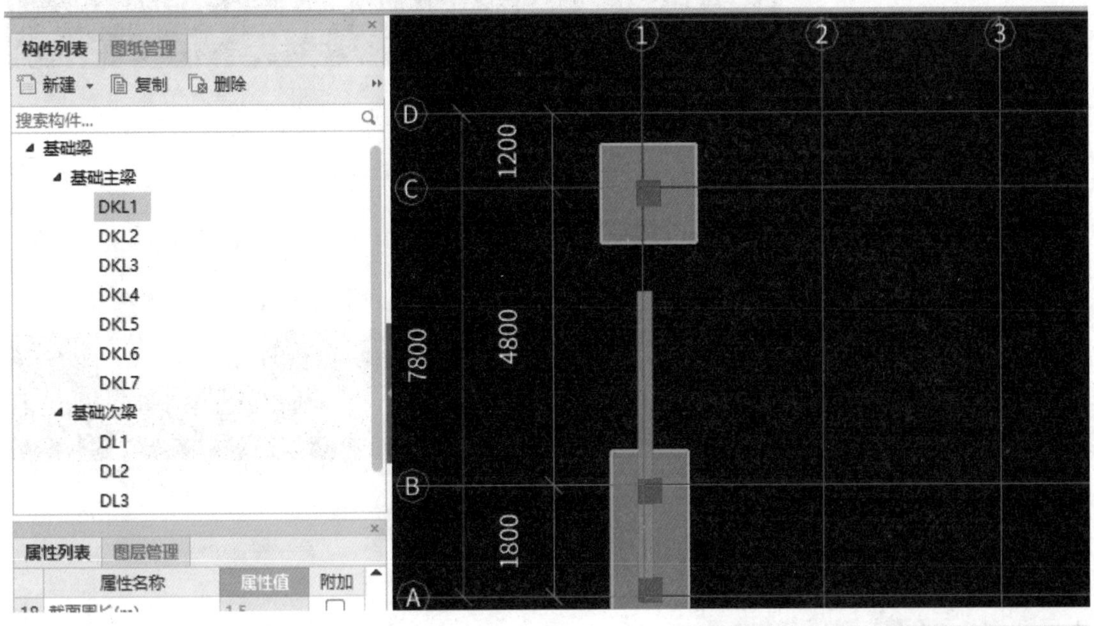

▲图 2-78　DKL1 矩形基础梁绘制过程

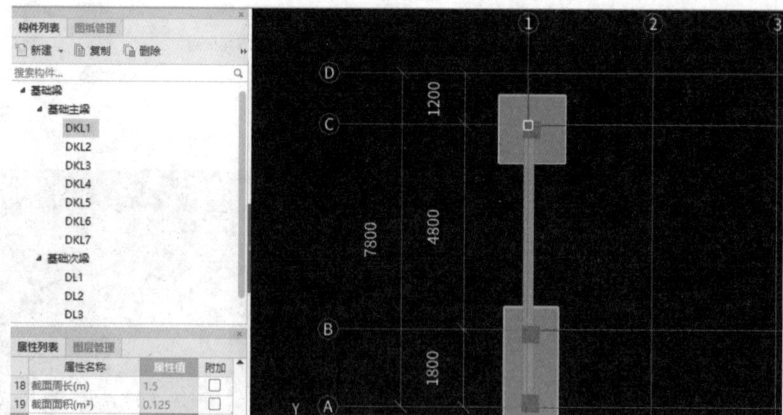

▶图 2-79
DKL1 矩形基础梁绘制完成

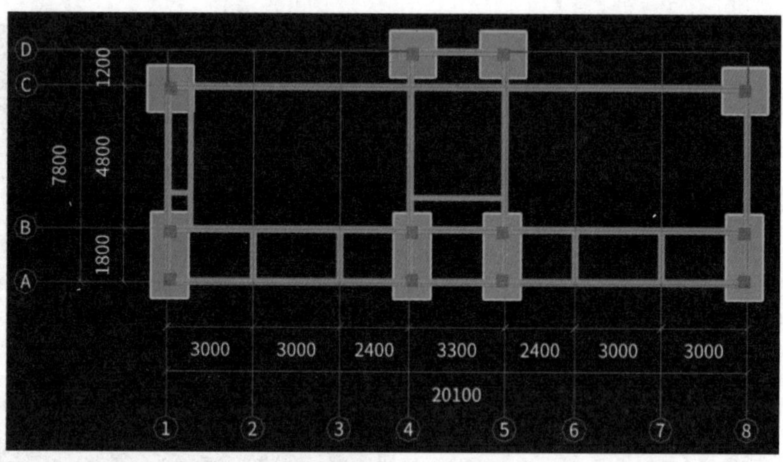

▶图 2-80
矩形基础梁布置完成

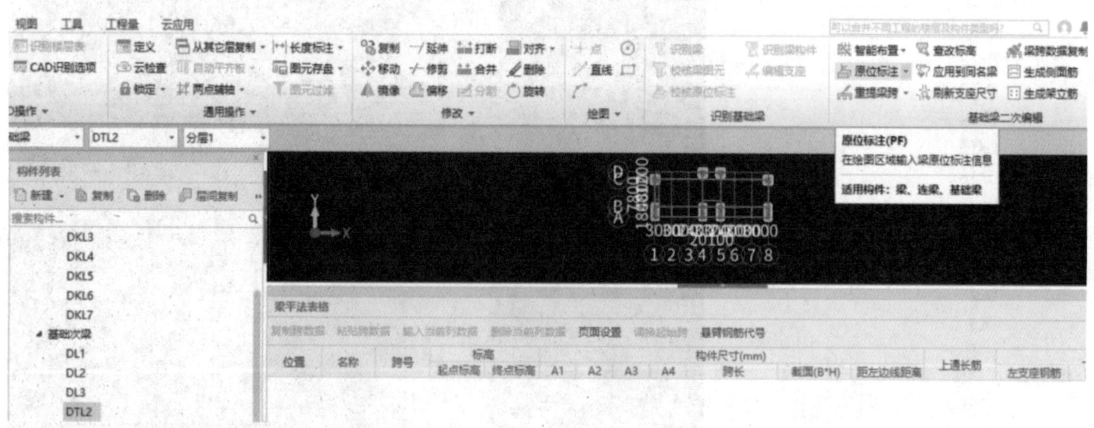

▲图 2-81 “梁平法表格”工作界面

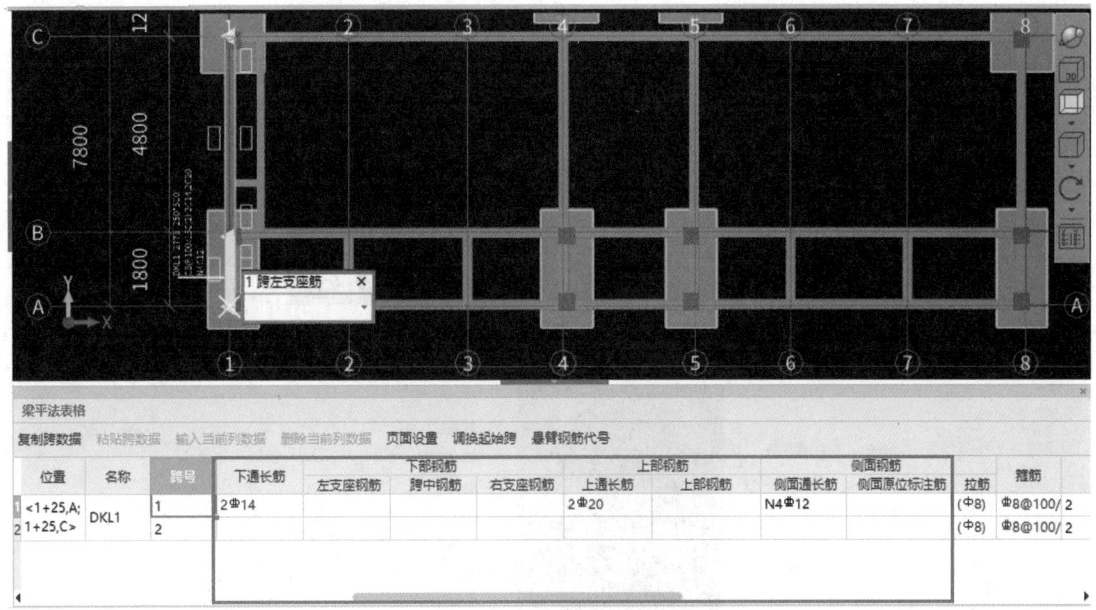

▲ 图 2-82　原位标注对话框

第十步：根据结施 02，对①轴 DKL1 矩形基础梁进行原位标注。1 跨左支座筋：4C14；2 跨左支座筋：4C14；2 跨右支座筋：4C14（见图 2-83）。输入完成后先按“Enter”键再右击鼠标，①轴 DKL1 矩形基础梁原位标注完成（见图 2-84）。

第十一步：将 DKL1 的原位标注应用到同名梁。单击选中①轴上的 DKL1，单击鼠标右键弹出菜单，选中“应用到同名梁（W）”（见图 2-85），再单击鼠标右键确认（见图 2-86）。

读者需注意，在进行图样设计时，原位标注往往只标注在其中一道梁上，其余同名梁上没有原位标注，但这并不意味着这些同名梁上就没有原位标注。因此，要注意对每道有原位标注的梁使用“应用到同名梁（W）”操作，避免原位标注的遗漏。

第十二步：重复第八～十一步操作方法完成剩余矩形基础梁的原位标注（见图 2-87）。

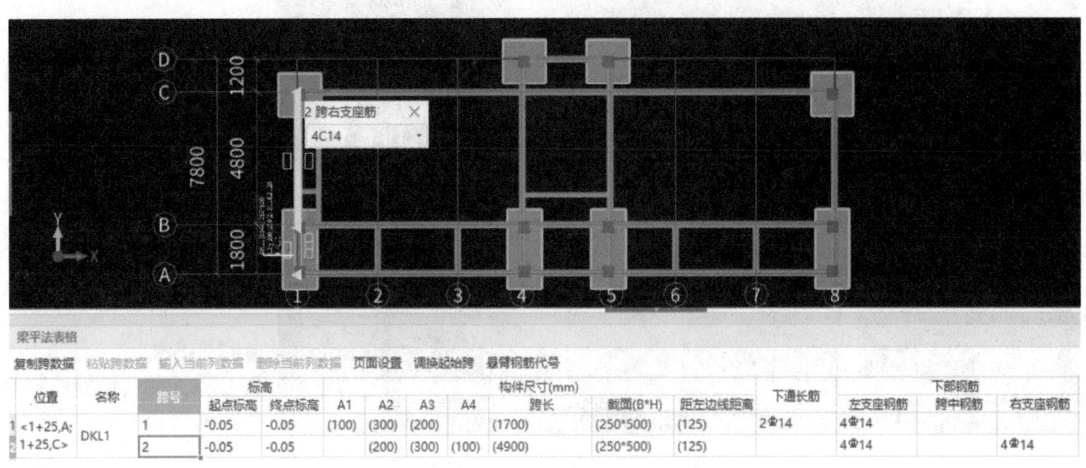

▲ 图 2-83　输入①轴 DKL1 矩形基础梁原位标注参数

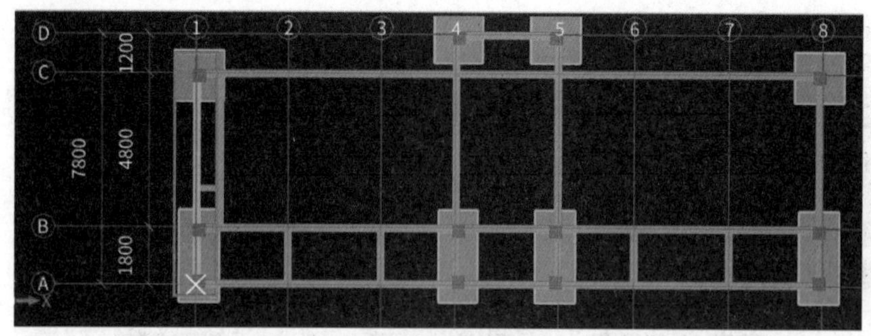

◀图 2-84
①轴 DKL1 矩形基础梁原位标注完成

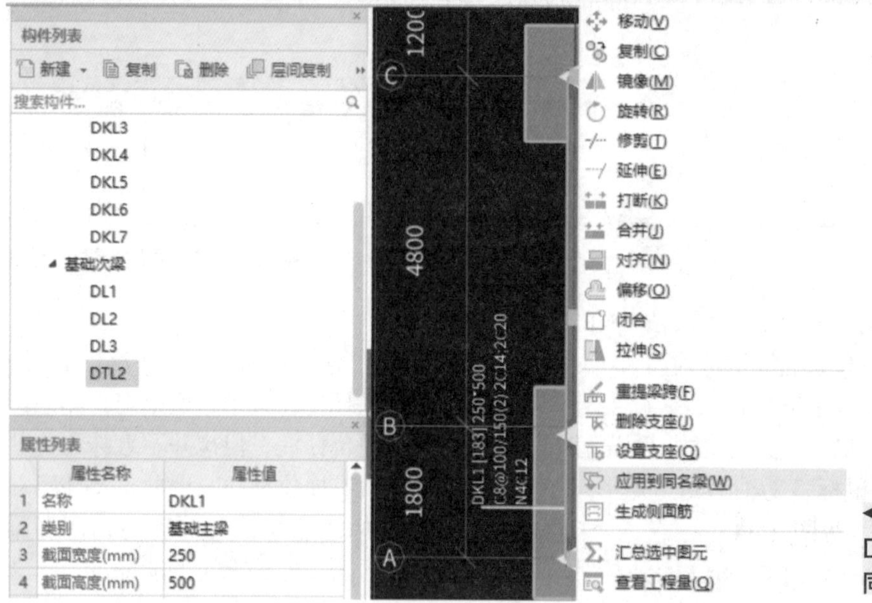

◀图 2-85
DKL1 选中“应用到同名梁（W）”

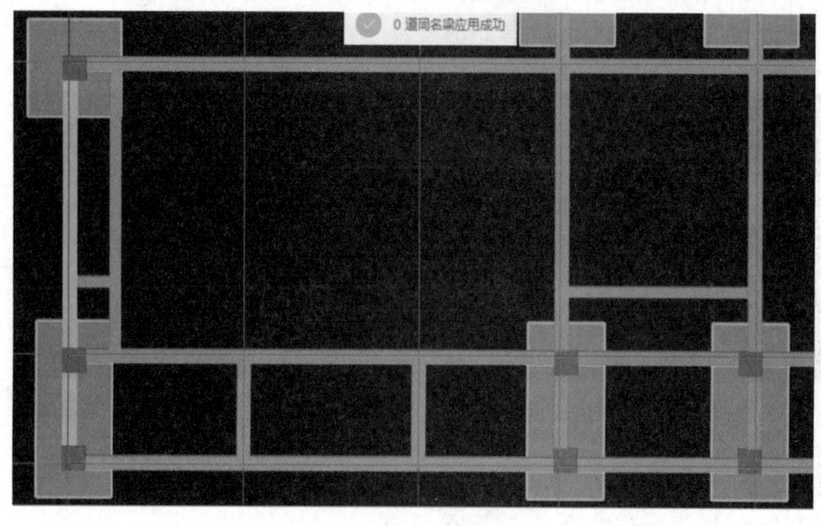

◀图 2-86
将 DKL1 的原位标注应用到同名梁

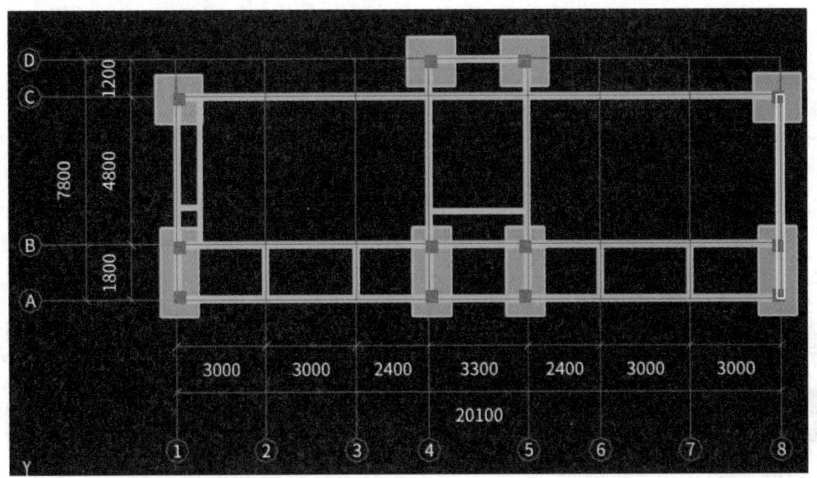

◀图 2-87
基础层基础梁原位标注完成界面

任务五　首层结构构件绘制

1. 首层柱绘制

第一步：单击楼层选择框，在下拉楼层列表中单击“首层”，切换楼层到首层（见图2-88）。单击“导航树”导航栏下“柱”前面的“+”号，展开列表，单击“柱（Z）”按钮进入柱定义界面。

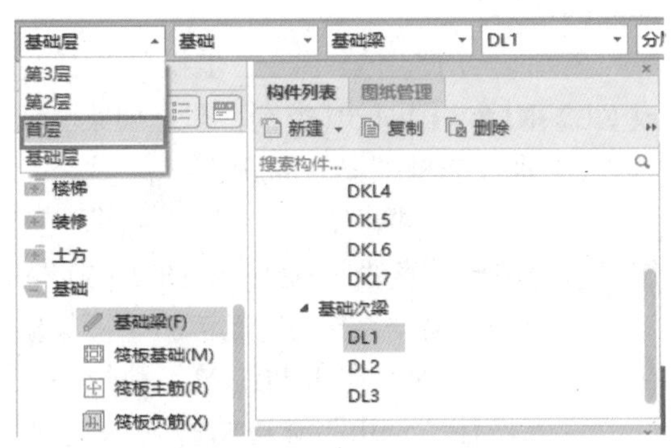

▲图 2-88　切换楼层到首层

第二步：单击“从其它层复制”按钮（见图 2-89），弹出“从其它楼层复制图元”对话框（见图 2-90）。在弹出的对话框中取消勾选“基础”（见图 2-91），单击“确定”按钮，完成框架柱从基础层到首层的复制（见图 2-92）。

读者在进行图元的层间复制时需注意几个事项。

① 注意源楼层和目标楼层的含义。源楼层是指图元已经绘制完毕，可以提供复制图元的楼层；目标楼层是指需要进行图元绘制的楼层。

② 注意源楼层与目标楼层的图元完全一样时，才可进行此操作。若源楼层与目标楼层的图元存在差异，不可采用“从其它层复制”的操作。

③ 注意将源楼层的无关图元取消。如此次复制的是柱，则基础等便是无关图元，应予以取消。

④ 复制完成后注意检查图元属性中的标高是否需要修改，若需要，则应进行相应的修改。

⑤ 此操作在高层建模时使用较为频繁，读者可自行揣摩并加以灵活运用。

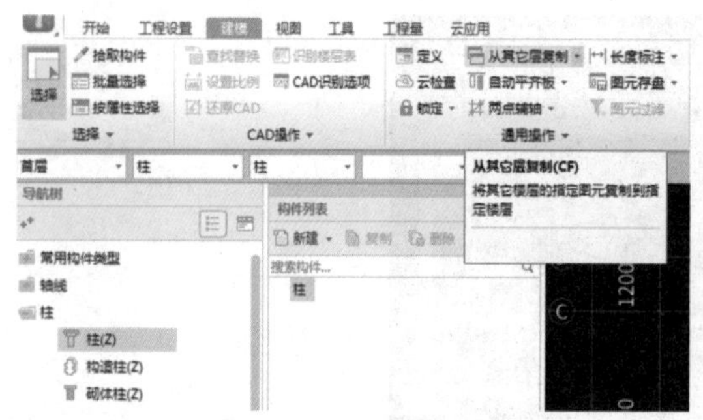
▲ 图 2-89 单击“从其它层复制”按钮

▲ 图 2-90 “从其它楼层复制图元”对话框

2. 首层梁绘制

第一步：单击“导航树”导航栏下“梁”前面的“+”号，展开列表，单击“梁（L）”按钮进入梁定义界面。单击“新建”按钮，在弹出的菜单里单击“新建矩形梁”。根据结施 03 梁板平法配筋图输入框架梁相关参数。名称：KL1；跨数量：2；结构类别：楼层框架梁；截面宽度（mm）：250；截面高度（mm）：500；箍筋：C8-100/200；肢数：2；上部通长筋：2C14；下部通长筋：2C16（见图 2-93）。

首层梁构件定义

第二步：使用与前面任务中同样的操作，完成 KL1 的做法套用（见图 2-94）。

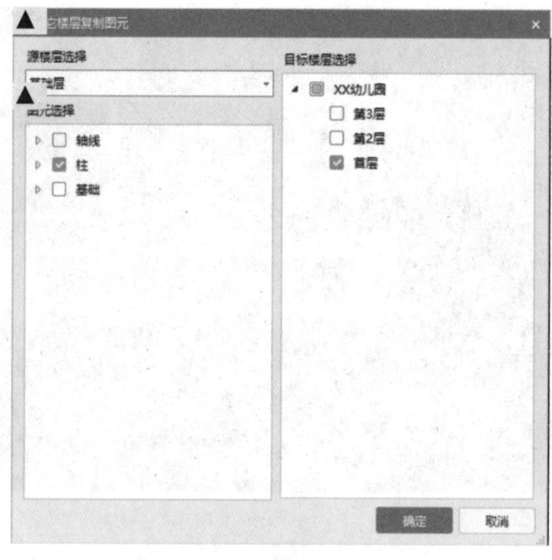
▲ 图 2-91 取消勾选“基础”

▲ 图 2-92 完成框架柱从基础层到首层的复制

此处需要说明的是，因为梁和板一起浇筑，所以应选用的清单和定额项是有梁板。矩形梁的清单和定额项针对的是未和板进行连接的单梁。

第三步：使用第一、二步操作方法完成 KL2~KL8、L1~L5（类别：非框架梁）及 TL2（类别：非框架梁）的新建。

第四步：选择“KL1”，在“建模”工作界面中选择“直线”画法（见图 2-95）。

第五步：根据结施 03 确定 KL1 框架梁在轴网中的位置。在①轴线和Ⓐ轴线的交点位置先按住“Shift”键再单击鼠标左键，在“请输入偏移值”对话框中输入“X=25，Y=0”，单击“确定”按钮，向上拖动光标（见图 2-96）至①轴和Ⓒ轴交点位置单击鼠标左键，再单击鼠标右键，完成①轴线上框架梁的绘制（见图 2-97）。

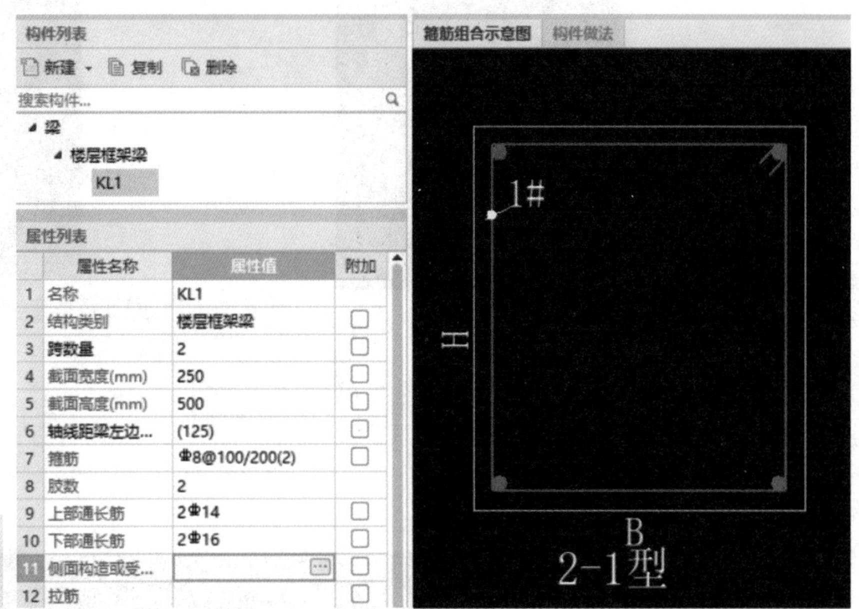

▶图 2-93 修改 KL1 框架梁的参数

	编码	类别	名称	项目特征	单位	工程量表达式	表达式说明
1	− 010505001	项	有梁板	C30	m3	TJ	TJ<体积>
2	A5-32	定	现浇混凝土 有梁板		m3	TJ	TJ<体积>
3	− 011702014	项	有梁板	模板支撑高度3.9m内	m2	MBMJ	MBMJ<模板面积>
4	A5-277	定	现浇混凝土模板 有梁板		m2	MBMJ	MBMJ<模板面积>

▲图 2-94　矩形梁 KL1 的做法套用

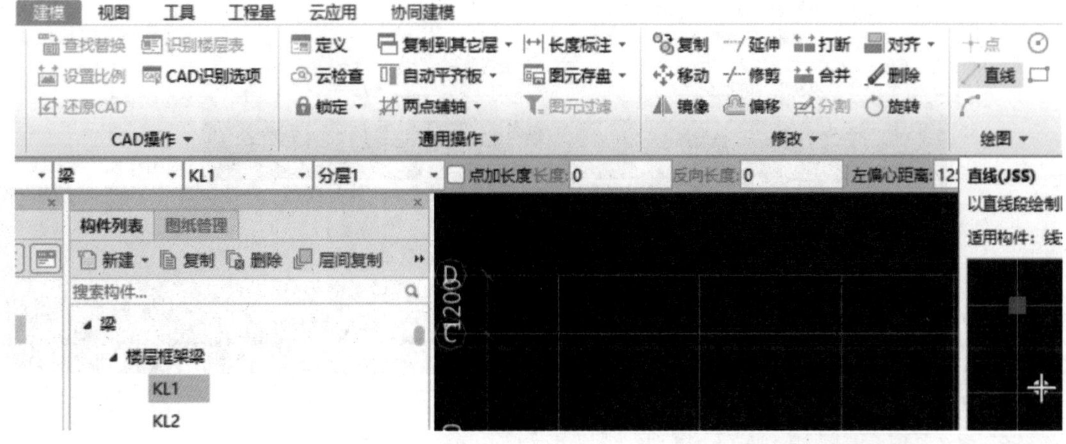

▲图 2-95　选择“直线”画法

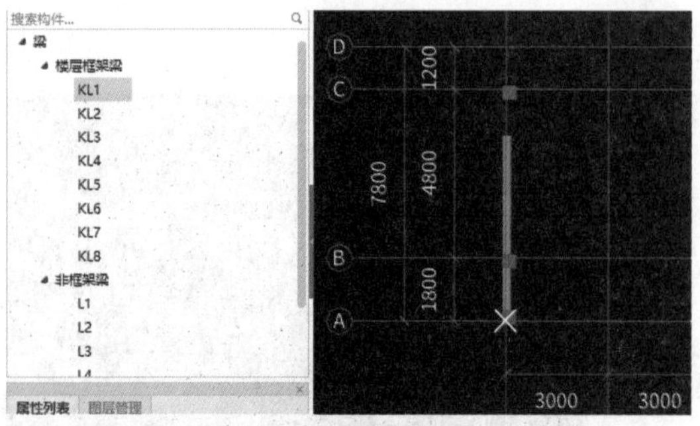

▲ 图 2-96 KL1 框架梁绘制过程

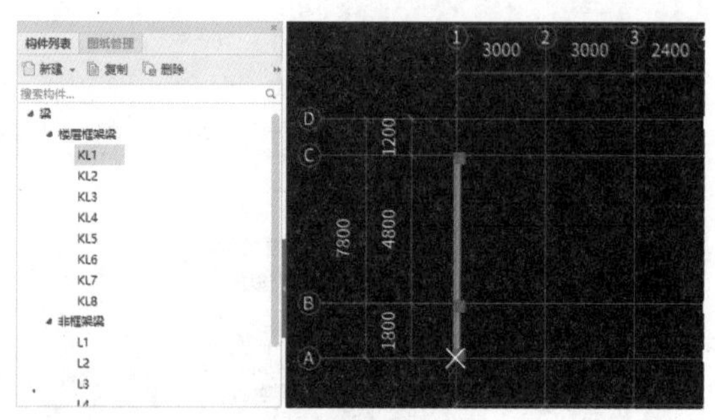

▲ 图 2-97 KL1 框架梁绘制完成

第六步：使用第四、五步操作方法完成剩余框架梁的布置（见图 2-98）。注意 TL2 中心线距Ⓐ轴线的垂直距离为 2860。

第七步：在“建模”工作界面中单击“原位标注”，弹出“梁平法表格”（见图 2-99）。

首层梁绘制

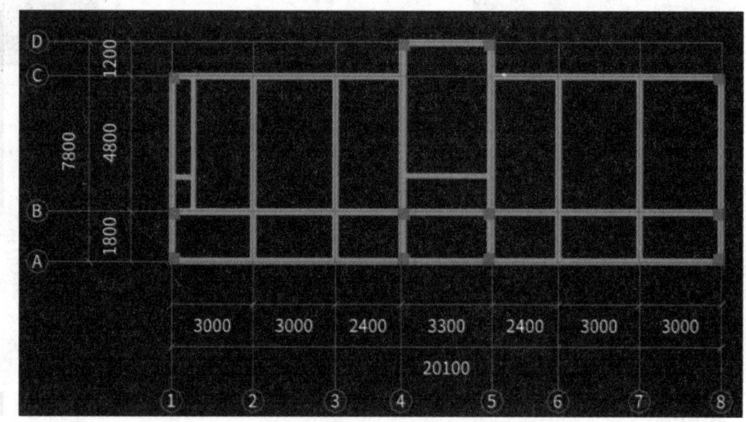

▶ 图 2-98 首层梁布置完成

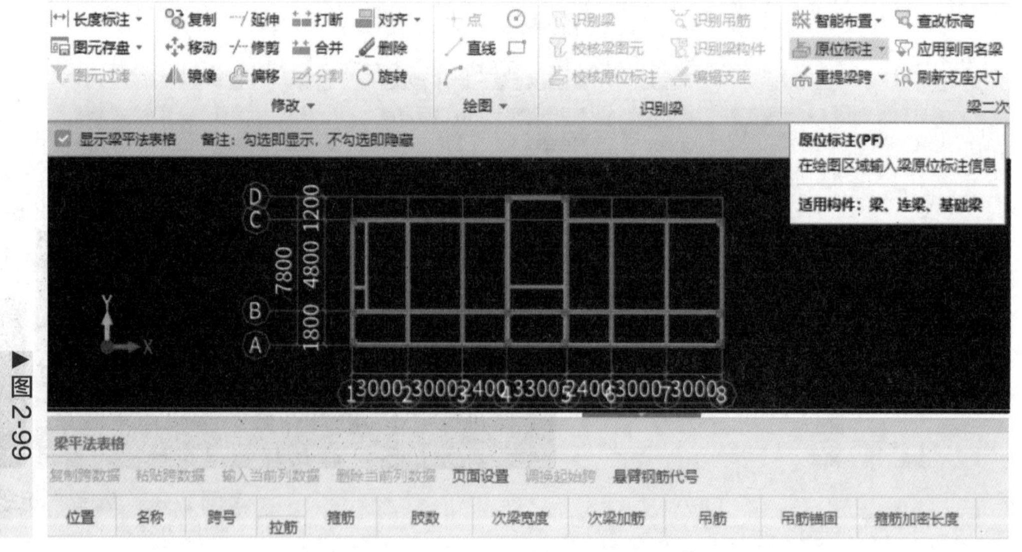

▶ 图 2-99 “梁平法表格”工作界面

第八步：单击Ⓑ轴上的KL5框架梁，根据结施03对Ⓑ轴KL5框架梁进行原位标注。1跨左支座筋：2C18+2C16；1跨下部筋：下部筋4C25、侧面原位筋N4C12；2跨左支座筋：7C18 4/3；2跨下部筋：2C18；3跨左支座筋：6C18 4/2；3跨下部筋：4C25；3跨右支座筋：4C18；3跨下部筋：4C25。输入完成后先按“Enter”键再右击鼠标，Ⓑ轴KL5框架梁原位标注完成（见图2-100）。

第九步：使用第八步操作方法完成剩余梁的原位标注（见图2-101）。

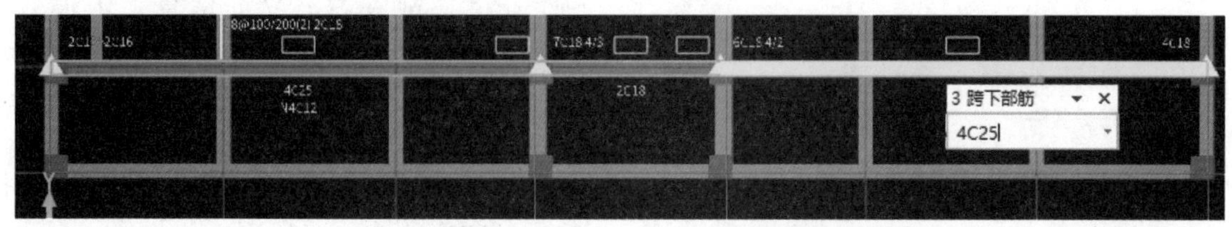

▲图2-100　Ⓑ轴KL5框架梁原位标注完成

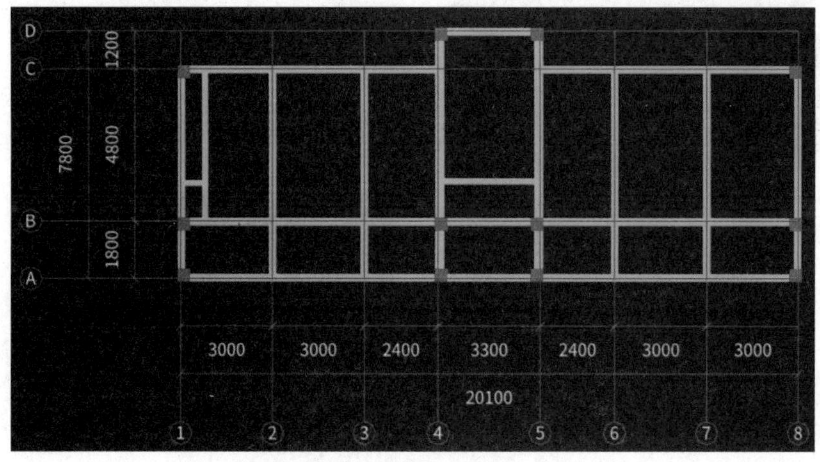

首层梁原位标注

◀图2-101
首层梁原位标注完成界面

3. 首层现浇板绘制

第一步：单击“导航树”导航栏下“板”前面的“+”号，展开列表，单击“现浇板（B）”按钮进入板定义界面。单击“新建”按钮，在弹出的菜单里单击“新建现浇板”。根据结施03输入现浇板相关参数。名称：首层板；厚度：100；类别：有梁板（见图2-102）。

第二步：修改马凳筋参数。单击“钢筋业务属性”下“马凳筋参数图”对应的输入栏，出现⋯按钮（见图2-103）。

属性列表

	属性名称	属性值	附加
1	名称	首层板	
2	厚度(mm)	(100)	☐
3	类别	有梁板	☐
4	是否是楼板	是	☐
5	材质	现浇混凝土	☐
6	混凝土类型	(泵送混凝土 ...	☐
7	混凝土强度等级	(C30)	☐
8	混凝土外加剂	(无)	
9	泵送类型	(混凝土泵)	

▲图2-102　修改首层板参数

13	⊟ 钢筋业务属性		
14	其它钢筋		
15	保护层厚度(m...	(15)	☐
16	汇总信息	(现浇板)	☐
17	马凳筋参数图	⋯	
18	马凳筋信息		☐
19	线形马凳筋方向	平行横向受力筋	☐
20	拉筋		☐
21	马凳筋数量计...	向上取整+1	☐
22	拉筋数量计算...	向上取整+1	☐
23	归类名称	(首层板)	☐

▲ 图 2-103 修改马凳筋参数

马凳筋起到分离板的上下部钢筋、保证钢筋保护层厚度符合相应要求的作用，在板中必不可少，读者切不可遗漏。

➤ 第三步：单击⋯按钮，弹出“马凳筋设置”对话框（见图 2-104）。

➤ 第四步：根据结施 03 可以看出，板受力筋的直径为 8，故马凳筋的直径为 6。图样未特别注明时，马凳筋按每平方米一个布置。故在“马凳筋信息”中输入 c6-1000*1000（见图 2-105）。

➤ 第五步：分别单击“马凳筋设置”中的“L1”“L2”及“L3”字样，输入“250”“48”“250”，并单击“确定”按钮，返回板定义界面（见图 2-106）。

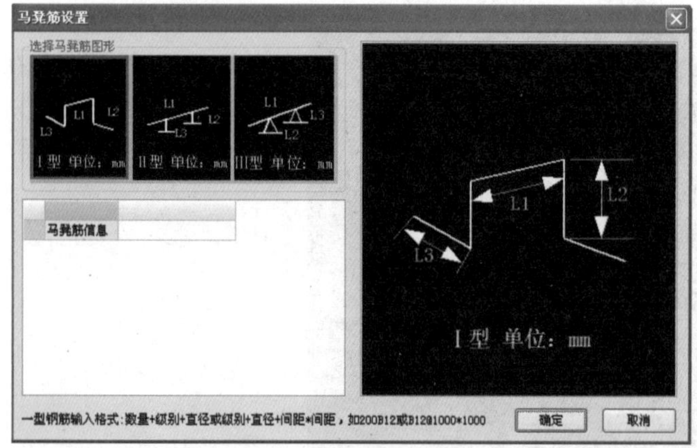

▲ 图 2-104 “马凳筋设置”对话框

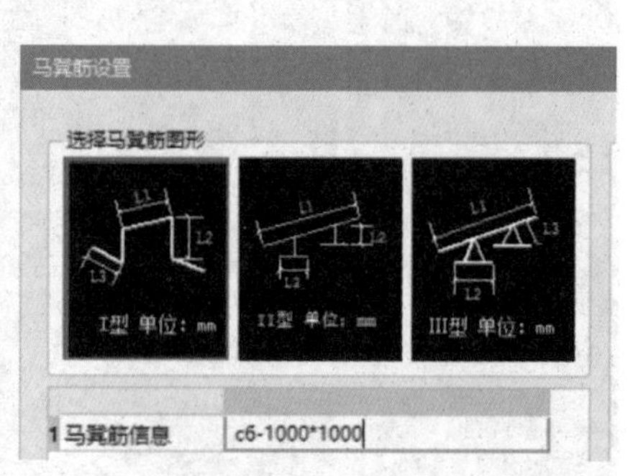

▲ 图 2-105 输入马凳筋信息

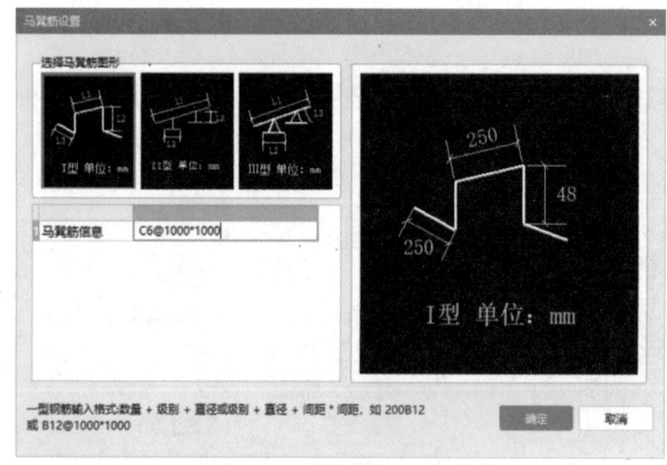

▲ 图 2-106 输入马凳筋 L1、L2 及 L3 长度

L1 的计算公式为“板上部钢筋布置的最大间距+50”。一层板配筋图中，板上部钢筋的最大间距是200，故L1=（200+50）mm=250mm。

L2 的计算公式为“板厚-保护层厚度-上部钢筋的分布筋直径-上部钢筋的直径-下部钢筋的直径-保护层厚度”。本项目中板厚 100mm，保护层 15mm，上部钢筋的分布筋直径为 6mm，上部钢筋直径 8mm，下部钢筋直径

8mm，故 L2=（100−15−6−8−8−15）mm=48mm。

L3 的计算公式为“板下部钢筋布置的最大间距+50”。一层板配筋图中，板下部钢筋的最大间距是 200mm，故 L2=（200+50）mm=250mm。

第六步：使用与前面任务同样的操作，完成首层板的做法套用（见图 2-107）。

此处需要说明的是，因为梁和板一起浇筑，所以应选用的清单和定额项是有梁板。

第七步：重复第一～六步操作方法，完成首层雨篷板的新建（含做法套用，见图 2-108~图 2-110）。

此处，L2 的计算公式为“板厚−保护层厚度−上部钢筋的分布筋直径−上部钢筋的直径−下部钢筋的直径−保护层厚度”。本项目中板厚 120mm，保护层 15mm，上部钢筋的分布筋直径为 8mm，上部钢筋直径 10mm，下部钢筋直径 8mm，故 L2=（120−15−8−10−8−15）mm=64mm。

构件做法

添加清单　添加定额　删除　查询　项目特征　fx 换算　做法刷　做法查询　提取做法　当前构件

	编码	类别	名称	项目特征	单位	工程量表达式	表达式说明
1	010505001	项	有梁板	C30	m3	TJ	TJ<体积>
2	A5-32	定	现浇混凝土 有梁板		m3	TJ	TJ<体积>
3	011702014	项	有梁板	模板支撑高度3.9m内	m2	MBMJ	MBMJ<底面模板面积>
4	A5-277	定	现浇混凝土模板 有梁板		m2	MBMJ	MBMJ<底面模板面积>

▶图 2-107　首层板的做法套用

属性列表

	属性名称	属性值	附加
1	名称	首层雨篷板	
2	厚度(mm)	120	☐
3	类别	悬挑板	☐
4	是否是楼板	是	☐
5	材质	现浇混凝土	☐
6	混凝土类型	(泵送混凝土 碎...	☐
7	混凝土强度等级	(C30)	☐

▲图 2-108　首层雨篷板参数

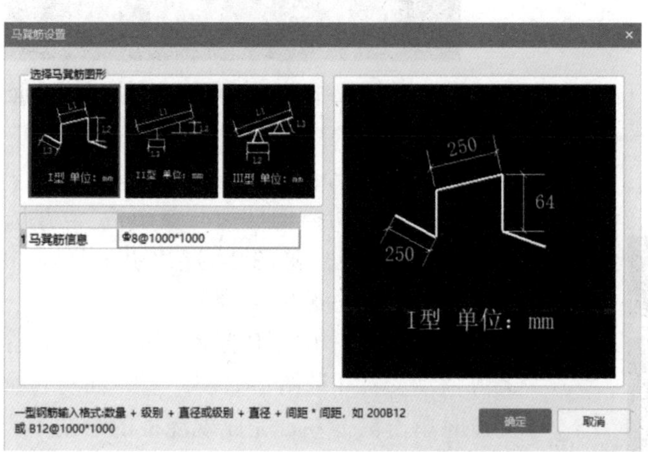

▲图 2-109　首层雨篷板马凳筋参数

根据《房屋建筑与装饰工程工程量计算规范》（GB 50854—2013），现浇挑檐、天沟板、雨篷、阳台与板（包括屋面板、楼板）连接时，以外墙外边线为分界线；与圈梁（包括其他梁）连接时，以梁外边线为分界线。外边线以外为挑檐、天沟、雨篷或阳台。雨篷、悬挑板、阳台板模板清单工程量按图示外挑部分尺寸的水平投影面积计算，挑出墙外的悬臂梁及板边不另计算。

第八步：返回“建模”界面，并选择“矩形”画法（见图 2-111）。

第九步：根据结施 03 确定首层雨篷板在轴网中的位置。在④轴及Ⓐ轴交点按“Shift”键后单击鼠标左键，弹出“请输入偏移值”对话框。在对话框中“Y=”后的空格中输入“−1300”（见图 2-112），单击“确定”后光标跳至正下方“-1300”的位置。向右上方拖动光标（见图 2-113），直至⑤轴及Ⓐ轴交点，单击鼠标左键确认，即完成首层雨篷板绘制（见图 2-114）。

构件做法

添加清单 添加定额 删除 查询 项目特征 fx 换算 做法刷 做法查询 提取做法

	编码	类别	名称	项目特征	单位	工程量表达式	表达式说明
1	− 010505008	项	雨篷、悬挑板、阳台板	C30	m3	TJ	TJ<体积>
2	A5-44	定	现浇混凝土 雨篷板		m3	TJ	TJ<体积>
3	− 011702023	项	雨篷、悬挑板、阳台板	模板支撑高度3.9m内	m2	TYMJ	TYMJ<投影面积>
4	A5-286	定	现浇混凝土模板 雨篷板 直形		m2水平投影面积	TYMJ	TYMJ<投影面积>

▲ 图 2-110 首层雨篷板的做法套用

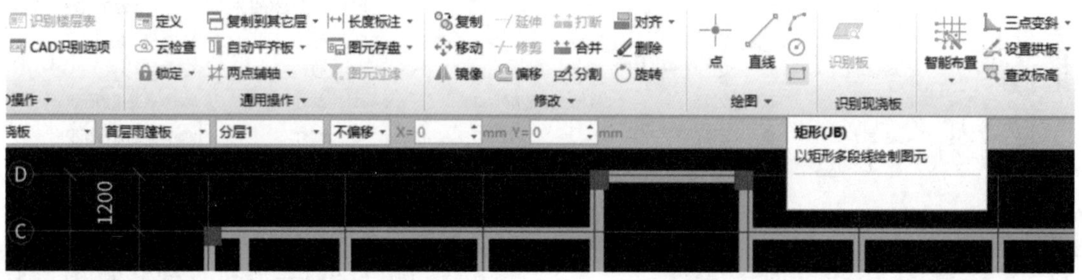

▲ 图 2-111 选择“矩形”画法

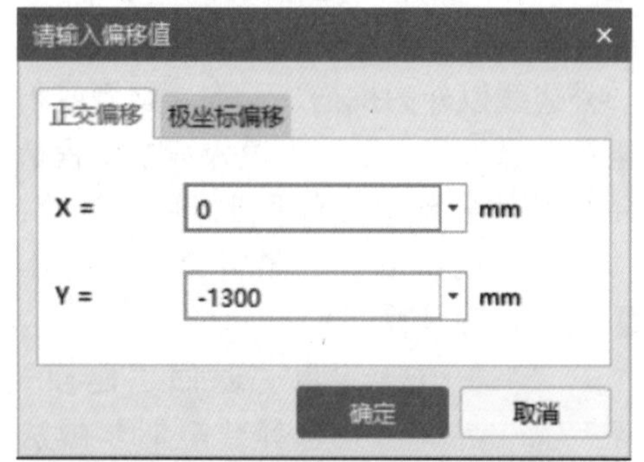

▲ 图 2-112 “请输入偏移值”对话框

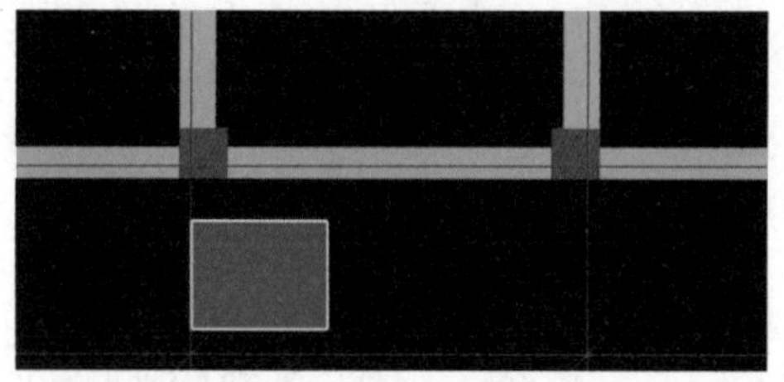

▲ 图 2-113 从Ⓐ轴正下方向右上方拖动光标

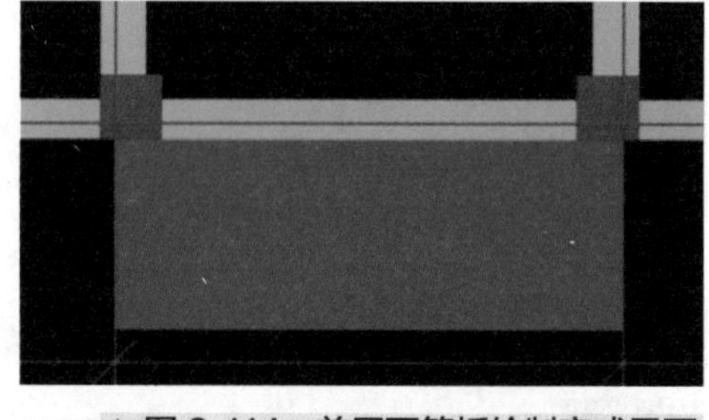

▲ 图 2-114 首层雨篷板绘制完成界面

➤ 第十步：切换构件为“首层板”，并选择“矩形”画法（见图 2-115），进行④～⑤轴交Ⓐ～Ⓑ轴现浇板的绘制。

➤ 第十一步：单击④轴及Ⓐ轴交点，向右上方拖动光标（见图 2-116），至⑤轴及Ⓑ轴交点时单击鼠标左键完成现浇板的绘制（见图 2-117）。

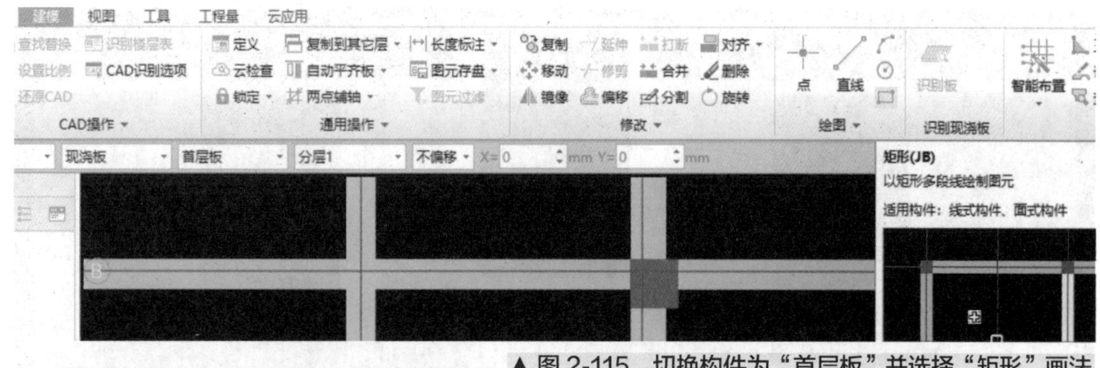

▲ 图 2-115 切换构件为“首层板”并选择“矩形”画法

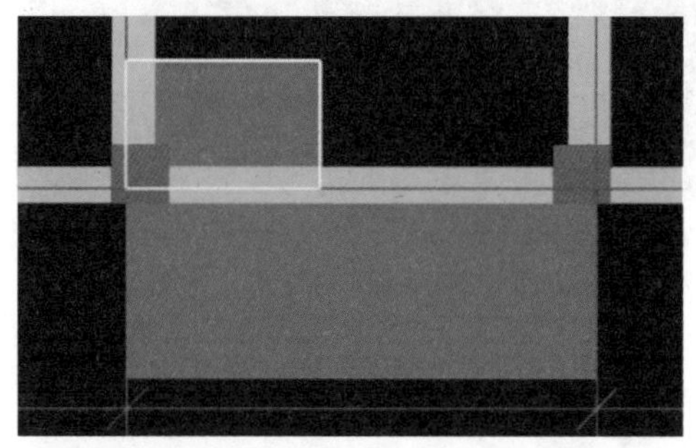
▲ 图 2-116
从④轴及Ⓐ轴交点向右上方拖动光标

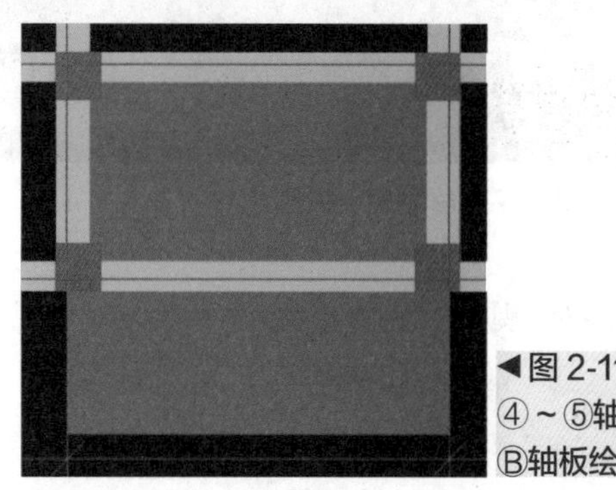
◀图 2-117
④～⑤轴交Ⓐ～Ⓑ轴板绘制完成

第十二步：使用“点”画法完成剩余现浇板的布置。首先选择“点”画法（见图 2-118），在Ⓐ～Ⓑ轴交①～②轴区域内任意位置单击鼠标左键，即可完成该区域现浇板的绘制（见图 2-119）。使用同样操作方法完成其余区域现浇板的绘制（见图 2-120）。

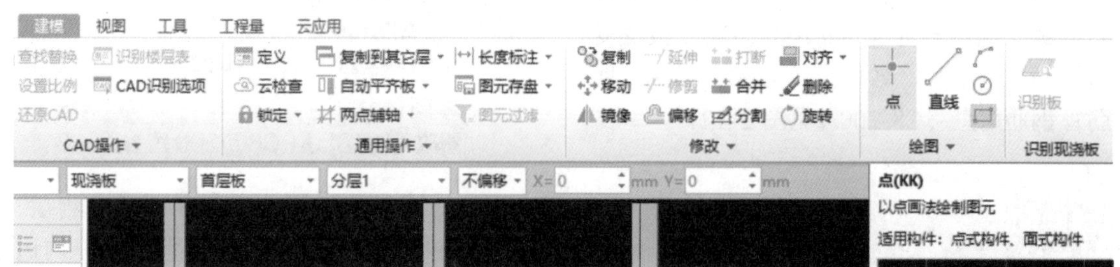

▲ 图 2-118 选择“点”画法

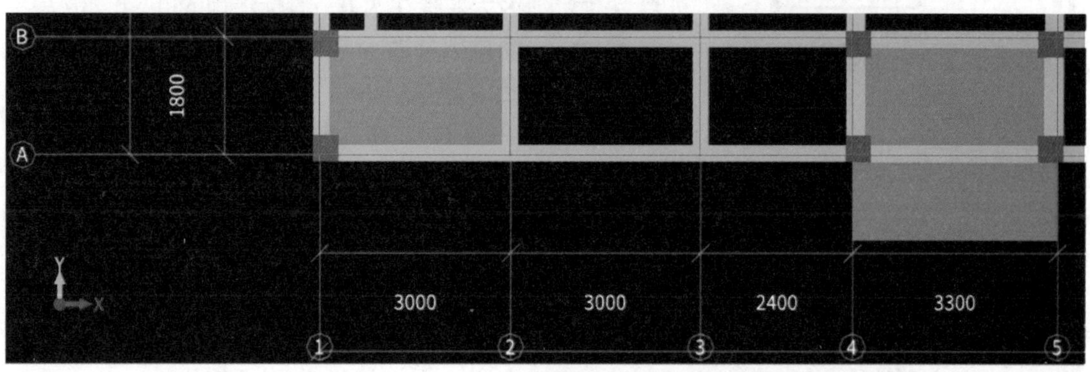

▲ 图 2-119 完成Ⓐ～Ⓑ轴交①～②轴区域现浇板绘制

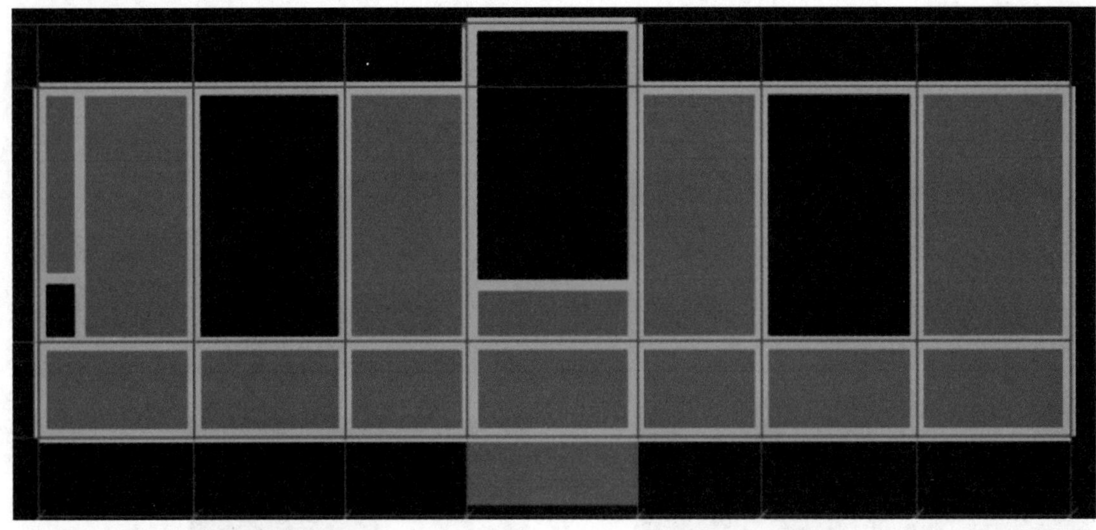

▲图 2-120　完成首层现浇板绘制

4. 首层现浇板受力筋绘制

第一步：单击“导航树”导航栏下“板”前面的“+”号，展开列表，单击“板受力筋（S）”按钮进入板受力筋定义界面。单击“新建”按钮，在弹出的菜单里单击“新建板受力筋”。根据结施 03 中的板配筋设计说明“未注明的板底筋为双向 ⌀8@200，未标明的板支座负筋为 ⌀8@200”，输入板底受力钢筋相关参数。名称：C8-200；类别：底筋；钢筋信息：C8-200（见图 2-121）。

属性列表　图层管理

	属性名称	属性值	附加
1	名称	C8@200	
2	类别	底筋	☐
3	钢筋信息	⌀8@200	☐

▲图 2-121　修改底筋参数

第二步：单击“新建”按钮，在弹出的菜单里单击“新建跨板受力筋”。根据结施 03 输入跨板受力钢筋相关参数。名称：KBSLJ（C8@200）；钢筋信息：C8-200；左标注（mm）：0；右标注（mm）：650；马凳筋排数：0/1；分布钢筋：a6-250（见图 2-122）。

属性列表　图层管理

	属性名称	属性值	附加
1	名称	KBSLJ（C8@20...	
2	类别	面筋	☐
3	钢筋信息	⌀8@200	☐
4	左标注(mm)	0	☐
5	右标注(mm)	650	☐
6	马凳筋排数	0/1	☐
7	标注长度位置	(支座中心线)	☐
8	左弯折(mm)	(0)	☐
9	右弯折(mm)	(0)	☐
10	分布钢筋	Φ6@250	☐

▲图 2-122
修改“KBSLJ（C8@200）”参数

此处读者需注意：注意在图样中测量，确定标注长度位置是支座中心线、支座内边线还是支座外边线；注意修改马凳筋排数，因为左标注为 0，右标注为 650＞0，故马凳筋排数修改为 0/1；根据结构设计说明，板受力筋直径小于 12mm 时，室内分布筋为 Φ6@250，露天时分布筋为 Φ6@150，故采用默认的 Φ6@250。

第三步：使用第二步操作方法，根据结施 03，定义输入跨板受力钢筋 ⌀10@100 的相关参数。名称：KBSLJ（C10@100）；钢筋信息：C10-100；左标注（mm）：0；右标注（mm）：605；马凳筋排数：0/1；分布钢筋：a8-200（见图 2-123）。

属性列表

	属性名称	属性值	附加
1	名称	KBSLJ（C10@100）	
2	类别	面筋	☐
3	钢筋信息	⏀10@100	☐
4	左标注(mm)	0	☐
5	右标注(mm)	605	☐
6	马凳筋排数	0/1	☐
7	标注长度位置	(支座中心线)	☐
8	左弯折(mm)	(0)	☐
9	右弯折(mm)	(0)	☐
10	分布钢筋	Φ8@200	☐

▲图 2-123
修改“KBSLJ（C10@100）”参数

第四步：在“建模”工作界面中选择“多板”和“XY 方向”，用“智能布置”方式完成受力筋底筋 ⏀8@200 布置；选择“单板”和“水平”方式完成跨板受力筋 KBSLJ（⏀8@200）布置；选择“单板”和“垂直”方式完成跨板受力筋 KBSLJ（⏀8@200）布置；选择“单板”和“垂直”方式完成跨板受力筋 KBSLJ（⏀10@100）布置（见图 2-124）。

首层板受力筋绘制

关于板受力筋底筋，读者需注意：板的底筋可以直接绘制在板配筋图上明示，也可在备注中暗示，读者切不可认为板配筋图中没有画出就不用计算。如本项目中底筋没有画在板配筋图中，却有相应的说明“未注明的板底钢筋为双向 ⏀8@200”；底筋相同的相邻跨板施工时其底筋可以连通，所以对底筋相同的板，底筋布置时应采用“多板”画法，确保底筋连通；每个区域 X、Y 方向分别只需一根底筋代表即可，切忌多画多布。

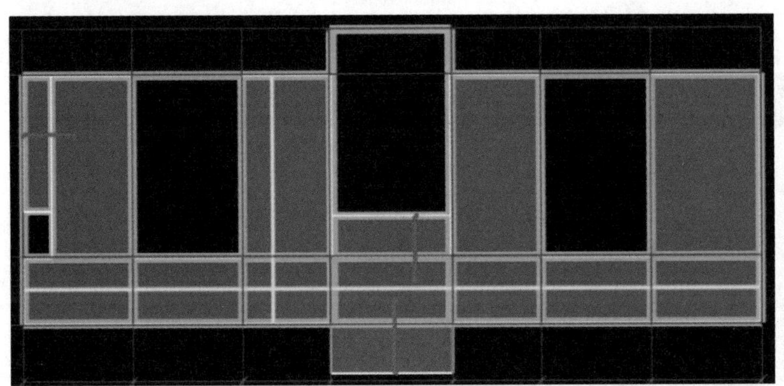

▲图 2-124　受力筋及跨板受力筋布置完成界面

5. 首层板负筋绘制

第一步：单击“导航树”导航栏下“板”前面的“+”号，展开列表，单击“板负筋（F）”按钮进入板负筋定义界面。单击“新建”按钮，在弹出的菜单里单击“新建板负筋”。根据结施 03 中的板配筋设计说明“未标明的板支座负筋为 C8-200”，输入单边标注板负筋相关参数。名称：单边标注（C8-200）；钢筋信息：C8-200；左标注（mm）：800；右标注（mm）：0；马凳筋排数：1/0；单边标注位置：负筋线长度；分布钢筋：a6-250（见图 2-125）。

	属性名称	属性值	附加
1	名称	单边标注（C8-2...	
2	钢筋信息	⏀8@200	☐
3	左标注(mm)	800	☐
4	右标注(mm)	0	☐
5	马凳筋排数	1/0	☐
6	单边标注位置	负筋线长度	☐
7	左弯折(mm)	(0)	☐
8	右弯折(mm)	(0)	☐
9	分布钢筋	Φ6@250	☐

▲图 2-125
修改“单边标注（C8-200）”负筋参数

读者需注意单边标注位置、马凳筋排数及分布钢筋的修改。单边标注位置是支座外边线、支座内边线、支座中心线还是负筋线长度，以图样上的测量结果为准。本项目之所以采用“负筋线长度”，是因为图样测量的负筋线长度与标注数据一致，有兴趣的读者可自行验证。马凳筋排数及分布钢筋的修改原因前面已叙述过，此处不再赘述。

第二步：使用第一步操作方法，完成负筋“双边标注（C8-200）”的新建。根据结施 03 中的板配筋设计说明“未标明的板支座负筋为 C8-200”，输入双边标注板负筋相关参数。名称：双边标注（C8-200）；钢筋信息：C8-200；左标注（mm）：900；右标注（mm）：900；分布钢筋：a6-250（见图 2-126）。

	属性名称	属性值	附加
1	名称	双边标注（C8-2...	
2	钢筋信息	Φ8@200	☐
3	左标注(mm)	900	☐
4	右标注(mm)	900	☐
5	马凳筋排数	1/1	☐
6	非单边标注含...	(是)	☐
7	左弯折(mm)	(0)	☐
8	右弯折(mm)	(0)	☐
9	分布钢筋	Φ6@250	☐

▲图 2-126　修改“双边标注（C8-200）”负筋参数

第三步：完成单边标注及双边标注负筋布置（见图 2-127）。

首层板负筋绘制

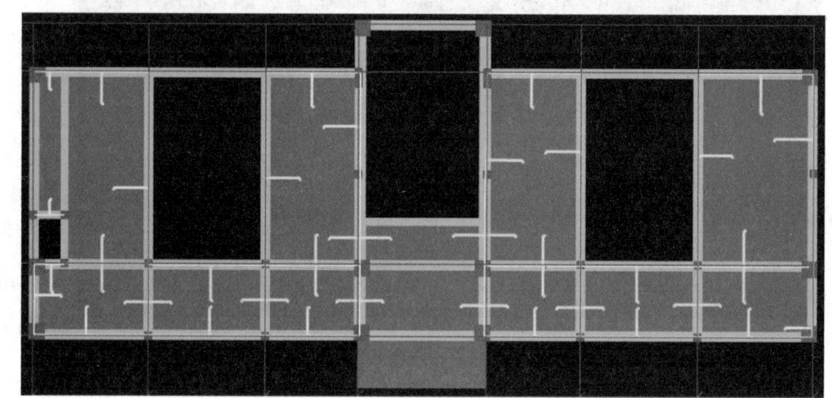

▲图 2-127　负筋布置完成

6. 首层叠合板及后浇层绘制

第一步：单击“导航树”导航栏下“装配式”前面的“+”号，展开列表，单击“叠合板（整厚）(B)”按钮进入叠合板定义界面。单击“新建”按钮，在弹出的菜单里单击“新建叠合板（整厚)”，并设置其参数。名称：叠合板现浇层；厚度：130；类别：平板（见图 2-128）。参数设置完毕后套用做法（见图 2-129）。

此处，因叠合板现浇时周边有梁，故套用做法时模板清单及定额工程量只计算底模。

属性列表　图层管理

	属性名称	属性值	附加
1	名称	叠合板现浇层	
2	厚度(mm)	130	☐
3	类别	平板	☐
4	是否是楼板	是	☐
5	材质	现浇混凝土	☐
6	混凝土类型	(泵送混凝土 碎...	☐
7	混凝土强度等级	(C30)	☐
8	顶标高(m)	层顶标高	☐

▲图 2-128　叠合板现浇层定义

第二步：返回“建模”界面，选择“点”画法。分别单击②～③轴交Ⓑ～Ⓒ轴区域及⑥～⑦轴交Ⓑ～Ⓒ轴区域，完成叠合板整板绘制（见图 2-130）。

构件做法

添加清单　添加定额　删除　查询　项目特征　换算　做法刷　做法查询　提取做法

	编码	类别	名称	项目特征	单位	工程量表达式	表达式说明
1	010505003	项	平板	叠合板现浇层，C30	m3	TJ	TJ<体积>
2	AZ1-31	定	后浇混凝土浇捣 叠合梁、板		m3	TJ	TJ<体积>
3	011702016	项	平板	叠合板现浇层模板	m2	MBMJ	MBMJ<底面模板面积>
4	AZ1-50	定	后浇混凝土模板 板带		m2	MBMJ	MBMJ<底面模板面积>

▲图 2-129　叠合板现浇层做法

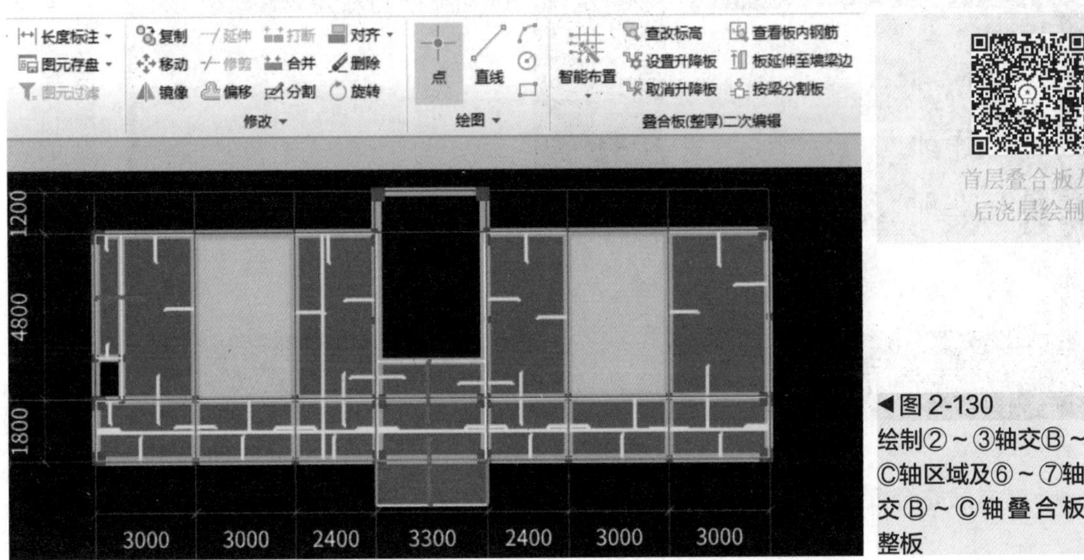

首层叠合板及后浇层绘制

◀图 2-130　绘制②～③轴交Ⓑ～Ⓒ轴区域及⑥～⑦轴交Ⓑ～Ⓒ轴叠合板整板

第三步：单击“导航树”导航栏下“装配式”前面的“+”号，展开列表，单击“叠合板（预制底板）(B)”按钮，进入叠合板预制底板定义界面。单击“新建”按钮，在弹出的菜单里单击“新建叠合板（预制底板）”，并设置其参数。名称：叠合板预制底板；厚度：60；长度：2820；宽度：2160；边沿构造：斜三角；预制部分体积：0.365（见图 2-131）。参数设置完毕后套用做法（见图 2-132）。

第四步：返回“建模”界面，选择“点”画法。分别单击②～③轴交Ⓑ～Ⓒ轴区域及⑥～⑦轴交Ⓑ～Ⓒ轴区域，完成叠合板预制底板绘制；修改与预制板相接的梁计算规则（见图 2-133）。

属性列表　图层管理

	属性名称	属性值	附加
1	名称	叠合板预制底板	
2	厚度(mm)	60	☐
3	俯视图	自定义	
4	长度(mm)	2820	☐
5	宽度(mm)	2160	☐
6	边沿构造	斜三角	
7	预制部分体积(...	0.365	☐
8	预制部分重量(t)		☐
9	预制钢筋		
10	预制混凝土强...	(C30)	☐
11	底标高(m)	顶板底标高	☐

▲图 2-131　叠合板预制底板定义

添加清单 添加定额 删除 查询 项目特征 fx 换算 做法刷 做法查询 提取做法

	编码	类别	名称	项目特征	单位	工程量表达式	表达式说明
1	010512001	项	平板	首层叠合板预制底板 DBS1-67-3024-22安装，其模板、内配钢筋、桁架等费用已含于预制板主材单价中，相关构造详见《15G366-1》第16页	m3	YZTJSX	YZTJSX<预制部分体积（按属性）>
2	AZ1-5	定	叠合板		m3	YZTJSX	YZTJSX<预制部分体积（按属性）>

▲ 图 2-132　叠合板预制底板做法

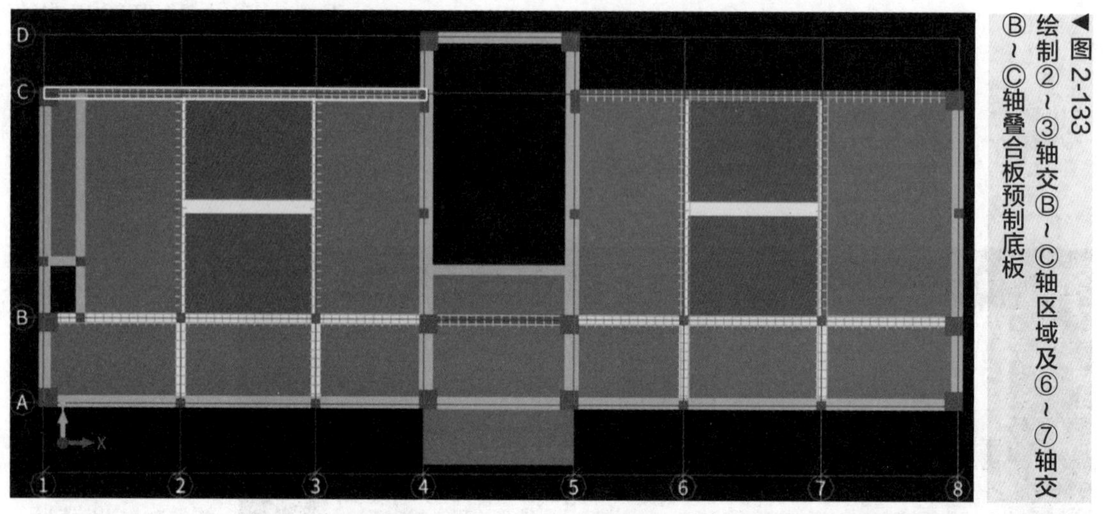

▲ 图 2-133　绘制②～③轴交Ⓑ～Ⓒ轴区域及⑥～⑦轴交Ⓑ～Ⓒ轴叠合板预制底板

7. 首层叠合板现浇层钢筋绘制

第一步：单击“导航树”导航栏下“装配式”前面的“+”号，展开列表，单击“叠合板受力筋（S）”按钮，进入叠合板受力筋定义界面。单击“新建”按钮，在弹出的菜单里单击“新建叠合板受力筋”。根据结施 07 典型大样图中的后浇接缝大样，修改其参数。名称：首层叠合板现浇层受力筋 C8@200；钢筋信息：C8-200（见图 2-134）。

属性列表　图层管理

	属性名称	属性值
1	名称	首层叠合板现浇层受力筋C8@200
2	钢筋信息	⌀8@200

▲ 图 2-134　修改叠合板受力筋参数

读者需注意，当前版本的软件未对现浇构件钢筋和装配式构件后浇层钢筋进行区分，在建模时一定要单独建装配式构件后浇层钢筋，并且名称要体现出装配式的概念，便于后期提量。

第二步：关闭“定义”界面，在“建模”工作界面选择“首层叠合板现浇层受力筋 C8@200”及“单板”“XY 方向”布置叠合板受力筋（见图 2-135）。

第三步：单击“导航树”导航栏下“墙”前面的“+”号，展开列表，单击“暗梁（A）”按钮，进入暗梁定义界面。单击“新建”按钮，在弹出的菜单里单击“新建暗梁”。根据结施 07 中的后浇接缝大样，修改其参数。名称：首层叠合板后浇带接缝；截面宽度：300；截面高度：130；上部钢筋：空；下部钢筋：3C8；箍筋：空；拉筋：C8-200（见图 2-136）。

▶图 2-135　首层叠合板现浇层受力筋布置完成界面

	属性名称	属性值
1	名称	首层叠合板后浇带接缝
2	类别	暗梁
3	截面宽度(mm)	300
4	截面高度(mm)	130
5	轴线距梁左边...	(150)
6	上部钢筋	
7	下部钢筋	3⏀8
8	箍筋	
9	侧面纵筋(总配...	
10	肢数	2
11	拉筋	⏀8@200

▲图 2-136　修改首层叠合板后浇带接缝参数

➤ 第四步：关闭“定义”界面，在“建模”工作界面选择“首层叠合板后浇带接缝”及“直线”画法，完成首层叠合板接缝布置（见图 2-137）。

8. 首层砌体墙绘制

➤ 第一步：单击“导航树”导航栏下“墙”前面的“+”号，展开列表，单击“砌体墙（Q）”按钮，进入砌体墙定义界面。单击“新建”按钮，在弹出的菜单里单击“新建外墙”。根据建施 01 建筑设计说明及建施 02 首层平面图输入砌体墙相关参数。名称：外墙；厚度：200；材质：加气混凝土砌块（见图 2-138）。

首层叠合板现浇层钢筋绘制

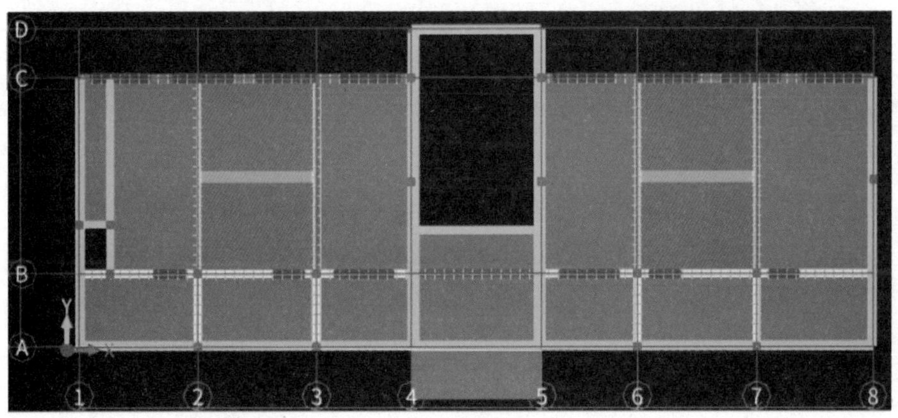

◀图 2-137　首层叠合板接缝布置完成界面

属性列表

	属性名称	属性值	附加
1	名称	外墙	
2	厚度(mm)	200	☐
3	轴线距左墙皮...	(100)	☐
4	砌体通长筋		☐
5	横向短筋		☐
6	材质	加气混凝土砌块	☐
7	砂浆类型	(水泥砂浆)	☐
8	砂浆标号	(M2.5)	☐
9	内/外墙标志	外墙	☑
10	类别	砌体墙	☐
11	起点顶标高(m)	层顶标高	☐
12	终点顶标高(m)	层顶标高	☐
13	起点底标高(m)	层底标高	☐
14	终点底标高(m)	层底标高	☐
15	备注		☐

▲ 图 2-138 修改外墙的参数

➤ 第二步：使用与前面任务同样的操作方法，完成首层外墙的做法套用（见图 2-139）。

此处读者需注意：根据建施 01 建筑设计说明第 13.2 条，两种材料的墙体交接处，应加钉钢丝网或加贴玻璃丝网格布，防止裂缝。故此处按常规考虑 300 宽钢丝网。首层的墙通常要做防潮层，做法中应体现防潮层的内容，因本项目建施 01 建筑设计说明第 3.4 条已有说明“在室内地坪下约 60 处为钢筋混凝土构造或砖石构造时可不做”，故此处做法中未考虑防潮层。

➤ 第三步：单击“复制”按钮（见图 2-140），根据建施 01 建筑设计说明和建施 02 首层平面图修改相关参数。名称：内墙；内 / 外墙标志：内墙；砌块墙钢丝网加固清单及定额工程量表达式：0.3*NQLCGSWPZCD（见图 2-141）。

构件做法

添加清单 添加定额 删除 查询 项目特征 fx 换算 做法刷 做法查询 提取做法 当

	编码	类别	名称	项目特征	单位	工程量表达式	表达式说明
1	− 010402001	项	砌块墙	200厚，加气混凝土砌块	m3	TJ	TJ<体积>
2	A4-90	定	蒸压加气混凝土砌块墙 预拌砂浆		m3	TJ	TJ<体积>
3	− 010607005	项	砌块墙钢丝网加固	300mm宽钢丝网	m2	0.3*(WQWCGSWPZCD+WQNCGSWPZCD)	0.3*(WQWCGSWPZCD<外墙外侧钢丝网片总长度>+WQNCGSWPZCD<外墙内侧钢丝网片总长度>)
4	A12-26	定	墙面抹灰 抹灰砂浆厚度调整 挂钢丝网		m2	0.3*(WQWCGSWPZCD+WQNCGSWPZCD)	0.3*(WQWCGSWPZCD<外墙外侧钢丝网片总长度>+WQNCGSWPZCD<外墙内侧钢丝网片总长度>)

▲ 图 2-139 首层外墙的做法套用

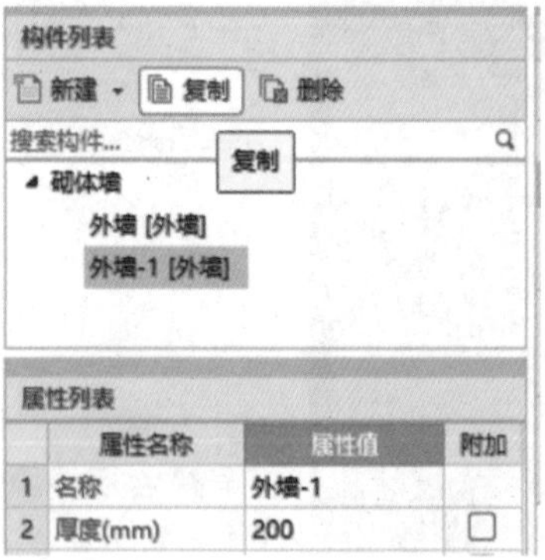

构件列表

新建 · 复制 删除

搜索构件... 复制

◢ 砌体墙

外墙 [外墙]

外墙-1 [外墙]

属性列表

	属性名称	属性值	附加
1	名称	外墙-1	
2	厚度(mm)	200	☐

▲ 图 2-140 复制“外墙”构件

读者需注意，与外墙钢丝网计算公式不同，内墙钢丝网的计算公式应为“钢丝网宽度 * 内墙两侧钢丝网片总长度”。另外，①轴与Ⓑ轴交点处的烟道墙应归入内墙，依据是《房屋建筑与装饰工程工程量计算规范》（GB 50854—2013）的说明：附墙烟囱、通风道、垃圾道，应按设计图示尺寸以体积（扣除孔洞所占体积）计算并入所依附的墙体体积内。

构件做法

添加清单　添加定额　删除　查询　项目特征　换算　做法刷　做法查询　提取做法　当前构件自动套做法

	编码	类别	名称	项目特征	单位	工程量表达式	表达式说明
1	− 010402001	项	砌块墙	200厚，加气混凝土砌块	m3	TJ	TJ<体积>
2	A4-90	定	蒸压加气混凝土砌块墙 预拌砂浆		m3	TJ	TJ<体积>
3	− 010607005	项	砌块墙钢丝网加固	300mm宽钢丝网	m2	0.3*NQLCGSWPZCD	0.3*NQLCGSWPZCD<内墙两侧钢丝网片总长度>
4	A12-26	定	墙面抹灰 抹灰砂浆厚度调整 挂钢丝网		m2	0.3*NQLCGSWPZCD	0.3*NQLCGSWPZCD<内墙两侧钢丝网片总长度>

▲图 2-141　修改内墙的参数

第四步：选择“外墙”，在“建模”工作界面中选择“直线”画法，根据建施 02 首层平面图确定外墙在轴网中的位置。在①轴线和Ⓐ轴线的交点位置单击鼠标左键，向上拖动光标，至①轴和Ⓒ轴交点位置单击鼠标左键，再单击鼠标右键，完成①轴外墙的绘制（见图 2-142）。

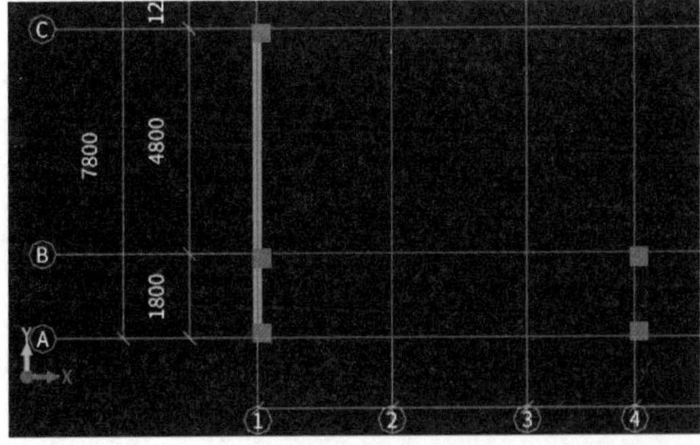

▲图 2-142　①轴外墙绘制完成

第五步：使用第四步操作方法完成剩余外墙的布置（见图 2-143）。

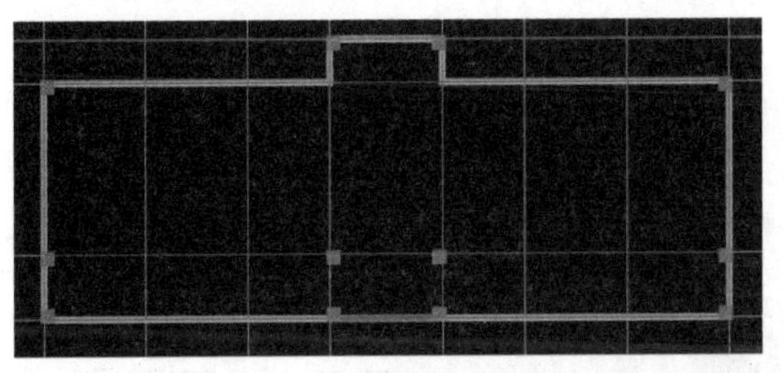

▲图 2-143　外墙绘制完成

第六步：根据建施 02 首层平面图确定内墙在轴网中的位置。在构件列表中点选“内墙”，在①轴线和Ⓑ轴线的交点位置单击鼠标左键，向前拖动光标，至④轴和Ⓑ轴交点位置单击鼠标左键，再单击鼠标右键，完成Ⓑ轴内墙的绘制（见图 2-144）。

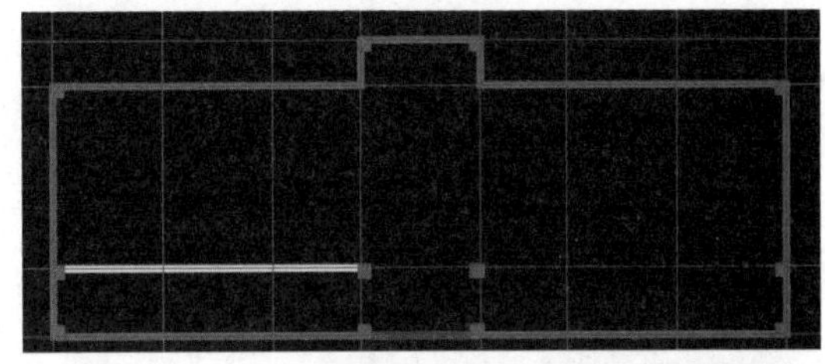

▲图 2-144　Ⓑ轴内墙绘制完成

第七步：使用第六步操作方法完成剩余内墙的布置（见图 2-145）。

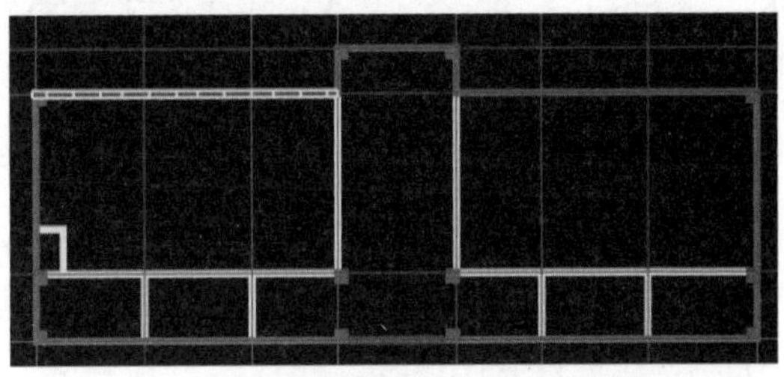

▲图 2-145　首层内墙绘制完成

9. 首层门绘制

首层墙绘制

第一步：单击“导航树”导航栏下“门窗洞”前面的“+”号，展开列表，单击“门（M）”按钮，进入门定义界面。单击“新建”按钮，在弹出的菜单里单击“新建矩形门”。根据建施 05 剖面、大样图输入门相关参数。名称：M0821；洞口宽度（mm）：800；洞口高度（mm）：2100（见图 2-146）。

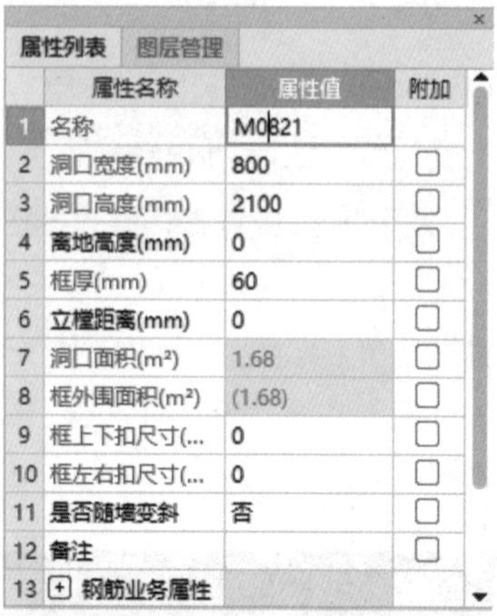

属性列表 图层管理

	属性名称	属性值	附加
1	名称	M0821	
2	洞口宽度(mm)	800	☐
3	洞口高度(mm)	2100	☐
4	离地高度(mm)	0	☐
5	框厚(mm)	60	☐
6	立樘距离(mm)	0	☐
7	洞口面积(m²)	1.68	☐
8	框外围面积(m²)	(1.68)	☐
9	框上下扣尺寸(...	0	☐
10	框左右扣尺寸(...	0	☐
11	是否随墙变斜	否	☐
12	备注		☐
13	⊞ 钢筋业务属性		

▲ 图 2-146
修改“M0821”门的参数

第二步：使用与前面任务同样的操作方法，完成门 M0821 的做法套用（见图 2-147）。

第三步：使用第一、二步操作方法完成 M1521 新建（见图 2-148）。

第四步：选择“M0821”，在“建模”工作界面中选择“点”画法。根据建施 02 首层平面图确定门 M0821 在轴网中的位置。在①轴线和Ⓑ轴线的交点位置先按住“Shift”键再单击鼠标左键，在“请输入偏移值”对话框中输入“X=1900，Y=0”，单击“确定”按钮，完成门 M0821 布置（见图 2-149）。

第五步：使用第四步操作方法完成剩余门的布置（见图 2-150）。

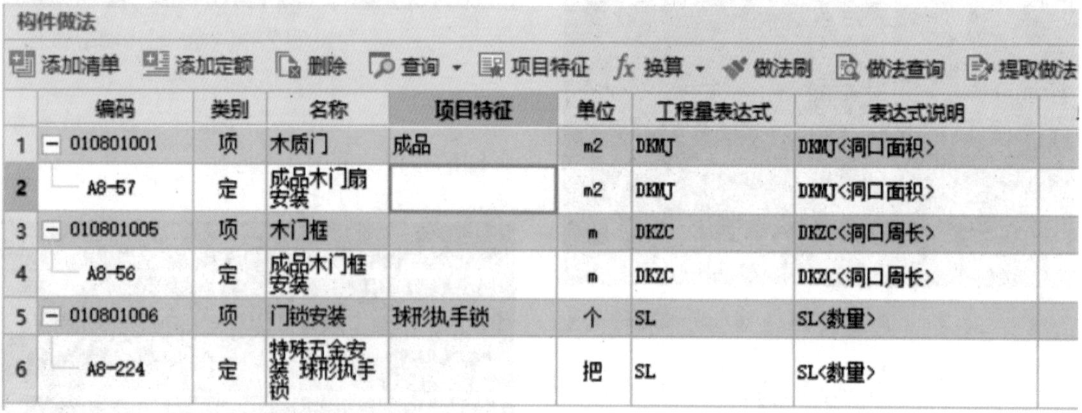

构件做法

添加清单 添加定额 删除 查询 项目特征 fx 换算 做法刷 做法查询 提取做法

	编码	类别	名称	项目特征	单位	工程量表达式	表达式说明
1	⊟ 010801001	项	木质门	成品	m2	DKMJ	DKMJ<洞口面积>
2	A8-57	定	成品木门扇安装		m2	DKMJ	DKMJ<洞口面积>
3	⊟ 010801005	项	木门框		m	DKZC	DKZC<洞口周长>
4	A8-56	定	成品木门框安装		m	DKZC	DKZC<洞口周长>
5	⊟ 010801006	项	门锁安装	球形执手锁	个	SL	SL<数量>
6	A8-224	定	特殊五金安装 球形执手锁		把	SL	SL<数量>

▲ 图 2-147 门 M0821 的做法套用

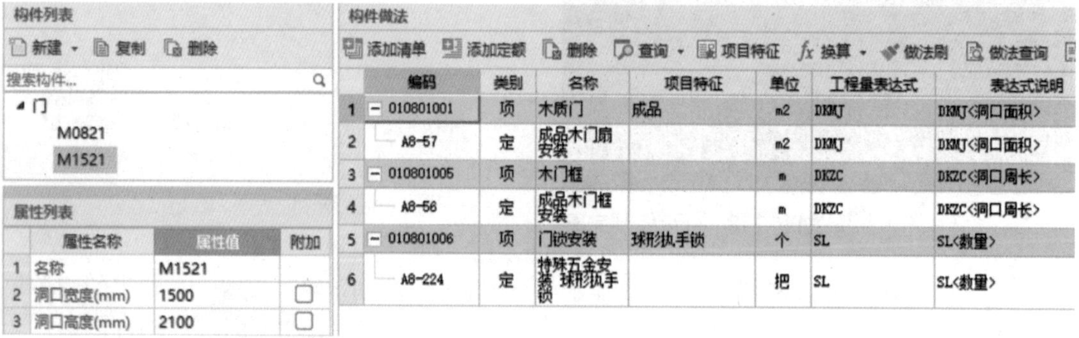

构件列表

新建 复制 删除

搜索构件...

◢ 门
M0821
M1521

属性列表

	属性名称	属性值	附加
1	名称	M1521	
2	洞口宽度(mm)	1500	☐
3	洞口高度(mm)	2100	☐

构件做法

添加清单 添加定额 删除 查询 项目特征 fx 换算 做法刷 做法查询

	编码	类别	名称	项目特征	单位	工程量表达式	表达式说明
1	⊟ 010801001	项	木质门	成品	m2	DKMJ	DKMJ<洞口面积>
2	A8-57	定	成品木门扇安装		m2	DKMJ	DKMJ<洞口面积>
3	⊟ 010801005	项	木门框		m	DKZC	DKZC<洞口周长>
4	A8-56	定	成品木门框安装		m	DKZC	DKZC<洞口周长>
5	⊟ 010801006	项	门锁安装	球形执手锁	个	SL	SL<数量>
6	A8-224	定	特殊五金安装 球形执手锁		把	SL	SL<数量>

▲ 图 2-148 修改门 M1521 的参数

▲图 2-149　门 M0821 绘制完成

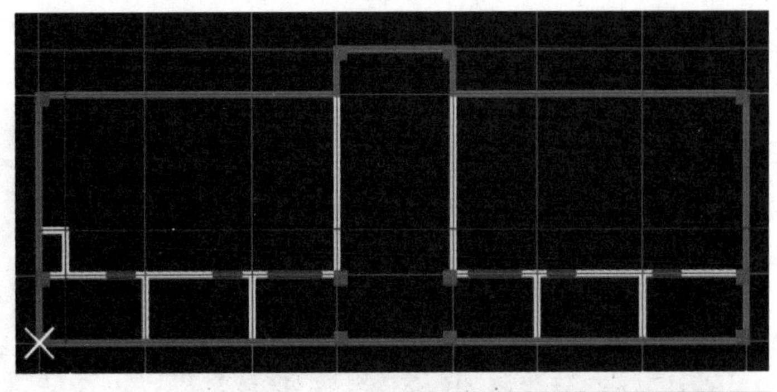

▲图 2-150　首层门布置完成界面

10. 首层洞口绘制

第一步：单击“导航树”导航栏下“门窗洞”前面的“+”号，展开列表，单击“墙洞（D）”按钮，进入墙洞定义界面。单击“新建”按钮，在弹出的菜单里单击“新建矩形墙洞”。根据建施 06 建筑立面图中的①～⑧轴立面图输入墙洞相关参数。名称：DK2731；洞口宽度（mm）：2700；洞口高度（mm）：3100；离地高度（mm）：50（见图 2-151）。此处离地高度 50mm 的来源是建施 06 中的说明“洞口 DK2731 的底标高为 0，首层的层底标高为−0.05，故离地高度为 0m−（−0.05m）=0.05m”。

◢ 墙洞

DK2731

属性列表

	属性名称	属性值	附加
1	名称	DK2731	
2	洞口宽度(mm)	2700	☐
3	洞口高度(mm)	3100	☐
4	离地高度(mm)	50	☐

▲图 2-151　修改墙洞 DK2731 的参数

首层门绘制

第二步：选择“DK2731”，在“建模”工作界面中选择“点”画法。根据建施 02 首层平面图确定墙洞 DK2731 在轴网中的位置。在④轴线和Ⓐ轴线的交点位置先按住“Shift”键再单击鼠标左键，在“请输入偏移值”对话框中输入“X=300，Y=0”，单击“确定”按钮，墙洞 DK2731 布置完成（见图 2-152）。

11. 首层窗绘制

第一步：单击“导航树”导航栏下“门窗洞”前面的“+”号，展开列表，单击“窗（C）”按钮，进入窗定义界面。单击“新建”按钮，在弹出的菜单里单击“新建异形窗”，弹出“异形截面编辑器”对话框（见图 2-153）。

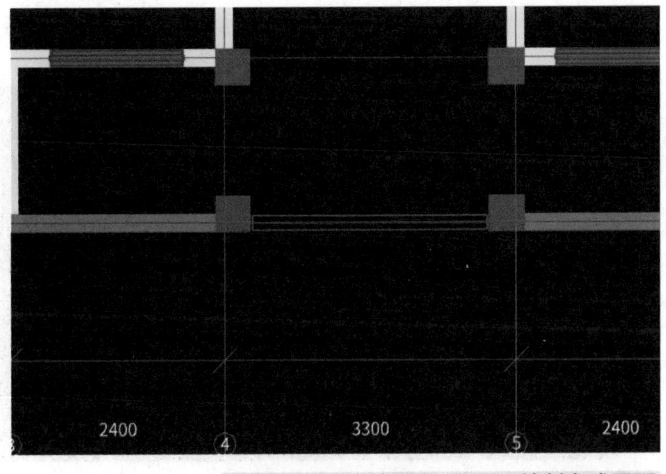

▲图 2-152　墙洞 DK2731 绘制完成界面

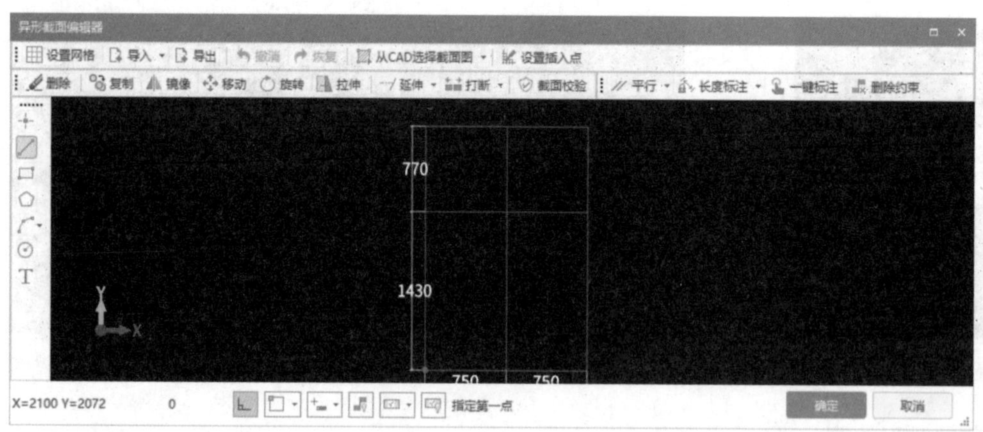

▲图 2-153 “异形截面编辑器”对话框

第二步：在“异形截面编辑器”对话框中单击“设置网络”按钮，弹出“定义网格”对话框（见图 2-154）。根据建施 05 剖面、大样图修改“定义网格”对话框中的相应数据（见图 2-155），单击“确定”按钮，返回“异形截面编辑器”对话框界面。选择“直线”命令，按建施 05 中 C1522 的形状拖动光标并在转折点处单击鼠标左键确认（见图 2-156~ 图 2-160），至圆弧起点时鼠标左键单击“三点弧”（见图 2-161），拖动光标至圆弧顶点并单击鼠标左键确认（见图 2-162），拖动光标至圆弧另一端点并单击鼠标左键确认（见图 2-163），完成异形窗 C1522 的绘制（见图 2-164）。

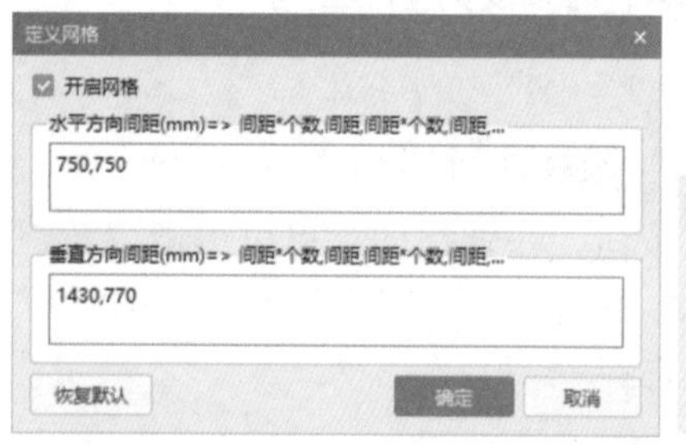

▲图 2-154 “定义网格”对话框

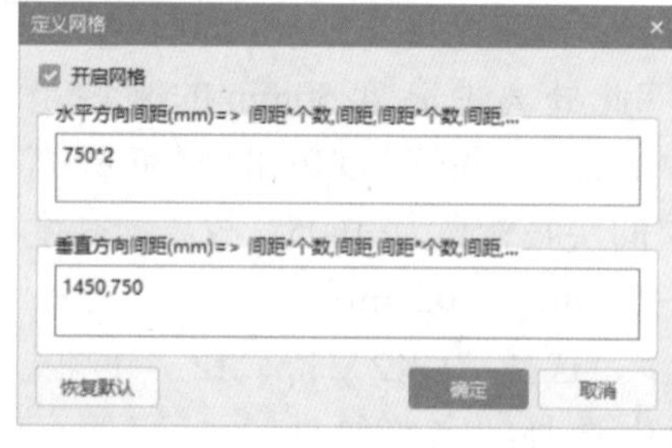

▲图 2-155 对话框中数据修改

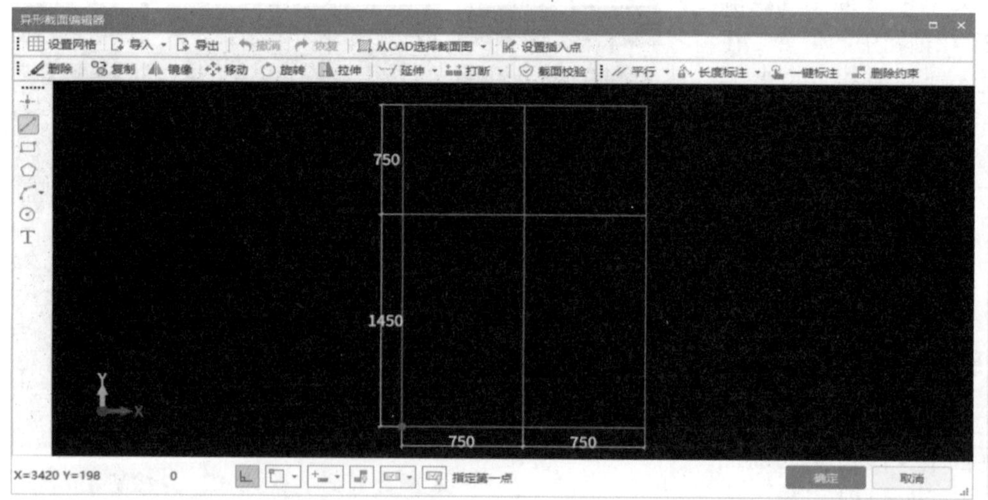

▲图 2-156 选中“异形截面编辑器”对话框中的“直线”命令

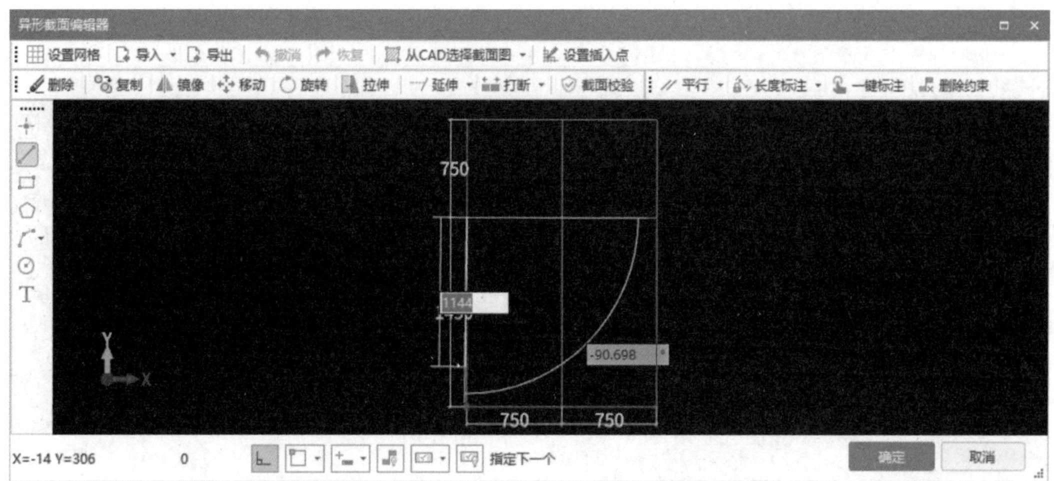

▲ 图 2-157　选中第一个点并向下拖动光标

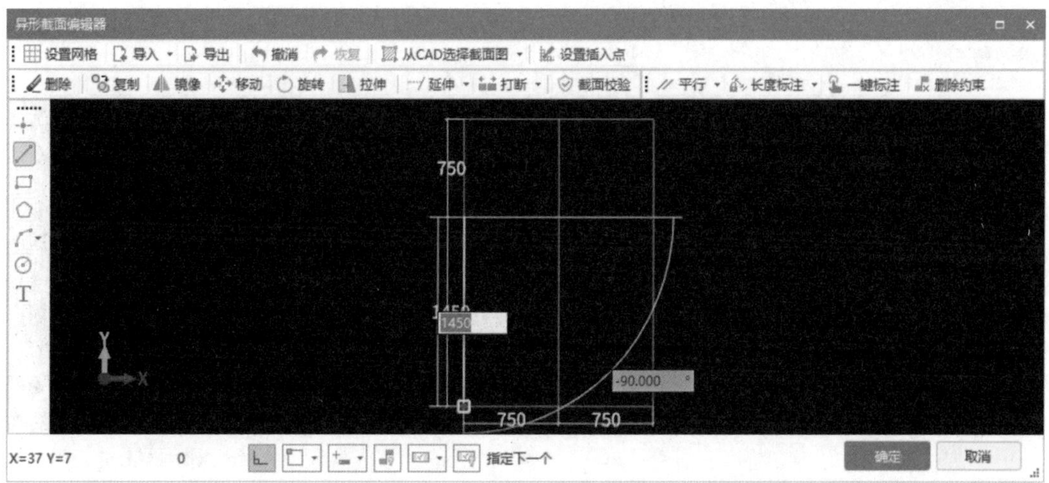

▲ 图 2-158　在第二个点处单击鼠标左键确认

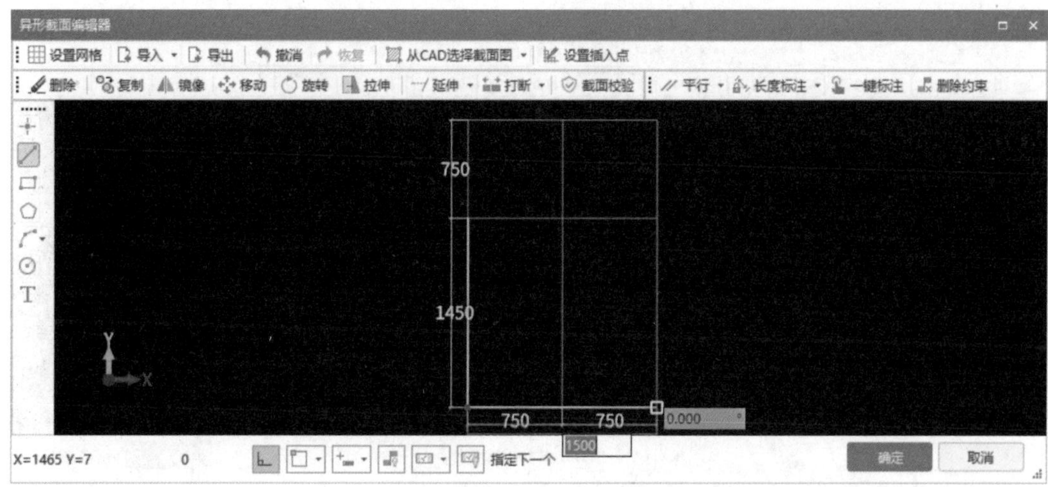

▲ 图 2-159　拖动光标至第三个点并确认

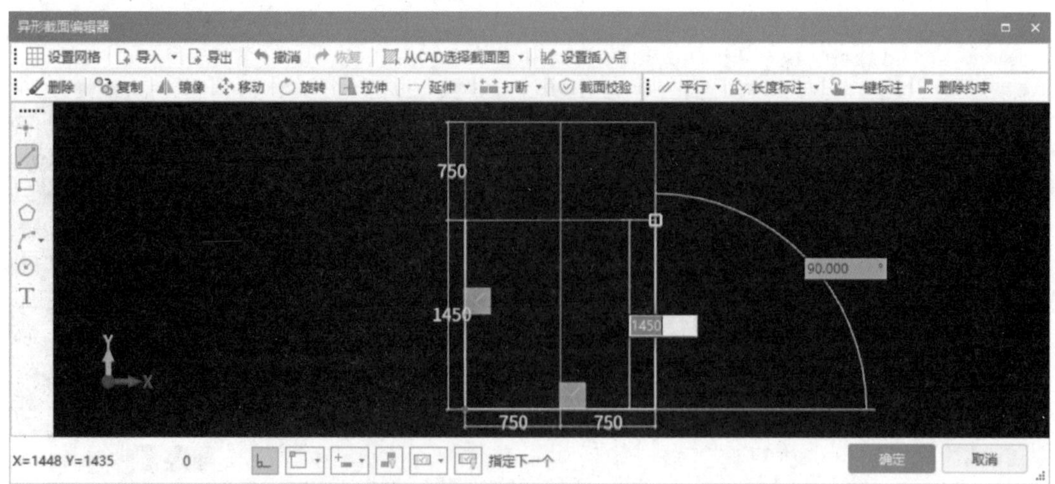

▲ 图 2-160 在第三个点处向上拖动光标至第四个点并确认

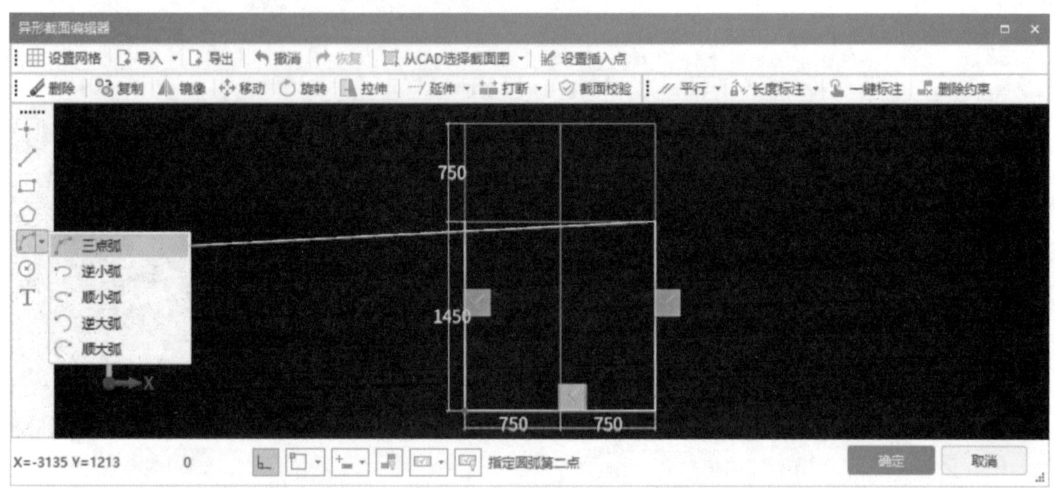

▲ 图 2-161 单击“三点弧”命令

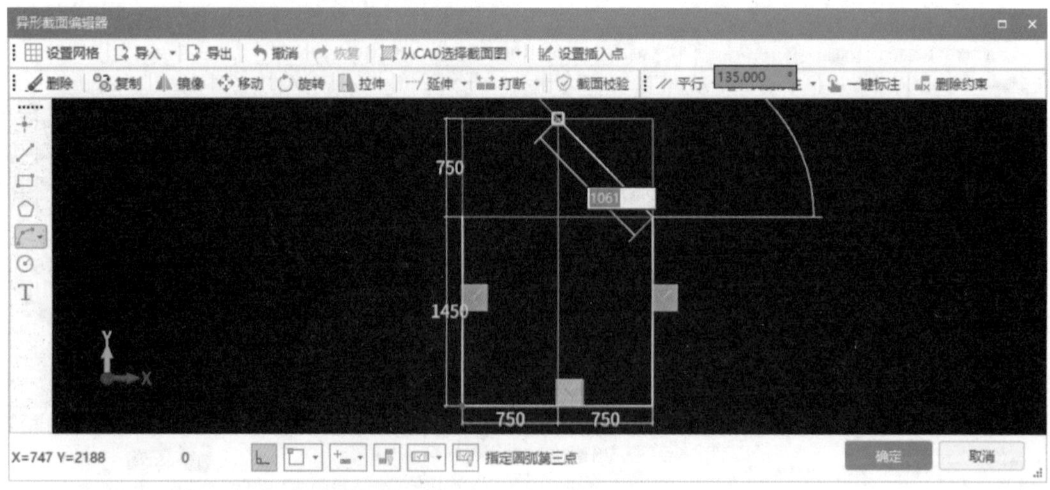

▲ 图 2-162 拖动光标至圆弧顶点并确认

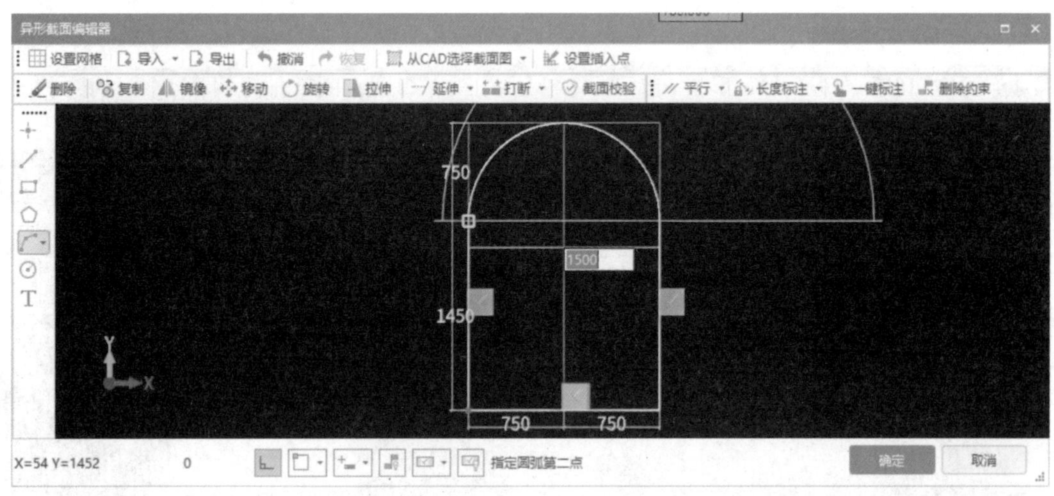

▲图 2-163　拖动光标至圆弧另一端点并确认

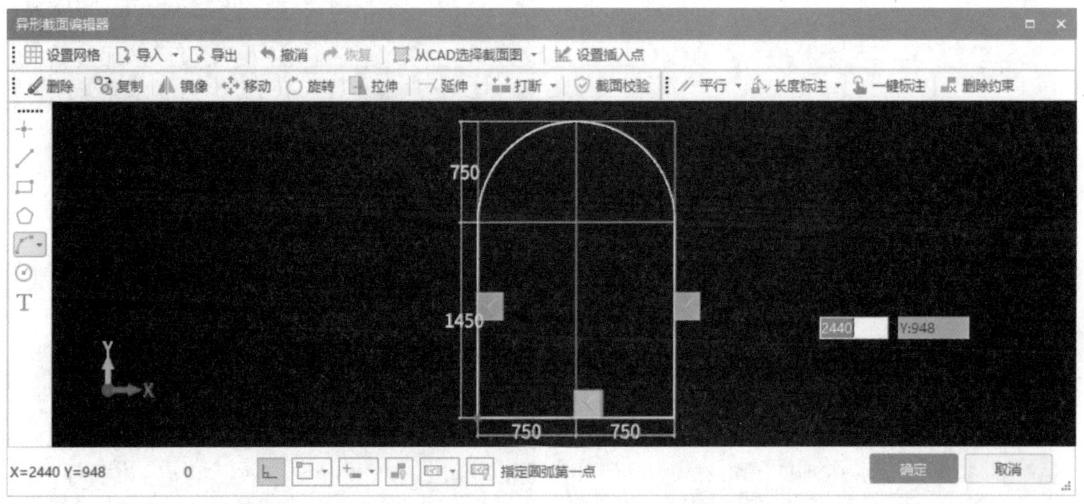

▲图 2-164　异形窗 C1522 形状编辑完成界面

异形窗 C1522 也可以通过“新建参数化窗”的方式新建，因异形构件在建模中使用较多，此处借“新建异形窗”为读者展示异形构件的新建方式。为便于读者全面掌握建模技巧，“新建参数化窗”的方式此处我们也进行介绍。

单击“新建”按钮，在弹出的菜单里单击“新建参数化窗”。根据建施 05 剖面、大样图，在“选择参数化窗”对话框中选择“弧顶门窗”（见图 2-165），将 b、h 及 h1 分别修改为 1500、1450 及 750（见图 2-166）。

第三步：单击“确定”按钮，返回“定义”界面，修改 C1522 的相应属性值。名称：C1522；离地高度：950（见图 2-167）。

此处“离地高度”数据来源于建施 06 建筑立面图中的①～⑧轴立面图。因窗底标高为 0.9，而地面标高为层底标高-0.05，故窗离地高度为 0.9m-（-0.05m）=0.95m。

第四步：使用与前面任务同样的操作方法，完成窗 C1522 的做法套用（见图 2-168）。

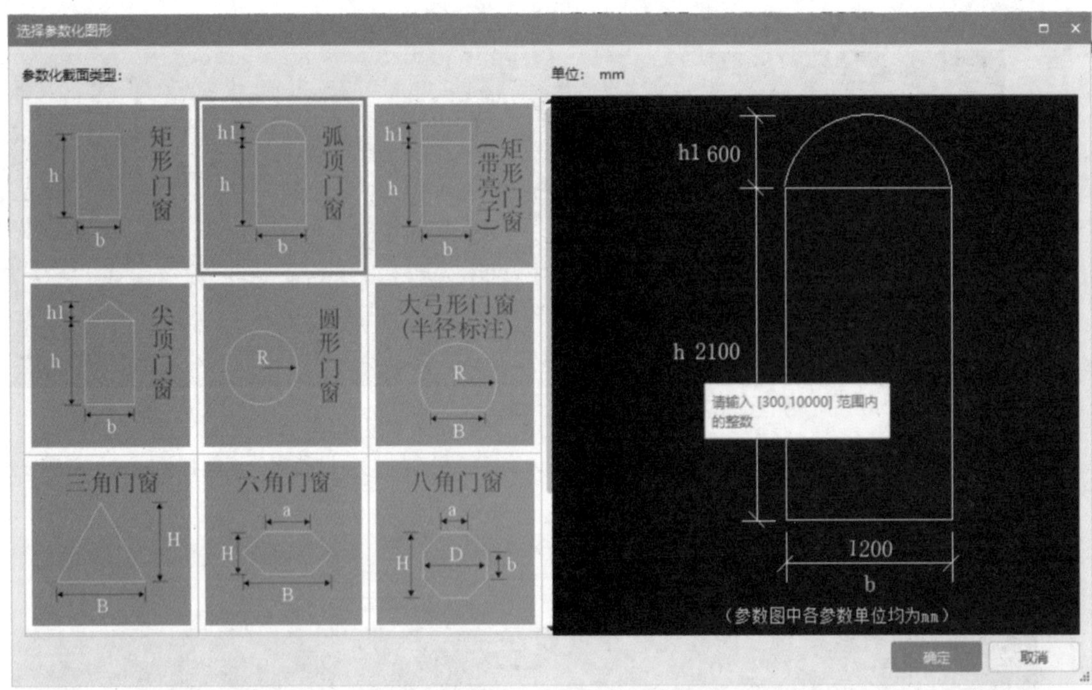

▲ 图 2-165　在“选择参数化窗”对话框中选择“弧顶门窗”

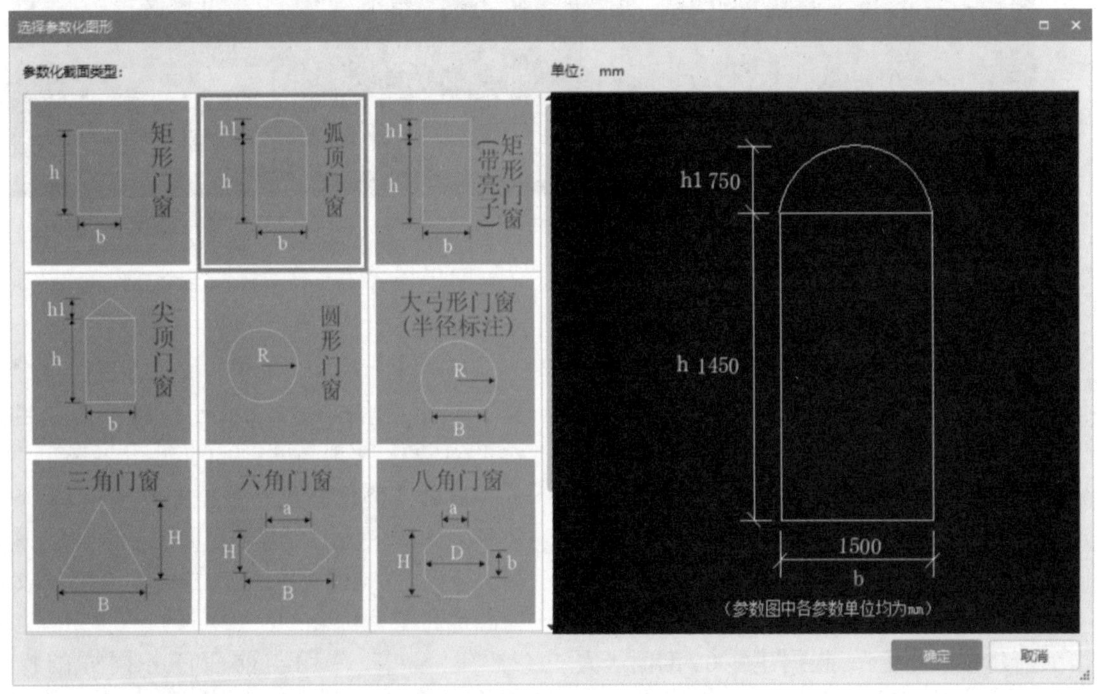

▲ 图 2-166　在“选择参数化窗”对话框中修改 b、h 及 h1

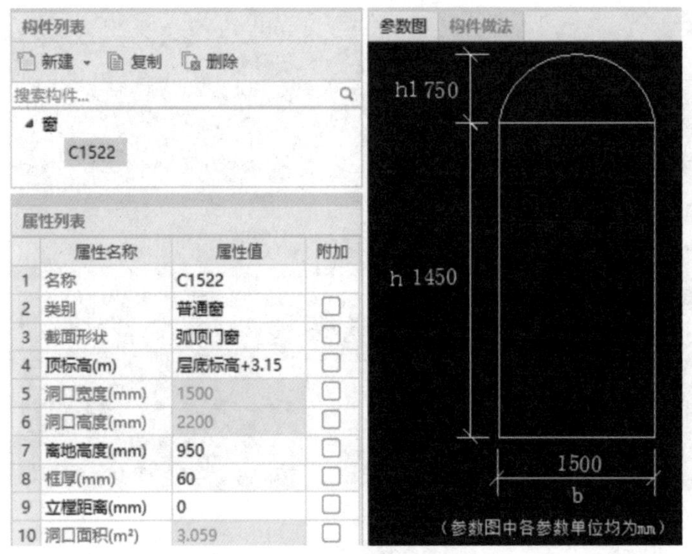

	属性名称	属性值	附加
1	名称	C1522	
2	类别	普通窗	☐
3	截面形状	弧顶门窗	☐
4	顶标高(m)	层底标高+3.15	☐
5	洞口宽度(mm)	1500	☐
6	洞口高度(mm)	2200	☐
7	离地高度(mm)	950	☐
8	框厚(mm)	60	☐
9	立樘距离(mm)	0	☐
10	洞口面积(m²)	3.059	☐

▲ 图 2-167　修改窗 C1522 的参数

➤ 第五步：选择“C1522”，在“建模”工作界面中选择“点”画法（见图 2-169）。

➤ 第六步：根据建施 02 确定窗 C1522 在轴网中的位置。在①轴线和Ⓒ轴线的交点位置先按住“Shift”键再单击鼠标左键，在“请输入偏移值”对话框中输入“X=300，Y=0”，单击“确定”按钮，窗 C1522 布置完成（见图 2-170）。

➤ 第七步：使用第五、六步操作方法完成剩余窗的布置（见图 2-171）。

	编码	类别	名称	项目特征	单位	工程量表达式	表达式说明
1	010807001	项	金属（塑钢、断桥）窗	塑钢窗	m2	DKMJ	DKMJ<洞口面积>
2	A8-197	定	成品塑钢窗安装 成品塑钢窗 安装		m2	DKMJ	DKMJ<洞口面积>

▶ 图 2-168　窗 C1522 的做法套用

▲ 图 2-169　选择“点”画法

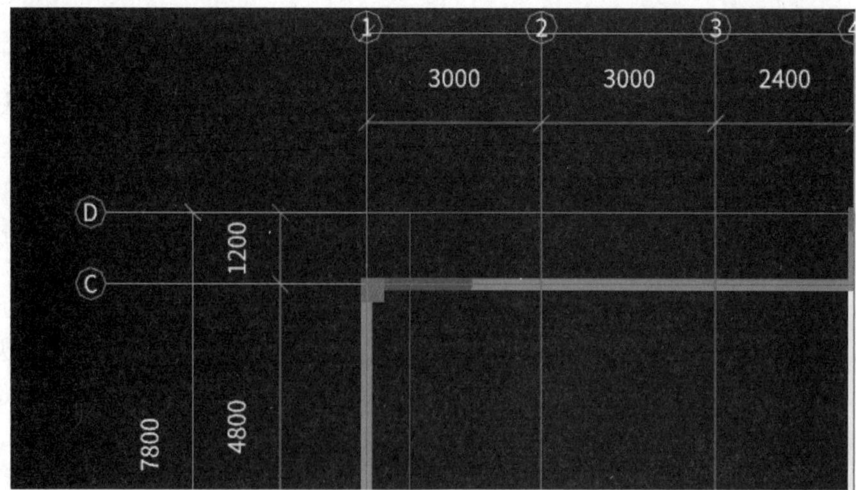

▶图 2-170
窗 C1522 绘制完成

首层窗绘制

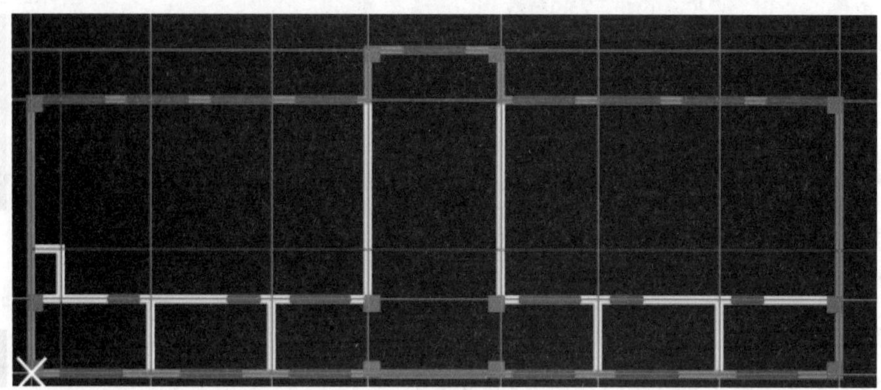

▶图 2-171
首层窗布置完成界面

任务六　二层结构构件绘制

1. 二层柱绘制

单击楼层选择框，在下拉楼层列表中单击“二层”，切换楼层到二层。使用与首层柱绘制相同的操作方法完成二层柱的绘制（见图 2-172）。

2. 二层梁绘制

使用与首层梁绘制相同的操作方法，根据屋面梁配筋图，完成二层梁的绘制（见图 2-173）。

3. 二层板绘制

使用与首层板绘制相同的操作方法完成二层板的绘制（见图 2-174）。

4. 二层板受力筋绘制

使用与首层板受力筋绘制相同的操作方法完成二层板受力筋的绘制（见图 2-175）。

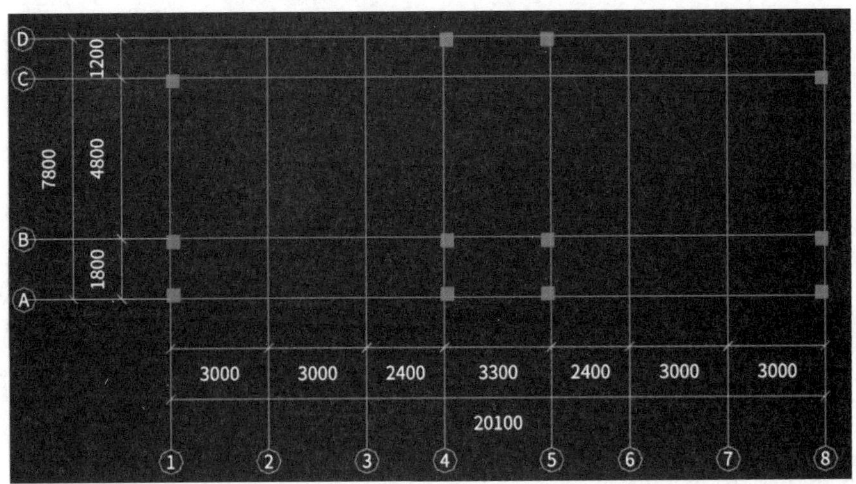

二层柱绘制

◀图 2-172
二层柱绘制完成界面

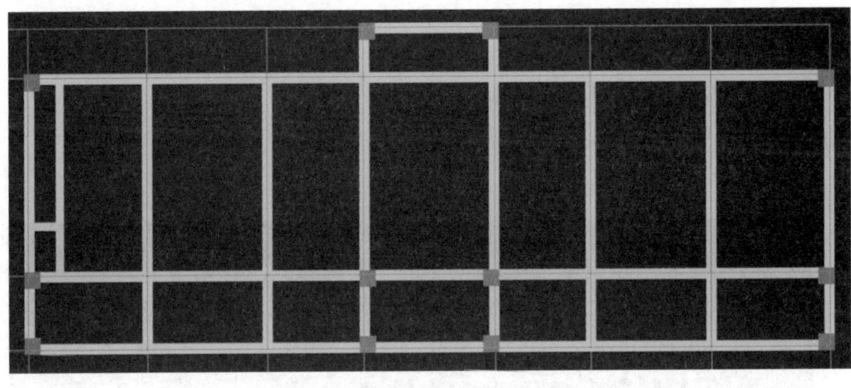

二层梁绘制

◀图 2-173
二层梁绘制完成界面

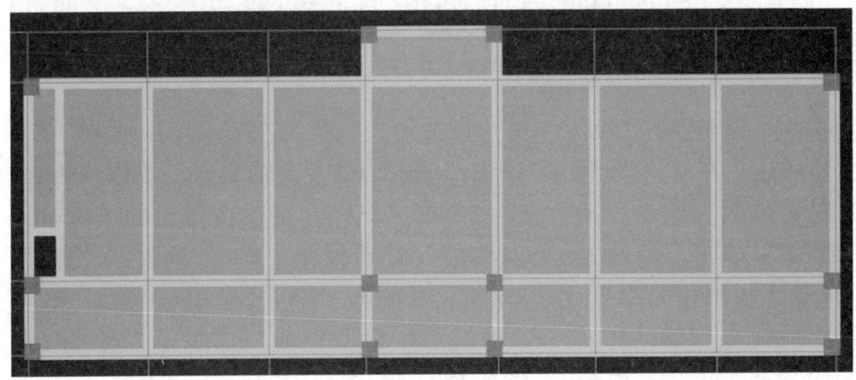

二层板绘制

◀图 2-174
二层板绘制完成界面

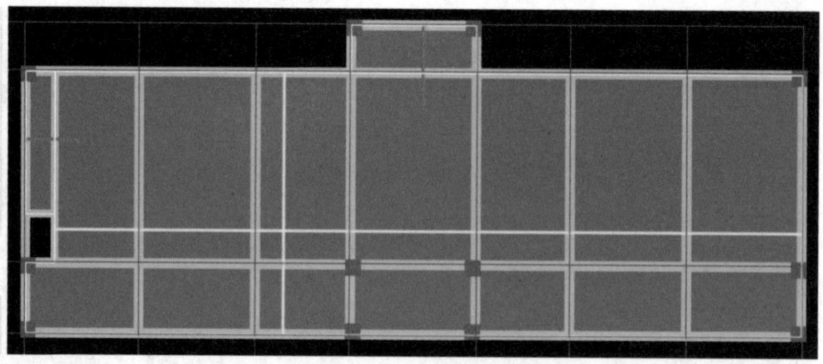

▶图 2-175
二层板受力筋绘制完成界面

5. 二层板负筋绘制

使用与首层板负筋绘制相同的操作方法完成二层板负筋的绘制（见图 2-176）。

6. 二层板洞绘制

从建施 04 屋面层平面图可以看出，④轴与Ⓑ轴交点处存在一个 700×700 的板洞（屋面检修孔）。因其面积 > 0.3m²，为保证算量的准确性，需进行处理。根据结施 01 结构设计说明第 10.8.4 条，板洞加筋的做法应采用《混凝土结构施工图平面整体表示方法制图规则和构造详图（现浇混凝土框架、剪力墙、板）》（16G101—1）第 111 页做法（见图 2-177）。故板短跨方向（X 向）应补强 4 ⌀ 12，长跨方向（Y 向）应补强 2 ⌀ 12。

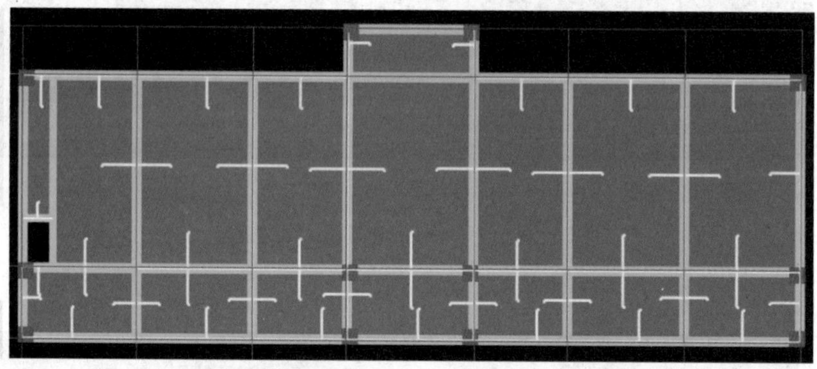

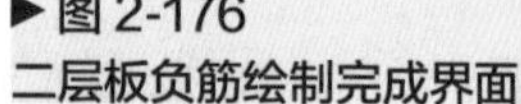

▶图 2-176
二层板负筋绘制完成界面

第一步：单击“导航树”导航栏下“板”前面的“+”号，展开列表，单击“板洞（N）”按钮，进入板定义界面。单击“新建”按钮，在弹出的菜单里单击“新建矩形板洞”。根据建施 04 输入板洞相关参数。名称：二层板洞；长度（mm）：700；宽度（mm）：700；板短跨向加筋：4C12；板长跨向加筋：2C12（见图 2-178）。

第二步：关闭“定义”界面，选择“点”画法，单击④轴及Ⓑ轴交点，按住“Shift”键，再单击鼠标左键，在弹出的“请输入偏移值”对话框中“X=”项输入“150”，“Y=”项输入“800”（见图 2-179）。单击“确定”按钮即完成二层板洞的绘制（见图 2-180）。

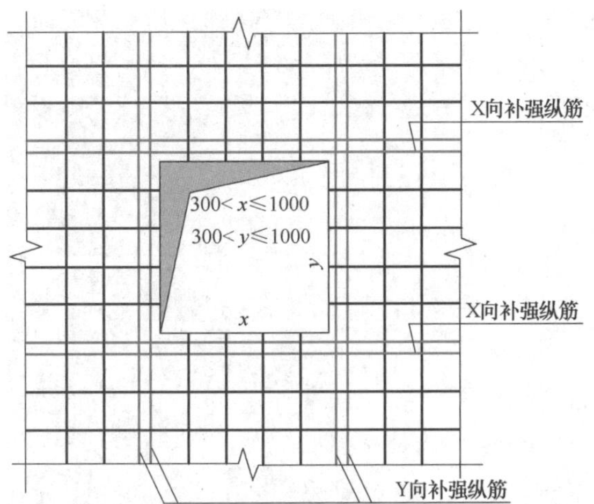

▲ 图 2-177　板洞加强配筋图

	属性名称	属性值	附加
1	名称	二层板洞	
2	长度(mm)	700	☐
3	宽度(mm)	700	☐
4	板短跨向加筋	4⌀12	☐
5	板长跨向加筋	2⌀12	☐

▲ 图 2-178　修改二层板洞参数

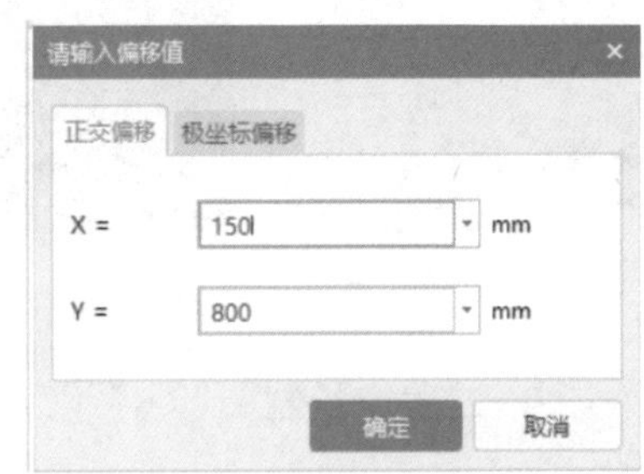

▲ 图 2-179　“请输入偏移值”对话框

◀ 图 2-180
二层板洞绘制完成界面

7. 二层砌体墙绘制

使用与首层墙绘制相同的操作方法完成二层墙的绘制（见图 2-181）。

8. 二层门绘制

使用与首层门绘制相同的操作方法完成二层门的绘制（见图 2-182）。

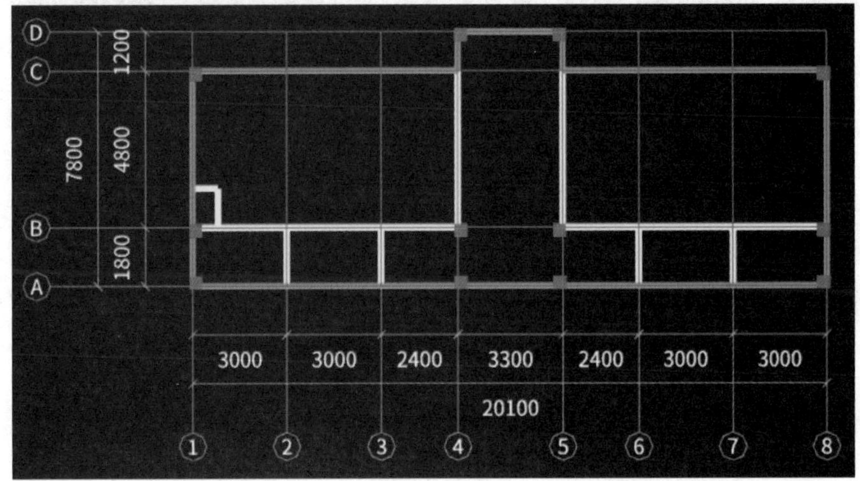

二层墙绘制

◀ 图 2-181
二层墙绘制完成界面

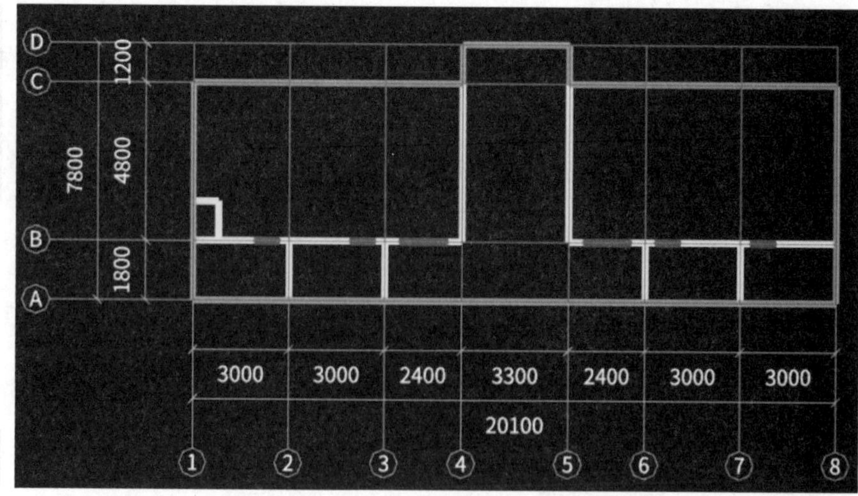

▶图 2-182
二层门布置完成界面

9. 二层窗绘制

使用与首层窗绘制相同的操作方法完成二层窗的绘制（见图 2-183）。注意二层窗的顶标高应设置为“层底标高+2.25”。

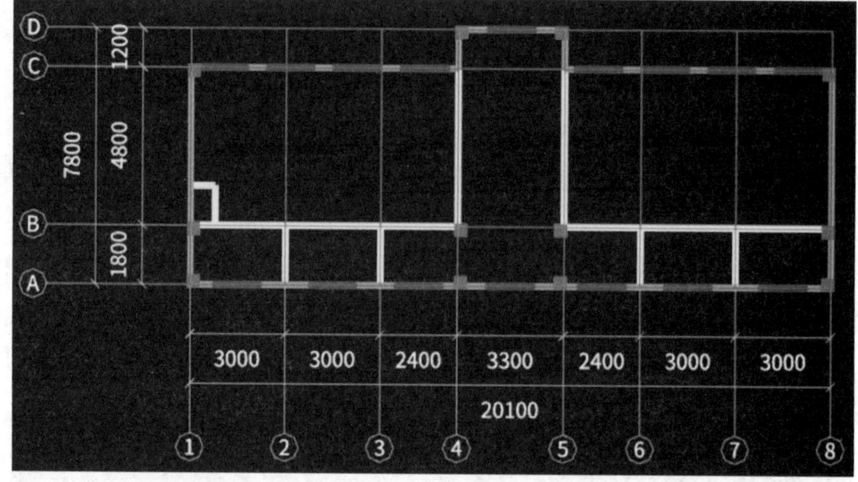

▶图 2-183
二层窗布置完成界面

任务七 屋面结构构件绘制

1. 女儿墙绘制

➤ 第一步：单击楼层选择框，在下拉楼层列表中单击“三层”，切换楼层到三层（即屋面层）。使用前述操作方法新建女儿墙构件，并套用做法（见图 2-184）。

➤ 第二步：使用前述操作方法新建零星

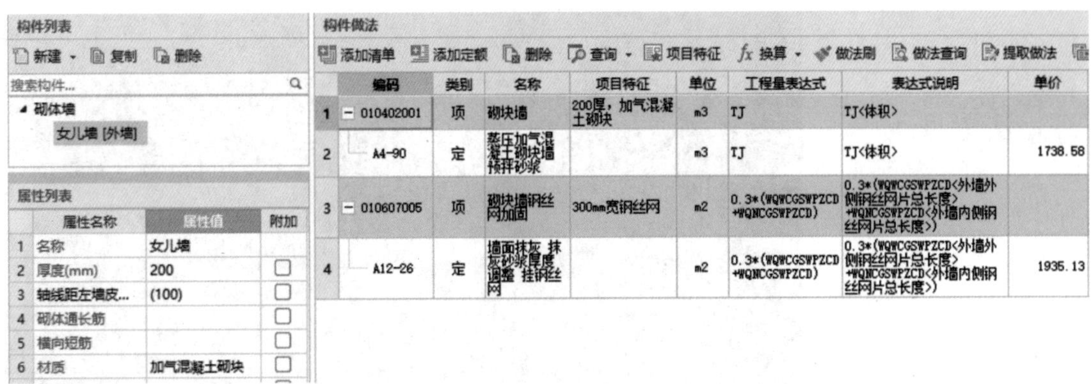

构件列表

新建 · 复制 · 删除

搜索构件...

- 砌体墙
  - 女儿墙 [外墙]

属性列表

	属性名称	属性值	附加
1	名称	女儿墙	
2	厚度(mm)	200	☐
3	轴线距左墙皮...	(100)	☐
4	砌体通长筋		☐
5	横向短筋		☐
6	材质	加气混凝土砌块	☐

构件做法

添加清单 · 添加定额 · 删除 · 查询 · 项目特征 · 换算 · 做法刷 · 做法查询 · 提取做法

	编码	类别	名称	项目特征	单位	工程量表达式	表达式说明	单价
1	010402001	项	砌块墙	200厚，加气混凝土砌块	m3	TJ	TJ<体积>	
2	A4-90	定	蒸压加气混凝土砌块墙 预拌砂浆		m3	TJ	TJ<体积>	1738.58
3	010607005	项	砌块墙钢丝网加固	300mm宽钢丝网	m2	0.3*(WQWCGSWPZCD+WQNCGSWPZCD)	0.3*(WQWCGSWPZCD<外墙外侧钢丝网片总长度>+WQNCGSWPZCD<外墙内侧钢丝网片总长度>)	
4	A12-26	定	墙面抹灰 抹灰砂浆厚度调整 挂钢丝网		m2	0.3*(WQWCGSWPZCD+WQNCGSWPZCD)	0.3*(WQWCGSWPZCD<外墙外侧钢丝网片总长度>+WQNCGSWPZCD<外墙内侧钢丝网片总长度>)	1935.13

▲ 图 2-184　女儿墙定义及做法

砌体构件（见图 2-185），并套用做法（见图 2-186）。

第三步：使用前述“直线”画法，完成女儿墙及零星砌体的绘制（见图 2-187）。

属性列表

	属性名称	属性值	附加
1	名称	零星砌体	
2	厚度(mm)	200	☐
3	轴线距左墙皮...	(100)	☐
4	砌体通长筋		☐
5	横向短筋		☐
6	材质	加气混凝土砌块	☐
7	砂浆类型	(水泥砂浆)	☐
8	砂浆标号	(M2.5)	☐
9	内/外墙标志	外墙	☑
10	类别	砌体墙	☐
11	起点顶标高(m)	层底标高+0.3	☐
12	终点顶标高(m)	层底标高+0.3	☐
13	起点底标高(m)	层底标高	☐
14	终点底标高(m)	层底标高	☐

▲ 图 2-185　零星砌体定义

2. 女儿墙压顶绘制

第一步：单击“导航树”导航栏下“其它”前面的“+”号，展开列表，单击“压顶（YD）”按钮，进入压顶定义界面。单击“新建”按钮，在弹出的菜单里单击“新建矩形压顶”。根据结施 03 输入压顶相关参数。名称：女儿墙压顶；截面宽度（mm）：200；截面高度（mm）：200（见图 2-188）。

第二步：通过“截面编辑”进行钢筋信息设置。选择“纵筋”“垂直”及“点”并设置钢筋信息（见图 2-189），单击框中虚线的四个交点布置纵筋 4 ⌀ 14（见图 2-190~图 2-193）；选择“横筋”“箍筋”及“矩形”并设置箍筋信息（见图 2-194），选中左上方的纵筋 1 ⌀ 14（见图 2-195），拖动光标至右下方的纵筋 1 ⌀ 14 处（见图 2-196），单击鼠标左键确认，完成箍筋绘制（见图 2-197）。

构件列表

新建 · 复制 · 删除

搜索构件...

- 女儿墙 [外墙]
- 零星砌体 [外墙]

属性列表

构件做法

添加清单 · 添加定额 · 删除 · 查询 · 项目特征 · 换算 · 做法刷 · 做法查询

	编码	类别	名称	项目特征	单位	工程量表达式	表达式说明
1	010401012	项	零星砌砖	检修口围挡	m3	TJ	TJ<体积>
2	A4-64	定	零星砌体 普通砖 预拌砂浆		m3	TJ	TJ<体积>

▲ 图 2-186　零星砌体做法

女儿墙及屋面零星砌体绘制

▶图 2-187
女儿墙及屋面零星砌体绘制完成界面

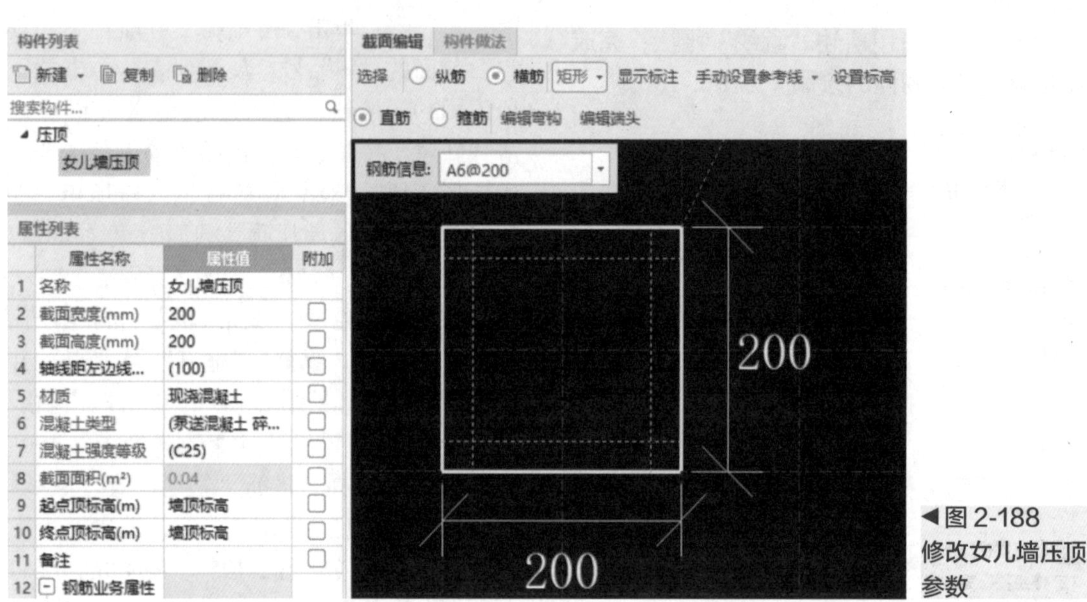

◀图 2-188
修改女儿墙压顶参数

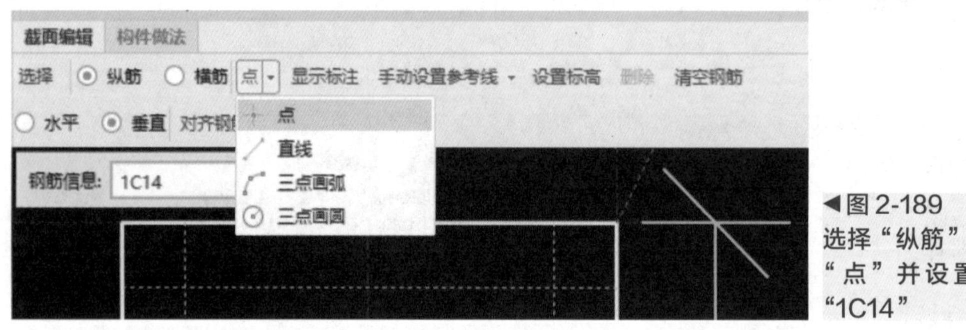

◀图 2-189
选择“纵筋”“垂直”及“点”并设置钢筋信息“1C14”

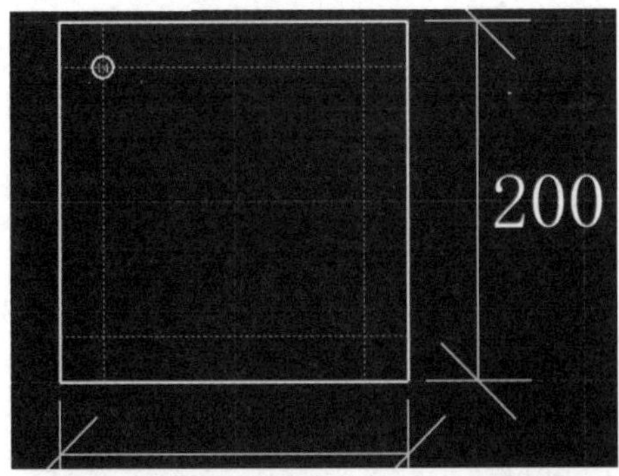

▲图2-190　单击左上方交点布下第一根纵筋

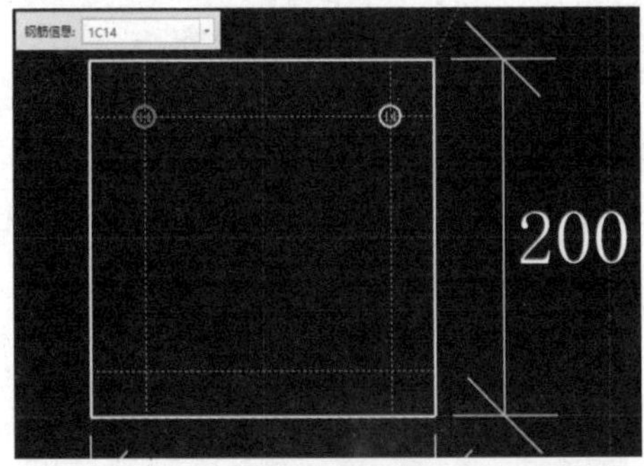

▲图2-191　单击右上方交点布下第二根纵筋

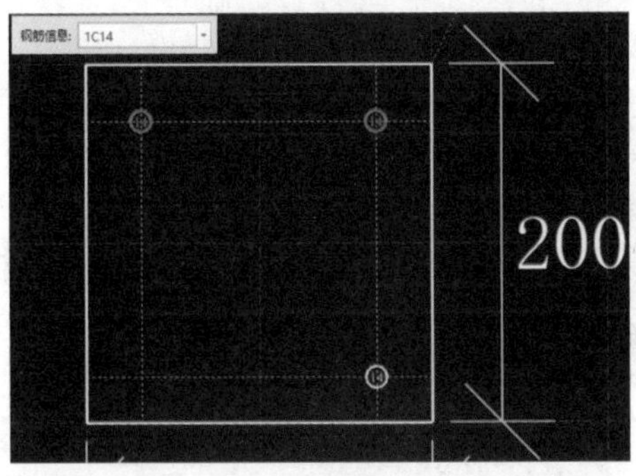

▲图2-192　单击右下方交点布下第三根纵筋

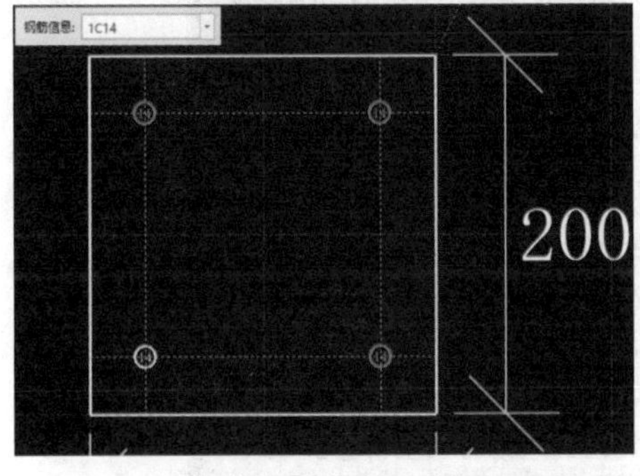

▲图2-193　单击左下方交点布下第四根纵筋

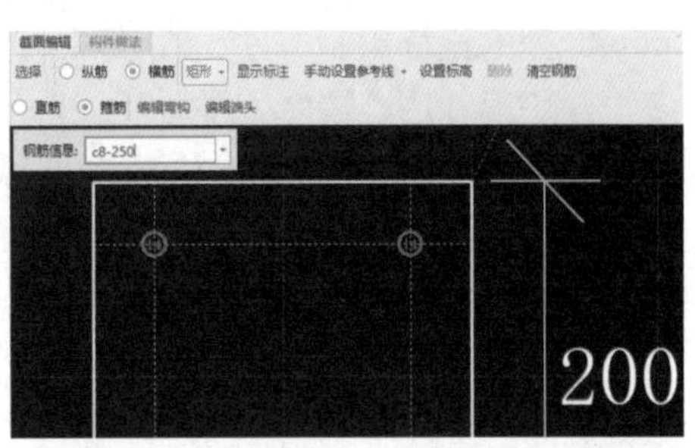

▲图2-194
选择“横筋”“箍筋”及“矩形”并设置箍筋信息

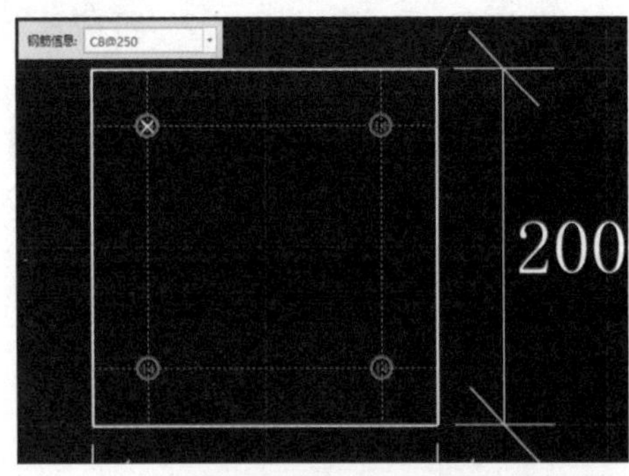

▲图2-195　单击左上方的纵筋

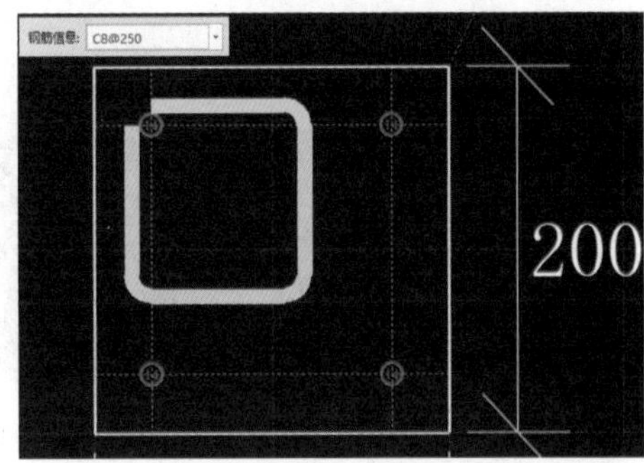

▲图2-196　从左上方向右下方拖动光标

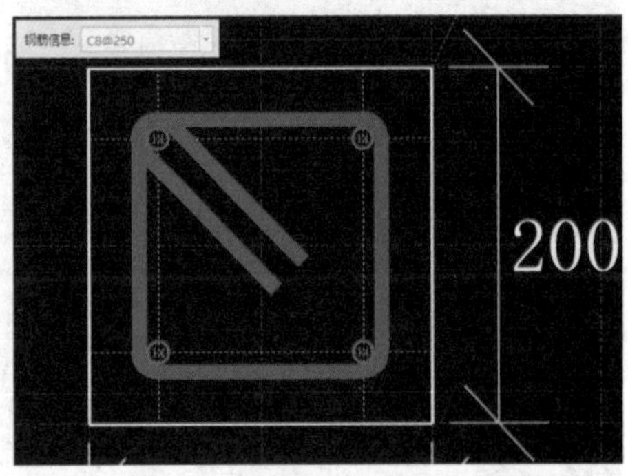

▲图2-197　完成箍筋绘制

此处的截面编辑方法，在建模中应用较多，建议读者用心揣摩，举一反三。

➤ 第三步：使用前述方法为女儿墙压顶套用做法（见图 2-198）。因女儿墙压顶顶部的装修，外墙面及内墙面绘制时均无法计算到，故此处套用做法进行处理。

➤ 第四步：关闭“定义”对话框，在“建模”工作界面中选择构件“女儿墙压顶”，画法可以选择“直线”，也可以选择更为快捷的“智能布置”（见图 2-199）。

截面编辑 构件做法

添加清单 添加定额 删除 查询 项目特征 换算 做法刷 做法查询

	编码	类别	名称	项目特征	单位	工程量表达式	表达式说明
1	− 010507005	项	扶手、压顶	女儿墙压顶，C25	m3	TJ	TJ<体积>
2	A5-55	定	现浇混凝土 扶手、压顶		m3	TJ	TJ<体积>
3	− 011702025	项	其他现浇构件	女儿墙压顶模板	m2	MBMJ	MBMJ<模板面积>
4	A5-304	定	现浇混凝土模板 扶手压顶		m2	MBMJ	MBMJ<模板面积>
5	− 011101006	项	平面砂浆找平层	女儿墙压顶上表面,50厚1:2水泥砂浆	m2	CD*0.2	CD<长度>*0.2
6	A11-1	定	找平层 水泥砂浆 混凝土或硬基层上 厚20mm		m2	CD*0.2	CD<长度>*0.2
7	A11-3 *30	换	找平层 水泥砂浆 每增减1mm 单价*30		m2	CD*0.2	CD<长度>*0.2

▲ 图 2-198 女儿墙压顶做法套用

➤ 第五步：选择“墙中心线”，点选所有需布置女儿墙压顶的墙（见图 2-200），单击右键确认，完成女儿墙压顶布置（见图 2-201）。

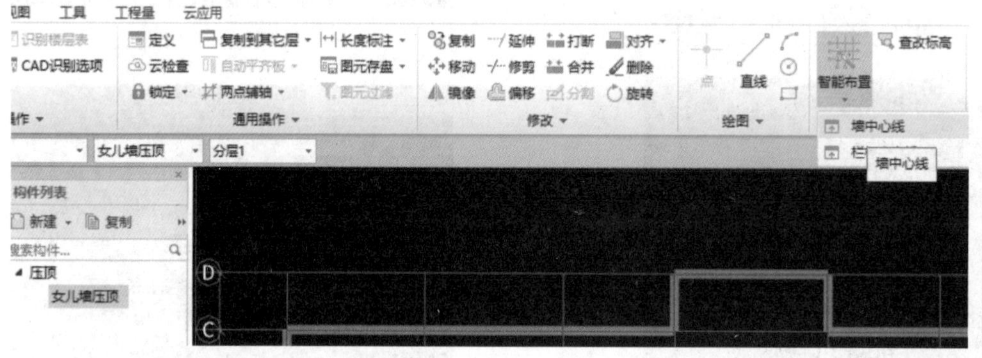

▲ 图 2-199 选择“智能布置”画法

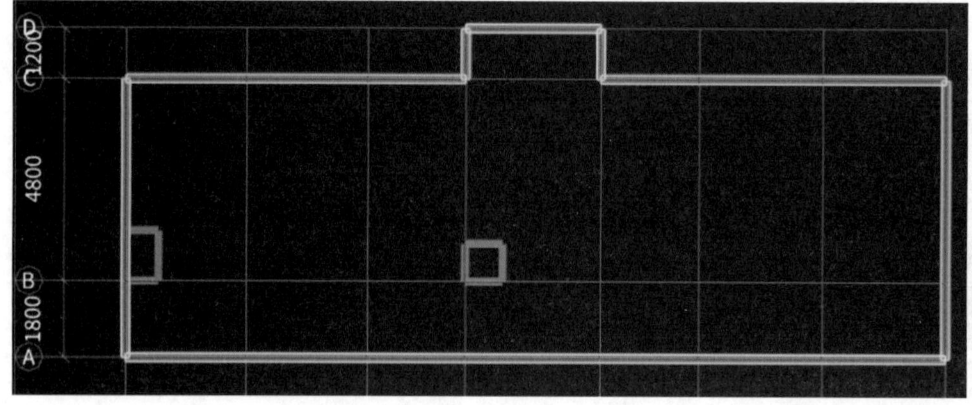

▲ 图 2-200 点选所有需布置女儿墙压顶的墙

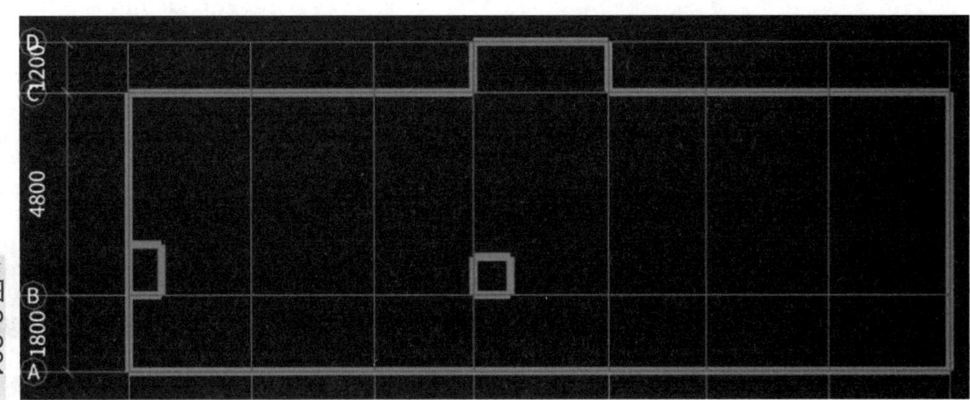

▶图 2-201　女儿墙压顶布置完成界面

3. 封堵顶板绘制

➤ 第一步：单击“导航树”导航栏下“板”前面的“+”号，展开列表，单击“现浇板（B）”按钮，进入现浇板定义界面。单击“新建”按钮下的“新建现浇板”，修改相应参数。名称：封堵板；厚度：80；是否是楼板：否；混凝土强度等级：C15；顶标高：层底标高+0.3（见图 2-202）。

➤ 第二步：使用前述方法为封堵板套用做法（见图 2-203）。此处封堵板不满足有梁板、无梁板及平板的定义，满足小型构件定义（小型构件是指单件体积≤ 0.1m^3 的未列项目的构件），故此处按小型构件套用做法。

➤ 第三步：关闭“定义”对话框，在“建模”工作界面中选择构件“封堵板”，画法选择“矩形”（见图 2-204）。光标移至Ⓑ轴及④轴交点，按住“Shift”键，单击鼠标左键，弹出“请输入偏移值”对话框，“X=”“Y=”分别输入“-200”“-200”（见图 2-205）；继续向右上方拖动光标（见图 2-206），至Ⓑ轴及④轴交点时，按住“Shift”键，单击鼠标左键，弹出“请输入偏移值”对话框，“X=”“Y=”分别输入“1100”“1100”（见图 2-207）；单击“确定”按钮，完成封堵板绘制（见图 2-208）。

属性列表

	属性名称	属性值	附加
1	名称	封堵板	
2	厚度(mm)	80	☐
3	类别	平板	☐
4	是否是楼板	否	☐
5	材质	现浇混凝土	☐
6	混凝土类型	(泵送混凝土 碎...	☐
7	混凝土强度等级	C15	☐
8	混凝土外加剂	(无)	
9	泵送类型	(混凝土泵)	
10	泵送高度(m)		
11	顶标高(m)	层底标高+0.3	☐

▲图 2-202　封堵板属性设置

构件做法

添加清单　添加定额　删除　查询　项目特征　*fx* 换算　做法刷　做法查询

	编码	类别	名称	项目特征	单位	工程量表达式	表达式说明
1	− 010507007	项	其他构件	封堵板，C15	m3	TJ	TJ<体积>
2	A5-56	定	现浇混凝土 小型构件		m3	TJ	TJ<体积>
3	− 011702025	项	其他现浇构件	封堵板模板，小型构件	m2	CMBMJ+MBMJ	CMBMJ<侧面模板面积>+MBMJ<底面模板面积>
4	A5-298	定	现浇混凝土模板 小型构件		m2	CMBMJ+MBMJ	CMBMJ<侧面模板面积>+MBMJ<底面模板面积>

▲图 2-203　封堵板做法套用

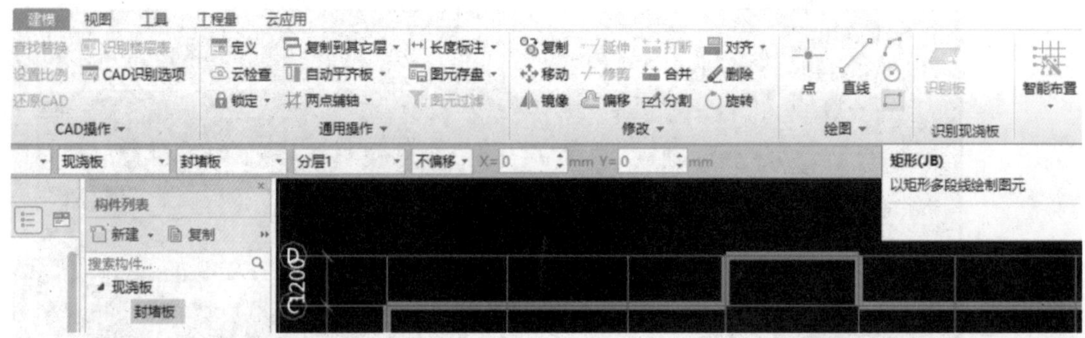

▲ 图 2-204　选择“矩形”画法

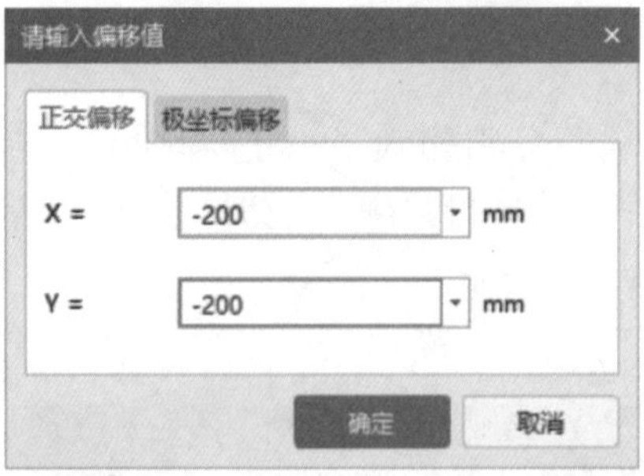

请输入偏移值

正交偏移　极坐标偏移

X = -200 mm

Y = -200 mm

确定　取消

▲ 图 2-205
输入板左下角相对Ⓑ轴与④轴交点的偏移量

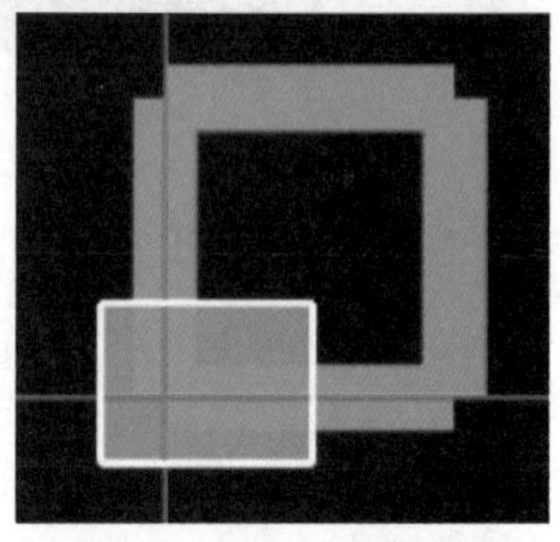

▲ 图 2-206
从左下方向右上方拖动光标

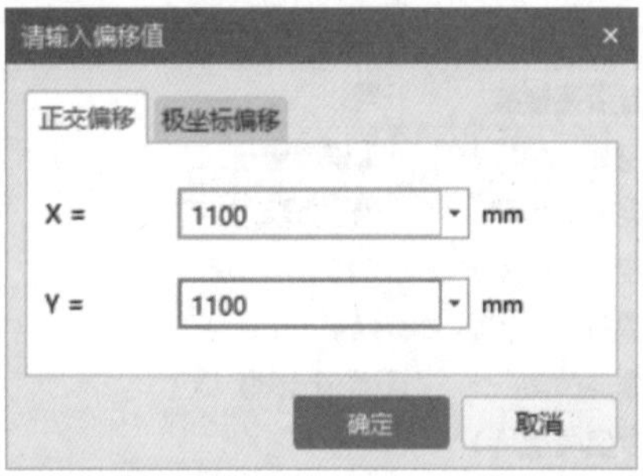

请输入偏移值

正交偏移　极坐标偏移

X = 1100 mm

Y = 1100 mm

确定　取消

▲ 图 2-207
输入板右上角相对Ⓑ轴与④轴交点的偏移量

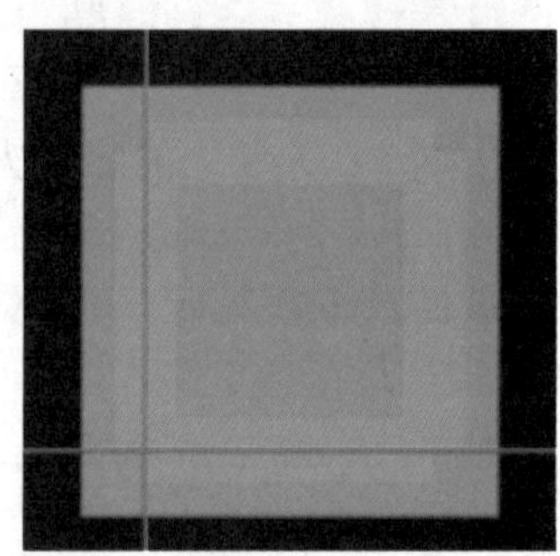

▲ 图 2-208
封堵板绘制完成界面

4. 烟道顶板绘制

第一步：单击“导航树”导航栏下“板”前面的“+”号，展开列表，单击“现浇板（B）”按钮，进入现浇板定义界面。单击“新建”按钮下的“新建现浇板”，修改相应参数。名称：烟道顶板；厚度：100；是否是楼板：否；混凝土强度等级：C20；顶标高：层顶标高（见图 2-209）。

第二步：使用前述方法为烟道顶板套用做法（见图 2-210）。

属性列表

	属性名称	属性值	附加
1	名称	烟道顶板	
2	厚度(mm)	100	☐
3	类别	平板	☐
4	是否是楼板	否	☐
5	材质	现浇混凝土	☐
6	混凝土类型	(泵送混凝土 碎...	☐
7	混凝土强度等级	C20	☐
8	混凝土外加剂	(无)	
9	泵送类型	(混凝土泵)	
10	泵送高度(m)		
11	顶标高(m)	层顶标高	☐

▲ 图 2-209　烟道顶板属性设置

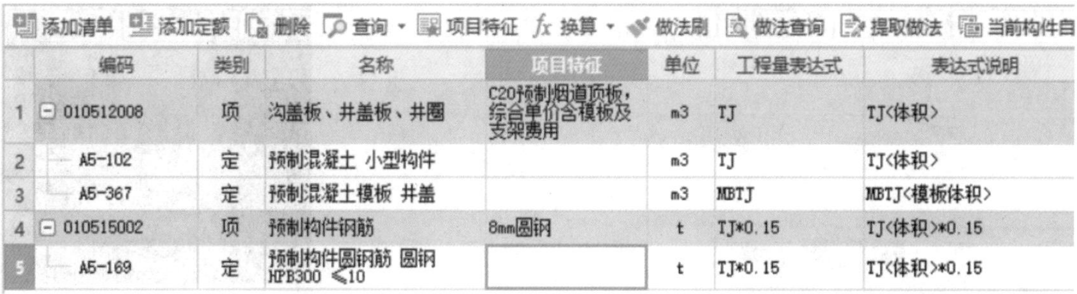

	编码	类别	名称	项目特征	单位	工程量表达式	表达式说明
1	010512008	项	沟盖板、井盖板、井圈	C20预制烟道顶板，综合单价含模板及支架费用	m3	TJ	TJ<体积>
2	A5-102	定	预制混凝土 小型构件		m3	TJ	TJ<体积>
3	A5-367	定	预制混凝土模板 井盖		m3	MBTJ	MBTJ<模板体积>
4	010515002	项	预制构件钢筋	8mm圆钢	t	TJ*0.15	TJ<体积>*0.15
5	A5-169	定	预制构件圆钢筋 圆钢 HPB300 ≤10		t	TJ*0.15	TJ<体积>*0.15

▲图 2-210　烟道顶板做法套用

此处有两点情况需说明。

① 模板未单列清单的问题。根据《房屋建筑与装饰工程工程量计算规范》(GB 50854—2013)，混凝土模板及支撑（架）项目，只适用于以 m^2 计量，按模板与混凝土构件的接触面积计算；若模板工程量以 m^3 计量，模板及支撑（架）不再单列，按混凝土及钢筋混凝土实体项目执行，综合单价中应包含模板及支架。故此处将顶板模板合在实体项目清单中。

② 钢筋套定额问题。因烟道顶板中的钢筋为预制构件钢筋，无法与其他现浇构件钢筋进行区分，且未进行钢筋绘制，故此处考虑在做法中。

第三步：关闭“定义”对话框，在“建模”工作界面中选择构件“烟道顶板”，画法选择“矩形”(见图 2-211)。光标移至Ⓑ轴及①轴交点，按住“Shift”键，单击鼠标左键，弹出“请输入偏移值”对话框，“X=”“Y=”分别输入“100”“-200”(见图 2-212)；继续向右上方拖动光标(见图 2-213)，至Ⓑ轴及①轴交点时，按住“Shift”键，单击鼠标左键，弹出“请输入偏移值”对话框，“X=”“Y=”分别输入“1000”“1400”(见图 2-214)；单击“确定”按钮，完成烟道顶板绘制(见图 2-215)。

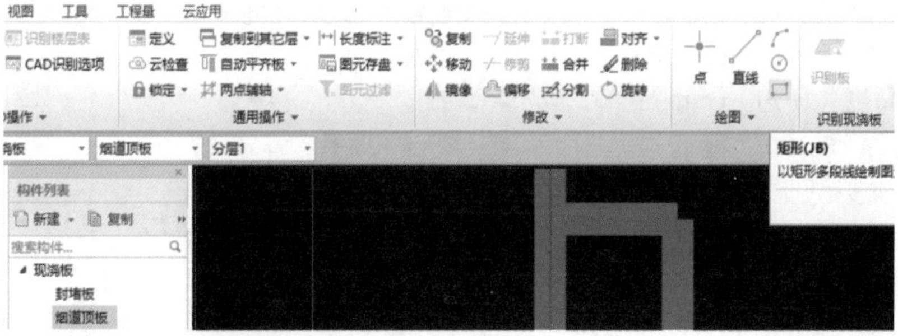

▲图 2-211　选择“矩形”画法

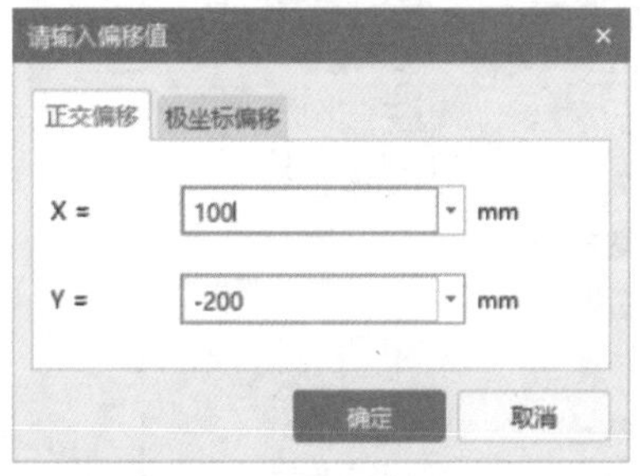

▲图 2-212
板左下角相对Ⓑ轴与①轴交点的偏移量

▲图 2-213
从左下方向右上方拖动光标

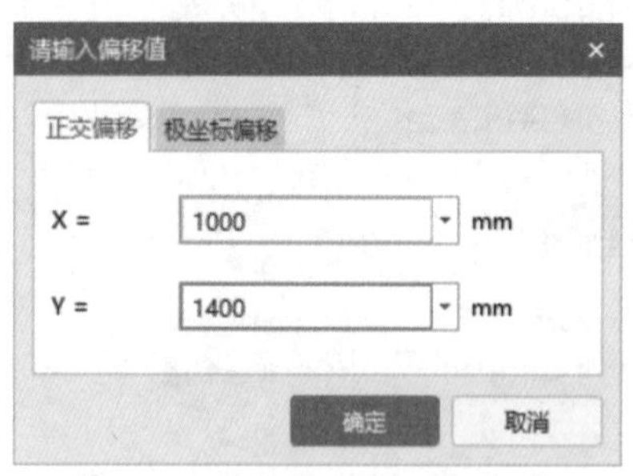

▲ 图 2-214
板右上角相对Ⓑ轴与①轴交点的偏移量

▲ 图 2-215
烟道顶板绘制完成界面

任务八　楼梯处理

1. 楼梯梯柱绘制

梯柱绘制方法与框架柱绘制方法相同，限于篇幅，此处仅介绍相应的参数设置，其余操作可参照前述方法完成。读者需注意如下三个关键点。

1）根据结施 04 楼梯结构布置图输入梯柱有关参数。名称：TZ；截面宽度（B 边）(mm)：200；截面高度（H 边）(mm)：300；角筋：4c18；箍筋：c8-100；箍筋肢数：2*2；顶标高（m）：1.9（见图 2-216）。

2）为梯柱套用做法（见图 2-217）。梯柱的工程量未含于楼梯的实体工程量中，需单独套用做法。

3）梯柱绘制时，其中心点位于Ⓓ轴下方 1450 处。根据结施 04，梯柱 TZ 的下边缘距离Ⓓ轴线的距离为 1600，故 TZ 的中心点距离Ⓓ轴线的距离为 1600−300/2＝1450。式中 300 为梯柱 TZ 的 h 边高度。

梯柱 TZ 布置完成后如图 2-218 所示。

属性列表

	属性名称	属性值	附加
1	名称	TZ	
2	结构类别	框架柱	☐
3	定额类别	普通柱	☐
4	截面宽度(B边)(...	200	☐
5	截面高度(H边)(...	300	☐
6	全部纵筋		☐
7	角筋	4⌀18	☐
8	B边一侧中部筋		☐
9	H边一侧中部筋		☐
10	箍筋	⌀8@100(2*2)	☐
11	节点区箍筋		☐
12	箍筋肢数	2*2	
13	柱类型	(中柱)	☐
14	材质	现浇混凝土	☐
15	混凝土类型	(泵送混凝土 ...	☐
16	混凝土强度等级	(C30)	☐
17	混凝土外加剂	(无)	
18	泵送类型	(混凝土泵)	
19	泵送高度(m)		
20	截面面积(m²)	0.06	☐
21	截面周长(m)	1	☐
22	顶标高(m)	1.9	☐
23	底标高(m)	层底标高	☐

▲ 图 2-216　修改梯柱 TZ 参数

2. 楼梯梯梁及平台梁绘制

采用与首层梁绘制同样的方法，绘制梯梁及平台梁。限于篇幅，此处仅介绍相应的参数设置。读者需注意如下三个关键点。

1）根据结施 04，注意修改 TL1（见图 2-219）、PTL1 及 PTL2（见图 2-220）的相应参数。

2）一定不要为 TL1、PTL1 及 PTL2 套用混凝土浇筑及模板做法，否则会造成重复计算。按清单及定额计算规则，梯梁的混凝土浇筑及模板统一考虑在楼梯整体中。

3）为防止在绘制梯梁及平台梁时受到首层框架梁的影响，应将“分层 1”改为“分层 2”，在分层 2 进行 TL1、PTL1 及 PTL2 的绘制（见图 2-221）。

构件列表

新建 · 复制 删除

搜索构件...

- 柱
  - 框架柱
    - KZ-1
    - KZ-2
    - TZ

截面编辑　构件做法

添加清单　添加定额　删除　查询 ·　项目特征　fx 换算 ·　做法刷　做法查询

	编码	类别	名称	项目特征	单位	工程量表达式	表达式说明
1	− 010502001	项	矩形柱	C30	m3	TJ	TJ<体积>
2	A5-13	定	现浇混凝土 矩形柱		m3	TJ	TJ<体积>
3	− 011702002	项	矩形柱	模板支撑高度3.6m以内	m2	MBMJ	MBMJ<模板面积>
4	A5-254	定	现浇混凝土 模板 矩形柱		m2	MBMJ	MBMJ<模板面积>

▲图 2-217　梯柱 TZ 做法

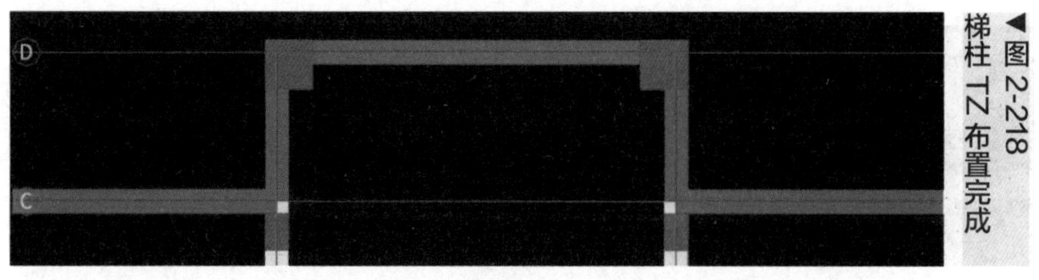

▲图 2-218　梯柱 TZ 布置完成

楼梯梯柱绘制

属性列表

	属性名称	属性值	附加
1	名称	TL1	
2	结构类别	楼层框架梁	☐
3	跨数量	1	☐
4	截面宽度(mm)	200	☐
5	截面高度(mm)	400	☐
6	轴线距梁左边...	(100)	☐
7	箍筋	Φ8@100(2)	☐
8	肢数	2	
9	上部通长筋	3Φ16	☐
10	下部通长筋	3Φ18	☐
11	侧面构造或受...	N4Φ12	☐
12	拉筋	Φ6	☐
13	定额类别	板底梁	☐
14	材质	现浇混凝土	☐
15	混凝土类型	(泵送混凝土 ...	☐
16	混凝土强度等级	(C30)	☐
17	混凝土外加剂	(无)	
18	泵送类型	(混凝土泵)	
19	泵送高度(m)		
20	截面周长(m)	1.2	☐
21	截面面积(m^{2})	0.08	☐
22	起点顶标高(m)	1.9	☐
23	终点顶标高(m)	1.9	☐

▲图 2-219　TL1 参数

属性列表

	属性名称	属性值	附加
1	名称	PTL1	
2	结构类别	楼层框架梁	☐
3	跨数量	1	☐
4	截面宽度(mm)	200	☐
5	截面高度(mm)	400	☐
6	轴线距梁左边...	(100)	☐
7	箍筋	Φ8@100/200(2	☐
8	肢数	2	
9	上部通长筋	2Φ16	☐
10	下部通长筋	2Φ16	☐
11	侧面构造或受...		☐
12	拉筋		☐
13	定额类别	板底梁	☐
14	材质	现浇混凝土	☐
15	混凝土类型	(泵送混凝土 ...	☐
16	混凝土强度等级	(C30)	☐
17	混凝土外加剂	(无)	
18	泵送类型	(混凝土泵)	
19	泵送高度(m)		
20	截面周长(m)	1.2	☐
21	截面面积(m^{2})	0.08	☐
22	起点顶标高(m)	1.9	☐
23	终点顶标高(m)	1.9	☐

▲图 2-220　PTL1/PTL2 参数

梯梁及平台梁布置完成后如图 2-222 所示。

3. 楼梯平台板及板筋绘制

采用与前述现浇板及受力筋绘制同样的方法，绘制楼梯平台板及板筋。限于篇幅，此处仅介绍相应的参数设置。读者需注意如下三个关键点。

1）根据结施 04，注意修改平台板（见图 2-223）、马凳筋（见图 2-224）及受力筋（见图 2-225 和图 2-226）的相应参数。

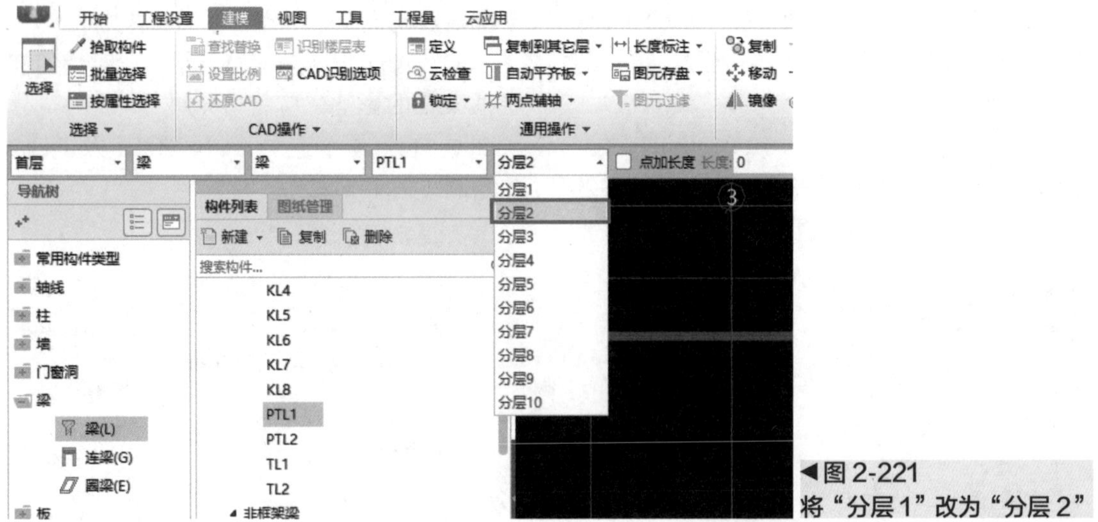

◀图 2-221
将“分层 1”改为“分层 2”

楼梯梯梁及平台梁绘制

▲图 2-222　梯梁及平台梁布置完成

属性列表

	属性名称	属性值	附加
1	名称	楼梯平台板	
2	厚度(mm)	130	☐
3	类别	有梁板	☐
4	是否是楼板	是	☐
5	材质	现浇混凝土	☐
6	混凝土类型	(泵送混凝土 碎石...	☐
7	混凝土强度等级	(C30)	☐
8	混凝土外加剂	(无)	
9	泵送类型	(混凝土泵)	
10	泵送高度(m)		
11	顶标高(m)	1.9	☐

▲图 2-223　楼梯平台板参数

▲图 2-224　马凳筋参数图

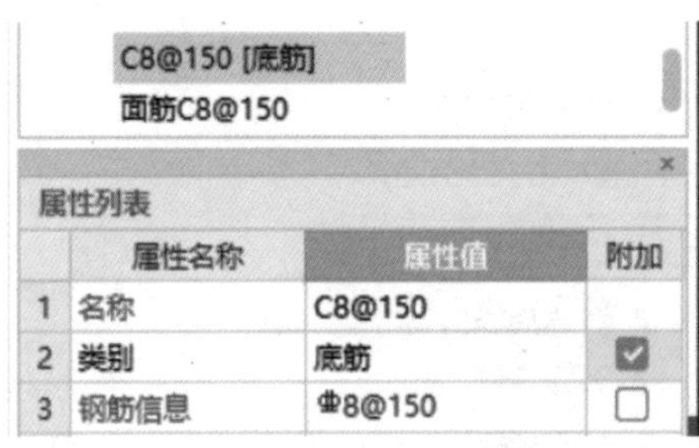

▲图 2-225　受力筋底筋参数

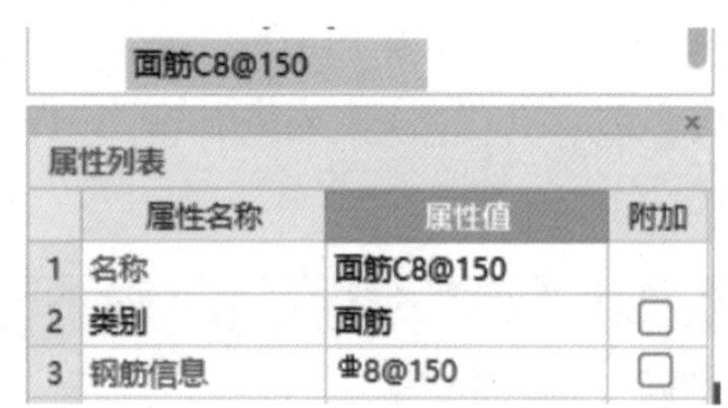

▲图 2-226　受力筋面筋参数

2）一定不要为平台板套用混凝土浇筑及模板做法，否则会造成重复计算。按清单及定额计算规则，平台板的混凝土浇筑及模板统一考虑在楼梯整体中。

3）为防止在绘制平台板及板筋时受到首层楼板的影响，应在分层2进行平台板的绘制（见图2-227）。

4. 楼梯踏步单构件输入

为完成楼梯所涉及的钢筋计算，还需要进行楼梯踏步的单构件输入。单构件输入也是建模算量中使用频率较高的一种方法，为帮助读者更好地掌握该方法，在此进行详细介绍。

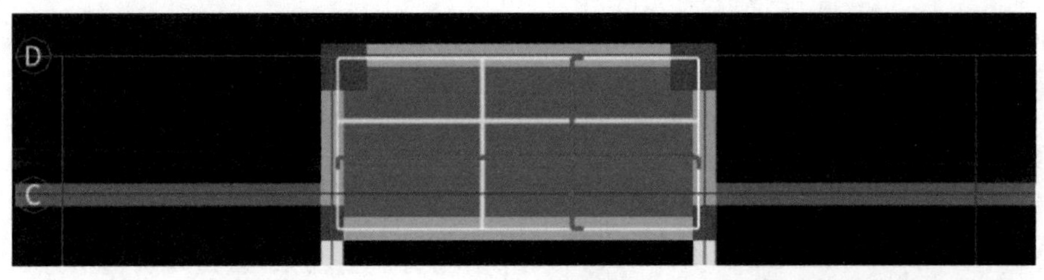

▲图 2-227　平台板及板筋绘制完成界面

第一步：在“建模”工作界面中选择“工程量”，进入“工程量”工作界面，单击“表格输入”，弹出“表格输入”对话框（见图2-228）。

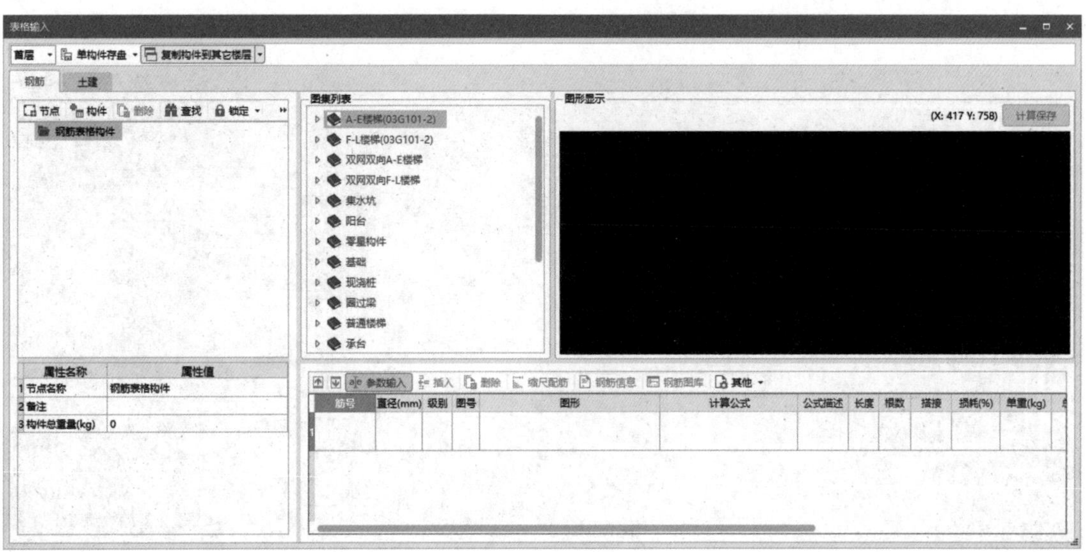

▲图 2-228　“表格输入”对话框

第二步：单击“构件”，新建一个构件，命名为“AT1”，下方表格中的“构件数量”输入“2”（见图 2-229）。

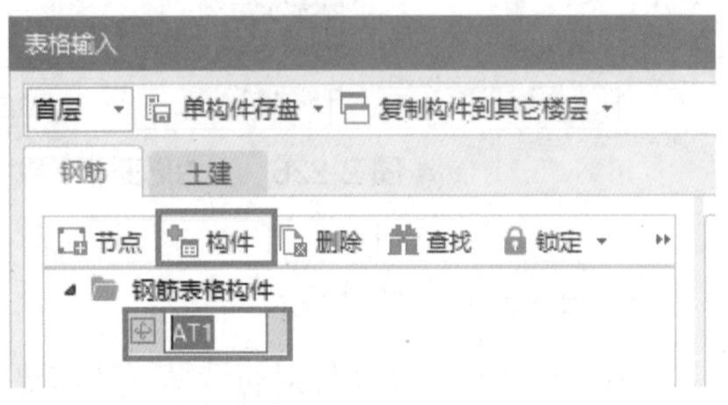

▲图 2-229 新建 AT1 构件

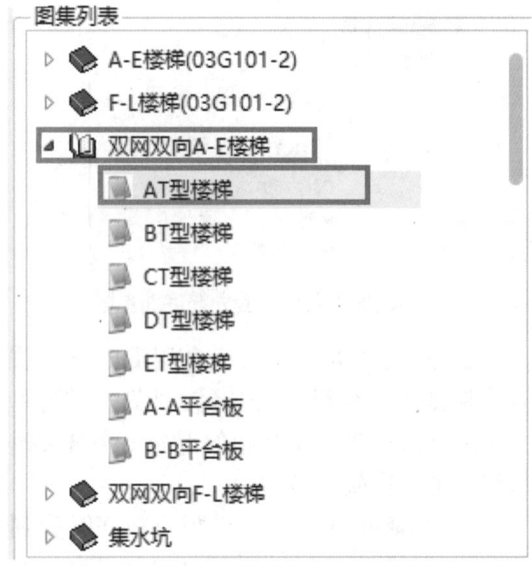

▲图 2-230 单击“AT 型楼梯”

第三步：在“图集列表”中打开“双网双向 A-E 楼梯”，单击“AT 型楼梯”（见图 2-230）。

读者需注意，此处之所以选择双网双向 A-E 楼梯中的 AT 型楼梯，原因在于该楼梯与图样设计完全一致。单构件输入选择的图集，首先考虑完全一致的，在没有完全一致的图集的情况下，选择最接近的图集。

第四步：根据结施 04 楼梯结构布置图和建施 03 二层平面图输入楼梯的有关参数。AT 梯板厚度（h）：130；踏步段总高（th）：1800；lsn＝bs*m＝270*12；梯板分布钢筋：A8-250；梯步净宽（tbjk）：1500；低端梯梁：200；高端梯梁：200；梯板上部纵筋：C12-150；梯板下部纵筋：C12-150（见图 2-231）。

第五步：单击“表格输入”中的“计算保存”按钮，关闭对话框，楼梯单构件输入完成（见图 2-232）。

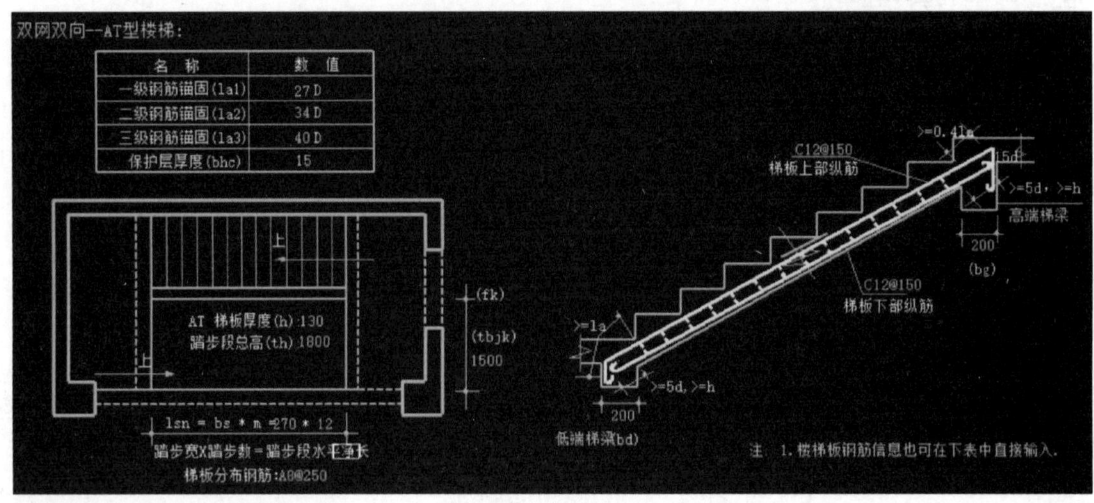

▲图 2-231 输入楼梯相关参数

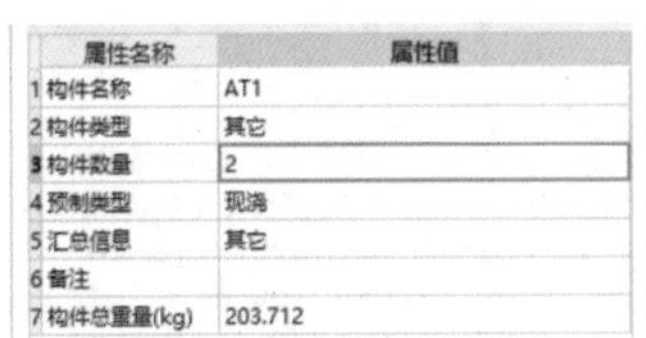

	属性名称	属性值
1	构件名称	AT1
2	构件类型	其它
3	构件数量	2
4	预制类型	现浇
5	汇总信息	其它
6	备注	
7	构件总重量(kg)	203.712

	筋号	直径(mm)	级别	图号	图形	计算公式	公式描述	长度	根数
1	梯板下部纵筋	12	Φ	3	3902	3240*1.124+2*130		3902	11
2	梯板上部纵筋	12	Φ	781	180 4042 272	3240*1.124+480+372		4494	11
3	梯板分布钢筋	8	Φ	3	1470	1470+12.5*d		1570	32

▲ 图 2-232　楼梯单构件输入计算结果界面

楼梯踏步单构件输入

5. 楼梯绘制

前面我们做了大量工作，实际上只完成了楼梯钢筋量的计算，楼梯混凝土浇筑、模板及支撑、栏杆、扶手、楼梯底面装修、楼梯踢脚线、楼梯面装修等工程量仍未计算出来。此时，需要我们建一个“参数化楼梯”来解决这些问题。

第一步：单击“导航树”导航栏下“楼梯”前面的“+”号，展开列表，单击“楼梯（R）”按钮，进入楼梯定义界面。单击“新建”按钮下的“新建参数化楼梯”，弹出“选择参数化图形”对话框（见图 2-233）。点选“标准双跑 1”，并完成相应参数输入（见图 2-234）。

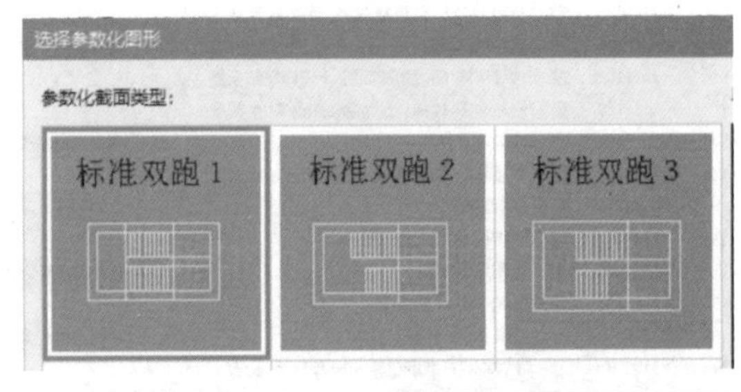

▲ 图 2-233　“选择参数化图形”对话框

第二步：使用前述方法为楼梯套用做法（见图 2-235）。可以看出，楼梯需要计算的内容除钢筋外，还有很多其他项，读者需用心揣摩，举一反三，以后遇到类似问题时才能全面处理，避免漏项。

此处有三个问题需说明。

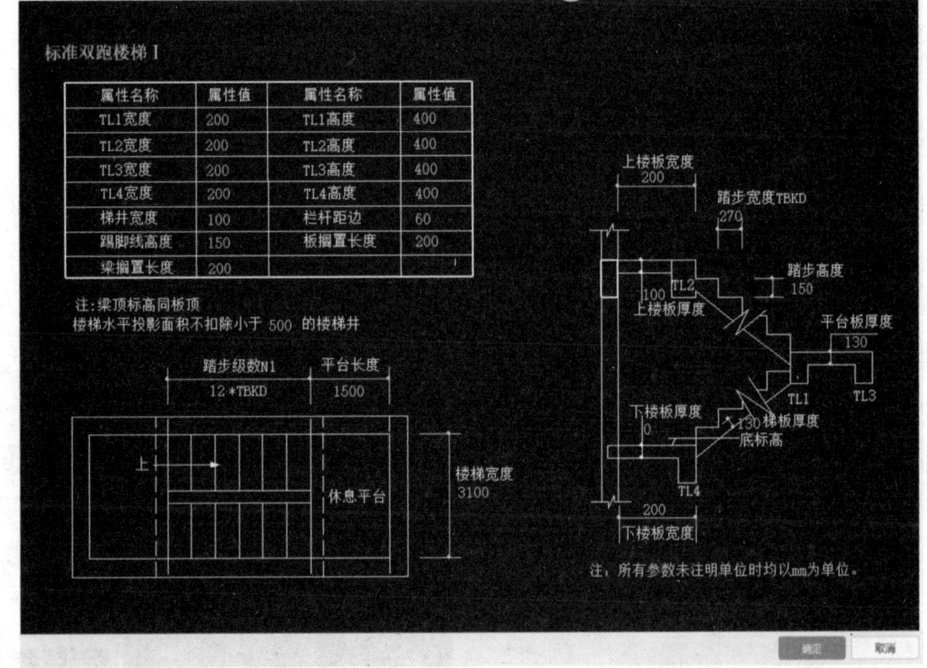

标准双跑楼梯 I

属性名称	属性值	属性名称	属性值
TL1宽度	200	TL1高度	400
TL2宽度	200	TL2高度	400
TL3宽度	200	TL3高度	400
TL4宽度	200	TL4高度	400
梯井宽度	100	栏杆距边	60
踢脚线高度	150	板搁置长度	200
梁搁置长度	200		

▲ 图 2-234　楼梯参数设置

参数图 构件做法

添加清单 添加定额 删除 查询 项目特征 换算 做法刷 做法查询 提取做法 当前构件自动套做法

	编码	类别	名称	项目特征	单位	工程量表达式	表达式说明
1	010506001	项	直形楼梯	C30	m2	TYMJ	TYMJ<水平投影面积>
2	A5-48	定	现浇混凝土 楼梯 直形		m2水平投影面积	TYMJ	TYMJ<水平投影面积>
3	011702024	项	楼梯		m2	TYMJ	TYMJ<水平投影面积>
4	A5-294	定	现浇混凝土模板 楼梯 直形		m2水平投影面积	TYMJ	TYMJ<水平投影面积>
5	011301001	项	天棚抹灰	(1)基层清理；(2)刷水泥浆一道（加建筑胶适量）；(3)10厚1:1:4水泥石灰砂浆打底找平；(4)4厚1:0.3:3水泥石灰砂浆找平。	m2	DBMHMJ	DBMHMJ<底部抹灰面积>
6	A13-5	定	天棚抹灰 混凝土面天棚 水泥石灰砂浆 现浇 14mm		m2	DBMHMJ	DBMHMJ<底部抹灰面积>
7	011407002	项	天棚喷刷涂料	(1)满刮腻子找平抹光；(2)刷乳胶漆两遍。	m2	DBMHMJ	DBMHMJ<底部抹灰面积>
8	A14-226	定	抹灰面油漆 乳胶漆 室内 天棚面 两遍		m2	DBMHMJ	DBMHMJ<底部抹灰面积>
9	011106002	项	块料楼梯面层	地砖面层，踏步采用金属条防滑条。	m2	TYMJ	TYMJ<水平投影面积>
10	A11-102	定	楼梯装饰 陶瓷地砖面层 水泥砂浆结合层		m2	TYMJ	TYMJ<水平投影面积>
11	A11-120	定	台阶装饰 楼梯、台阶踏步防滑条 金属条		m	FHTCD	FHTCD<防滑条长度>
12	011108003	项	块料零星项目	楼梯侧面贴砖	m2	TDCMMJ	TDCMMJ<梯段侧面面积>
13	A11-126	定	零星装饰 陶瓷地砖面层 水泥砂浆结合层		m2	TDCMMJ	TDCMMJ<梯段侧面面积>
14	011105003	项	块料踢脚线	(1)4厚纯水泥浆粘贴层；(2)10厚地砖面层，水泥浆擦缝。	m2	TJXMMJ	TJXMMJ<踢脚线面积（斜）
15	A11-85	定	踢脚线 陶瓷地砖 直线形		m2	TJXMMJ	TJXMMJ<踢脚线面积（斜）
16	011503005	项	金属靠墙扶手	楼梯靠墙处设置，外径50.8mm不锈钢扶手	m	KQFSCD	KQFSCD<靠墙扶手长度>
17	A15-128	定	靠墙扶手 不锈钢管		m	KQFSCD	KQFSCD<靠墙扶手长度>
18	011503001	项	金属扶手、栏杆、栏板	不锈钢栏杆全玻栏板，不锈钢管外径50.8mm，玻璃10厚	m	LGCD	LGCD<栏杆扶手长度>
19	A15-89	定	不锈钢栏杆玻璃栏板 10mm厚全玻 圆管		m	LGCD	LGCD<栏杆扶手长度>

▲图 2-235 楼梯做法套用

① 块料零星项目问题。根据定额说明，混零星项目面层适用于楼梯侧面、台阶的牵边、小便池、蹲台、池槽，以及面积≤ $1m^2$ 且定额未列项目的工程。故此处将楼梯侧面贴砖单列。

② 天棚喷刷涂料问题。项目特征中有刮腻子和刷乳胶漆两项内容，而套定额只套一项“A13-226 抹灰面油漆 乳胶漆 室内 天棚面 两遍”，原因在于该定额同时包含刮腻子和刷乳胶漆的内容。

③ 块料踢脚线问题。项目特征中有水泥砂浆粘贴层和地砖面层两项内容，而套定额时只套“A11-85 踢脚线 陶瓷地砖 直线形”并非遗漏水泥砂浆粘贴层定额项，而是因为陶瓷地砖定额项已包含水泥砂浆粘贴层工作内容。

第三步：关闭“定义”对话框，在“建模”工作界面中选择构件“LT-1”，画法选择“点”（见图 2-236）。光标移至Ⓓ轴及⑤轴交点，按住“Shift”键，单击鼠标左键，弹出“请输入偏移值”对话框，“X =”“Y =”分别输入“0”“5000”（见图 2-237）。单击“确定”按钮，完成楼梯 LT-1 的绘制（见图 2-238）。

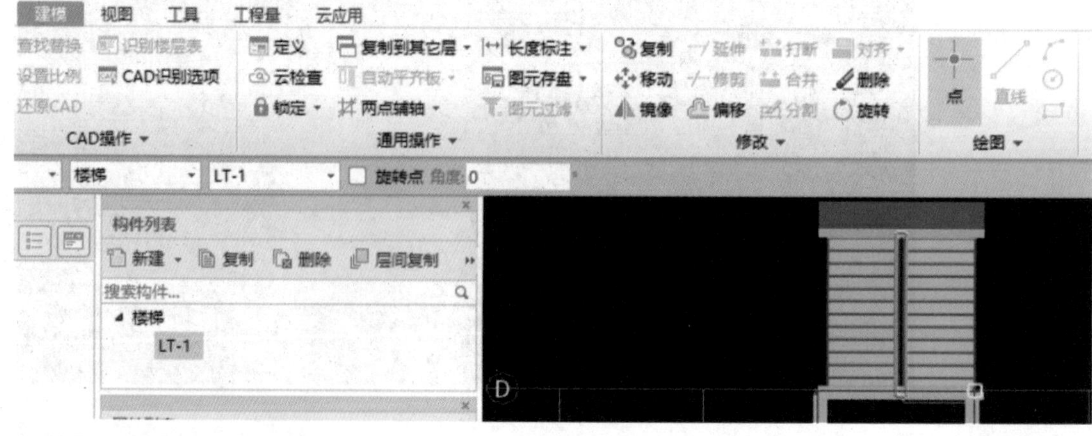

▲图 2-236 选择“点”画法

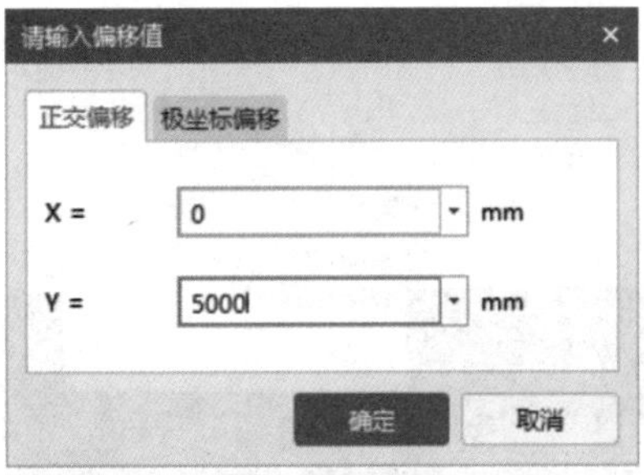

请输入偏移值
正交偏移　极坐标偏移
X = 0 mm
Y = 5000l mm
确定　取消

▲ 图 2-237
输入楼梯 LT-1 向上的偏移量

此处需要说明的是，因为梯梁、平台梁及梯板的存在，楼梯无法布置在设计图所示的位置。编者在此采用折中的方法，将其偏移到轴网之外且不影响其它工程量的位置，从而达到楼梯钢筋工程量与土建工程量同时计算的目的。

6. 楼梯间护窗栏杆绘制

第一步：单击“导航树”导航栏下“其它”前面的“+”号，展开列表，单击“栏杆扶手（G）”按钮，进入栏杆扶手定义界面。单击“新建”按钮下的“新建栏杆扶手”，完成相应参数输入（见图 2-239）。

第二步：使用前述方法为护窗栏杆套用做法（见图 2-240）。

第三步：关闭“定义”对话框，在“建模”工作界面中选择构件“护窗栏杆”，画法选择“直线”（见图 2-241）。单击Ⓓ轴上的窗左端点（见图 2-242），向右拖动光标（见图 2-243），至Ⓓ轴上的窗右端点再单击，完成护窗栏杆绘制（见图 2-244）。

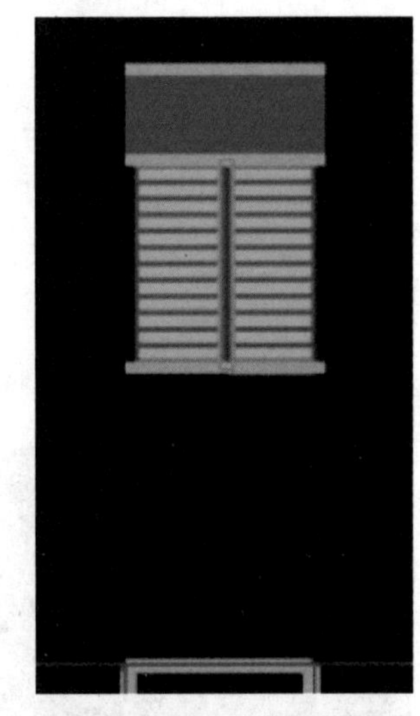
▲ 图 2-238
楼梯 LT-1 完成界面

属性列表

	属性名称	属性值	附加
1	名称	护窗栏杆	
2	材质	金属	☐
3	类别	栏杆扶手	☐
4	扶手截面形状	圆形	☐
5	扶手半径(mm)	25	☐
6	栏杆截面形状	圆形	☐
7	栏杆半径(mm)	16	☐
8	高度(mm)	950	☐
9	间距(mm)	110	☐
10	起点底标高(m)	1.9	☐
11	终点底标高(m)	1.9	☐
12	备注		☐

▲ 图 2-239　楼梯护窗栏杆参数设置

构件做法

添加清单　添加定额　删除　查询　项目特征　换算　做法刷　做法查询　提取做法　当前构件

	编码	类别	名称	项目特征	单位	工程量表达式	表达式说明
1	− 011503001	项	金属扶手、栏杆、栏板	楼梯间护窗栏杆扶手，外径50mm，不锈钢管；栏杆外径32mm，不锈钢管	m	CD	CD<长度（含弯头）>
2	A15-105	定	不锈钢扶手 直形		m	CD	CD<长度（含弯头）>
3	A15-80	定	不锈钢管栏杆 直线型 竖条式		m	CD	CD<长度（含弯头）>

▲ 图 2-240　护窗栏杆做法套用

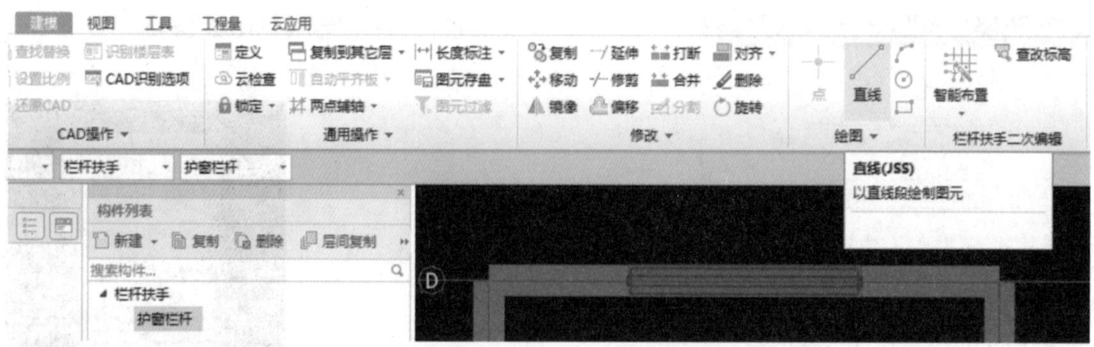

▲ 图 2-241　选择“直线”画法

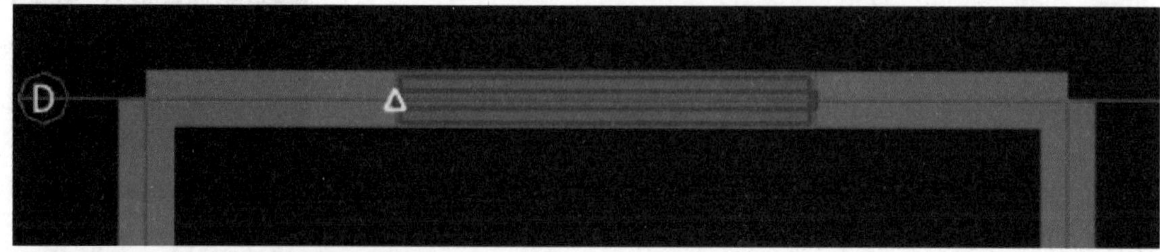

▲ 图 2-242　单击Ⓓ轴上的窗左端点

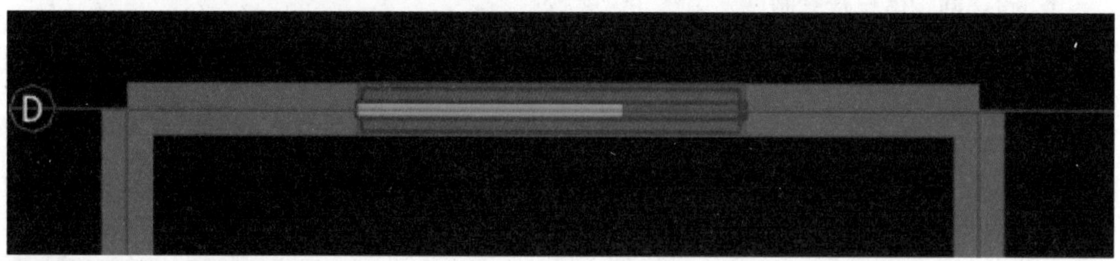

▲ 图 2-243　向右拖动光标

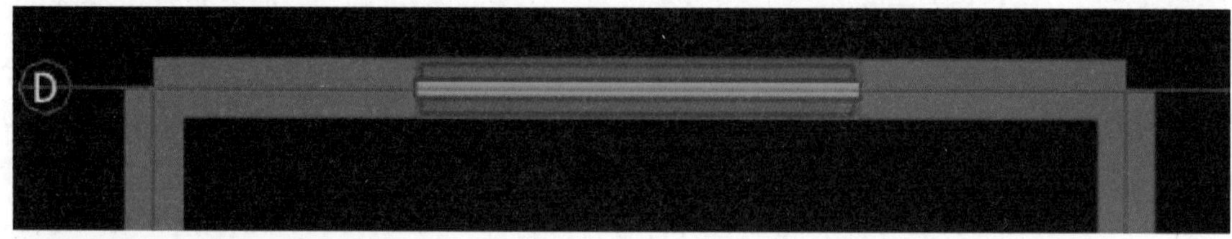

▲ 图 2-244　护窗栏杆绘制完成界面

任务九　顶层边角柱判断

判断边角柱是造价人员容易遗漏的事项。在新建构件的时候，软件默认的柱类型都是中柱，而实际上还有角柱、边柱-B 及边柱-H 三种类型。在新建柱构件时，为方便考虑，往往按软件默认的中柱类型考虑。在顶层以下（不含顶层），这种设置不会对计算结果产生影响；而在顶层，因为边角柱的锚固存在区别，会影响计算结果的准确性。因此，在本项目中，需进行二层边角柱的判断。

第一步：单击楼层选择框，在下拉楼层列表中单击“二层”，切换楼层到二层。单击“建模”界面中的“柱”，切换到柱绘制界面（见图 2-245）。

第二步：单击“柱二次编辑”栏中的“判断边角柱”按钮（见图 2-246），完成二层边角柱的判断。可以看出，判断完成后，边柱、角柱与中柱的颜色均有所区别（见图 2-247）。

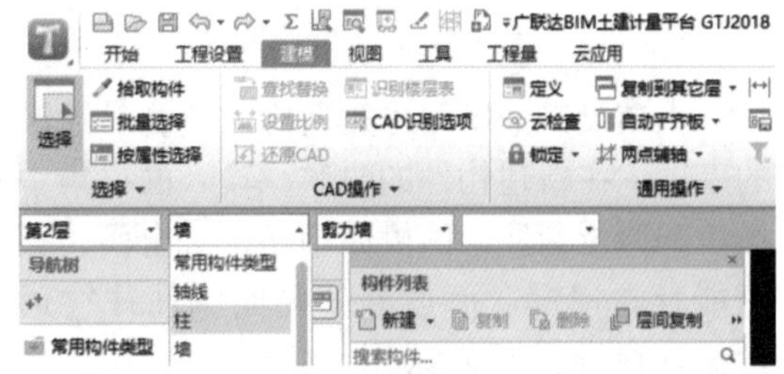

▲ 图 2-245 切换到柱绘制界面

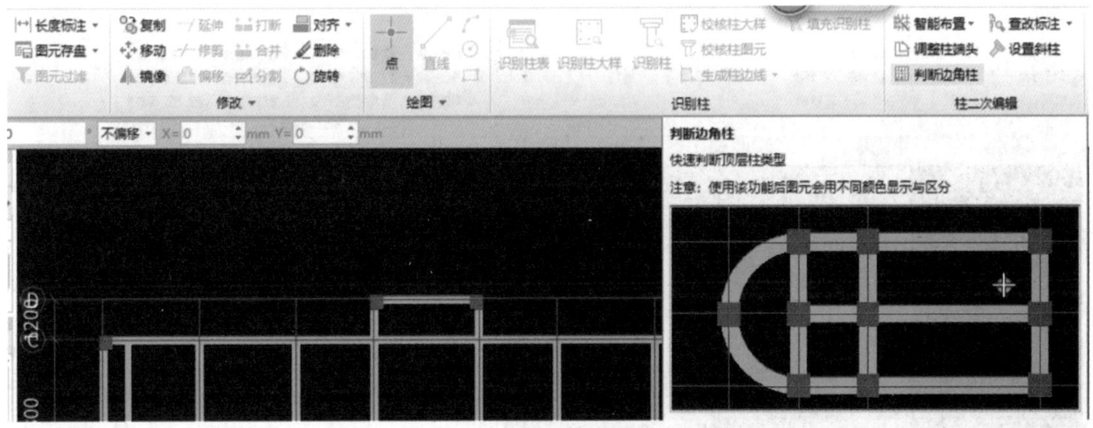

▲ 图 2-246 单击“判断边角柱”按钮

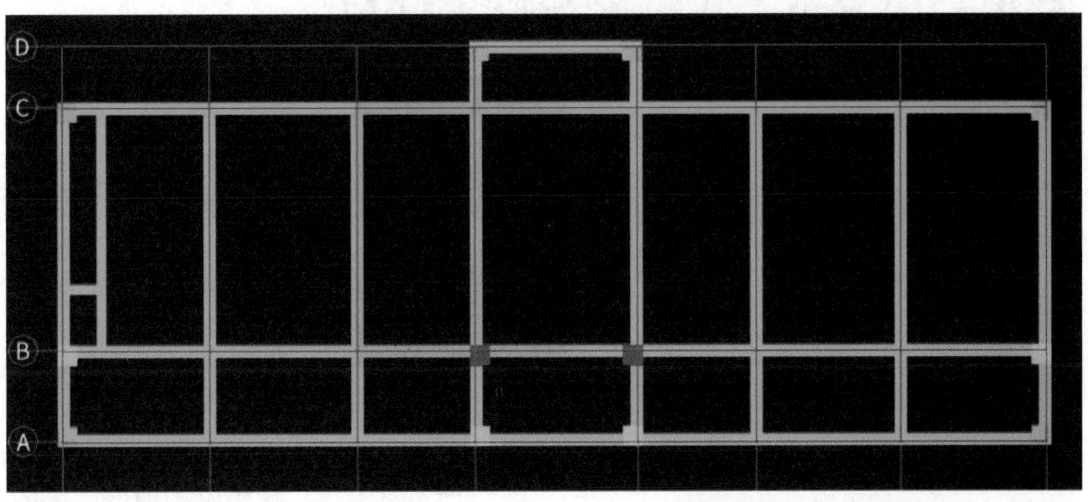

▲ 图 2-247 “判断边角柱”完成界面

任务十　生成梁侧面钢筋

生成梁侧面钢筋也是造价人员容易遗漏的事项。在新建构件的时候，输入的梁集中标注和原位标注中的侧面钢筋未必全面，很可能存在遗漏。而遗漏的侧面钢筋往往通过结构设计说明来弥补。根据结施 01 结构设计说明第 10.6.8 条“梁腹高≥450mm 时，在梁两面各设⏀ 10@200 的纵向构造钢筋，梁图已配置有侧面钢筋的，以梁图配置为准”，故需执行“生成侧面筋”操作，否则会影响计算结果的准确性。

➤ 第一步：单击选择“建模”界面中的“梁”，切换到梁绘制界面。单击“梁二次编辑”栏中的“生成侧面筋”按钮（见图 2-248），弹出“生成侧面筋”对话框，在该对话框中输入相应信息（见图 2-249）。

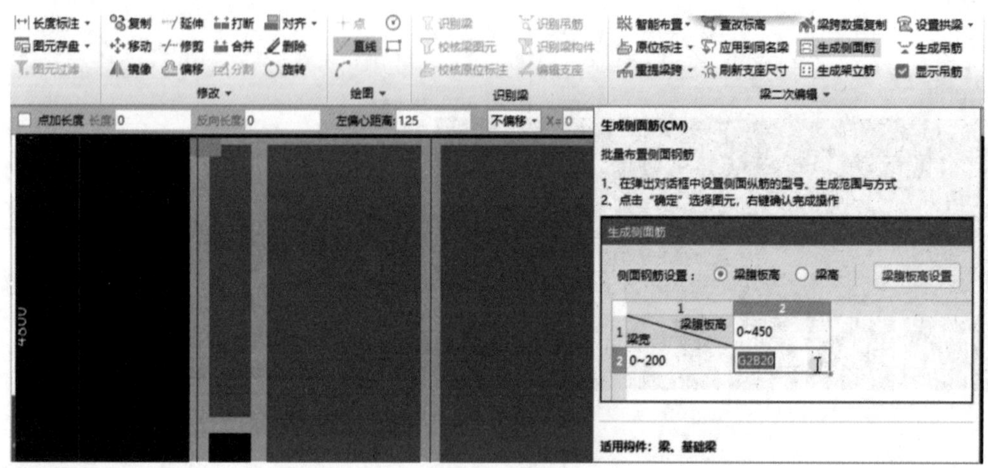

▲图 2-248　单击“生成侧面筋”按钮

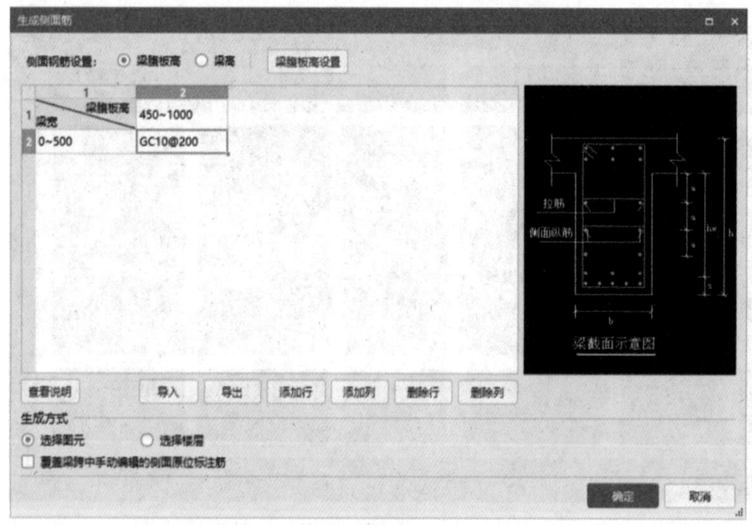

▲图 2-249　在“生成侧面筋”对话框中输入相应信息

此处除梁宽及梁腹高度下限值为确定值 0、450 以外，其余参数（包括梁宽上限值、梁腹板高度上限值）的范围应尽可能扩大，以囊括本项目中满足条件的所有梁，确保不会遗漏。

➤ 第二步：点选“生成侧面筋”对话框中“生成方式”下的“选择楼层”（见图 2-250），在右侧的“楼层选择”

项选择“全楼”（见图 2-251）。

第三步：点选“确定”按钮，完成整楼侧面钢筋的生成（见图 2-252）。

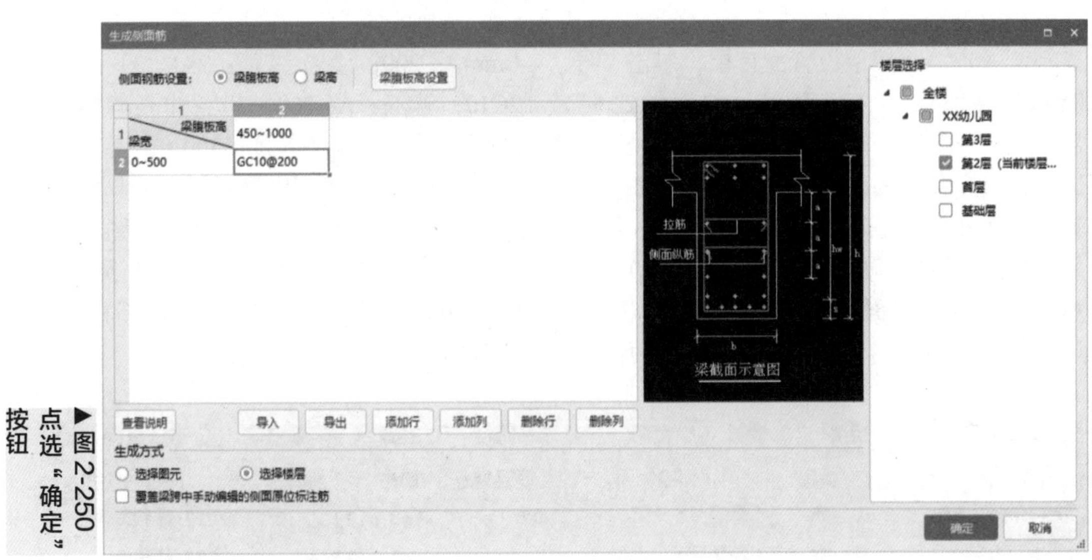

▲图 2-250 点选“确定”按钮

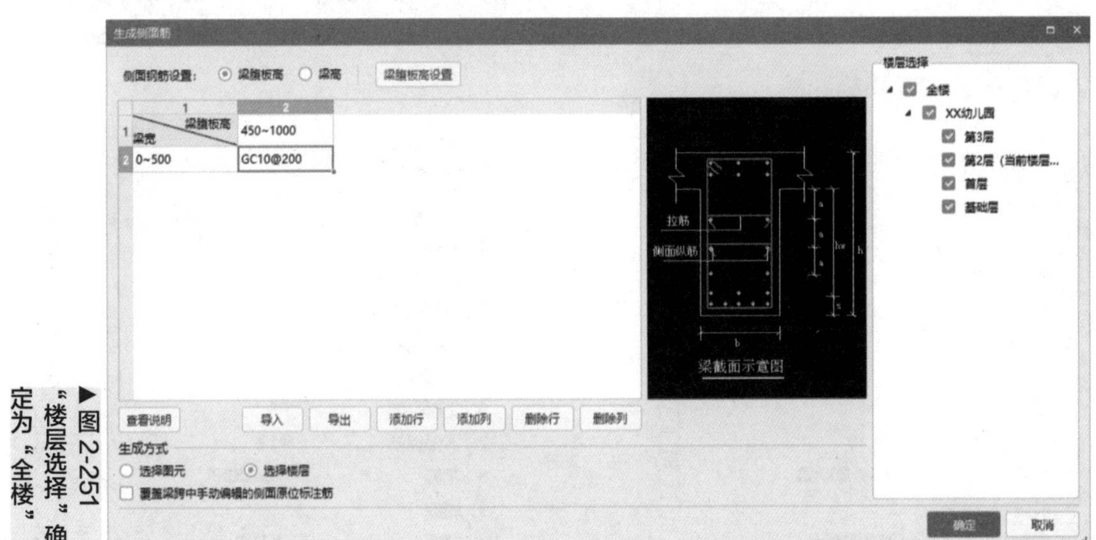

▲图 2-251 “楼层选择”确定为“全楼”

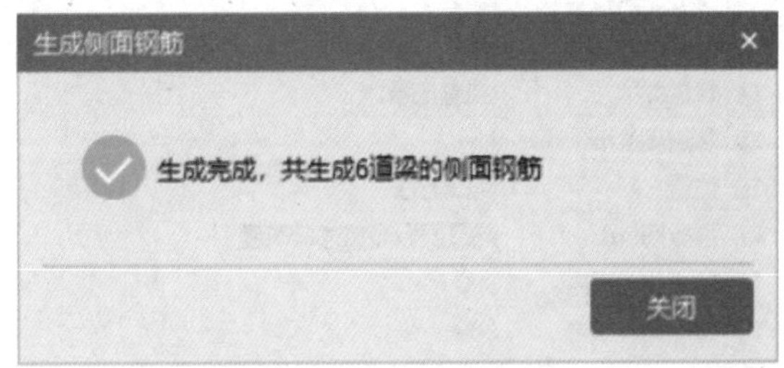

▲图 2-252 全楼侧面钢筋生成完成界面

任务十一　过梁布置

第一步：将楼层设置为首层，单击“导航树”导航栏下“门窗洞”前面的“+”号，展开列表，单击“过梁（G）”按钮，进入过梁定义界面。单击“新建”按钮，在弹出的菜单里单击“新建矩形过梁”。使用前述方法为过梁套用做法（见图 2-253）。

第二步：根据结施 01 第 11.4 条，输入过梁相关参数。名称：L<=1200；截面高度（mm）：200；上部纵筋：2A8；下部纵筋：2C10；箍筋：A6-200；起点伸入墙内长度：300；终点伸入墙内长度：300（见图 2-254）。

第三步：使用第一、二步操作方法，完成 1200<L ≤1800（见图 2-255）、1800＜L≤2400（见图 2-256）及 2400＜L≤3000 过梁（见图 2-257）的新建（含做法套用）。

添加清单　添加定额　删除　查询　项目特征　fx 换算　做法刷　做法查询

	编码	类别	名称	项目特征	单位	工程量表达式	表达式说明
1	⊟ 010503005	项	过梁	C25	m3	TJ	TJ<体积>
2	A5-22	定	现浇混凝土 过梁		m3	TJ	TJ<体积>
3	⊟ 011702009	项	过梁		m2	MBMJ	MBMJ<模板面积>
4	A5-264	定	现浇混凝土模板 过梁		m2	MBMJ	MBMJ<模板面积>

▲图 2-253　过梁做法

属性列表

	属性名称	属性值	附加
1	名称	L<=1200	
2	截面宽度(mm)		☐
3	截面高度(mm)	200	☐
4	中心线距左墙...	(0)	☐
5	全部纵筋		☐
6	上部纵筋	2Φ8	☐
7	下部纵筋	2Φ10	☐
8	箍筋	Φ6@200(2)	☐
9	肢数	2	☐
10	材质	现浇混凝土	☐
11	混凝土类型	(泵送混凝土 碎石最大...	☐
12	混凝土强度等级	C25	☐
13	混凝土外加剂	(无)	
14	泵送类型	(混凝土泵)	
15	泵送高度(m)		
16	位置	洞口上方	☐
17	顶标高(m)	洞口顶标高加过梁高度	☐
18	起点伸入墙内...	300	☐
19	终点伸入墙内...	300	☐

▲图 2-254　修改 L≤1200 过梁的参数

属性列表

	属性名称	属性值	附加
1	名称	1200<L<=1800	
2	截面宽度(mm)		☐
3	截面高度(mm)	200	☐
4	中心线距左墙...	(0)	☐
5	全部纵筋		☐
6	上部纵筋	2Φ8	☐
7	下部纵筋	2Φ12	☐
8	箍筋	Φ6@200(2)	☐
9	肢数	2	☐
10	材质	现浇混凝土	☐
11	混凝土类型	(泵送混凝土 碎石最大粒...	☐
12	混凝土强度等级	C25	☐
13	混凝土外加剂	(无)	
14	泵送类型	(混凝土泵)	
15	泵送高度(m)		
16	位置	洞口上方	☐
17	顶标高(m)	洞口顶标高加过梁高度	☐
18	起点伸入墙内...	300	☐
19	终点伸入墙内...	300	☐

▲图 2-255　1200＜L≤1800 过梁参数

第四步：过梁新建完成后，在“建模”工作界面中选择“智能布置”下拉菜单“门窗洞口宽度”（见图 2-258），出现“按门窗洞口宽度布置过梁”对话框（见图 2-259）。

第五步：在“按门窗洞口宽度布置过梁”对话框中“布置条件”输入“0 洞口宽度（mm）1200”，单击“确定”，L ≤ 1200 过梁智能布置完成（见图 2-260）。

属性列表

	属性名称	属性值	附加
1	名称	1800<L<=2400	
2	截面宽度(mm)		☐
3	截面高度(mm)	200	☐
4	中心线距左墙...	(0)	☐
5	全部纵筋		☐
6	上部纵筋	2Φ8	☐
7	下部纵筋	2Φ14	☐
8	箍筋	Φ6@150(2)	☐
9	肢数	2	☐
10	材质	现浇混凝土	☐
11	混凝土类型	(泵送混凝土 碎石最大粒...	☐
12	混凝土强度等级	C25	☐
13	混凝土外加剂	(无)	
14	泵送类型	(混凝土泵)	
15	泵送高度(m)		
16	位置	洞口上方	☐
17	顶标高(m)	洞口顶标高加过梁高度	☐
18	起点伸入墙内...	300	☐
19	终点伸入墙内...	300	☐

▲ 图 2-256　1800＜L ≤ 2400 过梁参数

属性列表

	属性名称	属性值	附加
1	名称	2400<L<=3000	
2	截面宽度(mm)		☐
3	截面高度(mm)	250	☐
4	中心线距左墙...	(0)	☐
5	全部纵筋		☐
6	上部纵筋	2Φ8	☐
7	下部纵筋	2Φ14	☐
8	箍筋	Φ6@150(2)	☐
9	肢数	2	☐
10	材质	现浇混凝土	☐
11	混凝土类型	(泵送混凝土 碎石最大粒...	☐
12	混凝土强度等级	C25	☐
13	混凝土外加剂	(无)	
14	泵送类型	(混凝土泵)	
15	泵送高度(m)		
16	位置	洞口上方	☐
17	顶标高(m)	洞口顶标高加过梁高度	☐
18	起点伸入墙内...	300	☐
19	终点伸入墙内...	300	☐

▲ 图 2-257　2400＜L ≤ 3000 过梁参数

▲ 图 2-258　选择“智能布置”下拉菜单中的“门窗洞口宽度”

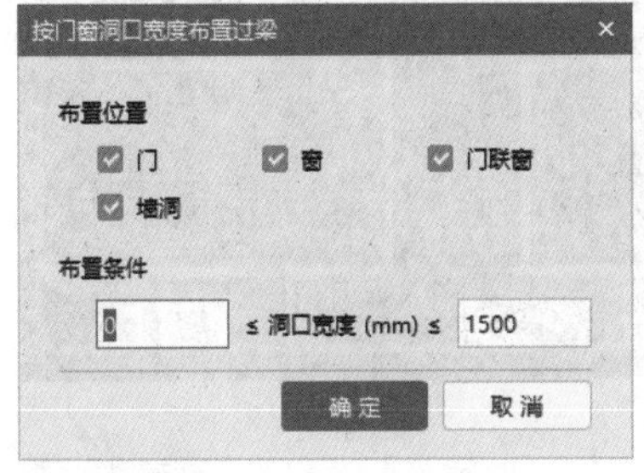

▲ 图 2-259
“按门窗洞口宽度布置过梁”对话框

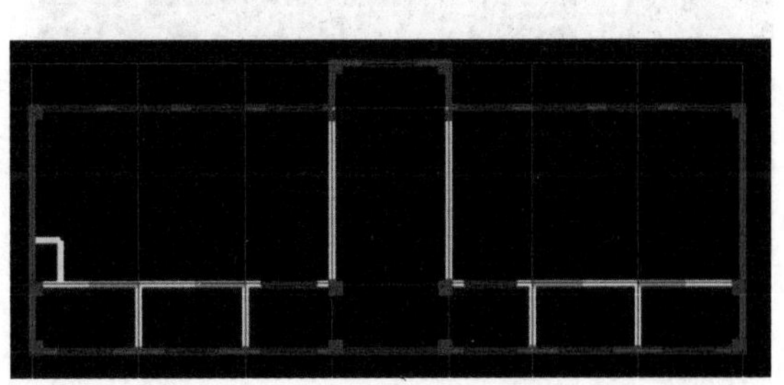

▲ 图 2-260　首层 L ≤ 1200 过梁智能布置完成

第六步：使用第四、五步操作方法完成过梁 1200<L ≤ 1800（见图 2-261）、1800<L ≤ 2400（见图 2-262）及 2400<L ≤ 3000（见图 2-263）的布置。

第七步：使用第一～六步操作方法完成二层过梁的布置（见图 2-264~ 图 2-267）。

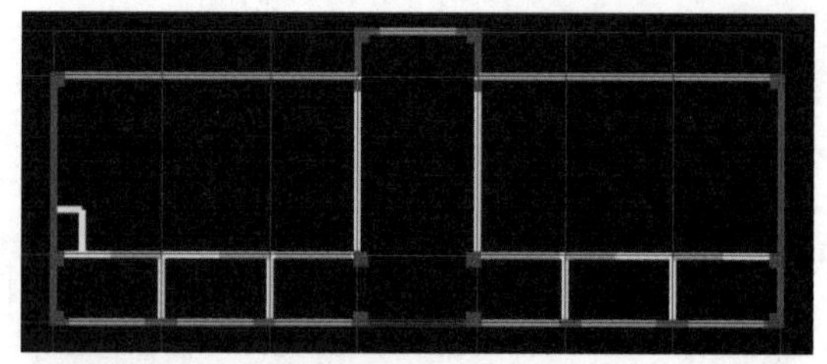

▲ 图 2-261
首层过梁 1200<L ≤ 1800 智能布置完成

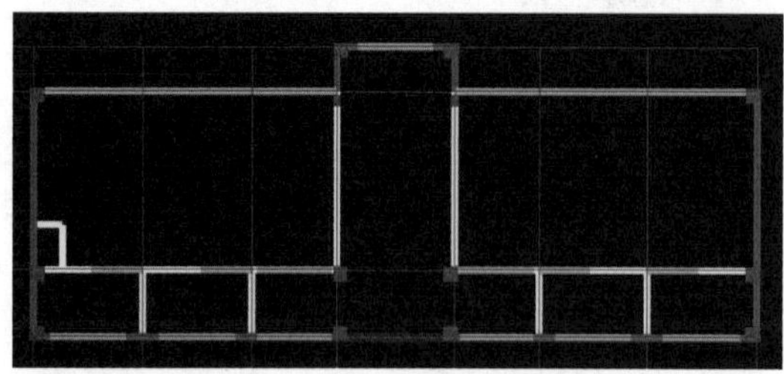

▲ 图 2-262
首层过梁 1800<L ≤ 2400 智能布置完成

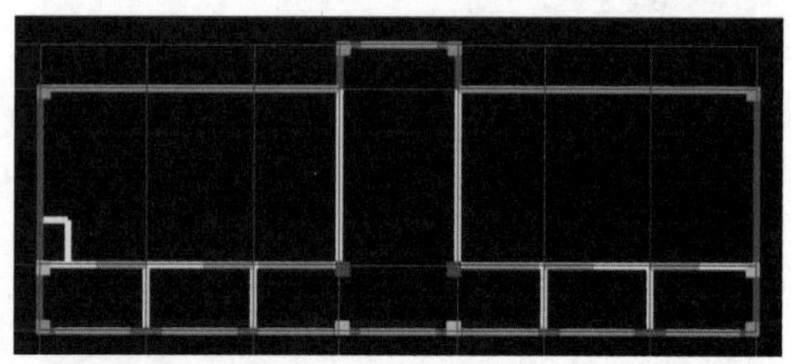

▲ 图 2-265
二层过梁 1200<L ≤ 1800 智能布置完成

▲ 图 2-263
首层过梁 2400<L ≤ 3000 智能布置完成

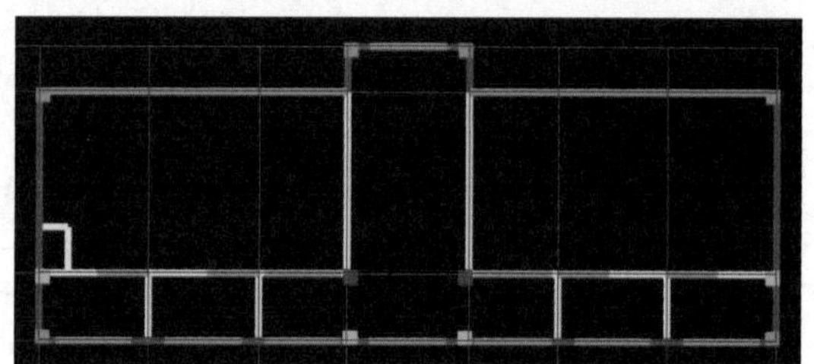

▲ 图 2-266
二层过梁 1800<L ≤ 2400 智能布置完成

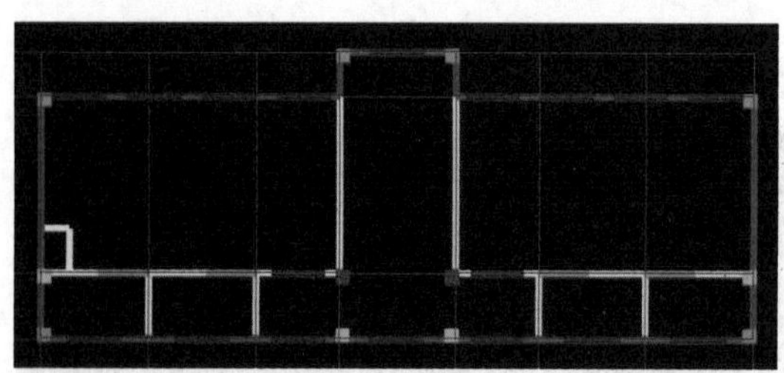

▲ 图 2-264
二层过梁 L ≤ 1200 智能布置完成

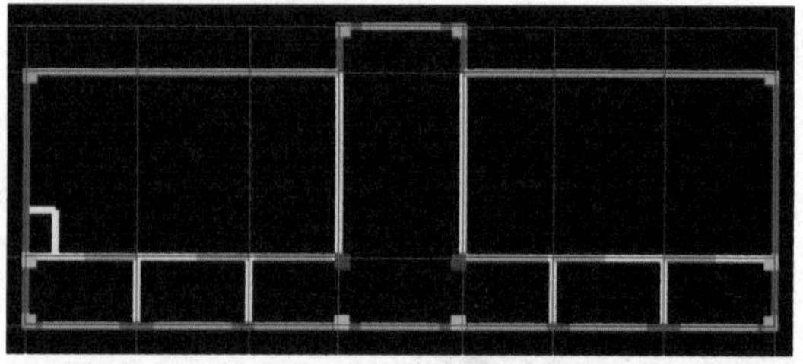

▲ 图 2-267
二层过梁 2400<L ≤ 3000 智能布置完成

任务十二　生成构造柱

第一步：单击“导航树”导航栏下“柱”前面的“+”号，展开列表，单击“构造柱（Z）”按钮，进入构造柱定义界面。在“建模”工作界面中单击“生成构造柱”（见图 2-268），进入“生成构造柱”对话框（见图 2-269）。

第二步：生成首层、二层砌体墙的构造柱。根据结施 01 中的第 11.1 条和图 16，输入构造柱相关参数。构造柱间距：4000；纵筋：4C12；箍筋：C6-250；生成方式：选择楼层；楼层选择：首层、第 2 层（见图 2-270）。单击“确定”，完成首层及二层构造柱的生成（见图 2-271）。

▲ 图 2-268　单击“生成构造柱”

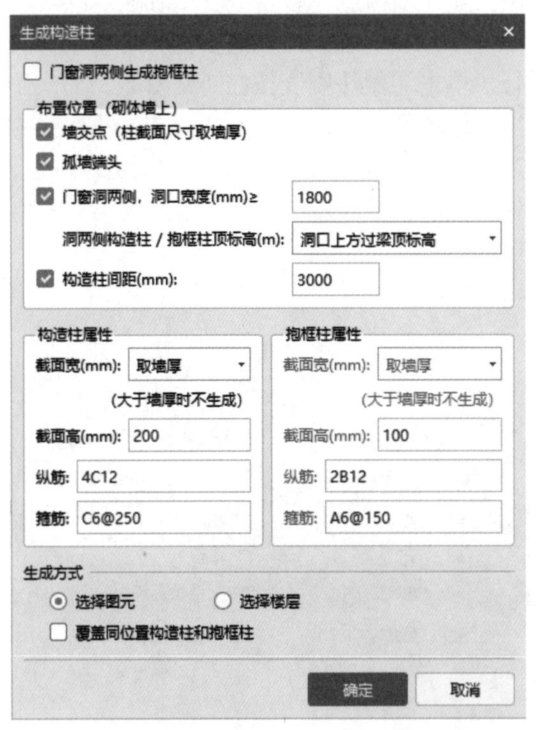

▲ 图 2-269　“生成构造柱”对话框

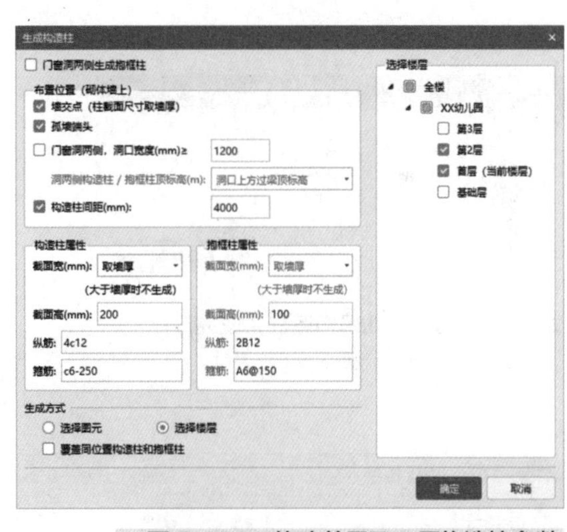

▲ 图 2-270　修改首层及二层构造柱参数

▲ 图 2-271　首层及二层构造柱生成

第三步：单击“关闭”按钮，再次单击“生成构造柱”按钮，进行女儿墙构造柱的参数输入。根据结施 01 中的第 11.1 条和图 16，输入构造柱相关参数。构造柱间距（mm）：3000；纵筋：4C14；箍筋：C8-250；生成方式：选择楼层；楼层选择：第 3 层（见图 2-272）。单击“确定”，完成女儿墙构造柱的生成（见图 2-273）。

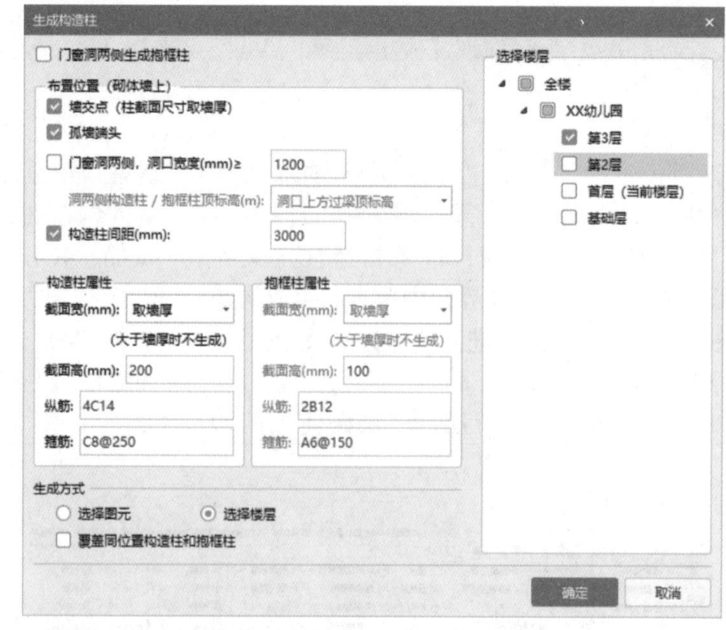

▲ 图 2-272 修改女儿墙构造柱参数

▲ 图 2-273 女儿墙构造柱生成完成

第四步：返回“定义”界面，用前述方法为女儿墙构造柱套用做法（见图 2-274）。

第五步：拖动光标选中上图中的 1~4 行，单击“做法刷”按钮（见图 2-275），弹出“做法刷”对话框。点选第 2 层及首层的“构造柱”（见图 2-276），单击“确定”按钮，将女儿墙构造柱做法应用到首层及第 2 层构造柱。

截面编辑 构件做法

添加清单 添加定额 删除 查询 项目特征 换算 做法刷 做法查询 提取做法

	编码	类别	名称	项目特征	单位	工程量表	表达式说明
1	010502002	项	构造柱	C25	m3	TJ	TJ<体积>
2	A5-14	定	现浇混凝土 构造柱		m3	TJ	TJ<体积>
3	011702003	项	构造柱	模板支撑高度3.9m内	m2	MBMJ	MBMJ<模板面积>
4	A5-255	定	现浇混凝土模板 构造柱		m2	MBMJ	MBMJ<模板面积>

▲ 图 2-274 首层、二层及女儿墙构造柱做法套用

截面编辑 构件做法

添加清单 添加定额 删除 查询 项目特征 换算 做法刷 做法查询 提取做法

	编码	类别	名称	项目特征	单位	工程量表达式	表达式说明
1	010502002	项	构造柱	C25	m3	TJ	TJ<体积>
2	A5-14	定	现浇混凝土 构造柱		m3	TJ	TJ<体积>
3	011702003	项	构造柱	模板支撑高度3.9m内	m2	MBMJ	MBMJ<模板面积>
4	A5-255	定	现浇混凝土模板 构造柱		m2	MBMJ	MBMJ<模板面积>

▲ 图 2-275 单击“做法刷”

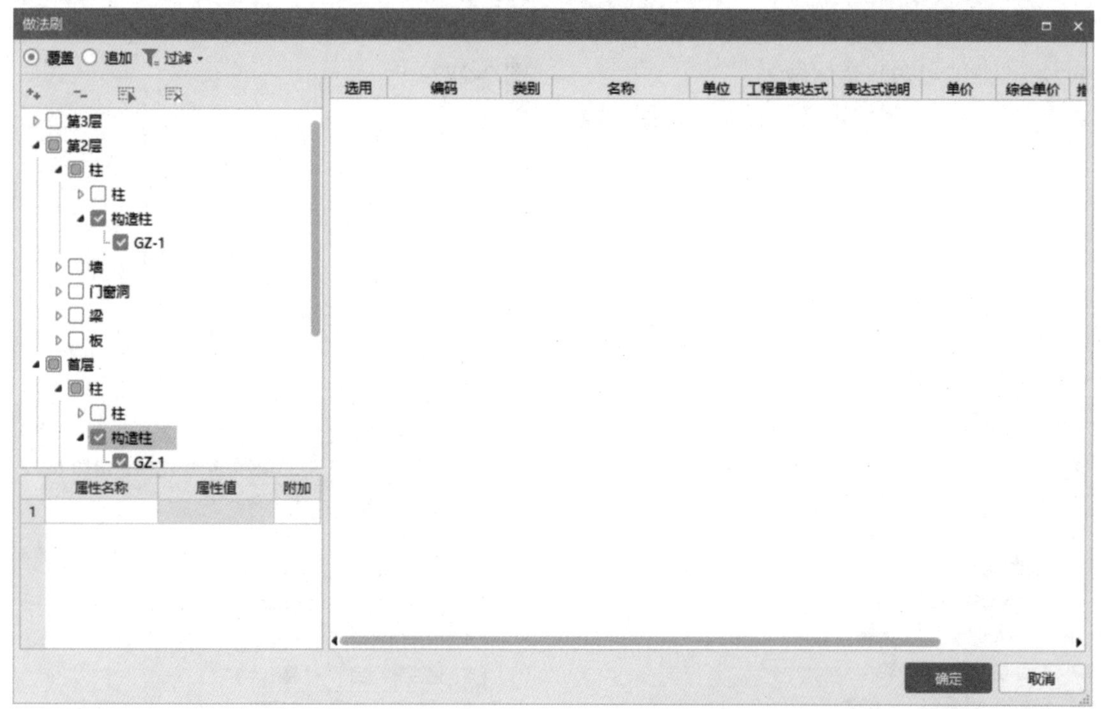

▲ 图 2-276 点选第 2 层及首层的“构造柱”

任务十三 二层预制墙绘制

第一步：切换楼层到第 2 层，单击“导航树”导航栏下“装配式”前面的“+”号，双击“预制墙（Q）”按钮，进入预制墙定义界面。单击“新建矩形预制墙”，修改二层预制内墙 NQ-1830 的相应属性。名称：二层预制内墙 NQ-1830；厚度：200；

坐浆高度：20；预制高度：2840；预制部分体积：1.022；顶标高：层顶标高-0.1；底标高：层底标高（见图 2-277a）。

用同样方法新建二层预制内墙 NQM3-1830-0922 并修改相应属性。名称：二层预制内墙 NQM3-1830-0922；厚度：200；坐浆高度：20；预制高度：2840；预制部分体积：0.621；顶标高：层顶标高 -0.1；底标高：层底标高（见图 2-277b）。

第二步：使用前述方法，为二层预制内墙 NQ-1830（见图 2-278）及 NQM3-1830-0922（见图 2-279）套用做法。

第三步：关闭“定义”界面，返回“建模”界面，使用“直线”画法完成二层预制内墙 NQ-1830 及 NQM3-1830-0922 的绘制（见图 2-280）。

第四步：采用首层门新建的方法新建门 M0922，修改相应属性。名称：预制内墙门洞 M0922；门洞宽度：900；门洞高度：2230；离地高度：20。使用前述操作方法为门 M0922 套用做法（见图 2-281）。

第五步：采用首层门绘制的方法完成门 M0922 的绘制（Ⓑ～Ⓒ轴交②～③轴区域墙及Ⓑ～Ⓒ轴交⑥～⑦轴区域墙各一处，见图 2-282）。

属性列表

	属性名称	属性值
1	名称	二层预制内墙NQ-1830
2	类别	矩形墙
3	厚度(mm)	200
4	坐浆高度(mm)	20
5	预制高度(mm)	2840
6	内/外墙标志	内墙
7	是否带门窗	否
8	预制部分体积(...	1.022
9	预制部分重量(t)	
10	预制钢筋	
11	预制混凝土强...	(C30)
12	后浇混凝土材质	现浇混凝土
13	后浇混凝土类型	(泵送混凝土 碎石最大粒
14	后浇混凝土强...	(C30)
15	后浇混凝土外...	(无)
16	泵送类型	(混凝土泵)
17	泵送高度(m)	
18	顶标高(m)	层顶标高-0.1
19	底标高(m)	层底标高

a）

属性列表

	属性名称	属性值
1	名称	二层预制内墙NQM3-1830-0922
2	类别	矩形墙
3	厚度(mm)	200
4	坐浆高度(mm)	20
5	预制高度(mm)	2840
6	内/外墙标志	内墙
7	是否带门窗	是
8	预制部分体积...	0.621
9	预制部分重量(t)	
10	预制钢筋	
11	预制混凝土强...	(C30)
12	后浇混凝土材质	现浇混凝土
13	后浇混凝土类型	(泵送混凝土 碎石最大粒径16mm
14	后浇混凝土强...	(C30)
15	后浇混凝土外...	(无)
16	泵送类型	(混凝土泵)
17	泵送高度(m)	
18	顶标高(m)	层顶标高-0.1
19	底标高(m)	层底标高

b）

▲图 2-277 修改“二层预制内墙”属性

添加清单　添加定额　删除　查询　项目特征　换算　做法刷　做法查询　提取做法

	编码	类别	名称	项目特征	单位	工程量表达式	表达式说明
1	010514002	项	其他构件	二层预制内墙NQ-1830安装，其制作模板及内配钢筋等均含于预制内墙主材费用中，具体做法参照《15G365-2》第38、39页；TT1套筒2个，TT2套筒3个，灌浆管、出浆管直径均为22mm。	m3	YZTJSX	YZTJSX<预制部分体积（按属性）>
2	AZ1-8	定	实心剪力墙内墙板 墙厚≤200mm		m3	YZTJSX	YZTJSX<预制部分体积（按属性）>
3	AZ1-27	定	套筒注浆 钢筋直径>φ18mm		个	5	5
4	010514002	项	其他构件	二层预制墙现浇段，C30	m3	HJTJ	HJTJ<后浇体积>
5	AZ1-32	定	后浇混凝土浇捣 叠合剪力墙		m3	HJTJ	HJTJ<后浇体积>
6	011702025	项	其他现浇构件	二层预制墙现浇段模板	m2	0.04*YZCD*2	0.04*YZCD<预制长度>*2
7	AZ1-49	定	后浇混凝土模板 连接墙、柱		m2	0.04*YZCD*2	0.04*YZCD<预制长度>*2

▶图 2-278　二层预制内墙 NQ-1830 做法

添加清单　添加定额　删除　查询　项目特征　换算　做法刷　做法查询　提取做法

	编码	类别	名称	项目特征	单位	工程量表达式	表达式说明
1	010514002	项	其他构件	二层预制内墙NQM3-1830-0922安装，其制作模板及内配钢筋等均含于预制内墙主材费用中，具体做法参照《15G365-2》第166、167页；TT1套筒5个，TT2套筒4个，灌浆管、出浆管直径均为22mm。	m3	YZTJSX	YZTJSX<预制部分体积（按属性）>
2	AZ1-8	定	实心剪力墙内墙板 墙厚≤200mm		m3	YZTJSX	YZTJSX<预制部分体积（按属性）>
3	AZ1-27	定	套筒注浆 钢筋直径>φ18mm		个	9	9
4	010514002	项	其他构件	二层预制墙现浇段，C30	m3	HJTJ	HJTJ<后浇体积>
5	AZ1-32	定	后浇混凝土浇捣 叠合剪力墙		m3	HJTJ	HJTJ<后浇体积>
6	011702025	项	其他现浇构件	二层预制墙现浇段模板	m2	0.04*YZCD*2	0.04*YZCD<预制长度>*2
7	AZ1-49	定	后浇混凝土模板 连接墙、柱		m2	0.04*YZCD*2	0.04*YZCD<预制长度>*2

▶图 2-279　二层预制内墙 NQM3-1830-0922 做法

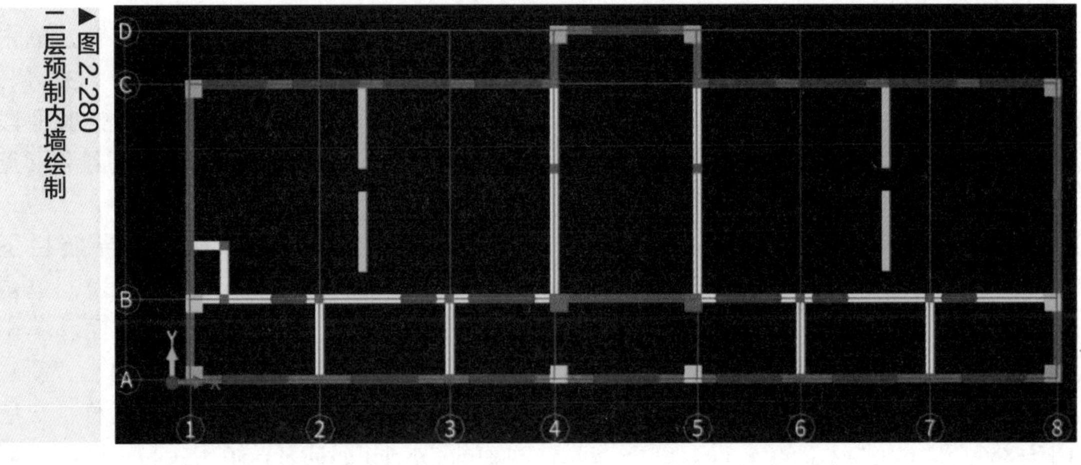

▶图 2-280　二层预制内墙绘制

添加清单　添加定额　删除　查询　项目特征　fx 换算　做法刷　做法查询　提取做法

	编码	类别	名称	项目特征	单位	工程量表达式	表达式说明
1	⊟ 010801001	项	木质门	成品	m2	0.9*2.2	1.98
2	A8-57	定	成品木门扇安装		m2	0.9*2.2	1.98
3	⊟ 010801005	项	木门框		m	DKZC	DKZC<洞口周长>
4	A8-56	定	成品木门框安装		m	DKZC	DKZC<洞口周长>
5	⊟ 010801006	项	门锁安装	球形执手锁	个	SL	SL<数量>
6	A8-224	定	特殊五金安装 球形执手锁		把	SL	SL<数量>

▲图 2-281　门 M0922 做法套用

二层预制墙绘制

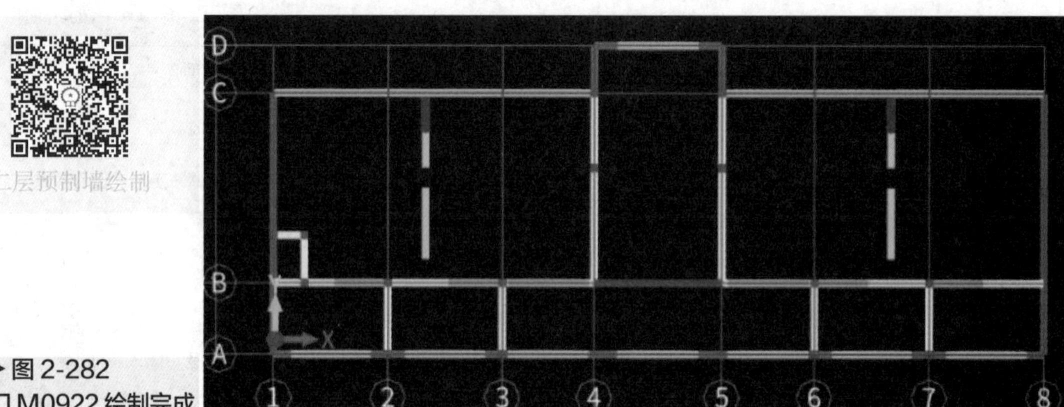

▶图 2-282
门 M0922 绘制完成

任务十四　二层墙后浇水平段绘制

第一步：单击“导航树”导航栏下“墙”前面的“+”号，双击“剪力墙（Q）”按钮，进入剪力墙定义界面。单击“新建内墙”，修改相应属性。名称：二层墙后浇水平段；删除水平分布筋、垂直分布筋及拉筋；起点顶标高：层顶标高-0.1；终点顶标高：层顶标高-0.1。进行做法套用（见图 2-283）。

第二步：关闭“定义”界面，在“建模”界面使用“直线”画法完成绘制（见图 2-284）。

第三步：单击“导航树”导航栏下“柱”前面的“+”号，展开列表，单击“构造柱（Z）”按钮，选择构件“GZ-1”，使用“点”画法完成二层墙后浇水平段与Ⓑ轴、Ⓒ轴墙交点处构造柱的绘制（见图 2-285）。

第四步：单击“导航树”导航栏下“柱”前面的“+”号，展开列表，单击“柱（Z）”按钮，进入柱定义界面。单击“新建”按钮，在弹出的菜单里单击“新建矩形柱”，修改矩形柱的属性。名称：二层墙后浇水平段 HJD1；结构类型：暗柱；截面宽度（B 边）（mm）：200；截面高度（H

边)(mm):500;角筋:4c14;B边一侧中部筋:无;H边一侧中部筋:2c14;箍筋:c10-150;箍筋肢数:2*4。此外,还需将顶标高改为“层顶标高-0.1”,并进行二层墙后浇水平段HJD1的箍筋编辑(见图2-286)。

添加清单 添加定额 删除 查询 项目特征 换算 做法刷 做法查询 提取做法

	编码	类别	名称	项目特征	单位	工程量表达式	表达式说明
1	010504001	项	直形墙	二层墙后浇水平段,C30	m3	JLQTJQD	JLQTJQD<剪力墙体积(清单)>
2	AZ1-33	定	后浇混凝土浇捣 连接墙、柱		m3	JLQTJ	JLQTJ<剪力墙体积>
3	011702011	项	直形墙	二层墙后浇水平段模板	m2	JLQMBMJQD	JLQMBMJQD<剪力墙模板面积(清单)>
4	AZ1-49	定	后浇混凝土模板 连接墙、柱		m2	JLQMBMJ	JLQMBMJ<剪力墙模板面积>

▲图2-283 二层墙后浇水平段做法套用

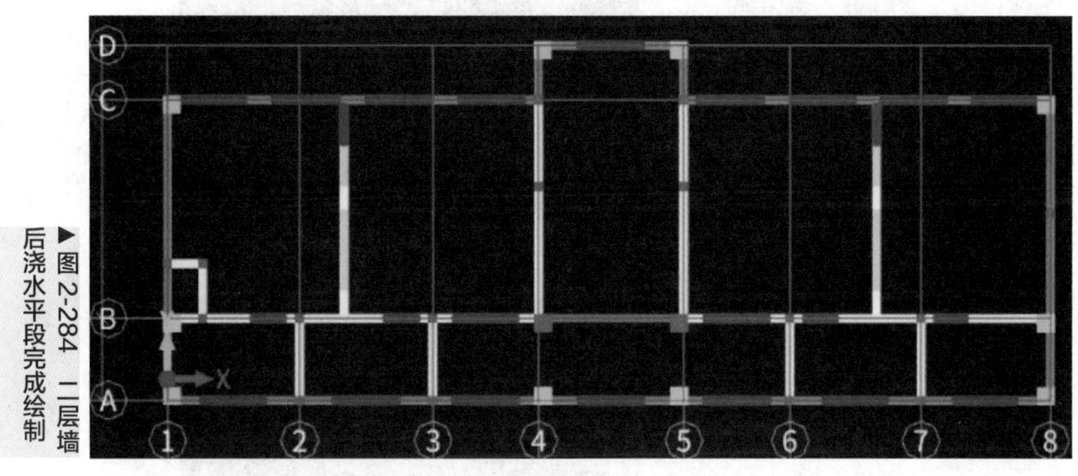

▲图2-284 二层墙后浇水平段完成绘制

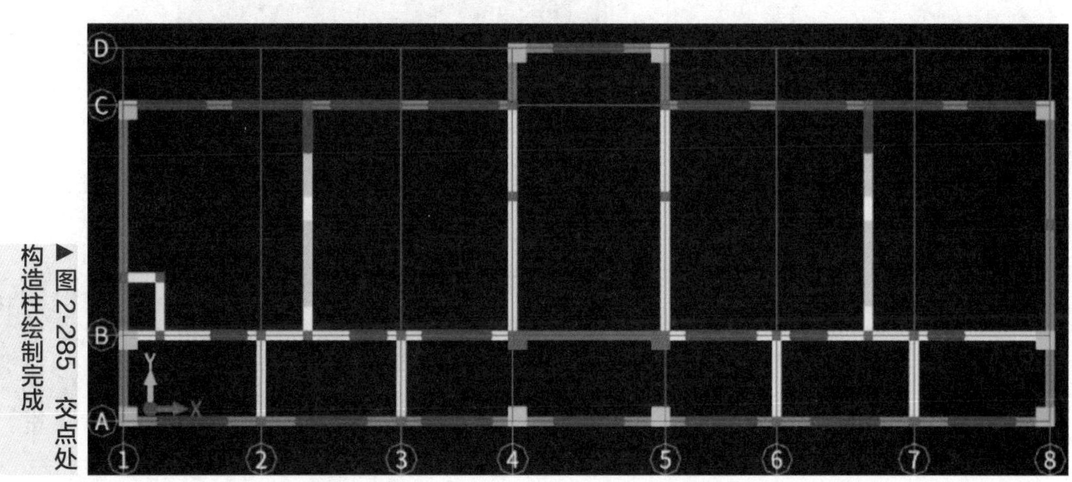

▲图2-285 交点处构造柱绘制完成

➤ 第五步：使用第四步操作方法，完成二层墙后浇水平段 HJD2 的新建（见图 2-287）。

➤ 第六步：使用首层柱绘制操作方法，完成二层墙后浇水平段 HJD1 及 HJD2 的绘制（见图 2-288）。

	属性名称	属性值	附加
1	名称	二层墙后浇水平段HJD1	
2	结构类别	暗柱	☐
3	定额类别	普通柱	☐
4	截面宽度(B边)(...	200	☐
5	截面高度(H边)(...	500	☐
6	全部纵筋		☐
7	角筋	4Φ14	☐
8	B边一侧中部筋		☐
9	H边一侧中部筋	2Φ14	☐
10	箍筋	Φ10@150	☐
11	节点区箍筋		☐
12	箍筋肢数	按截面	
13	柱类型	(中柱)	☐
14	材质	现浇混凝土	☐
15	混凝土类型	(泵送混凝土 碎石最大粒径1...	☐
16	混凝土强度等级	(C30)	☐
17	混凝土外加剂	(无)	
18	泵送类型	(混凝土泵)	
19	泵送高度(m)		
20	截面面积(m²)	0.1	☐
21	截面周长(m)	1.4	☐
22	顶标高(m)	层顶标高-0.1	☐
23	底标高(m)	层底标高-0.1	☐

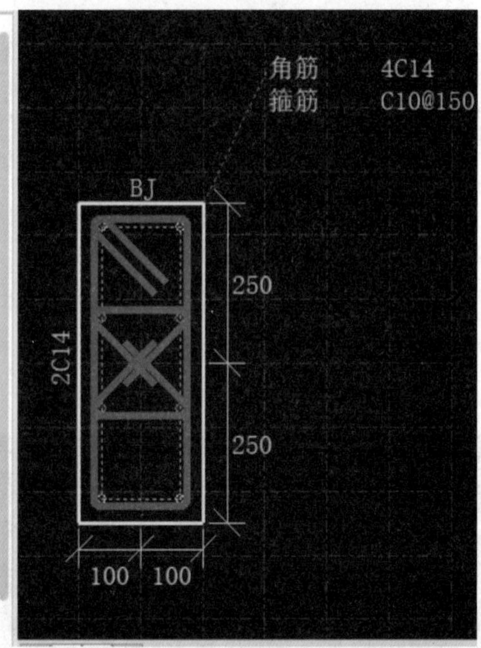

▲图 2-286 二层墙后浇水平段 HJD1 属性修改

	属性名称	属性值	附加
1	名称	二层墙后浇水平段HJD2	
2	结构类别	暗柱	☐
3	定额类别	普通柱	☐
4	截面宽度(B边)(...	200	☐
5	截面高度(H边)(...	500	☐
6	全部纵筋		☐
7	角筋	4Φ12	☐
8	B边一侧中部筋		☐
9	H边一侧中部筋	2Φ12	☐
10	箍筋	Φ8@200	☐
11	节点区箍筋		☐
12	箍筋肢数	按截面	
13	柱类型	(中柱)	☐
14	材质	现浇混凝土	☐
15	混凝土类型	(泵送混凝土 碎石最大粒径1...	☐
16	混凝土强度等级	(C30)	☐
17	混凝土外加剂	(无)	
18	泵送类型	(混凝土泵)	
19	泵送高度(m)		
20	截面面积(m²)	0.1	☐
21	截面周长(m)	1.4	☐
22	顶标高(m)	层顶标高-0.1	☐
23	底标高(m)	层底标高-0.1	☐

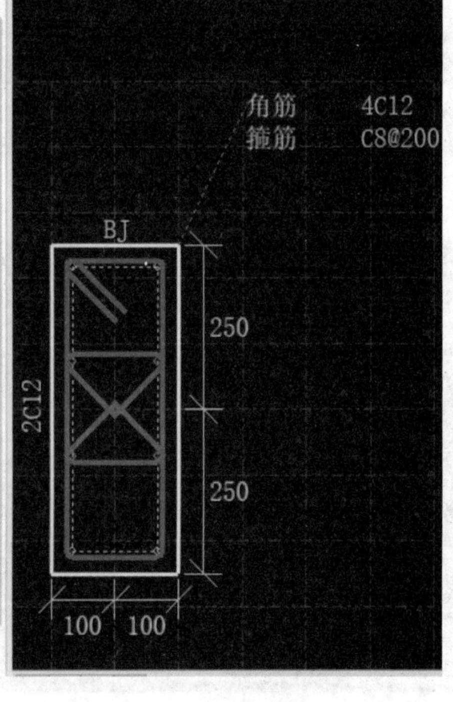

▲图 2-287 二层墙后浇水平段 HJD2 属性

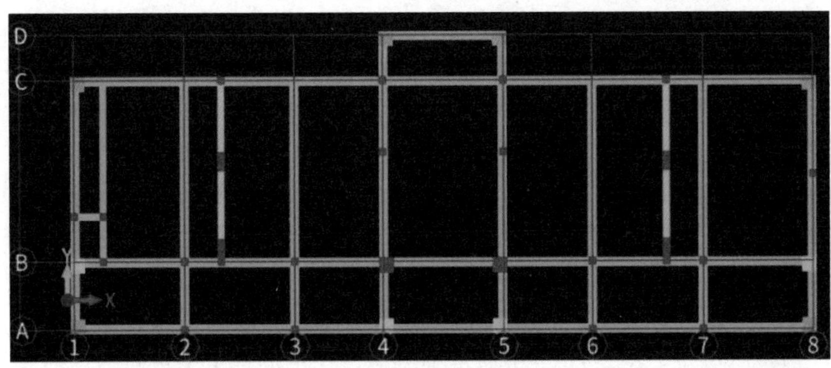

◀图 2-288
二层墙后浇水平段 HJD1 及 HJD2 布置完成

二层墙后浇水平段绘制

任务十五　生成砌体加筋

砌体加筋是造价人员容易遗漏的项，此处单独进行讲解。根据结施 01，砌体加筋为 2ф6@500，伸入墙内的长度不少于 1000，故将砌体拉结筋伸入墙内的长度设置为 1000。生成整楼砌体加筋，如图 2-289 所示。

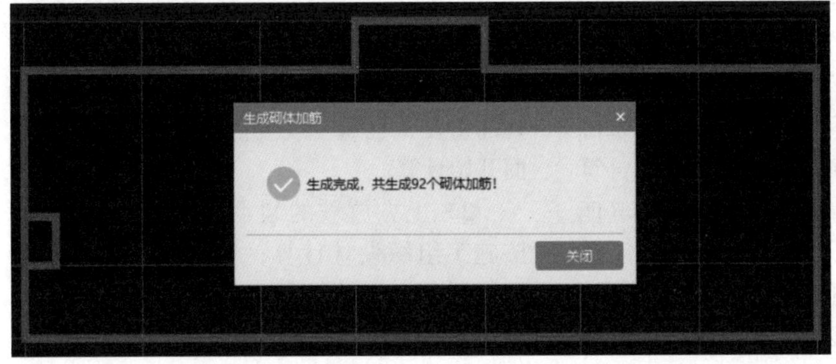

砌体加筋生成

◀图 2-289
整楼砌体加筋生成

任务十六　建筑及装饰构件绘制

1. 基坑土方绘制

在进行土方绘制之前，读者需有一定的知识储备，尤其是关于工作面和放坡系数的概念。

（1）工作面　建筑工程中的工作面是指某专业工种在加工建筑产品时所必须具备的活动空间。在进行基础施工时，因某些项目的需求或为保证施工人员施工方便，挖土时要在基础或者垫层两侧增加部分面积，这部分面积就称为工作面。基础施工的工作面宽度，按设计或施工组织设计计算；当设计或施工组织设计无规定时，按当地规定计算。工作面在清单计量中通常不考虑，在定额计量中需考虑。下面给出《贵州省建筑与装饰工程计价定额》(2016 版）的相关规定作为参照。

1）当组成基础的材料不同或施工方式不同时，基础施工的工作面宽度按表 2-1 计算。

表 2-1 基础施工工作面宽度计算表

基础材料	每边各增加工作面宽度 /mm
砖基础	200
浆砌毛石、条石基础	150
混凝土基础垫层支模板	300
混凝土基础支模板	300
基础垂直面做防水层或防腐层	1000（自防水层或防腐层面）
支挡土板	100（另加）

2）基础施工需要搭设脚手架时，基础施工的工作面宽度，条形基础按 1.50m 计算（只计算一面），独立基础按 0.45m 计算（四面均计算）。

3）基坑土方大开挖需做边坡支护时，基础施工的工作面宽度按 2.00m 计算。

4）基坑内施工各种桩时，基础施工的工作面宽度按 2.00m 计算。

5）管道沟槽的宽度，设计有规定时，按设计规定尺寸计算；设计无规定时，管道施工所需每边工作面宽度按表 2-2 计算。

（2）放坡系数　进行沟槽、基坑等开挖时，若开挖土层深度较深、土质较差，为了防止坍塌和保证安全，需要将沟槽或基坑边壁修成一定的倾斜坡度，称为放坡。沟槽边坡坡度以挖沟槽或基坑的深度 H 与边坡底宽 B 之比表示，即：土方边坡坡度 $(1:m)=H/B$，单位通常为 %，式中 $m=B/H$ 被称为放坡系数。放坡系数在清单计量中通常不考虑，在定额计量中进行考虑。下面给出《贵州省建筑与装饰工程计价定额》(2016 版）的相关规定作为参照。

表 2-2 管道施工所需每边工作面宽度计算表

管道材质	管道基础外沿宽度（无管道基础时管道外径）/mm			
	≤500	>500 且 ≤1000	>1000 且 ≤2500	>2500
混凝土管、水泥管	400	500	600	700
其他管道	300	400	500	600

1）计算基础土方放坡时，不扣除交接处的重复工程量。放坡自基础（含垫层）底面开始计算。

2）土方放坡的起点深度和放坡坡度，按施工组织设计计算；当施工组织设计无规定时，土方放坡起点深度和放坡坡度按表 2-3 计算。

3）沟槽、基坑中土壤类别不同时，其放坡起点深度和放坡坡度，按不同土类厚度加权平均计算。

4）挖沟槽、基坑支挡土板时，不再计算放坡。

表 2-3 土方放坡起点深度和放坡坡度表

土壤类别	起点深度 /m	人工挖土放坡坡度	机械挖土放坡坡度		
			基坑内作业	基坑上作业	沟槽上作业
一、二类土	1.20	1 : 0.50	1 : 0.33	1 : 0.75	1 : 0.50
三、四类土	1.70	1 : 0.30	1 : 0.18	1 : 0.50	1 : 0.30

在熟悉上述概念的基础上，我们按如下步骤进行基坑土方的绘制。

第一步：切换楼层到基础层，点开“基础”前面的“+”号，选择“垫层”，在“建模”工作界面中选择“生成土方”（见图2-290），弹出“生成土方”对话框。

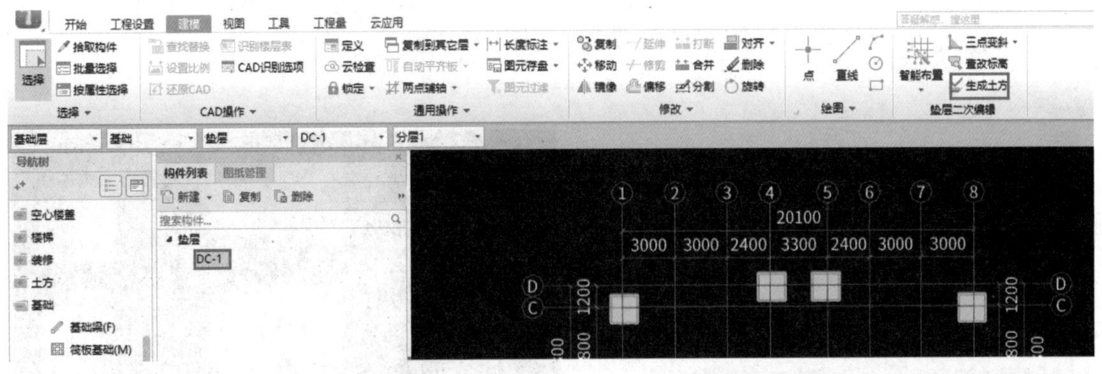

▲图2-290　单击“生成土方”按钮

第二步：在弹出的“生成土方”对话框中修改相关参数（见图2-291）。工作面宽：300；放坡系数：0.5；生成方式：自动生成。

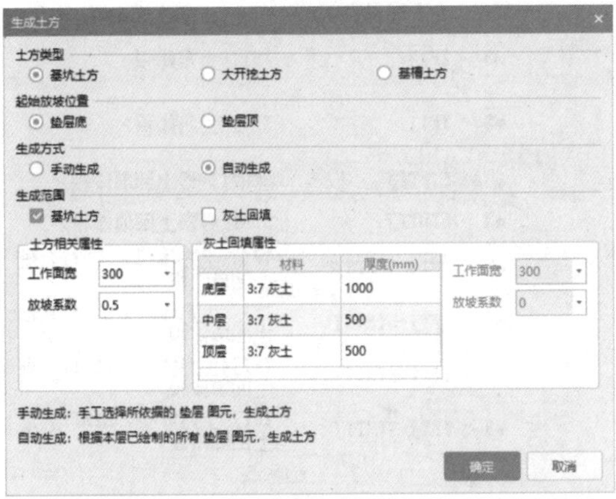

▲图2-291　“生成土方”对话框中修改参数

此处，有五个问题需要说明。

① 基坑土方、基槽土方和大开挖土方的区别在于定义。根据《房屋建筑与装饰工程工程量计算规范》（GB 50854—2013），沟槽、基坑、一般土方的划分为：底宽≤7m、底长>3倍底宽为沟槽；底长≤3倍底宽、底面积≤150m^{2}为基坑；超出上述范围则为一般土方。本项目中，基础J1下的垫层长、宽分别为1600、1600，J2下的垫层长、宽分别为2900、1300，显然满足基坑定义。

② 工作面宽设置为300，是因为基础材料为混凝土，混凝土基础支模板需要的宽度为每边增加300mm。若基础采用的是砖胎膜，没有采用混凝土模板，则工作面直接按砖胎膜厚度取定即可。

③ 起始放坡位置可以选择垫层底，也可以选择垫层顶。本项目中，基础底部的垫层未说明是原槽浇筑，故选择从垫层底开始放坡。读者在后续项目中遇到垫层原槽浇筑的说明或者要求，则应选择从垫层顶开始放坡。

④ 放坡系数设置为0.5，是根据二类土、人工开挖的假设，按《贵州省建筑与装饰工程计价定额》（2016版）确定的。二类土的放坡起点为深度1.2m，本项目室外地坪标高为−0.15m，基础底标高为−1.4m，垫层底标高为−1.5m，故基坑土方开挖深度为−0.15m−（−1.5m）=1.35m，达到放坡深度，需要放坡。

⑤ 生成方式。手动生成与自动生成的

区别在于，手动生成方式可以手动选择需要生成土方的垫层，没被选中的不生成土方构件。自动生成方式则是所有垫层均生成土方构件。

第三步：单击“确定”按钮，完成独立基础的土方开挖绘制，且软件自动切换到“基坑土方（K）”界面（见图 2-292）。

第四步：用前述方法为新生成的土方构件 JK-1、JK-2 套用同样的做法（见图 2-293）。

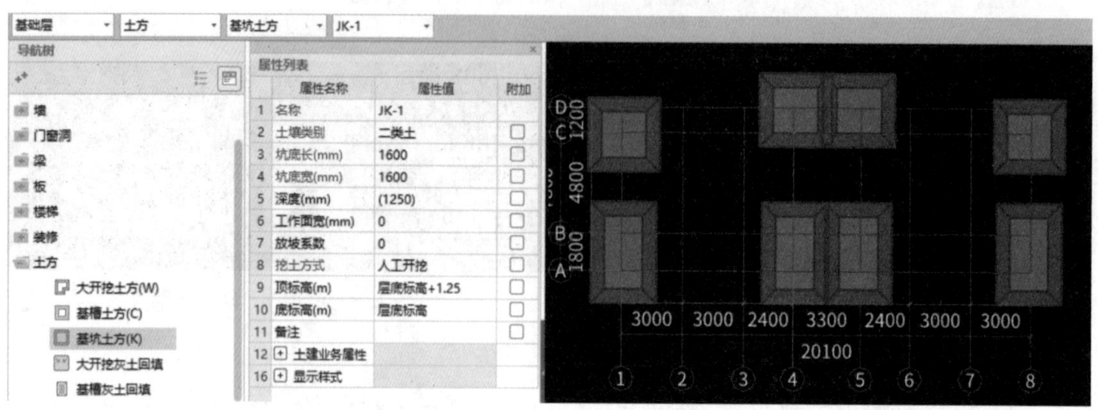

▲ 图 2-292　独立基础土方生成界面

构件做法

添加清单　添加定额　删除　查询　项目特征　换算　做法刷　做法查询　提取做法　当

	编码	类别	名称	项目特征	单位	工程量表达式	表达式说明
1	− 010101004	项	挖基坑土方	二类土，深度1.35m，人工开挖	m3	TFTJ	TFTJ<土方体积>
2	A1-3	定	人工挖沟槽、基坑土方 深度≤2m 一、二类土 沟槽宽≤3m或基坑底面积≤20m2		m3	TFTJ	TFTJ<土方体积>
3	− 010103001	项	回填方	土方	m3	STHTTJ	STHTTJ<素土回填体积>
4	A1-121	定	夯填土 人工 槽坑		m3	STHTTJ	STHTTJ<素土回填体积>
5	− 010103002	项	余方弃置	土方，3t自卸汽车外运3km	m3	TFTJ-STHTTJ	TFTJ<土方体积>-STHTTJ<素土回填体积>
6	A1-18	定	人工装汽车土方		m3	TFTJ-STHTTJ	TFTJ<土方体积>-STHTTJ<素土回填体积>
7	A1-49	定	自卸汽车运土方(载重≤3t) 运距≤1km		m3	TFTJ-STHTTJ	TFTJ<土方体积>-STHTTJ<素土回填体积>
8	A1-50 *2	换	自卸汽车运土方(载重≤3t) 每增运1km 单价*2		m3	TFTJ-STHTTJ	TFTJ<土方体积>-STHTTJ<素土回填体积>

▲ 图 2-293　JK-1 和 JK-2 做法套用

此处读者需明确一个基本公式：土石方回填量 + 土石方弃置外运量 = 土石方开挖量。若有石方，上述做法还需根据土石比、石方开挖方式进行相应修改。若项目中采用机械开挖、回填、装车，则应套用机械开挖、机械回填、机械装车的定额，此处的定额套项仅供参考。

2. 基槽土方绘制

第一步：切换楼层到基础层，点开“基础”前面的“+”号，选择“基础梁（F）”，在“建模”工作界面中选择“生成土方”（见图 2-294），弹出“生成土方”对话框。

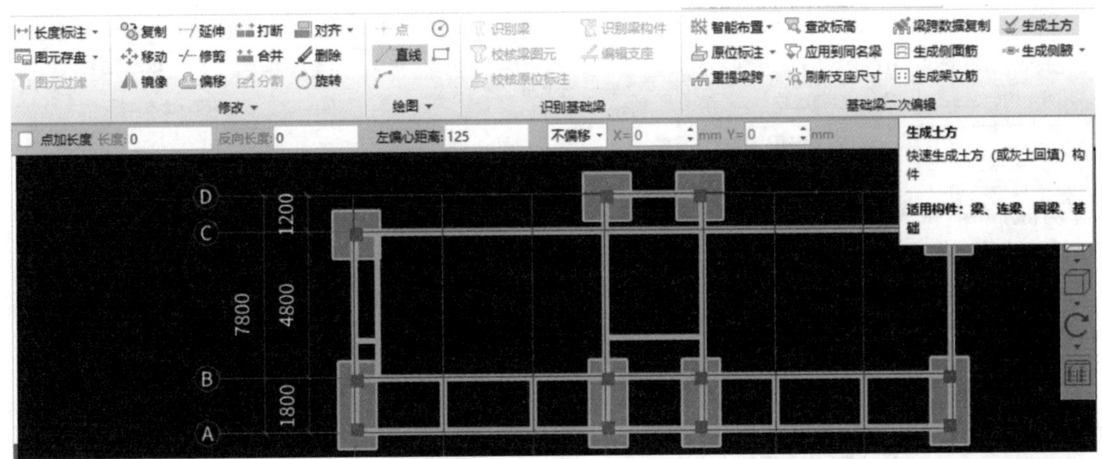

▲图 2-294 选择“生成土方”

第二步：在弹出的“生成土方”对话框中修改相关参数（见图 2-295）。左/右工作面宽：300；左/右放坡系数：0；生成方式：自动生成。

生成土方

生成方式
○ 手动生成 ◉ 自动生成

生成范围
☑ 基槽土方 ☐ 灰土回填

土方相关属性

左工作面宽	300
右工作面宽	300
左放坡系数	0
右放坡系数	0

灰土回填属性

	材料	厚度(mm)
底层	3:7 灰土	1000
中层	3:7 灰土	500
顶层	3:7 灰土	500

左工作面宽	300
右工作面宽	300
左放坡系数	0
右放坡系数	0

手动生成：手工选择所依据的 基础梁 图元，生成土方
自动生成：根据本层已绘制的所有 基础梁 图元，生成土方

确定 取消

▲图 2-295 “生成土方”对话框中修改参数

第三步：单击“确定”按钮，完成基础梁的土方开挖绘制，且软件自动切换到“基槽土方（C）”界面（见图 2-296）。

第四步：用前述方法为新生成的土方构件 JC-1、JC-2 套用同样的做法（见图 2-297）。

3. 平整场地绘制

根据《房屋建筑与装饰工程工程量计算规范》（GB 50854—2013），建筑物场地厚度≤±300mm 的挖、填、运、找平，应按平整场地项目编码列项。

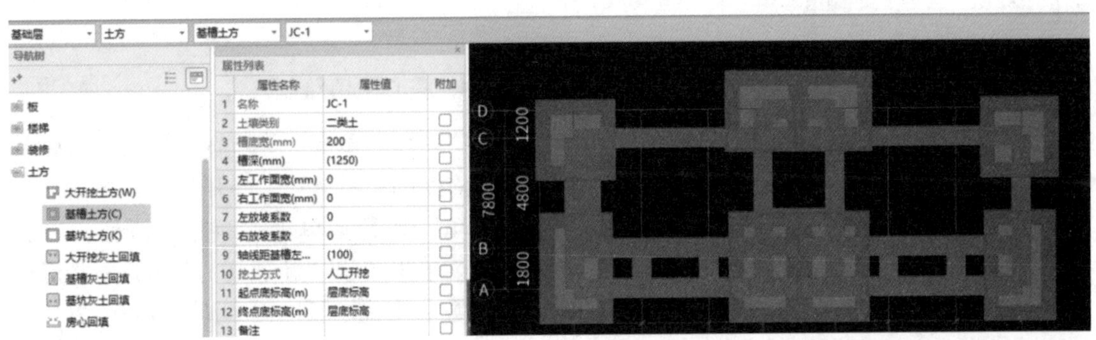

▲图 2-296 基槽土方生成界面

添加清单　添加定额　删除　查询　项目特征　换算　做法刷　做法查询　提取做法　当前构件自动套做法

	编码	类别	名称	项目特征	单位	工程量表达式	表达式说明
1	010101003	项	挖沟槽土方	二类土，深度2m以内，人工开挖	m3	TFTJ	TFTJ<土方体积>
2	A1-3	定	人工挖沟槽、基坑土方 深度≤2m 一、二类土 沟槽宽≤3m或基坑底面积≤20m2		m3	TFTJ	TFTJ<土方体积>
3	010103001	项	回填方	土方	m3	STHTTJ	STHTTJ<素土回填体积>
4	A1-121	定	夯填土 人工 槽坑		m3	STHTTJ	STHTTJ<素土回填体积>
5	010103002	项	余方弃置	土方，3t自卸汽车外运3km	m3	TFTJ-STHTTJ	TFTJ<土方体积>-STHTTJ<素土回填体积>
6	A1-18	定	人工装汽车土方		m3	TFTJ-STHTTJ	TFTJ<土方体积>-STHTTJ<素土回填体积>
7	A1-49	定	自卸汽车运土方(载重≤3t) 运距≤1km		m3	TFTJ-STHTTJ	TFTJ<土方体积>-STHTTJ<素土回填体积>
8	A1-50 *2	换	自卸汽车运土方(载重≤3t) 每增运1km 单价*2		m3	TFTJ-STHTTJ	TFTJ<土方体积>-STHTTJ<素土回填体积>

▲图 2-297　JC-1、JC-2 做法套用

第一步：单击楼层选择框，在下拉楼层列表中单击“首层”，切换楼层到首层。之所以要切换到首层，是因为便于首层绘制有封闭的墙体，便于使用“点”画法。后面的房心回填、建筑面积构件也是如此。

第二步：单击“导航树”导航栏下“其他”前面的“+”号，展开列表，单击“平整场地（V）”按钮，进入平整场地定义界面。单击“新建”按钮，在弹出的菜单里单击“新建平整场地”，并修改其参数，即名称：平整场地（见图 2-298）。

属性列表　图层管理

	属性名称	属性值	附加
1	名称	平整场地	
2	场平方式	人工	☐

▲图 2-298　新建平整场地

第三步：使用前述操作为平整场地构件套用做法（见图 2-299）。

构件做法

添加清单　添加定额　删除　查询　项目特征　换算　做法刷　做法查询

	编码	类别	名称	项目特征	单位	工程量表达式	表达式说明
1	010101001	项	平整场地	人工	m2	MJ	MJ<面积>
2	A1-112	定	人工场地平整		m2	MJ	MJ<面积>

▲图 2-299　平整场地做法套用

需要说明的是，因本项目场地较小，采用人工平整较为适宜，故暂定人工平整。实际施工中面积较大时，用机械平整较为合适。

第四步：选择“平整场地”，在“建模”工作界面中选择“点”画法。将光标移到首层封闭空间的任意位置，单击鼠标左键，完成平整场地布置（见图 2-300）。

4. 房心回填绘制

第一步：单击“导航树”导航栏下“其他”前面的“+”号，展开列表，单击“房心回填”按钮。单击“新建”按钮，在弹出的菜单里单击“新建房心回填”，并修改其参数。名称：房心回填；厚度：20（见图 2-301）。

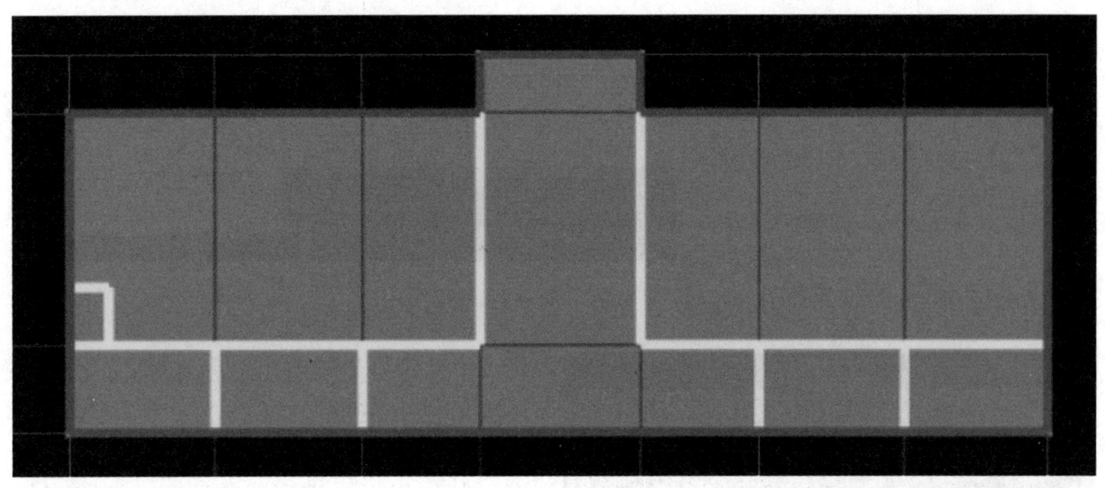

▲图2-300　平整场地布置完成

	属性名称	属性值	附加
1	名称	房心回填	
2	厚度(mm)	20	☐
3	回填方式	夯填	☐

▲图2-301　新建房心回填

此处房心回填厚度=室内地坪标高−室外地坪标高−地面总厚度。室内地坪标高为0，室外地坪标高为−0.15，地面总厚度为（80+20+20+10）mm=130mm=0.13m，故房心回填厚度为［0−（−0.15）−0.13］m=0.02m=20mm。

第二步：使用前述操作为房心回填构件套用做法（见图2-302）。

添加清单　添加定额　删除　查询　项目特征　f_x 换算　做法刷　做法查询　提取做法

	编码	类别	名称	项目特征	单位	工程量表达式	表达式说明
1	⊟ 010103001	项	回填方	房心回填，3km外取土用3t自卸汽车运回	m3	FXHTTJ	FXHTTJ<房心回填体积>
2	A1-18	定	人工装汽车土方		m3	FXHTTJ	FXHTTJ<房心回填体积>
3	A1-49	定	自卸汽车运土方(载重≤3t) 运距≤1km		m3	FXHTTJ	FXHTTJ<房心回填体积>
4	A1-50 *2	换	自卸汽车运土方(载重≤3t) 每增运1km 单价*2		m3	FXHTTJ	FXHTTJ<房心回填体积>
5	A1-120	定	夯填土 人工 地坪		m3	FXHTTJ	FXHTTJ<房心回填体积>

▲图2-302　房心回填做法套用

根据设计说明，因本项目场地狭窄，才发生取土回填的特殊情况。按常规情况，可直接使用基础开挖出的土方进行回填，剩余土方再进行外运。

第三步：选择“房心回填”，在“建模”工作界面中选择“点”画法（见图2-303）。

第四步：将光标移到首层每一个封闭空间（烟道井除外）内的任意位置，单击鼠标左键，完成房心回填布置（见图2-304）。

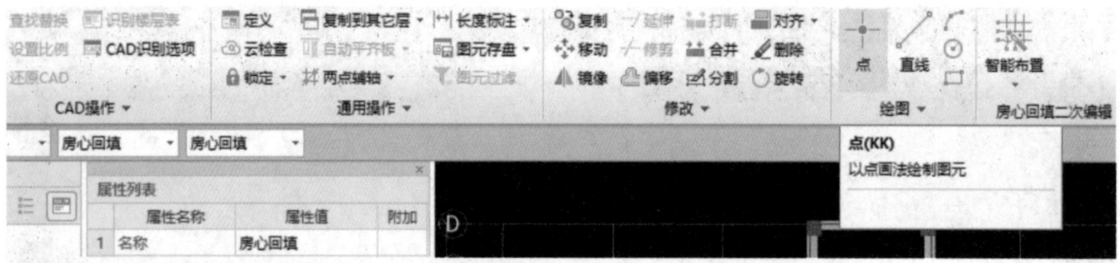

▲ 图 2-303　选择“点”画法

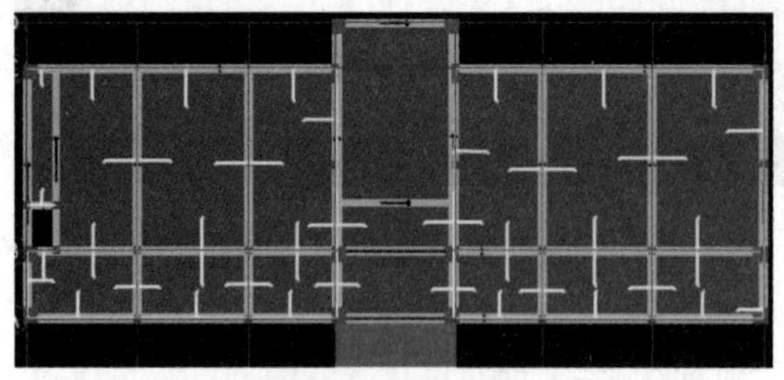

▲ 图 2-304　房心回填布置完成

第二步：使用前述方法为建筑面积套用做法（见图 2-306）。

第三步：选择“建筑面积”，在“建模”工作界面中选择“点”画法。将光标移到首层封闭空间的任意位置，单击鼠标左键，即可完成首层建筑面积布置（见图 2-307）。

5. 建筑面积绘制

第一步：单击“导航树”导航栏下“其他”前面的“+”号，展开列表，单击“建筑面积（U）”按钮，进入建筑面积定义界面。单击“新建”按钮，在弹出的菜单里单击“新建建筑面积”，并修改参数，即名称：建筑面积（见图 2-305）。

属性列表　图层管理

	属性名称	属性值	附加
1	名称	建筑面积	
2	底标高(m)	层底标高	☐
3	建筑面积计算...	计算全部	☐
4	备注		☐
5	⊞ 土建业务属性		
8	⊞ 显示样式		

▲ 图 2-305　新建建筑面积

添加清单　添加定额　删除　查询　项目特征　f_x 换算　做法刷　做法查询　提取做法

	编码	类别	名称	项目特征	单位	工程量表达式	表达式说明
1	⊟ 011703001	项	垂直运输	檐高7.05m，两层	m2	YSMJ	YSMJ<原始面积>
2	A18-3	定	建筑物檐高 ≤20m		m2	YSMJ	YSMJ<原始面积>
3	⊟ 011701001	项	综合脚手架	檐高7.05m，两层	m2	YSMJ	YSMJ<原始面积>
4	A17-7	定	多层建筑综合脚手架檐高≤20m		m2	YSMJ	YSMJ<原始面积>

▲ 图 2-306　建筑面积做法套用

第四步：使用第一～三步操作方法，完成二层建筑面积布置（见图 2-308）。

读者需注意，建筑面积在建筑工程中具有重要意义。一方面，垂直运输、综合脚手架的清单及定额工程量均为建筑面积；另一方面，建筑面积是衡量单方造价、平米材料消耗量等指标的重要依据。在软件中进行建筑面积绘制，可以设置计算全部、计算一半（如阳台）或者不计算（如露台）三种方式，并且可以得到准确的计算结果（项目较为复杂时，设计给出的建筑面积往往存在误差）。

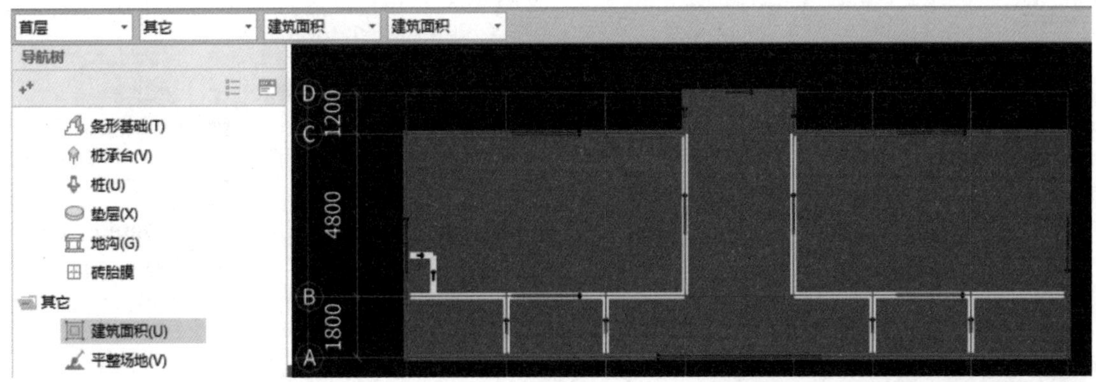

▲ 图 2-307　首层建筑面积布置完成

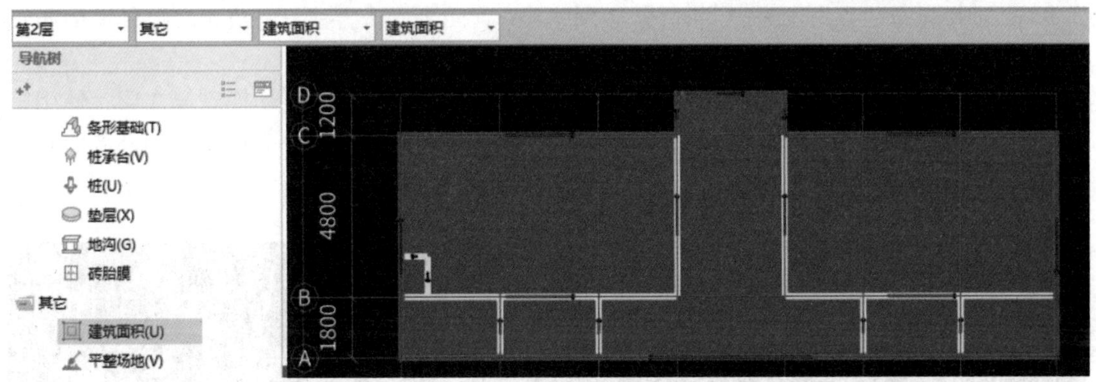

▲ 图 2-308　二层建筑面积布置完成

6. 外墙面绘制

➤ 第一步：单击楼层选择框，在下拉楼层列表中单击“首层”，切换楼层到第一层。单击“导航树”导航栏下“装修”前面的“+”号，展开列表，单击“墙面（W）”按钮进入墙面定义界面。单击“新建”按钮，在弹出的菜单里单击“新建外墙面”，并修改其参数，即名称：外墙面（见图 2-309）。

读者需注意，因外墙面采用涂料，未采用块料面层，故此处无须修改块料厚度。若遇到外墙为块料面层的情况，务必准确设置块料厚度，否则会影响计算结果的准确性。

➤ 第二步：采用前述方法为外墙面套用做法（见图 2-310）。

属性列表　图层管理

	属性名称	属性值	附加
1	名称	外墙面	
2	块料厚度(mm)	20	☐
3	所附墙材质	(程序自动判断)	☐
4	内/外墙面标志	外墙面	☑
5	起点顶标高(m)	墙顶标高	☐
6	终点顶标高(m)	墙顶标高	☐
7	起点底标高(m)	墙底标高	☐
8	终点底标高(m)	墙底标高	☐

▲ 图 2-309　外墙面属性

读者需注意，此处工程量表达式一定要选择“QMMHMJZ〈墙面抹灰面积（不分材质)〉”，因为该工程量不仅包括墙体本身的抹灰工程量，还包括与墙体平齐或者凸出的柱、梁、过梁的抹灰工程量。

构件做法

添加清单 添加定额 删除 查询 项目特征 fx 换算 做法刷 做法查询 提取做法 当前构件自动套做法

	编码	类别	名称	项目特征	单位	工程量表达式	表达式说明
1	− 011201001	项	墙面一般抹灰	(1)加气混凝土基层清理；(2)刷界面处理剂；(3)14厚1:3水泥砂浆打底，两次成活；(4)扫毛或划出纹道；(5)6厚1:2.5水泥砂浆找平	m2	QMMOHMJZ	QMMOHMJZ<墙面抹灰面积（不分材质）>
2	A12-4	定	墙面抹灰 一般抹灰 墙面、墙裙抹水泥砂浆 外墙 14+6mm		m2	QMMOHMJZ	QMMOHMJZ<墙面抹灰面积（不分材质）>
3	− 011407001	项	墙面喷刷涂料	(1)刷乳胶漆两遍；(2)喷甲基硅醇钠憎水剂。	m2	QMMOHMJZ	QMMOHMJZ<墙面抹灰面积（不分材质）>
4	A14-224	定	抹灰面油漆 乳胶漆 室外 墙面 两遍		m2	QMMOHMJZ	QMMOHMJZ<墙面抹灰面积（不分材质）>

▲ 图 2-310 外墙面做法套用

第三步：选择"外墙面"，在"建模"工作界面中选择"点"画法，将光标移到①轴上外墙外侧，单击鼠标左键，①轴上外墙面布置完成（见图 2-311）。

第四步：使用第三步操作方法，完成剩余首层外墙面布置（见图 2-312）。

第五步：将楼层切换到第 2 层，使用第一～四步操作方法，完成第 2 层外墙面布置（见图 2-313）。

第六步：将楼层切换到第 3 层，使用第一～四步操作方法，完成女儿墙外墙面布置（见图 2-314）。

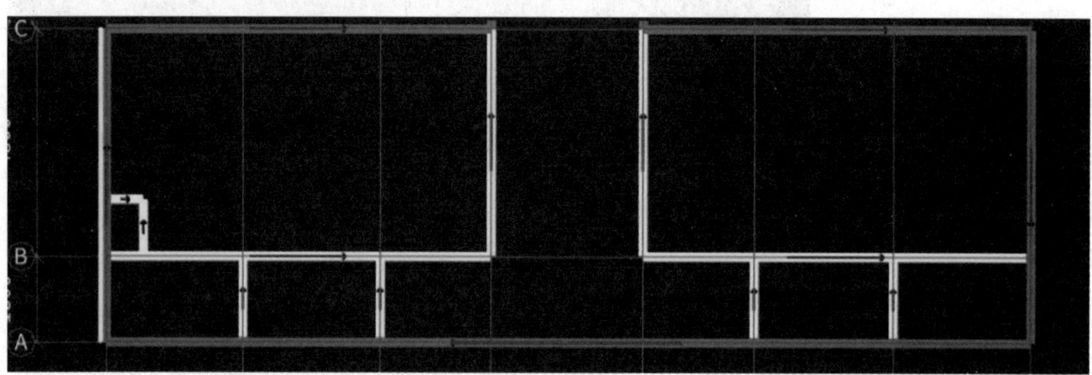

▲ 图 2-311 ①轴上外墙面布置完成

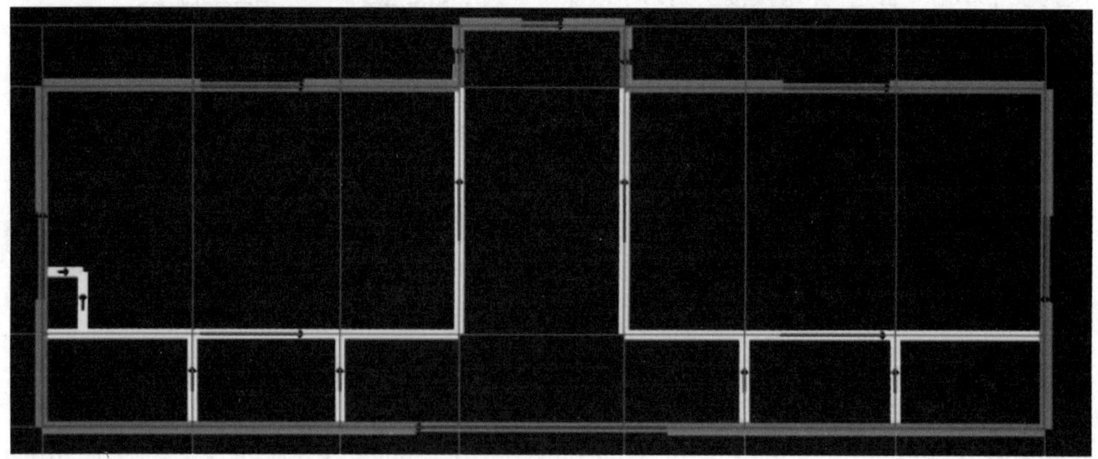

▲ 图 2-312 首层外墙面布置完成

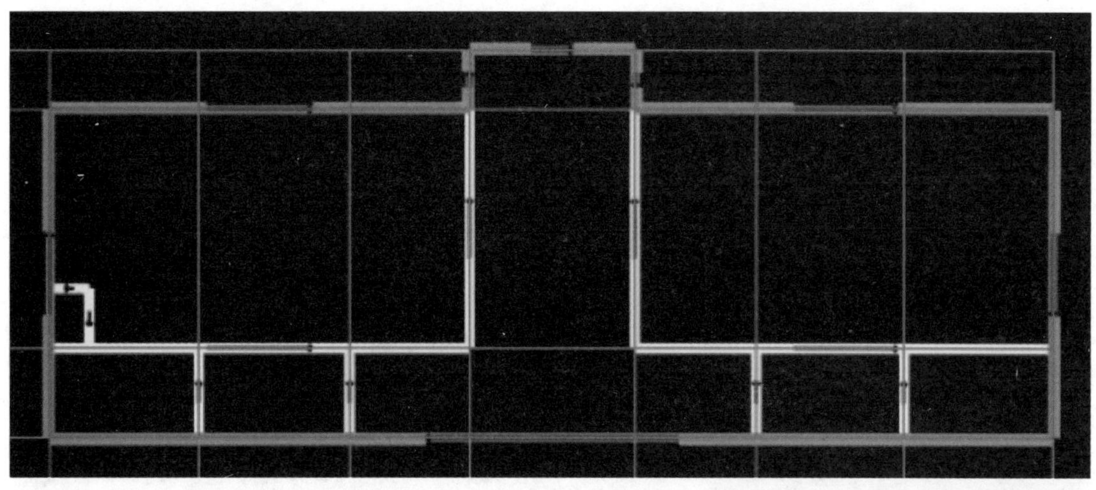

▲ 图 2-313　第 2 层外墙面布置完成

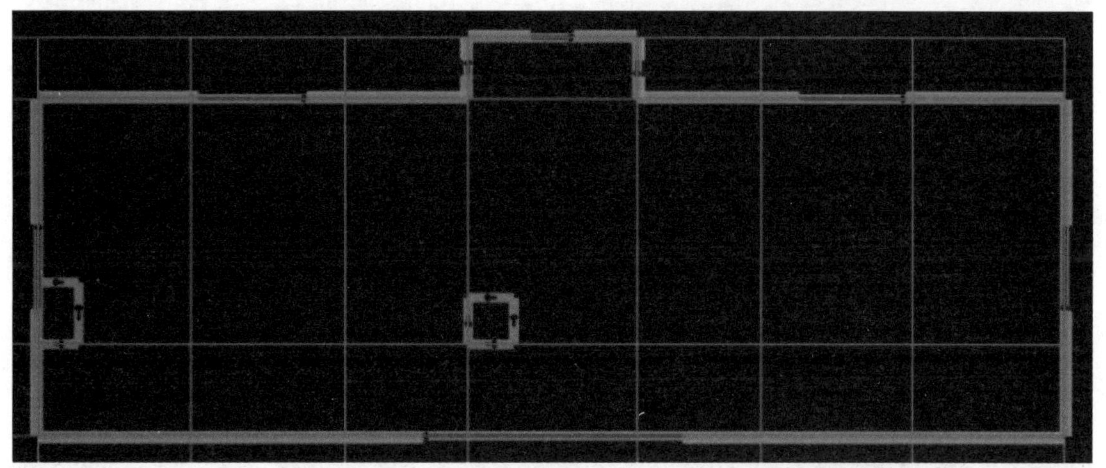

▲ 图 2-314　女儿墙外墙面布置完成

读者需注意，外墙面工程量计算是工程计量中的难点。对于简单项目，采用软件绘制计算基本准确。然而在外墙线条较多，空调板、飘窗、百叶窗等构件较多的情况下，尤其是在高层建筑中，使用软件建模算量，往往会少算工程量，遇到这种情况采用 Excel 表进行手算更为合适。

7. 女儿墙内抹灰绘制

➤ 第一步：在第 3 层单击“新建”按钮，在弹出的菜单里单击“新建外墙面”，并修改参数，即名称：女儿墙内抹灰（见图 2-315）。

属性列表　图层管理

	属性名称	属性值	附加
1	名称	外墙面	
2	块料厚度(mm)	20	☐
3	所附墙材质	(程序自动判断)	☐
4	内/外墙面标志	外墙面	☑
5	起点顶标高(m)	墙顶标高	☐
6	终点顶标高(m)	墙顶标高	☐
7	起点底标高(m)	墙底标高	☐
8	终点底标高(m)	墙底标高	☐
9	备注		☐
10	⊞ 土建业务属性		
13	⊞ 显示样式		

▲ 图 2-315　女儿墙内抹灰属性

第二步：采用前述方法为女儿墙内抹灰套用做法（见图 2-316）。

第三步：选择“外墙面”，在“建模”工作界面中选择“点”画法，将光标移到Ⓑ轴外墙外侧，单击鼠标左键，Ⓑ轴外墙面布置完成（见图 2-317）。

第四步：使用第三步操作方法，完成烟道剩余外墙面及封堵墙外墙面布置（见图 2-318）。

8. 雨篷防水及装饰工程量计算

雨篷防水及装饰工程量计算在软件中直接绘制较为繁琐，比较方便的方法是在“板”定义界面直接套用做法。

切换楼层到首层，点开“板”前面的“+”，双击“现浇板（B）”进入定义界面。选中“首层雨篷板”，使用前述方法为其套用做法（见图 2-319）。

构件做法

添加清单 添加定额 删除 查询 项目特征 换算 做法刷 做法查询 提取做法 当前构件自动套做法

	编码	类别	名称	项目特征	单位	工程量表达式	表达式说明
1	− 011201001	项	墙面一般抹灰	20厚1:3水泥砂浆抹面	m2	QMMHMJZ	QMMHMJZ<墙面抹灰面积（不分材质）>
2	A12-4	定	墙面抹灰 一般抹灰 墙面、墙裙抹水泥砂浆 外墙 14+6mm		m2	QMMHMJZ	QMMHMJZ<墙面抹灰面积（不分材质）>

▲ 图 2-316 女儿墙内抹灰做法套用

▲ 图 2-317 Ⓑ轴烟道外墙布置外墙面

▲ 图 2-318 烟道及封堵墙外墙面布置完成

9. 楼梯间内墙面绘制

第一步：点开“装修（W）”前面的“+”，在展开的列表中选择“墙面（W）”，双击“墙面（W）”进入墙面定义界面。单击“新建”按钮，在弹出的菜单里单击“新建内墙面”，并修改参数，即名称：内墙面（见图 2-320）。

第二步：采用前述方法为内墙面套用做法（见图 2-321）。

读者需注意，此处工程量表达式一定要选择“QMMHMJZ〈墙面抹灰面积（不分材质）〉”，因为该工程量不仅包括墙体本身的抹灰工程量，还包括与墙体平齐或者凸出的柱、梁、过梁的抹灰工程量。

构件做法

添加清单　添加定额　删除　查询　项目特征　fx 换算　做法刷　做法查询　提取做法　当前构件自动套做法

	编码	类别	名称	项目特征	单位	工程量表达式	表达式说明
1	− 010505008	项	雨篷、悬挑板、阳台板	C30	m3	TJ	TJ<体积>
2	A5-44	定	现浇混凝土 雨篷板		m3	TJ	TJ<体积>
3	− 011702023	项	雨篷、悬挑板、阳台板	模板支撑高度3.9m内	m2	TYMJ	TYMJ<投影面积>
4	A5-286	定	现浇混凝土模板 雨篷板 直形		m2水平投影面积	TYMJ	TYMJ<投影面积>
5	− 010904003	项	楼（地）面砂浆防水（防潮）	雨篷上表面防水：抹20厚1:2防水砂浆（加3%防水剂）	m2	TYMJ	TYMJ<投影面积>
6	A9-106	定	刚性防水 防水砂浆 掺防水粉平面 厚20mm		m2	TYMJ	TYMJ<投影面积>
7	− 011301001	项	天棚抹灰	雨篷底面及侧面分层抹1:0.3:3水泥混合砂浆	m2	MBMJ+CMBMJ	MBMJ<底面模板面积>+CMBMJ<侧面模板面积>
8	A13-5	定	天棚抹灰 混凝土面天棚 水泥石灰砂浆 现浇 14mm		m2	MBMJ+CMBMJ	MBMJ<底面模板面积>+CMBMJ<侧面模板面积>
9	− 011407002	项	天棚喷刷涂料	雨篷底面及侧面刷乳胶漆两遍	m2	MBMJ+CMBMJ	MBMJ<底面模板面积>+CMBMJ<侧面模板面积>
10	A14-226	定	抹灰面油漆 乳胶漆 室内 天棚面 两遍		m2	MBMJ+CMBMJ	MBMJ<底面模板面积>+CMBMJ<侧面模板面积>

▲图 2-319　首层雨篷板套用做法

属性列表

	属性名称	属性值	附加
1	名称	内墙面	
2	块料厚度(mm)	20	☐
3	所附墙材质	(程序自动判断)	☐
4	内/外墙面标志	内墙面	☑
5	起点顶标高(m)	墙顶标高	☐
6	终点顶标高(m)	墙顶标高	☐
7	起点底标高(m)	墙底标高	☐
8	终点底标高(m)	墙底标高	☐

▶图 2-320　新建内墙面

第三步：选择“内墙面”，在“建模”工作界面中选择“点”画法，将光标移到Ⓓ轴墙内侧，单击鼠标左键，Ⓓ轴上内墙面布置完成（见图 2-322）。

第四步：使用第三步操作方法，完成楼梯间剩余首层内墙面布置（见图 2-323）。

构件做法

添加清单　添加定额　删除　查询　项目特征　fx 换算　做法刷　做法查询　提取做法　当前构件自动套做法

	编码	类别	名称	项目特征	单位	工程量表达式	表达式说明
1	− 011201001	项	墙面一般抹灰	(1)加气混凝土基层清理；(2)9厚1:1:6水泥石灰砂浆打底扫毛；(3)7厚1:1:6水泥石灰砂浆垫层；(4)5厚1:0.3:2.5水泥石灰砂浆罩面压光。	m2	QMMHMJZ	QMMHMJZ<墙面抹灰面积（不分材质）>
2	A12-7	定	墙面抹灰 一般抹灰 墙面、墙裙抹水泥石灰砂浆 内墙 16+5mm		m2	QMMHMJZ	QMMHMJZ<墙面抹灰面积（不分材质）>
3	− 011407001	项	墙面喷刷涂料	刷乳胶漆两遍。	m2	QMMHMJZ	QMMHMJZ<墙面抹灰面积（不分材质）>
4	A14-225	定	抹灰面油漆 乳胶漆 室内 墙面 两遍		m2	QMMHMJZ	QMMHMJZ<墙面抹灰面积（不分材质）>

▲图 2-321　内墙面做法套用

▶图 2-322
Ⓓ轴上内墙面布置完成

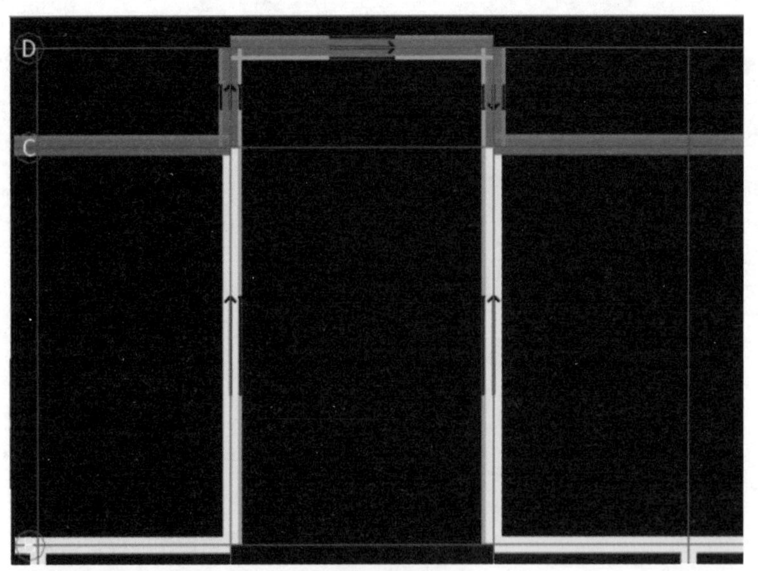

▲ 图 2-323 楼梯间首层内墙面布置完成

第五步：将楼层切换到第 2 层，使用第一~四步操作方法，完成楼梯间第 2 层内墙面布置（见图 2-324）。

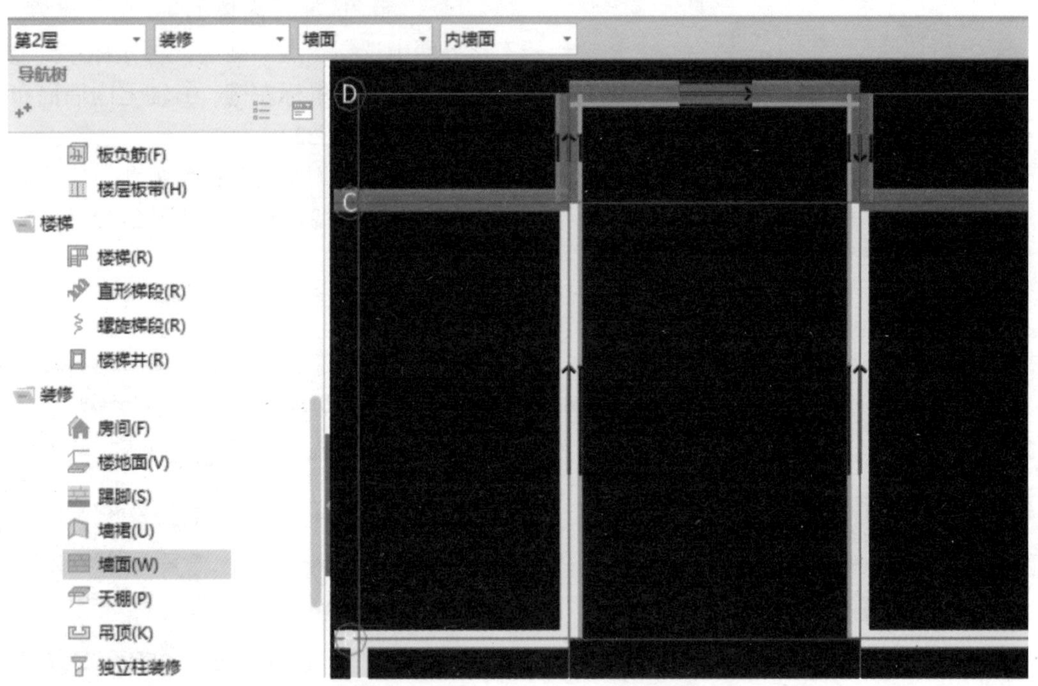

▲ 图 2-324 楼梯间第 2 层内墙面布置完成

10. 楼梯间楼地面绘制

第一步：根据建施 01 建筑设计说明中的建筑装修做法一览表，单击楼层选择框，在下拉楼层列表中单击“首层”，切换楼层到首层。单击“导航树”导航栏下“装修”前面的“+”号，展开列表，单击“楼地面”按钮，进入楼地面定义界面。单击“新建”按钮，在弹出的菜单里单击“新建楼地面”，并修改参数 。名称：地面；块料厚度：130（见图 2-325）。

	属性名称	属性值	附加
1	名称	地面	
2	块料厚度(mm)	130	☐
3	是否计算防水...	否	☐
4	顶标高(m)	层底标高	☐
5	备注		☐

▲图 2-325 新建地面

此处，块料厚度是指地面的总厚度，不仅仅只包括面砖厚度。

第二步：采用前述方法为地面套用做法（见图 2-326）。

此处需注意：因为是地砖地面，所以工程量表达式一定要选择“KLDMJ（块料楼地面）”，否则计算有误差；此处垫层的定额单位为 m^3，故工程量表达式应输入的是垫层体积，因垫层厚度为 80mm，故工程量表达式为“KLDMJ*0.08”；此处的垫层为楼地面垫层而非基础垫层，垫层四周的墙壁起到模板的作用，无须再套用垫层模板定额。

构件做法

添加清单 添加定额 删除 查询 项目特征 换算 做法刷 做法查询 提取做法 当前构件自动套做法

	编码	类别	名称	项目特征	单位	工程量表达式	表达式说明
1	− 011102003	项	块料楼地面	(1)素土夯实；(2)80厚C10混凝土垫层；(3)水泥浆水灰比0.4~0.5结合层一道；(4)20厚1:3水泥砂浆找平层；(5)20厚1:2干硬性水泥砂浆结合层；(6)300X300地砖面层10厚，水泥浆擦缝。	m2	KLDMJ	KLDMJ<块料地面积>
2	A1-115	定	原土夯实 人工		m2	KLDMJ	KLDMJ<块料地面积>
3	A5-2	定	现浇混凝土 垫层 混凝土		m3	KLDMJ*0.08	KLDMJ<块料地面积>*0.08
4	A11-1	定	找平层 水泥砂浆 混凝土或硬基层上 厚20mm		m2	KLDMJ	KLDMJ<块料地面积>
5	A11-36	定	块料面层 陶瓷地砖 周长≤1200mm		m2	KLDMJ	KLDMJ<块料地面积>

▲图 2-326 地面做法套用

第三步：使用第一、二步操作方法，新建楼面构件（见图 2-327）并为其套用做法（见图 2-328）。需注意将面层厚度修改为 50，且在做法中去掉“素土夯实”及“垫层”定额项。

	属性名称	属性值	附加
1	名称	楼面	
2	块料厚度(mm)	50	☐
3	是否计算防水...	否	☐
4	顶标高(m)	层底标高	☐
5	备注		☐

▲图 2-327 新建楼面

楼面与地面的区别在于，地面位于最下层，即与基础层最接近的那一层，楼面则是位于地面之上的各层。从做法上来看，地面比楼面多“素土夯实”和“混凝土垫层”两道工序。

第四步：选择“地面”，在“建模”工作界面中选择“矩形”画法。将光标移到Ⓓ轴与⑤轴交点，单击鼠标左键确定“矩形画法”的一个顶点（见图 2-329）。向左下方拖动光标（见图 2-330），至Ⓑ轴与④轴交点时，按住“Shift”键并单击鼠标左键，弹出“请输入偏移值”对话框（见图 2-331）。在对话框“X=”“Y=”栏分别输入“0”“−100”（见图 2-332），单击“确定”按钮，完成首层楼梯间地面的绘制（见图 2-333）。

构件做法

添加清单　添加定额　删除　查询　项目特征　换算　做法刷　做法查询　提取做法

	编码	类别	名称	项目特征	单位	工程量表达式
1	011102003	项	块料楼地面	(1)水泥浆水灰比0.4~0.5结合层一道；(2)20厚1:3水泥砂浆找平层；(3)20厚1:2干硬性水泥砂浆结合层；(4)300X300地砖面层10厚，水泥浆擦缝。	m2	KLDMJ
2	A1-115	定	原土夯实 人工		m2	KLDMJ
3	A5-2	定	现浇混凝土 垫层 混凝土		m3	KLDMJ*0.08
4	A11-1	定	找平层 水泥砂浆 混凝土或硬基层上 厚20mm		m2	KLDMJ
5	A11-36	定	块料面层 陶瓷地砖 周长≤1200mm		m2	KLDMJ

▲ 图 2-328　楼面做法套用

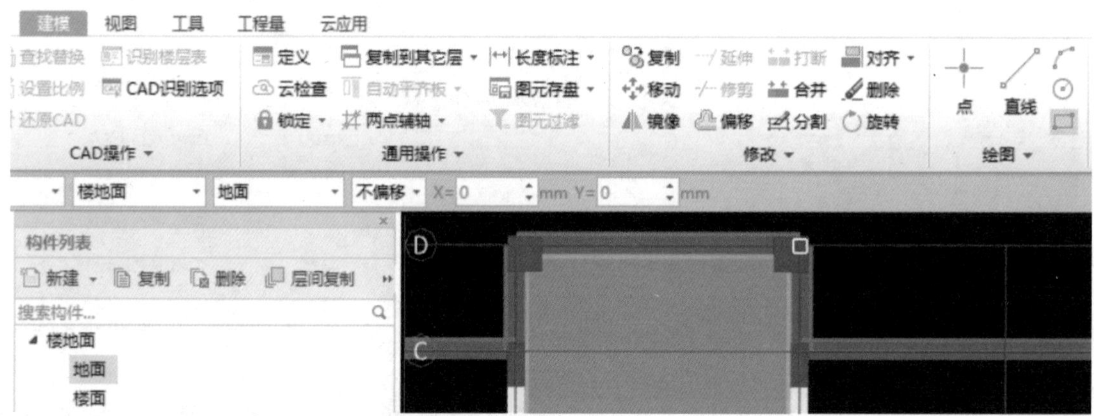

▲ 图 2-329　选择“矩形”画法并单击Ⓓ轴与⑤轴交点

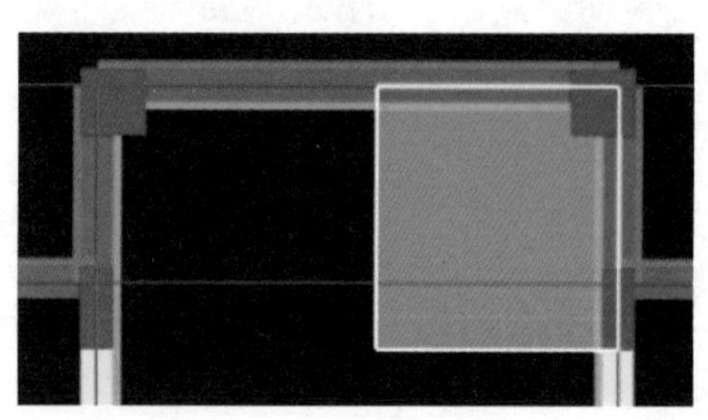

▲ 图 2-330　向左下方拖动光标

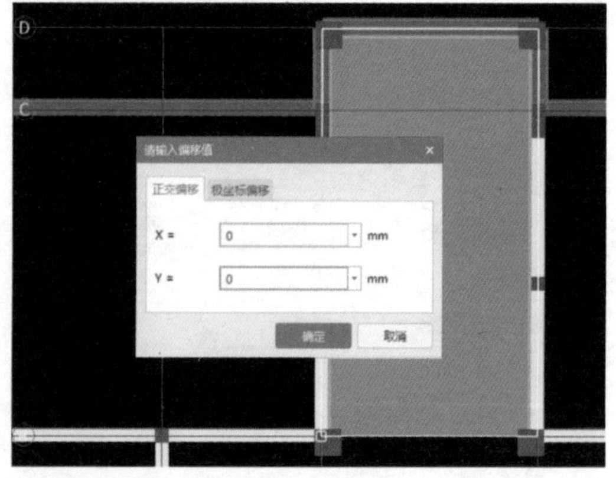

▲ 图 2-331　“请输入偏移值”对话框

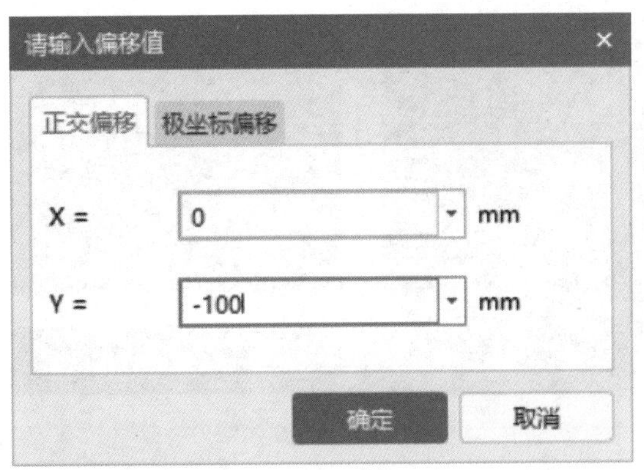

▲ 图 2-332
输入另一顶点相对于Ⓑ轴与④轴交点的偏移量

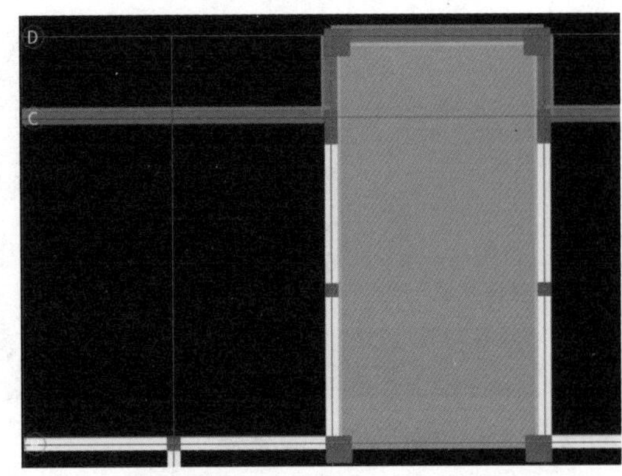

▲ 图 2-333　首层楼梯间地面布置完成

第五步：将楼层切换到第 2 层，使用第一～四步操作方法，完成地面、楼面的新建（含做法套用）。选择“楼面”，在“建模”工作界面中选择“矩形”画法，将光标移到Ⓑ轴与④轴交点，按住“Shift”键并单击鼠标左键，弹出“请输入偏移值”对话框。在对话框中“X=”“Y=”栏分别输入“0”“-100”（见图 2-334），单击“确定”按钮选定矩形的一个顶点。向右上方拖动光标（见图 2-335），到Ⓑ轴与⑤轴交点，按住“Shift”键并单击鼠标左键，弹出“请输入偏移值”对话框（见图 2-336）。在对话框中“X=”“Y=”栏分别输入“0”“960”确定矩形的另一个顶点（见图 2-337），完成二层楼梯间楼面的绘制（见图 2-338）。

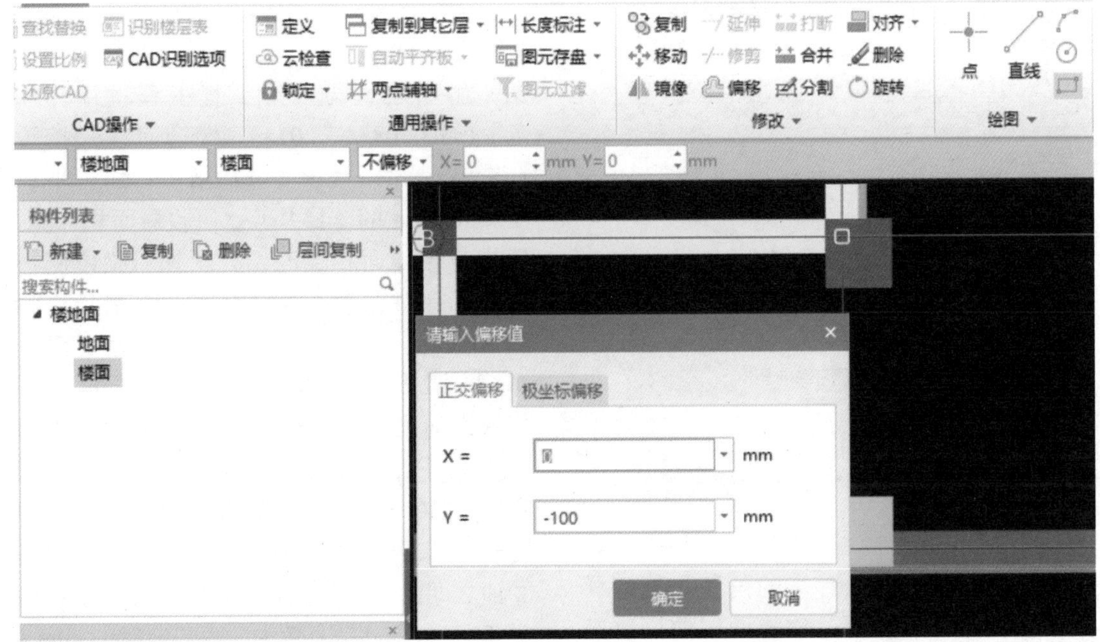

▲ 图 2-334　选择“矩形”画法并基于Ⓑ轴与④轴交点进行偏移

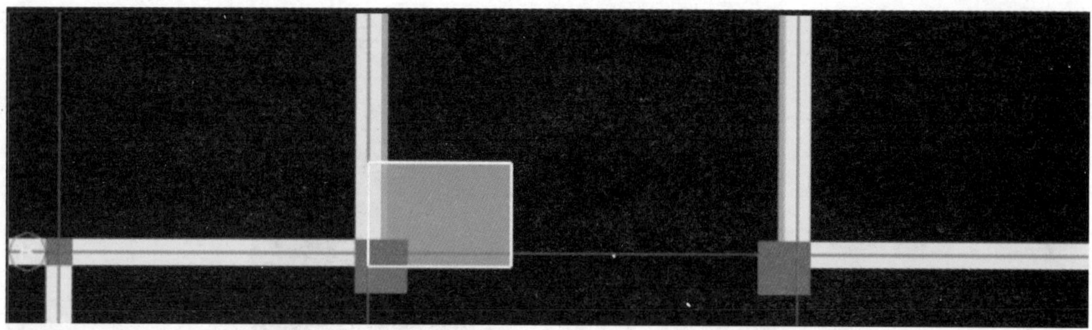

▲ 图 2-335 向右上方拖动光标

▲ 图 2-336 至Ⓑ轴与⑤轴交点选择偏移

请输入偏移值

正交偏移 极坐标偏移

X = 0 mm

Y = 960 mm

确定 取消

▲ 图 2-337
输入另一顶点相对于Ⓑ轴与⑤轴交点的偏移量

此处，偏移量 960 的确定是一大难点。二层楼梯间楼面计算的位置只能到梯梁 TL2 的下口，原因是楼梯面层前面已经计算过，且其计算的位置是 TL2 下口。根据《房屋建筑与装饰工程工程量计算规范》(GB 50854—2013)，楼梯面层是按设计图示尺寸以楼梯（包括踏步、休息平台及≤500mm 的楼梯井）水平投影面积计算。楼梯与楼地面相连时，算至梯口梁内侧边沿；无梯口梁者，算至最上一层踏步边沿加 300mm。因此，二层楼梯间的楼面只计算到 TL2 的下口位置。根据结施 04 楼梯结构布置图，Ⓐ轴到梯梁 TL2 上口的距离为（100+2860）mm=2960mm，而 TL2 的宽度为 200mm，故Ⓐ轴到梯梁 TL2 下口的距离为（2960−200）mm=2760mm。Ⓐ轴与Ⓑ轴之间的轴距为 1800mm，因此Ⓑ轴到梯梁 TL2 下口的距离为（2760−1800）mm=960mm。

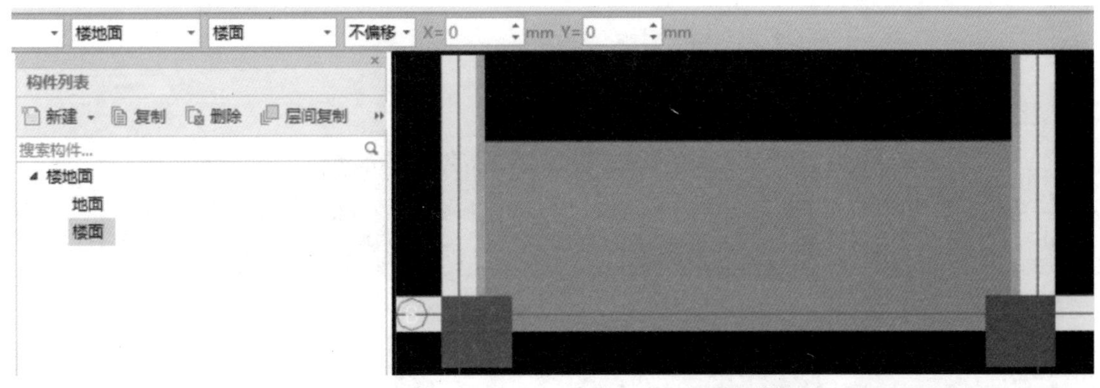

▲ 图 2-338　二层楼梯间楼面布置完成

11. 楼梯间踢脚绘制

第一步：根据建施 01 建筑设计说明中的建筑装修做法一览表，单击楼层选择框，在下拉楼层列表中单击“首层”，切换楼层到首层。单击“导航树”导航栏下“装修”前面的“+”号，展开列表，单击“踢脚（S）”按钮，进入踢脚定义界面。单击“新建”按钮，在弹出的菜单里单击“新建踢脚”，并修改参数。名称：踢脚；块料厚度：28（见图 2-339）。

注意，块料厚度按踢脚总厚度的 2 倍来设置。

属性列表

	属性名称	属性值	附加
1	名称	踢脚	
2	高度(mm)	150	☐
3	块料厚度(mm)	28	☐
4	起点底标高(m)	墙底标高	☐
5	终点底标高(m)	墙底标高	☐
6	备注		☐

▲ 图 2-339　新建踢脚

第二步：采用前述方法为踢脚套用做法（见图 2-340）。

构件做法

添加清单　添加定额　删除　查询　项目特征　fx 换算　做法刷　做法查询　提取做法　当前构件自动套做法

	编码	类别	名称	项目特征	单位	工程量表达式	表达式说明
1	011105003	项	块料踢脚线	(1)4厚纯水泥浆粘贴层；(2)10厚地砖面层，水泥浆擦缝。	m2	TJKLMJ	TJKLMJ<踢脚块料面积>
2	A11-65	定	踢脚线 陶瓷地砖 直线形		m2	TJKLMJ	TJKLMJ<踢脚块料面积>

▲ 图 2-340　踢脚做法套用

此处需注意，因为是地砖踢脚，所以工程量表达式一定要选择“TJKLMJ〈踢脚块料面积〉”，否则计算有误差。

第三步：选择“踢脚”，在“建模”工作界面中选择“点”画法，将光标移到Ⓓ轴墙内边缘处，单击鼠标左键为Ⓓ轴墙绘制踢脚（见图 2-341）。用同样的操作方法完成④轴、⑤轴墙上的踢脚绘制（见图 2-342）。

第四步：将楼层切换到第 2 层，使用第一～三步操作方法，完成踢脚的新建（含做法套用）。选择“踢脚”，在“建模”工作界面中选择“直线”画法（见图 2-343），将光标移到Ⓑ轴与④轴交点，选定Ⓑ轴上的点作为起点（见图 2-344），按住“Shift”键并单击鼠标左键，再次点选Ⓑ轴上的已选点，弹出“请输入偏移值”对话框。在对话框中

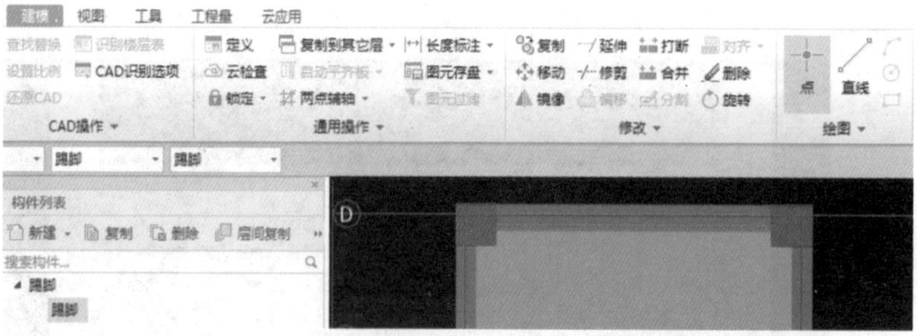

◀图 2-341
选择“点”画法并绘制Ⓓ轴墙处的踢脚

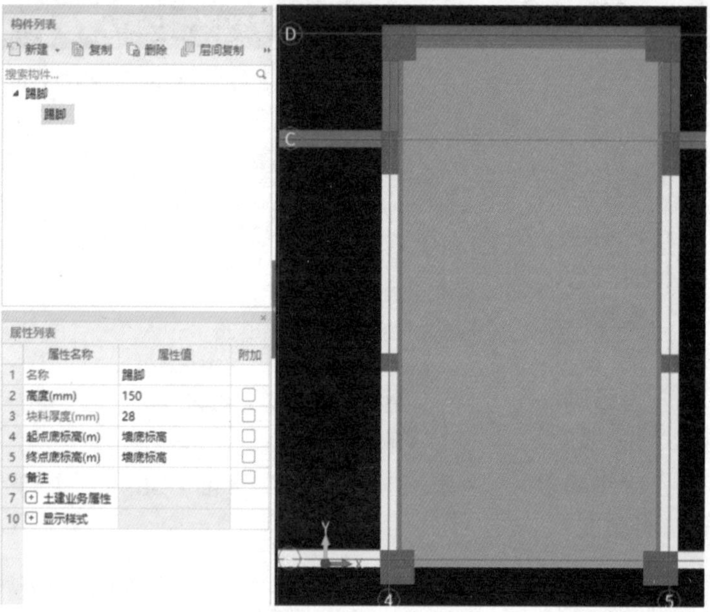

◀图 2-342
首层楼梯间踢脚布置完成

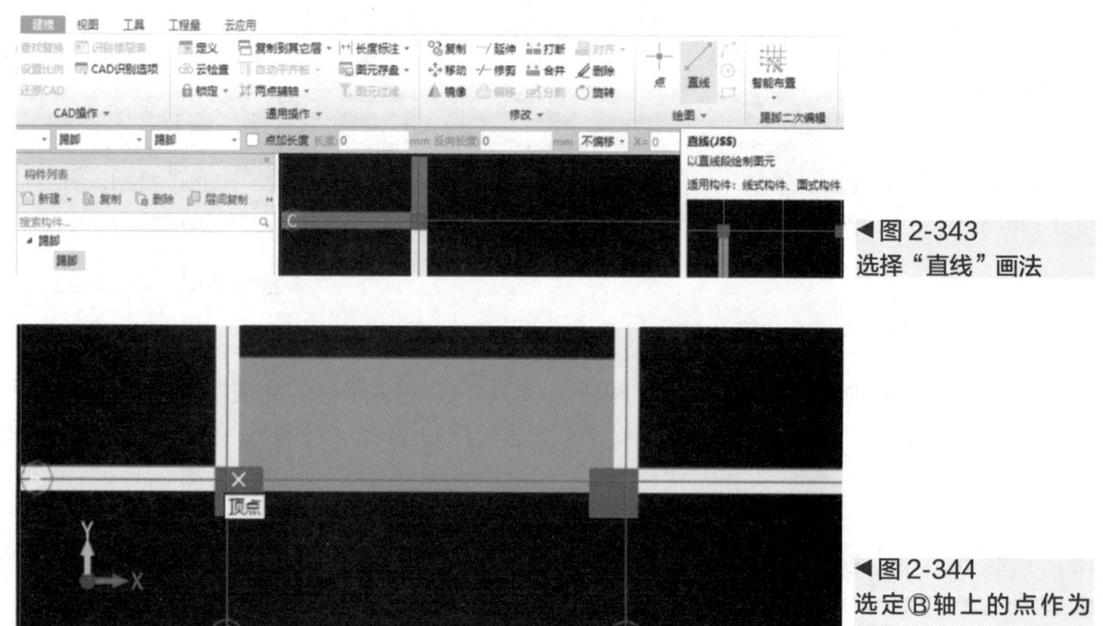

◀图 2-343
选择“直线”画法

◀图 2-344
选定Ⓑ轴上的点作为起点

“X=”“Y=”栏分别输入“0”“960”(见图 2-345),单击“确定”按钮,完成④轴楼梯间踢脚的绘制(见图 2-346)。使用同样的操作方法,完成⑤轴楼梯间踢脚的绘制(见图 2-347)。

偏移量确定为 960 的原因是前面已经定义过的楼梯踢脚已计算至梯梁 TL2 下口,故此处绘制的踢脚应计算至梯梁 TL2 下口。计算过程同楼梯间楼地面。

12. 楼梯间天棚绘制

第一步:单击楼层选择框,在下拉楼层列表中单击“首层”,切换楼层到首层。单击“导航树”导航栏下“装修”前面的“+”号,展开列表,单击“楼地面”按钮,进入天棚定义界面。单击“新建”按钮,在弹出的菜单里单击“新建天棚”,需修改参数,即名称:天棚(见图 2-348)。

第二步:采用前述方法为天棚套用做法(见图 2-349)。

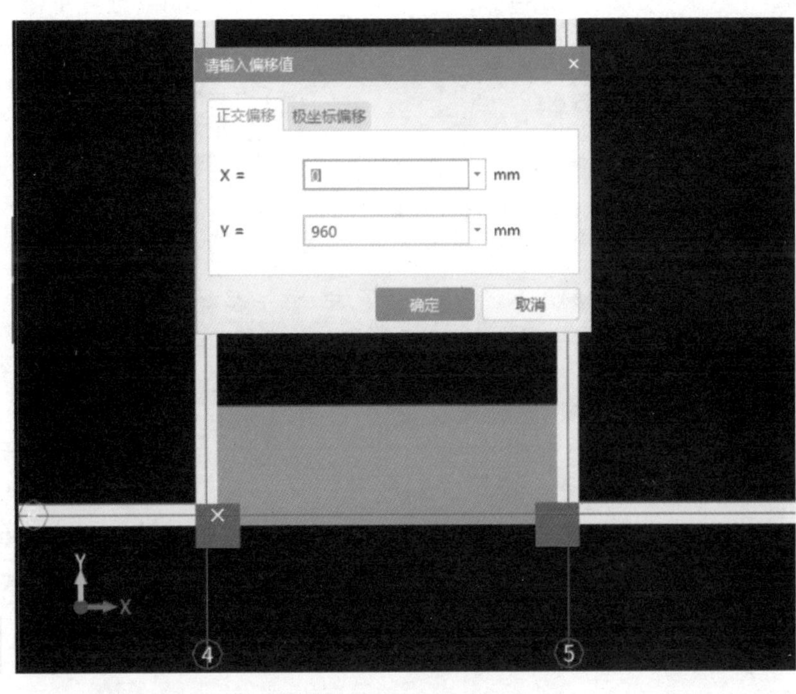

▶图 2-345
在Ⓑ轴起点选择偏移

▶图 2-346
二层④轴楼梯间踢脚布置完成

◀图 2-347
二层楼梯间踢脚布置完成

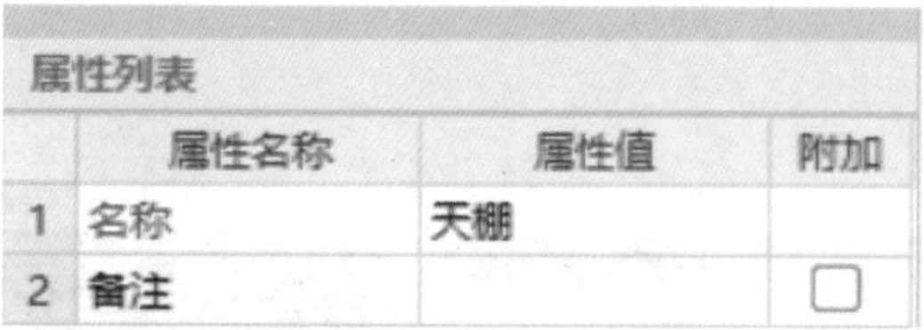

属性列表

	属性名称	属性值	附加
1	名称	天棚	
2	备注		☐

▲ 图 2-348 新建天棚

➤ 第三步：选择“楼面”，在“建模”工作界面中选择“矩形”画法（见图 2-350）。单击Ⓑ轴与④轴交点并向右上方拖动光标（见图 2-351），到Ⓑ轴与⑤轴交点，按住“Shift”键并单击鼠标左键，弹出“请输入偏移值”对话框（见图 2-352）。在对话框中“X=”“Y=”栏分别输入“0”“960”确定矩形的另一个顶点（见图 2-353），完成首层楼梯间天棚的绘制（见图 2-354）。

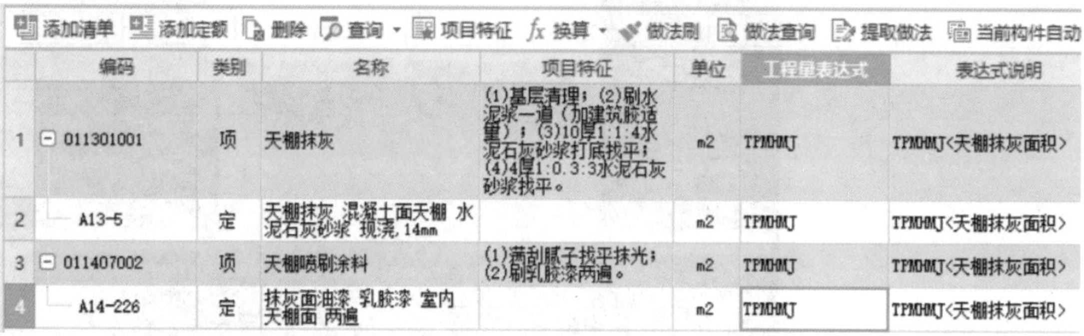

添加清单 添加定额 删除 查询 项目特征 fx 换算 做法刷 做法查询 提取做法 当前构件自动

	编码	类别	名称	项目特征	单位	工程量表达式	表达式说明
1	⊟ 011301001	项	天棚抹灰	(1)基层清理；(2)刷水泥浆一道（加建筑胶适量）；(3)10厚1:1:4水泥石灰砂浆打底找平；(4)4厚1:0.3:3水泥石灰砂浆找平。	m2	TPMHMJ	TPMHMJ<天棚抹灰面积>
2	A13-5	定	天棚抹灰 混凝土面天棚 水泥石灰砂浆 现浇,14mm		m2	TPMHMJ	TPMHMJ<天棚抹灰面积>
3	⊟ 011407002	项	天棚喷刷涂料	(1)满刮腻子找平抹光；(2)刷乳胶漆两遍。	m2	TPMHMJ	TPMHMJ<天棚抹灰面积>
4	A14-226	定	抹灰面油漆 乳胶漆 室内天棚面 两遍		m2	TPMHMJ	TPMHMJ<天棚抹灰面积>

▲ 图 2-349 天棚做法套用

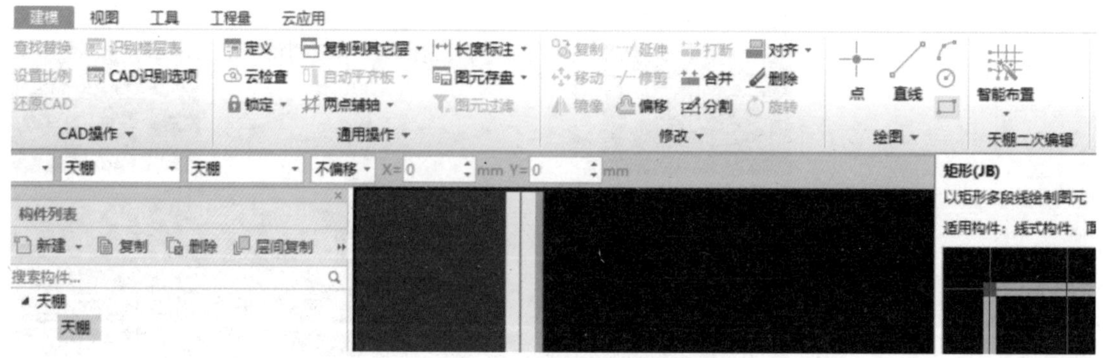

▲ 图 2-350 选择“矩形”画法

▲图 2-351　单击Ⓑ轴与④轴交点并向右上方拖动光标

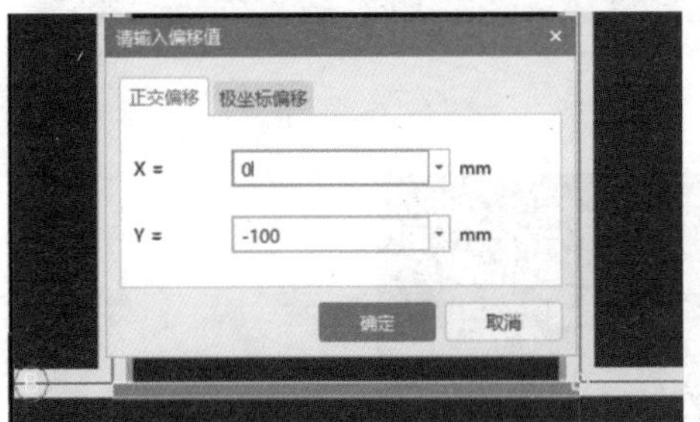

▲图 2-352　至Ⓑ轴与⑤轴交点选择偏移

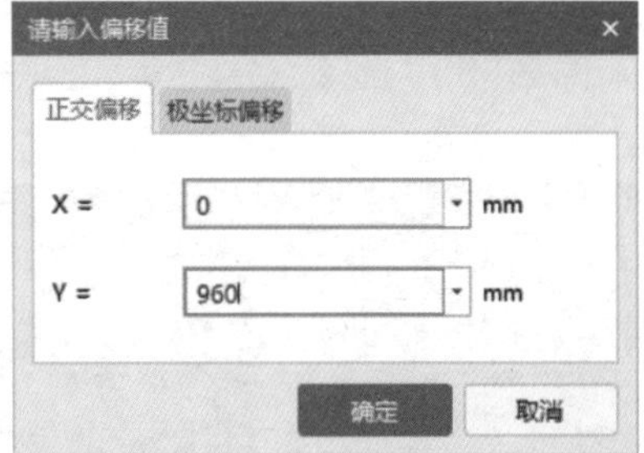

▲图 2-353
输入另一顶点相对于Ⓑ轴与⑤轴交点的偏移量

▲图 2-354　首层楼梯间天棚布置完成

此处，偏移量确定为 960 的原因是前面已经定义过的楼梯顶棚已计算至梯梁 TL2 下口，故此处绘制的天棚应计算至梯梁 TL2 下口。计算过程同楼梯间楼地面。

➤ 第四步：将楼层切换到第 2 层，使用第一～三步操作方法，完成天棚的新建（含做法套用）。选择“天棚”，在“建模”工作界面中选择“智能布置”画法并点选下拉菜单中的“现浇板”（见图 2-355），点选④～⑤轴与Ⓑ～Ⓓ轴区域的现浇板（见图 2-356），单击右键确认，完成二层楼梯间天棚粗略布置（见图 2-357）。

➤ 第五步：将已绘制的天棚拉伸至Ⓑ轴处。选中Ⓑ～Ⓒ轴交④～⑤轴区域已绘制的天棚（见图 2-358），单击板下边缘中心点处（见图 2-359），拖动光标至Ⓑ轴处（见图 2-360），单击确认，完成二层楼梯间天棚布置（见图 2-361）。

13. 其余房间装修绘制

“房间”画法是较为便捷的装修绘制方法，此处采用“房间”画法进行绘制。房间布置后的效果见图 2-362 和图 2-363。

▲ 图 2-355 选择“智能布置”画法并单击“现浇板”按钮

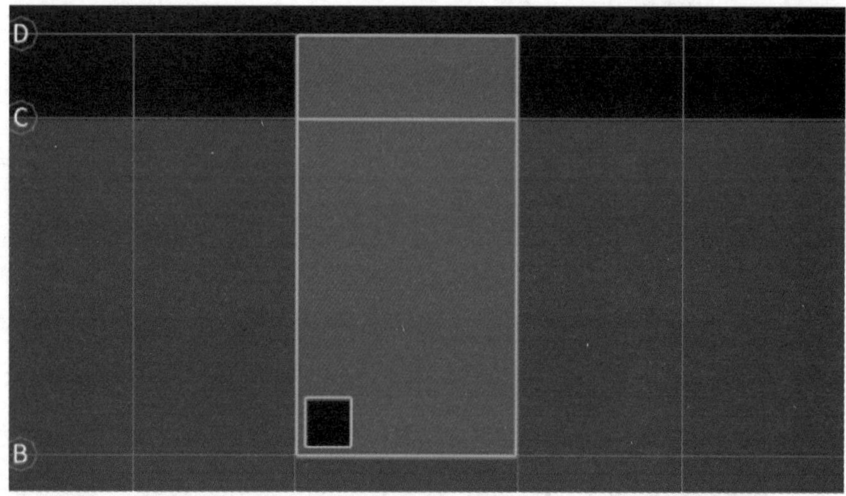

◀图 2-356 点选④～⑤轴与Ⓑ～Ⓓ轴区域的现浇板

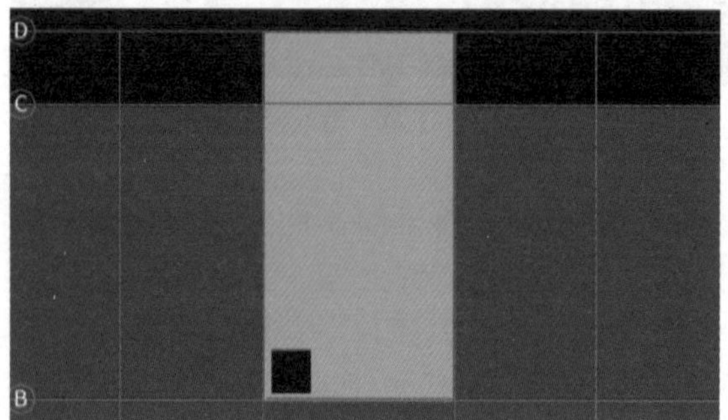

▲ 图 2-357 二层楼梯间天棚粗略布置完成

▲ 图 2-358 选中Ⓑ～Ⓒ轴交④～⑤轴区域已绘制的天棚

◀图 2-359 单击板下边缘中心点处

▲ 图 2-360　向上拖动光标至Ⓑ轴处

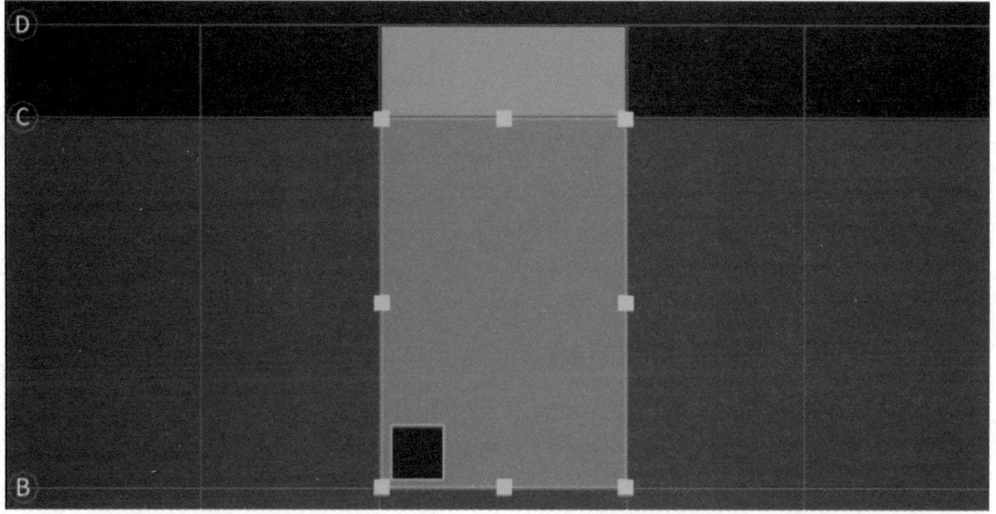

▲ 图 2-361　二层楼梯间天棚布置完成

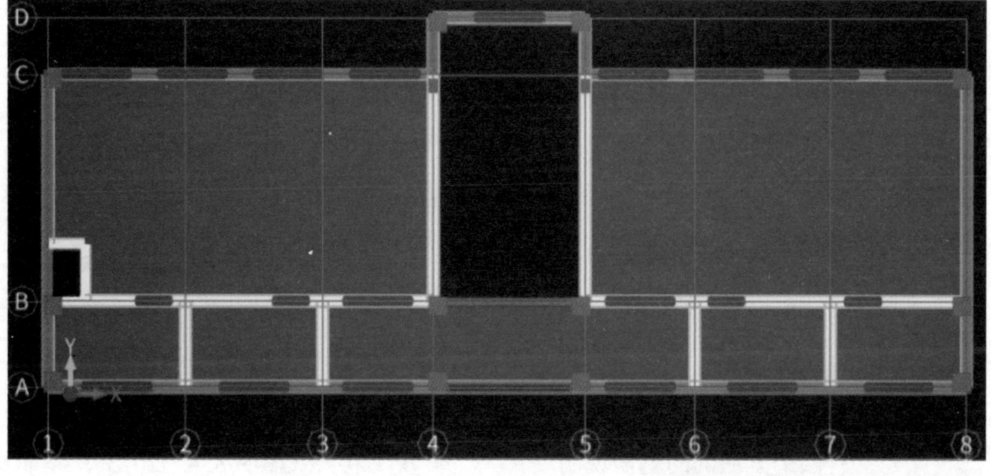

▲ 图 2-362　首层房间布置完成

其余房间装修绘制

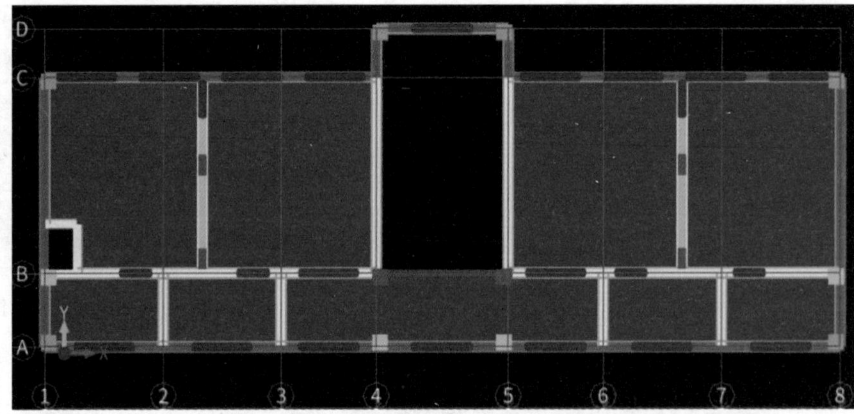

▶图 2-363
二层房间布置完成

14. 屋面绘制

➤ 第一步：单击楼层选择框，在下拉楼层列表中单击“第 3 层”，切换楼层到第 3 层。单击“导航树”导航栏下“其他”前面的“+”号，双击“屋面（W）”按钮，进入屋面定义界面。单击“新建”按钮，在弹出的菜单里单击“新建屋面”，修改参数，即名称：屋面（见图 2-364）。

➤ 第二步：使用前述方法为屋面套用做法（见图 2-365）。

属性列表

	属性名称	属性值	附加
1	名称	屋面	
2	底标高(m)	顶板顶标高	☐

▲图 2-364　新建屋面

构件做法

添加清单　添加定额　删除　查询　项目特征　fx 换算　做法刷　做法查询　提取做法　当前构件自动套做法

	编码	类别	名称	项目特征	单位	工程量表达式	表达式说明
1	− 011101006	项	平面砂浆找平层	1:3水泥砂浆找平层15厚	m2	MJ	MJ<面积>
2	A11-1	定	找平层 水泥砂浆 混凝土或硬基层上 厚20mm		m2	MJ	MJ<面积>
3	A11-3 *-5	换	找平层 水泥砂浆 每增减1mm 单价*-5		m2	MJ	MJ<面积>
4	− 010902001	项	屋面卷材防水	(1)刷底胶剂一道；(2)4mm改性沥青防水卷材一道，同材性胶粘剂两道；(3)聚酯无纺布一道。	m2	FSMJ	FSMJ<防水面积>
5	A9-34	定	卷材防水 改性沥青卷材 热熔法一层 平面		m2	MJ	MJ<面积>
6	A9-35	定	卷材防水 改性沥青卷材 热熔法一层 立面		m2	JBMJ	JBMJ<卷边面积>
7	A9-129	定	种植屋面排水 土工布过滤层【主材改为聚酯无纺布】		m2	FSMJ	FSMJ<防水面积>
8	− 010902003	项	屋面刚性层	40厚C20细石混凝土加5%防水剂，内配4mm圆钢钢筋网片，双向间距200，提浆压光。	m2	MJ	MJ<面积>
9	A9-104	定	刚性防水 细石混凝土 厚40mm		m2	MJ	MJ<面积>
10	A5-156 R*1.3,J*1.15	换	现浇构件圆钢筋 钢筋HPB300 直径≤10mm 人工*1.3,机械*1.15		t	0.00617*4^2*0.4*MJ/(0.2*0.2)/1000	0.0062*4^2*0.4*MJ<面积>/(0.2*0.2)/1000

▲图 2-365　屋面做法

此处，有四个方面的问题需说明。

① 水泥砂浆找平层的清单及定额套用问题。根据《房屋建筑与装饰工程工程量计算规范》（GB 50854—2013），屋面找平层按楼地面装饰工程“平面砂浆找平层”项目编码列项。

② 屋面卷材防水工程量问题。此处清单工程量一定要选择“FSMJ〈防水面积〉”，原因是屋面防水面积不仅包括平面面积，也包括卷边面积，而软件中的“MJ〈面积〉”仅指平面面积。此处是初学者容易犯错的地方。定额按平面和立面分别套用的原因是，根据建施 05 剖面、大样图，卷边高度为 500mm，超出定额规定的纳入平面范围的高度（300mm），故卷边部分按立面套定额。

③ 钢筋网片工程量计算问题。此处的计算式为近似计算结果，基本思想是每一个钢筋网格的尺寸都是 200×200，因每个钢筋网格都与另一个网格共享一条边，即每个钢筋网格只能享有每边边长的一半，故每个钢筋网格对应的钢筋长度为 0.2m/边 × 1/2×4 边=0.4m。每个钢筋网格的面积为 0.2m×0.2m=0.04m^2，则屋面的总钢筋网格个数为 *MJ*/0.04。直径为 4 的钢筋每米比重 $0.00617\times4^2/1000$，对应的单位为 t/m。本项目中的钢筋量计算式 $0.00617\times4^2\times0.4\times MJ/(0.2\times0.2)/1000$。读者在后续遇到“直径为 d（单位：mm）的双向钢筋网片，间距为 D（单位：m）”的情况时，可以直接使用计算式“$0.00617d^2\times(2\times D)\times MJ/(D^2)/1000$”进行计算。

④ 钢筋网片定额问题。因此处采用的《贵州省建筑与装饰工程计价定额》(2016 版）没有钢筋网片的专门定额，借用其定额说明“现浇混凝土空心楼板（GBF 高强薄壁蜂巢芯板）中钢筋网片，执行现浇构件钢筋相应定额项目，人工乘以系数 1.30、机械乘以系数 1.15”进行定额套项。

第三步：选择“屋面”，在“建模”工作界面中选择“智能布置”画法，并选中“智能布置”下的“外墙内边线”（见图 2-366）。

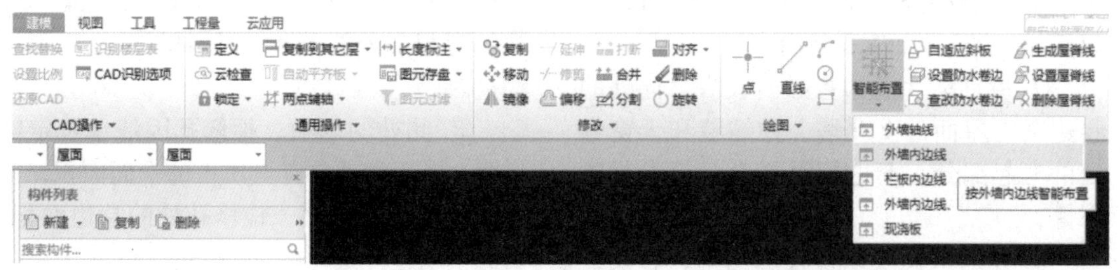

▲图 2-366　选择“智能布置”下的“外墙内边线”

读者需注意，屋面布置到外墙内边线的位置，计算出来的结果较为准确，其他智能布置方式（如现浇板、外墙轴线等），误差较大，有兴趣的读者可以自行验证。

第四步：依次点选最外侧的外墙（见图 2-367），单击鼠标右键，屋面布置完成（见图 2-368）。

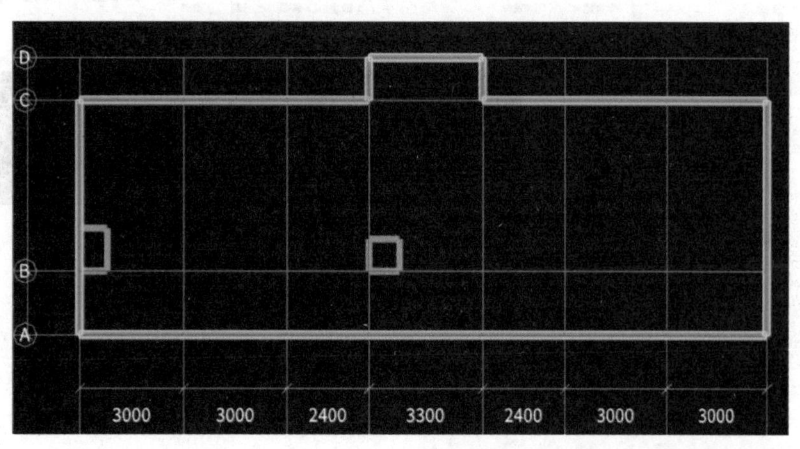

▲图 2-367　依次点选最外侧外墙

第五步：单击“设置防水卷边”按钮（见图 2-369），点选已绘制的屋面（见图 2-370），单击鼠标右键，弹出“设置防水卷边”对话框。在对话框中输入卷边高度：500（见图 2-371），单击“确定”按钮，完成屋面防水卷边设置（见图 2-372）。

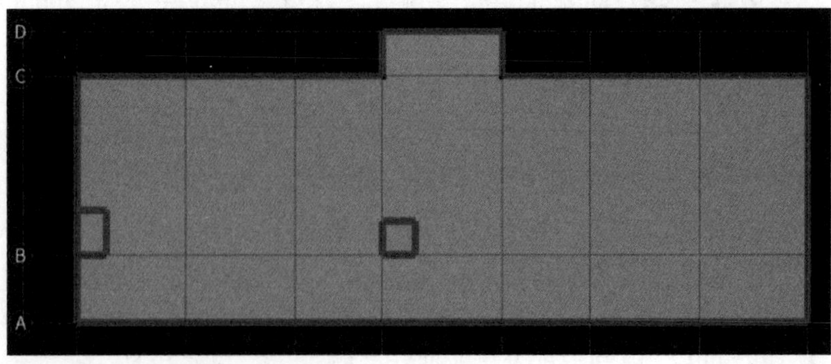

▲图 2-368 屋面布置完成

此处需说明的是，根据《房屋建筑与装饰工程工程量计算规范》（GB 50854—2013），屋面卷材防水、屋面涂膜防水清单工程量按设计图示尺寸以面积计算。斜屋顶（不包括平屋顶找坡）按斜面积计算，平屋顶按水平投影面积计算。不扣除房上烟囱、风帽底座、风道、屋面小气窗和斜沟所占面积。屋面的女儿墙、伸缩缝和天窗等处的弯起部分，并入屋面工程量内。

① 屋面防水卷边务必要设置，此处的卷边就是屋面的女儿墙、伸缩缝和天窗等处的弯起部分，不进行设置会少算卷材防水量。

② 卷边的高度以设计图为准；若设计图无规定，则按项目所在地相关规定执行。《贵州省建筑与装饰工程计价定额》（2016 版）规定，屋面防水按设计图示尺寸以面积计算（斜屋面按斜面面积计算），不扣除屋面烟囱、风帽底座、风道、屋面小气窗、斜沟等所占面积，屋面的女儿墙、伸缩缝和天窗等处的弯起部分，按设计图示尺寸以面积计算；设计无规定时，伸缩缝、女儿墙和天窗的弯起部分按 500mm 计算，并入立面工程量内。

③ 此处的烟道、检修孔因清单及定额说明，既不需要扣除其所占的平面面积，也不需要增加在烟道、检修孔处的卷边面积，因此不用进行处理。

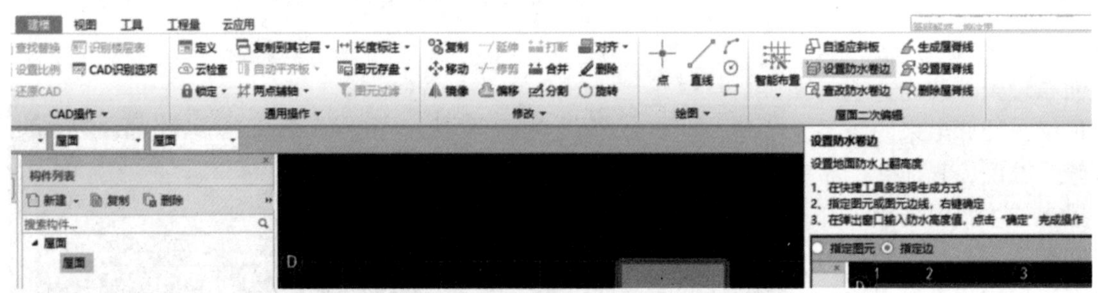

▲图 2-369 单击“设置防水卷边”按钮

15. 屋面分格缝绘制

第一步：单击“导航树”导航栏下“其它”前面的“+”号，双击“自定义线（X）”按钮，进入自定义线定义界面。单击“新建”按钮，在弹出的菜单里单击“新建矩形自定义线”（见图 2-373），修改参数。名称：屋面分格缝；截面宽度：20；截面高度：40（见图 2-374）。

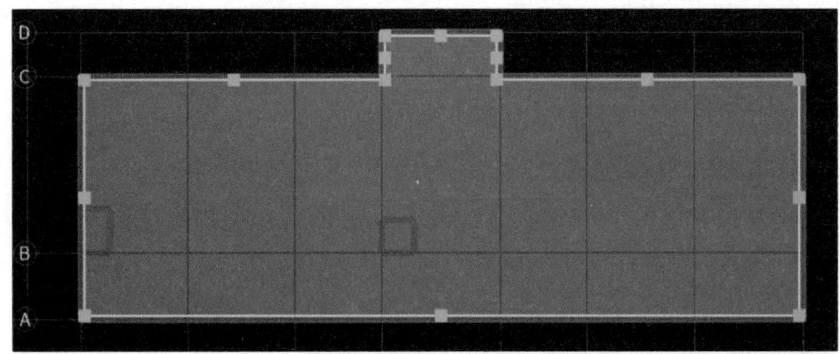

▲ 图 2-370　点选已绘制的屋面

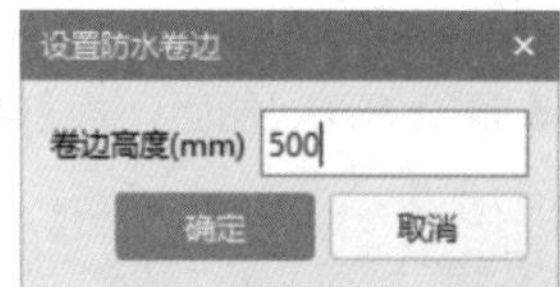

▲ 图 2-371　设置卷边高度

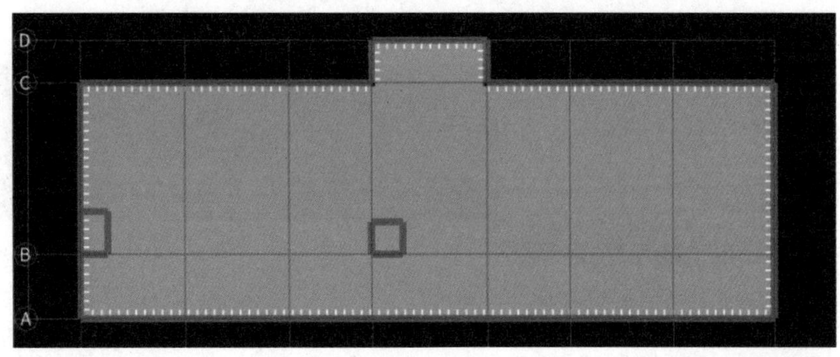

► 图 2-372
屋面防水卷边设置完成

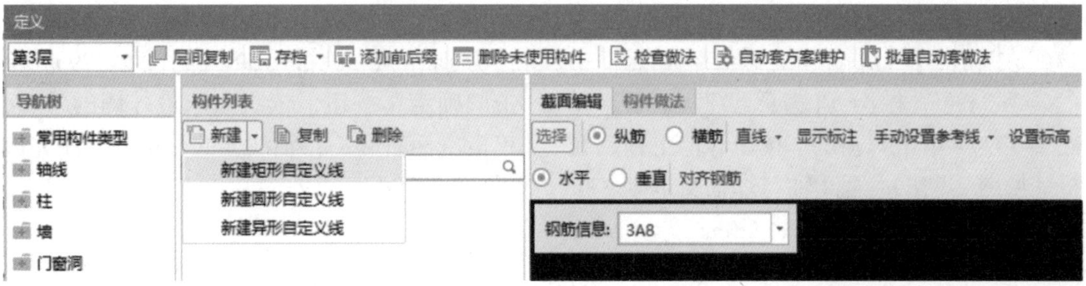

▲ 图 2-373　选择“新建矩形自定义线”

属性列表

	属性名称	属性值	附加
1	名称	屋面分格缝	
2	构件类型	自定义线	
3	截面宽度(mm)	20	☐
4	截面高度(mm)	40	☐
5	轴线距左边线...	(10)	☐
6	混凝土强度等级	(C25)	☐
7	起点顶标高(m)	层顶标高	☐
8	终点顶标高(m)	层顶标高	☐
9	备注		☐

▲ 图 2-374　修改参数

第二步：使用前述方法为屋面分格缝套用做法（见图 2-375）。

第三步：关闭“定义”界面，选择“屋面分格缝”，在“建模”工作界面中选择“直线”画法（见图 2-376）。

截面编辑 构件做法

添加清单 添加定额 删除 查询 项目特征 换算 做法刷 做法查询 提取做法

	编码	类别	名称	项目特征	单位	工程量表达式	表达式说明
1	− 010902008	项	屋面变形缝	建筑油膏嵌缝	m	CD	CD<长度>
2	A9-139	定	变形缝 建筑油膏		m	CD	CD<长度>

▲图 2-375　屋面分格缝做法

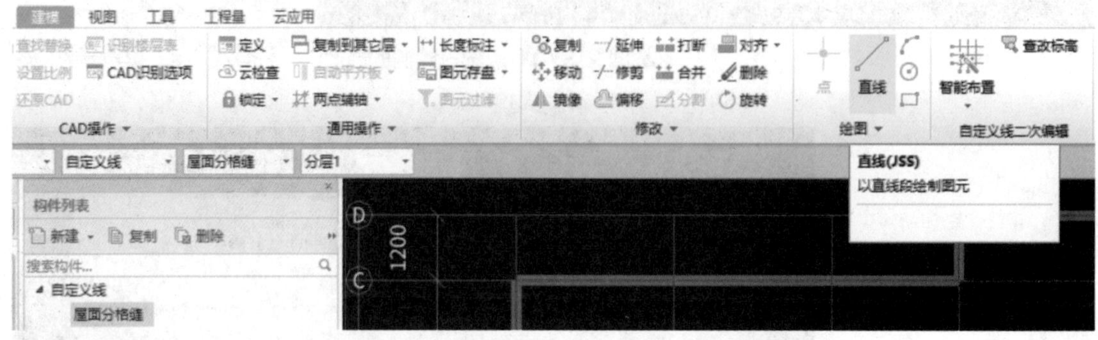

▲图 2-376　选择“直线”画法

第四步：光标移动到②轴与Ⓐ轴交点处，按住“Shift”键并单击鼠标左键，在弹出的“请输入偏移值”对话框中“X=”“Y=”栏分别输入“0”“100”（见图 2-377）。单击“确定”按钮，向上拖动光标（见图 2-378），至②轴与Ⓒ轴交点处，按住“Shift”键并单击鼠标左键，在弹出的“请输入偏移值”对话框中“X=”“Y=”栏分别输入“0”“−100”（见图 2-379）。单击“确定”按钮，依次点选最外侧的外墙，单击鼠标右键，②轴线上的分格缝绘制完成（见图 2-380）。

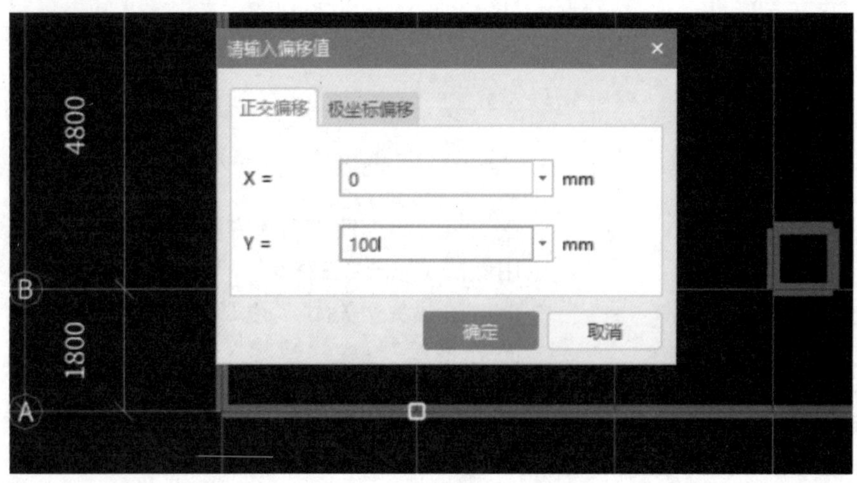

◀图 2-377
输入起点相对于Ⓐ轴与②轴交点的偏移值

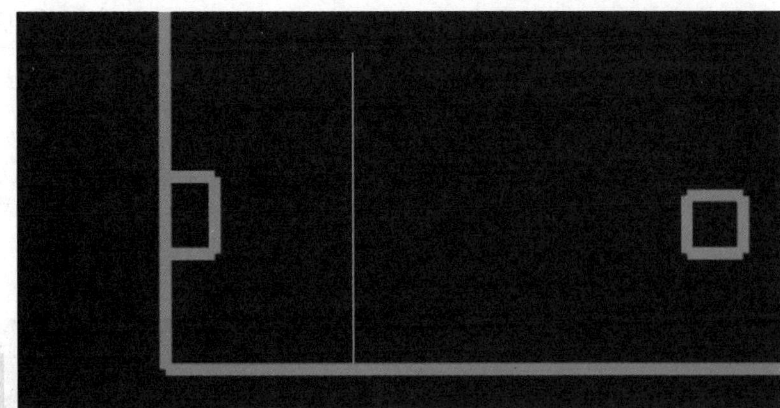

▶图 2-378
向上拖动光标

▶图 2-379
输入终点相对于©轴与②轴交点的偏移值

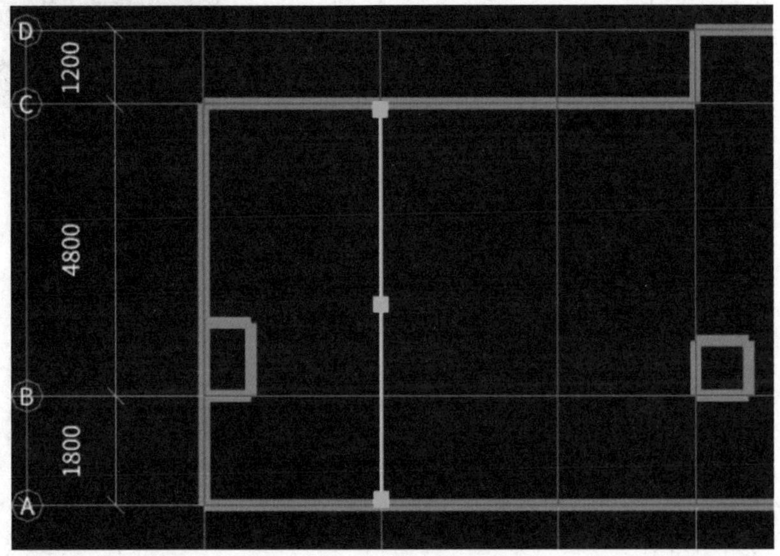

▶图 2-380
②轴线上分格缝绘制完成

➤ 第五步：使用第四步操作方法完成③~⑦轴、Ⓑ轴及Ⓒ轴分格缝的绘制（见图 2-381）。

16. 水落管表格输入

表格输入是建模算量中使用频率很高的一种方法，为帮助读者更好地掌握该方法，在此借水落管进行详细介绍。

➤ 第一步：在“建模”工作界面中选择“工程量”，进入“工程量”工作界面，单击“表格输入”，弹出“表格输入”对话框（见图 2-382）。

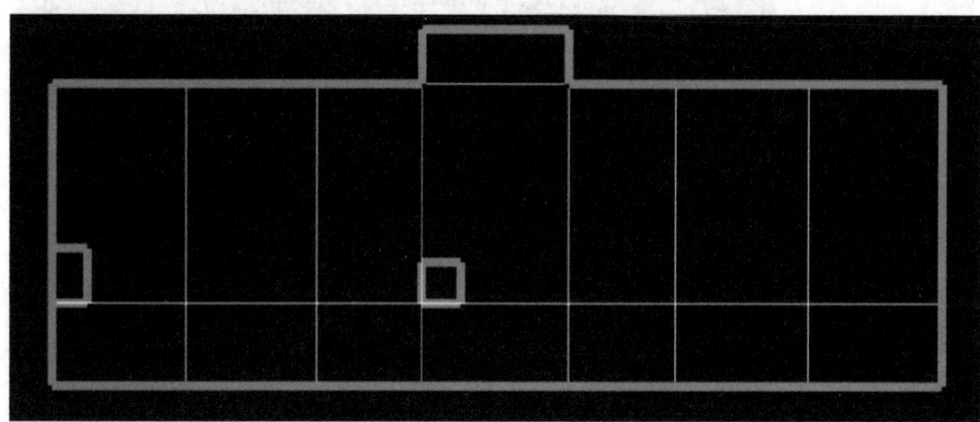

▲图 2-381 屋面分格缝绘制完成

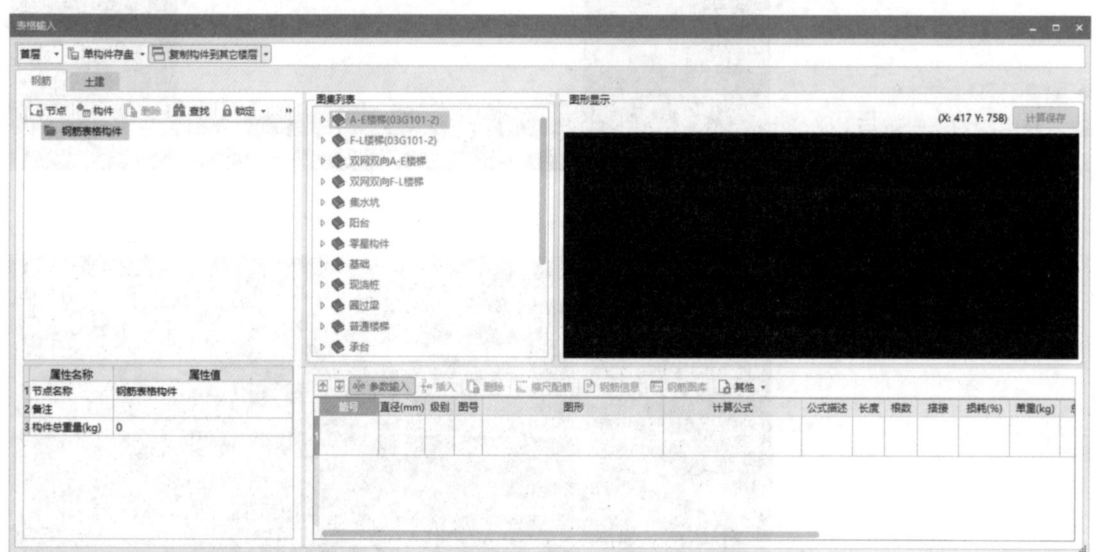

▲图 2-382 “表格输入”对话框

➤ 第二步：单击对话框左上方的“土建”按钮，切换到“土建”表格输入界面。在此界面单击“构件”，新建一个构件，命名为“水落管”，“构件数量”栏输入“3”（见图 2-383）。

➤ 第三步：使用前述方法为水落管套用做法（见图 2-384）。

此处，根据《房屋建筑与装饰工程工程量计算规范》（GB 50854—2013），水落管工程量按设计图示尺寸以长度计算。如设计未标注尺寸，以檐口至设计室外散水上表面垂直距离计算。故单根水落管工程量表达式为 7.8m-（-0.15m）-0.16m，式中 7.8m 为屋面标高，-0.15m 为室外标高，0.16m 为散水厚度。

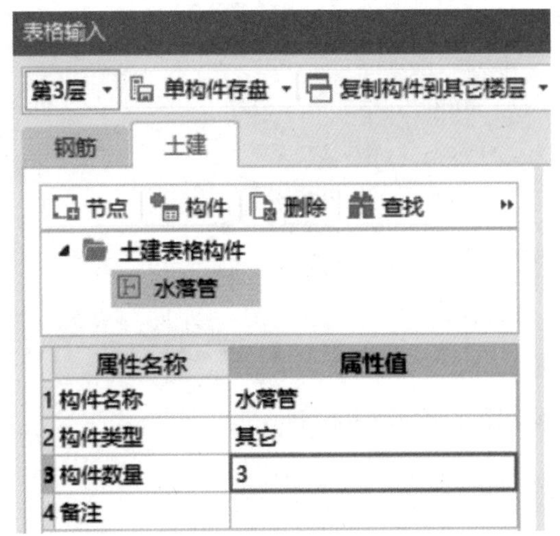

▲ 图 2-383 “表格输入”对话框

17. 散水绘制

第一步：切换楼层到首层，并点开“其它”前面的“+”，选中“散水”。双击“散水”进入定义界面，单击“新建散水”，修改相关参数（见图 2-385）。

第二步：使用前述方法为散水套用做法（见图 2-386）。

添加清单　添加定额　添加明细　删除　查询　项目特征　fx 换算

	编码	类别	名称	项目特征	单位	工程量表达式	工程量	措施项目	专业
1	− 010902004	项	屋面排水管	110PVC水落管	m	7.8-(-0.15)-0.16	7.79	☐	建筑工程
2	A9-116	定	塑料水落管 ≤φ110		m	QDL{清单量}	7.79	☐	土建

▲ 图 2-384 水落管做法

属性列表

	属性名称	属性值	附加
1	名称	散水	
2	厚度(mm)	160	☐
3	材质	现浇混凝土	☐
4	混凝土强度等级	C15	☐
5	底标高(m)	(-0.15)	☐
6	备注		☐

▲ 图 2-385 设置散水参数

此处需注意三点。

① 散水与外墙交界处存在变形缝，要套用变形缝定额，此处未套用的原因是《贵州省建筑与装饰工程计价定额》（2016 版）规定，散水混凝土按厚度 60mm 编制，设计与定额不同时，材料可以换算；散水包括了混凝土浇筑、表面压实抹光及嵌缝内容，不包括基础夯实、垫层内容。因定额 A5-51 已包含嵌缝内容，故此处不再另套变形缝定额。

② 散水虽然是建筑构件，但不靠墙侧仍然需要支模，故应套取模板。根据《贵州省建筑与装饰工程计价定额》（2016 版）规定，散水模板执行垫层相应定额项目。

③ 散水模板的工程量使用软件中给出的“MBMJ〈模板面积〉”会产生计算误差，应将其修改为“WWCD〈外围长度〉*0.06”，式中 0.06 为混凝土的厚度。

第三步：关闭定义界面，选择“智能布置”（见图 2-387）并单击“外墙外边线”。

构件做法

添加清单 添加定额 删除 查询 项目特征 换算 做法刷 做法查询 提取做法 当前构件自动套做法

	编码	类别	名称	项目特征	单位	工程量表达式	表达式说明
1	− 010507001	项	散水、坡道	1、素土夯实；2、100厚碎石垫层；3、60厚C15混凝土提浆抹面；4、与外墙交界处采用沥青砂浆嵌缝。	m2	MJ	MJ<面积>
2	A1-115	定	原土夯实 人工		m2	MJ	MJ<面积>
3	A4-152	定	垫层 碎石 干铺		m3	MJ*0.1	MJ<面积>*0.1
4	A5-51	定	现浇混凝土 散水		m2水平投影面积	MJ	MJ<面积>
5	− 011702029	项	散水		m2	WWCD*0.06	WWCD<外围长度>*0.06
6	A5-237	定	现浇混凝土模板 基础垫层		m2	WWCD*0.06	WWCD<外围长度>*0.06

▲ 图 2-386 散水做法

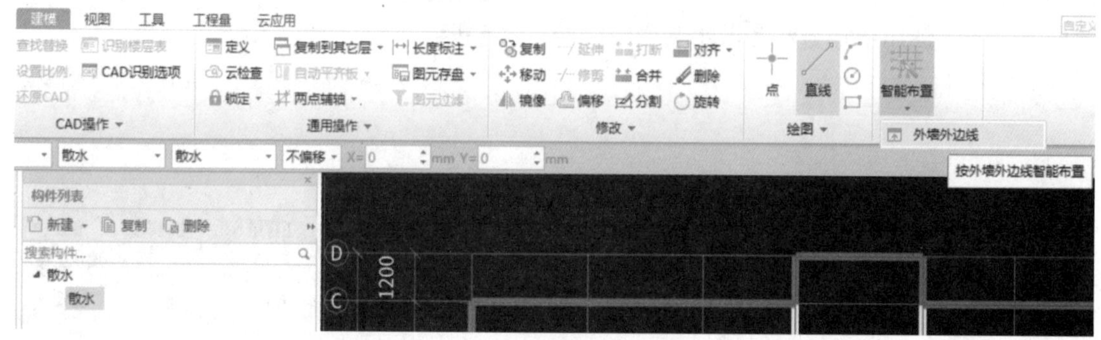

▲ 图 2-387 选择“智能布置”功能

第四步：移动光标到建筑外墙上，将所有建筑外墙选中（见图 2-388），单击鼠标右键，弹出“设置散水宽度”对话框。在对话框中输入散水宽度“800”（见图 2-389），单击“确定”按钮，散水布置完成（见图 2-390）。

有读者可能会有疑问：为什么不将坡道处的散水删除？这是因为后续绘制完坡道后，软件会自动自行扣减，故此处不予处理。

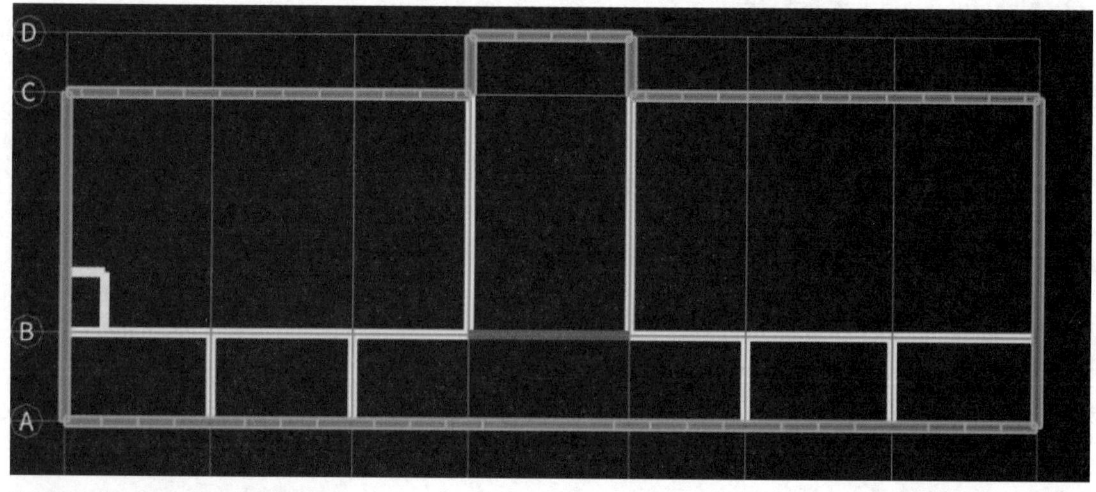

▲ 图 2-388 选中所有建筑外墙

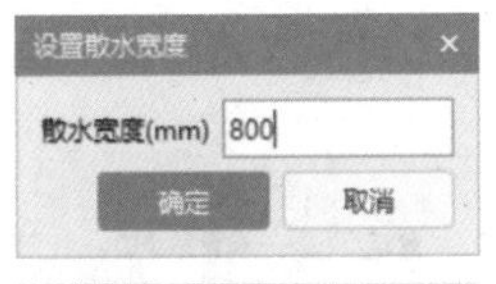

▲ 图 2-389
设置散水宽度

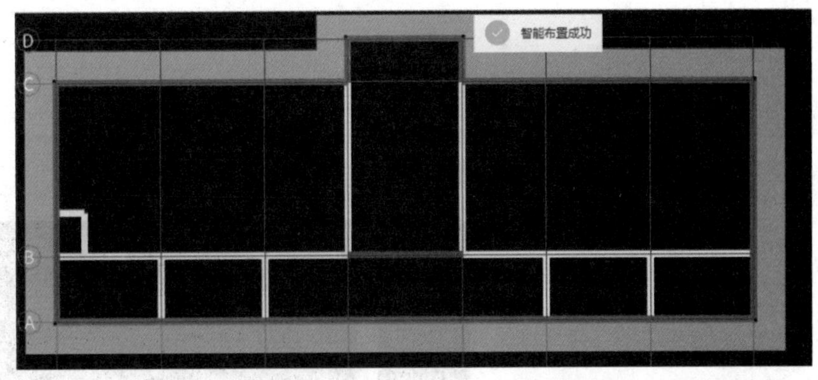

▲ 图 2-390　散水布置完成

18. 坡道绘制

第一步：在“其它”下选中“台阶”，双击“台阶”进入定义界面（软件中没有专门的“坡道”构件，需要采用“台阶”代画）。单击“新建台阶”，修改相关参数。名称：坡道；台阶高度：180；顶标高：0.03（见图 2-391）。

属性列表

	属性名称	属性值	附加
1	名称	坡道	
2	台阶高度(mm)	180	☐
3	踏步高度(mm)	180	☐
4	材质	现浇混凝土	☐
5	混凝土类型	(泵送混凝土 碎...	☐
6	混凝土强度等级	C20	☐
7	顶标高(m)	0.03	☐
8	备注		☐

▲ 图 2-391　设置坡道参数

此处顶标高 = 室外地坪标高 + 坡道厚度 =−0.15m + 0.18m = 0.03m。

第二步：使用前述方法为坡道套用做法（见图 2-392）。

第三步：选择“坡道”，在“建模”工作界面中选择“矩形”画法（见图 2-393）。将光标移到Ⓐ轴与④轴交点处，按住“Shift”键并单击鼠标左键，弹出“请输入偏移值”对话框（见图 2-394）。在对话框中“X =”“Y =”栏分别输入“300”“−100”确定矩形的一个顶点（见图 2-395）。将光标拖动到Ⓐ轴与⑤轴交点，按住“Shift”键并单击鼠标左键，弹出“请输入偏移值”对话框（见图 2-396）。在对话框中“X =”“Y =”栏分别输入“−300”“−1900”确定矩形的另一个顶点（见图 2-397），完成坡道的绘制（见图 2-398）。

构件做法

添加清单　添加定额　删除　查询　项目特征　换算　做法刷　做法查询　提取做法　当前构件自动套做法

	编码	类别	名称	项目特征	单位	工程量表达式	表达式说明
1	− 010507001	项	坡道	1、素土夯实；2、100厚碎石垫层；3、80厚C20混凝土提浆抹面。	m2	MJ	MJ<台阶整体水平投影面积>
2	A1-115	定	原土夯实 人工		m2	MJ	MJ<台阶整体水平投影面积>
3	A4-152	定	垫层 碎石 干铺		m3	MJ*0.1	MJ<台阶整体水平投影面积>*0.1
4	A5-52	定	现浇混凝土 台阶		m2水平投影面积	MJ	MJ<台阶整体水平投影面积>
5	− 011702029	项	坡道		m2	MJ	MJ<台阶整体水平投影面积>
6	A5-300	定	现浇混凝土模板 台阶		m2水平投影面积	MJ	MJ<台阶整体水平投影面积>

▲ 图 2-392　坡道做法

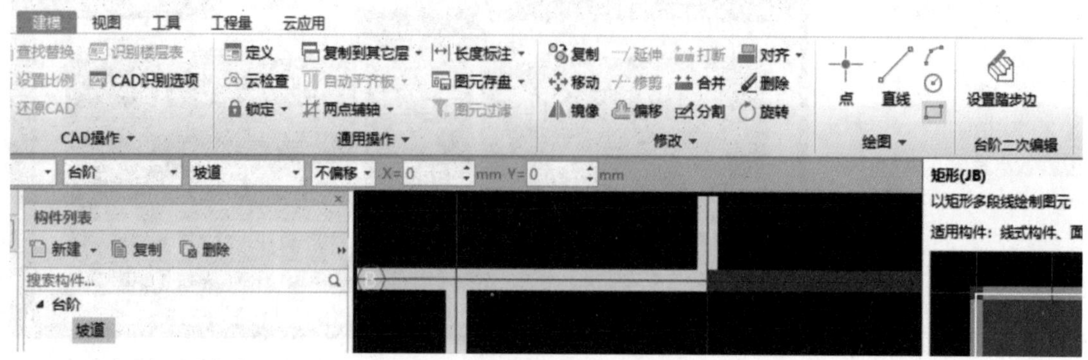

▲ 图 2-393　选择“矩形”画法

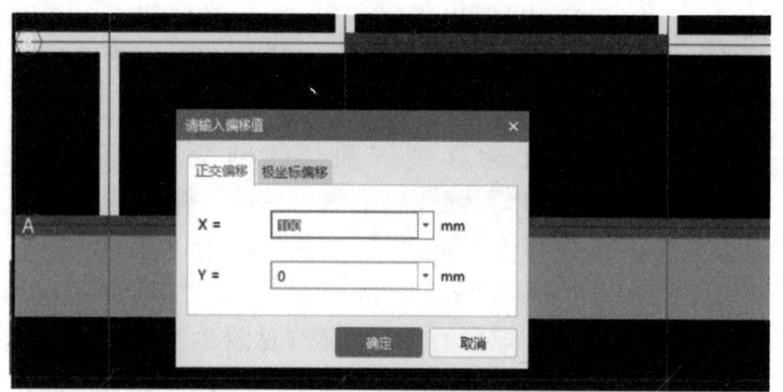

▲ 图 2-394　在Ⓐ轴与④轴交点处选择偏移

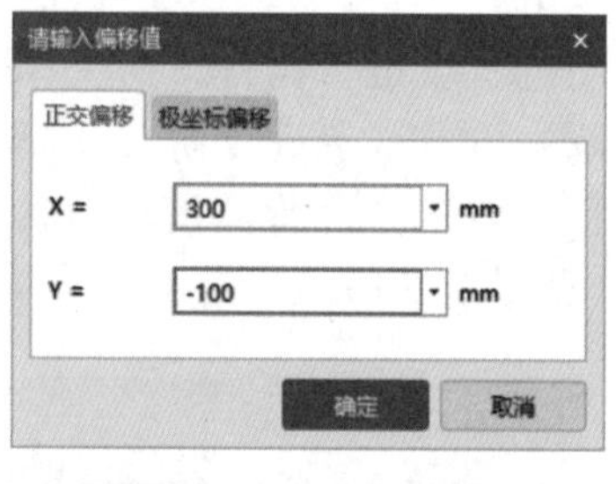

▲ 图 2-395
输入矩形顶点相对于Ⓐ轴与④轴交点的偏移量

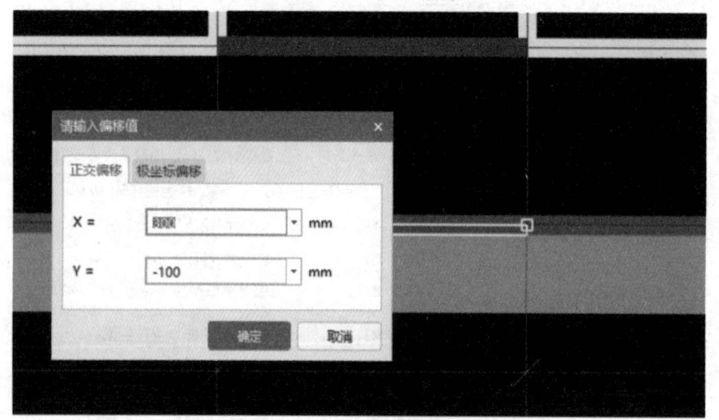

▲ 图 2-396　在Ⓐ轴与⑤轴交点处选择偏移

▲ 图 2-397
输入另一顶点相对于Ⓐ轴与⑤轴交点的偏移量

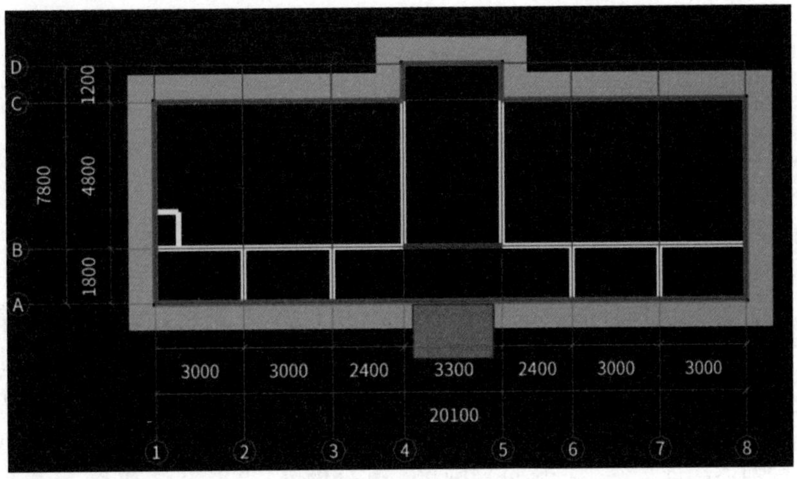

▶图 2-398
坡道布置完成

任务十七　汇总计算及报表导出

《钢筋报表量》中需要导出的报表为《钢筋定额表》《接头定额表》《植筋楼层构件类型级别直径汇总表》及《预埋件楼层构件类型统计表》。如需提供钢筋计算式，还应导出《钢筋明细表》。

《土建报表量》中需要导出的报表如下。

1）如果全部套用了做法，导出《清单汇总表》及《清单定额汇总表》即可满足后续计价需求。

2）如果没有套用做法或者套用做法不全，除《清单汇总表》及《清单定额汇总表》外，还要导出《绘图输入工程量汇总表》(清单工程量）及《绘图输入工程量汇总表》(定额工程量)。如需提供《工程量计算书》，还应导出《绘图输入构件工程量计算书》及《表格输入工程量计算书》。

汇总计算及报表导出

任务十八　分离出装配式部分钢筋量

装配式部分钢筋分为两部分。一部分是装配式构件本身配置的钢筋，另一部分是装配式构件后浇段（如连接墙、柱、后浇梁、板等）配置的钢筋。

装配式构件本身配置的钢筋一般不需要单独计算，原因在于装配式构件主材（预制柱、预制梁、叠合板、预制墙等）单价已包括混凝土浇筑、模板、钢筋等费用。若确实需要单独计算（如施工企业进行现场预制），则装配式构件的安装定额中不适宜再采用，同时装配式构件的混凝土、模板分别套用预制混凝土构件对应的混凝土浇筑、模板清单及定额，构件本身的钢筋量可以通过查询装配式构件对应的图集或者设计图样大样获得，并在表格输入中进行处理即可。

装配式构件后浇段配置的钢筋因未含在装配式构件中，需单独计算，本项目前述任务已展示具体建模计算方法。若项目所采用的定额或者计价标准，没有对该部分钢筋与现浇构件钢筋进行区分，则将该部分钢筋直接按软件默认的方法合在现浇构件钢筋中即可。若项目所采用的定额或者计价标准，要求将该部分钢筋进行剥离（采用定额或者单价不同于现浇构件钢筋），则需要分离出装配式部分后浇混凝土的钢筋，钢筋接头则不用分离出来。如《贵州省建筑与装饰工程计价定额》（2016 版）规定，后浇混凝土钢筋制作、安装定额按钢筋品种、型号、规格结合连接方法及用途划分，相应定额项目内的钢筋型号以及比例已综合考虑，各类钢筋的制作成型、绑扎、安装、接头、固定以及与预制构件外露钢筋的绑扎、焊接等所用人工、材料、机械消耗已综合考虑在相应定额项目内。钢筋接头按《贵州省建筑与装饰工程计价定额》（2016 版）第五章“混凝土及钢筋混凝土工程”的相应定额项目及规定执行。

装配式部分钢筋分离

分离装配式构件后浇段配置钢筋的总体流程是：汇总计算——提取后浇钢筋量并导出——分类汇总后浇段钢筋量（见图 2-399）——通过表格输入为后浇段钢筋套用做法（见图 2-400）——通过表格输入对应扣除现浇构件钢筋量并套用做法（见图 2-401）——再次汇总计算。

楼层名称	构件名称	非箍筋HRB400			箍筋HRB400		合计
		8	12	14	8	10	
首层	首层叠合板现浇层受力筋C8@200[4903]	29.986					**29.986**
	首层叠合板现浇层受力筋C8@200[4904]	29.986					**29.986**
	首层叠合板现浇层受力筋C8@200[4905]	29.036					**29.036**
	首层叠合板现浇层受力筋C8@200[4906]	29.036					**29.036**
	暗梁	6.99			5.64		**12.63**
二层	暗柱		59.904	85.616	59.432	105.408	**310.36**
	合计	**125.034**	**59.904**	**85.616**	**65.072**	**105.408**	**441.034**

▲ 图 2-399　装配式构件后浇混凝土钢筋统计表

添加清单　添加定额　添加明细　删除　查询　项目特征　fx 换算

	编码	类别	名称	项目特征	单位	工程量表达式	工程量
1	010515001	项	现浇构件钢筋	后浇混凝土 带肋钢筋HRB400以内 直径≤10mm	t	125.034/1000	0.125
2	AZ1-34	定	后浇混凝土 带肋钢筋HRB400以内 直径≤10mm		t	QDL[清单量]	0.125
3	010515001	项	现浇构件钢筋	后浇混凝土 带肋钢筋HRB400以内 直径≤18mm	t	145.52/1000	0.1455
4	AZ1-35	定	后浇混凝土 带肋钢筋HRB400以内 直径≤18mm		t	QDL[清单量]	0.1455
5	010515001	项	现浇构件钢筋	后浇混凝土 箍筋 带肋钢筋≤HRB400 直径≤10mm	t	170.48/1000	0.1705
6	AZ1-44	定	后浇混凝土 箍筋 带肋钢筋≤HRB400 直径≤10mm		t	QDL[清单量]	0.1705

▲ 图 2-400　通过表格输入为后浇段钢筋套用做法

添加清单　添加定额　添加明细　删除　查询　项目特征　换算

	编码	类别	名称	项目特征	单位	工程量表达式	工程量
7	010515001	项	现浇构件钢筋	现浇构件带肋钢筋 带肋钢筋≤HRB400 直径≤10mm	t	-125.034/1000	-0.125
8	A5-160	定	现浇构件带肋钢筋 带肋钢筋≤HRB400 直径≤10mm		t	QDL{清单量}	-0.125
9	010515001	项	现浇构件钢筋	现浇构件带肋钢筋 带肋钢筋≤HRB400 直径≤18mm	t	-145.52/1000	-0.1455
10	A5-161	定	现浇构件带肋钢筋 带肋钢筋≤HRB400 直径≤18mm		t	QDL{清单量}	-0.1455
11	010515001	项	现浇构件钢筋	直径≤10mm	t	-170.48/1000	-0.1703
12	A5-182	定	箍筋 带肋钢筋≤HRB400 直径≤10mm		t	QDL{清单量}	-0.1703

▲ 图 2-401　通过表格输入对应扣除现浇构件钢筋量并套用做法

项目三

××小区6号楼的导图算量

任务一　了解高层剪力墙结构工程的算量特点

剪力墙结构是用钢筋混凝土墙板来代替框架结构中的梁柱，能承担各类荷载引起的内力，并能有效控制水平力的结构。剪力墙结构在高层房屋中被大量运用。

高层剪力墙结构的算量因为楼层多、体量大、构件复杂，属于土建算量中较难的部分。其算量流程与框架结构基本一致，所不同的是多了剪力墙、暗柱、端柱等的处理。这些构件钢筋配置较为复杂，不少构件的截面形式还是异形，因此本项目的重点内容为介绍高层剪力墙结构特有的剪力墙、暗柱、端柱构件的识别方法，此外，还将以楼梯为例详细讲解单构件输入的方法。

需要注意的是，读者在开始学习本项目内容前，一定要将项目二的内容熟练掌握，否则学习起来会比较困难。

任务二　新建工程

双击打开广联达BIM土建计量平台GTJ2021，参照项目二任务二的内容进行工程新建。需修改的参数如下。

1）“新建工程”界面。工程名称改为“××小区6号楼”；平法规则选择“16系平法规则”。

2）“工程信息”界面。檐高（m）：52.60；结构类型：框支-剪力墙结构；设防烈度：6；抗震等级：二级抗震；室外地坪相对±0.000标高（m）：−0.45。

任务三　图样导入

广联达CAD导图能识别的图样格式多数为t3格式，部分t5~t9格式的也能识别。将CAD图样转化为t3或t5格式，网络上有具体操作方法。限于篇幅，此处不再赘述。有兴趣的读者可以自己在网上搜索查找，此处我们基于已经转化为t3格式的图样进行学习。

第一步：关闭“工程信息”页面，单击“图纸管理”按钮（见图 3-1）。

第二步：单击“添加图纸”按钮，弹出“添加图纸”对话框（见图 3-2）。

第三步：找到“× × 小区 6 号楼 _t3.dwg”所在的文件夹，选中该图样（见图 3-3）。

第四步：单击“打开”按钮，则“× × 小区 6 号楼 _t3.dwg”被导入广联达软件中（见图 3-4）。

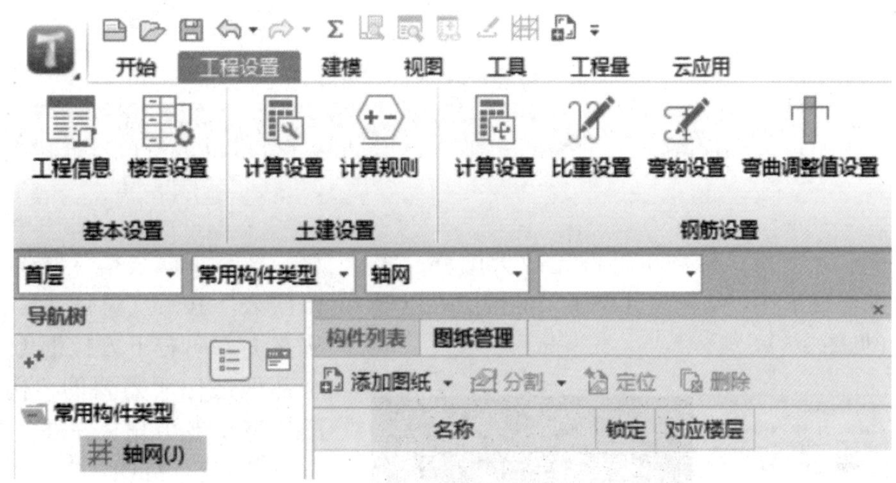

▶图 3-1 单击“图纸管理”按钮

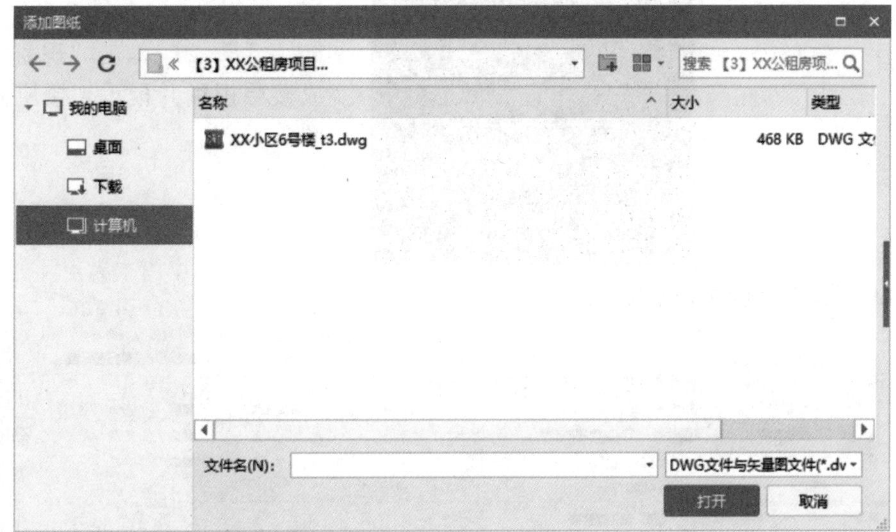

▶图 3-2 “添加图纸”对话框

▶图 3-3 选择“XX 小区 6 号楼 _t3.dwg”

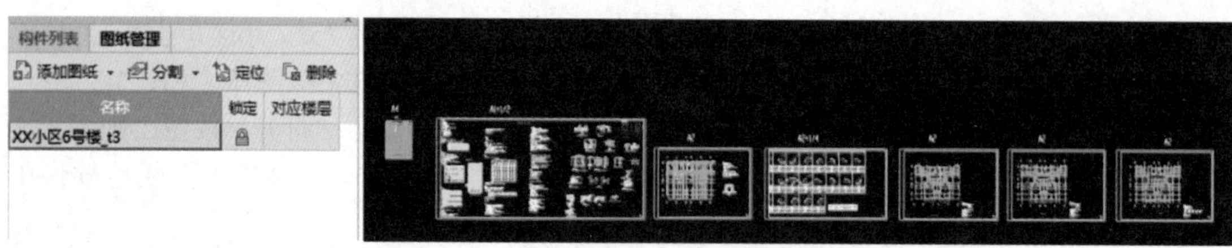

▲ 图 3-4 图样导入成功

任务四 楼层识别

➤ 第一步：转动鼠标滚轮放大图样，将图样显示在“结构设计说明”的楼层表位置（见图 3-5）。

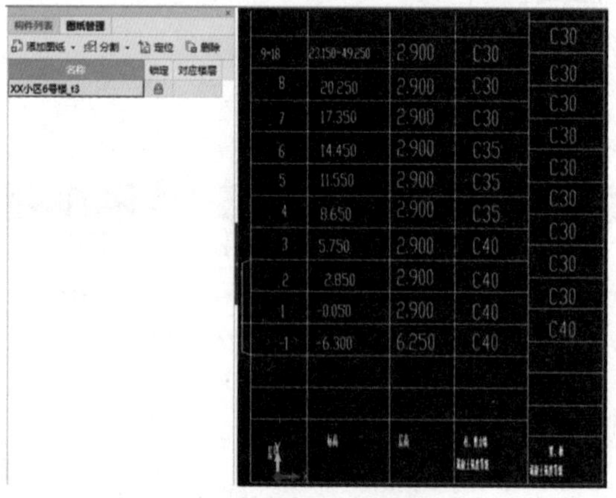

▲ 图 3-5 “结构设计说明”的楼层表

➤ 第二步：选择“建模”界面的“识别楼层表”按钮（见图 3-6），按住鼠标左键从左上方向右下方拉框（见图 3-7a），直到全部框选住所需要的“楼层表”部分（见图 3-7b），松开鼠标左键，则显示“楼层表”被选定状态（见图 3-7c）。

➤ 第三步：单击鼠标右键，弹出“识别楼层表”对话框（见图 3-8）。

➤ 第四步：单击“识别”按钮，软件完成楼层识别并提示“楼层表识别完成”（见图 3-9）。

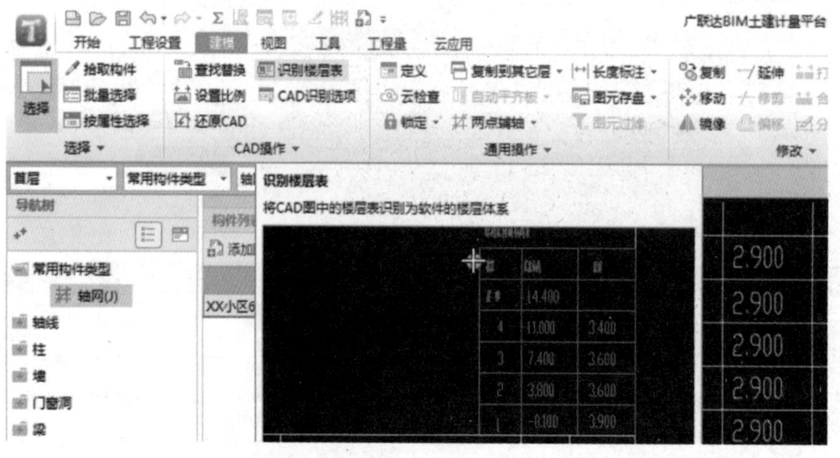

▲ 图 3-6 选择“识别楼层表”按钮

这里需要说明的是，软件只识别到第 8 层，9~18 层及机房层未识别出来，各层构件的混凝土强度等级未按图样修改，需要读者参照项目二任务二中的对应操作步骤进行手动修改（见图 3-10），此处不再赘述。

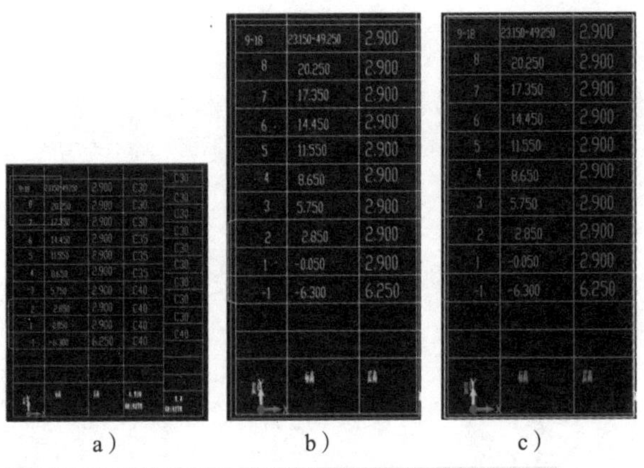

▲ 图 3-7　按住鼠标左键从左上方向右下方拉框

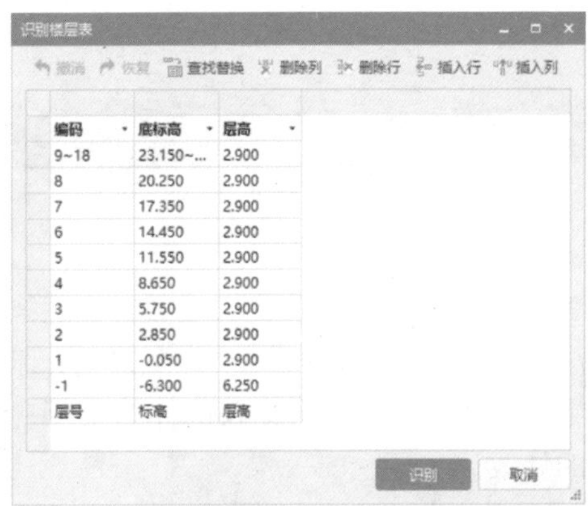

编码	底标高	层高
9~18	23.150~...	2.900
8	20.250	2.900
7	17.350	2.900
6	14.450	2.900
5	11.550	2.900
4	8.650	2.900
3	5.750	2.900
2	2.850	2.900
1	-0.050	2.900
-1	-6.300	6.250
层号	标高	层高

▲ 图 3-8　“识别楼层表”对话框

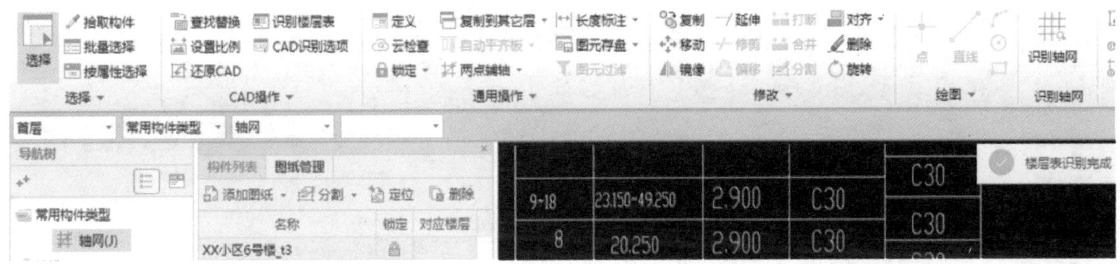

▲ 图 3-9　完成楼层识别

楼层设置

单项工程列表

XX小区6号楼

楼层列表（基础层和标准层不能设置为首层。设置首层后，楼层编码自动变化，正数为地上层，负数为地下层，基础层编码固定为 0）

首层	编码	楼层名称	层高(m)	底标高(m)	相同层数	板厚(mm)	建筑面积(m2)
☐	3	第3层	2.9	5.75	1	120	(0)
☐	2	第2层	2.9	2.85	1	120	(0)
☑	1	首层	2.9	-0.05	1	120	(0)
☐	-1	第-1层	6.25	-6.3	1	120	(0)
☐	0	基础层	3	-9.3	1	500	(0)

楼层混凝土强度和锚固搭接设置（XX小区6号楼 首层, -0.05 ~ 2.85 m）

	抗震等级	混凝土强度等级	混凝土类型	砂浆标号	砂浆类型	锚固					
						HPB235(A)...	HRB335(B)...	HRB400(C)...	HRB500(E)...	冷轧带肋	冷轧扭
垫层	(非抗震)	C10	泵送混凝土...	M2.5	水泥砂浆	(39)	(38/42)	(40/44)	(48/53)	(45)	(45)
基础	(二级抗震)	C40	泵送混凝土...	M2.5	水泥砂浆	(29)	(29/32)	(33/37)	(41/46)	(35)	(35)
基础梁 / 承台梁	(二级抗震)	C30	泵送混凝土...			(35)	(33/37)	(40/45)	(49/54)	(41)	(35)
柱	(二级抗震)	C40	泵送混凝土...	M2.5	水泥砂浆	(29)	(29/32)	(33/37)	(41/46)	(35)	(35)
剪力墙	(二级抗震)	C40	泵送混凝土...			(29)	(29/32)	(33/37)	(41/46)	(35)	(35)
人防门框墙	(二级抗震)	C30	泵送混凝土...			(35)	(33/37)	(40/45)	(49/54)	(41)	(35)
墙柱	(二级抗震)	C40	泵送混凝土...			(29)	(29/32)	(33/37)	(41/46)	(35)	(35)
墙梁	(二级抗震)	C40	泵送混凝土...			(29)	(29/32)	(33/37)	(41/46)	(35)	(35)
框架梁	(二级抗震)	C30	泵送混凝土...			(35)	(33/37)	(40/45)	(49/54)	(41)	(35)
非框架梁	(非抗震)	C30	泵送混凝土...			(30)	(29/32)	(35/39)	(43/47)	(35)	(35)
现浇板	(非抗震)	C30	泵送混凝土...			(30)	(29/32)	(35/39)	(43/47)	(35)	(35)

▲ 图 3-10　修改首层的柱、梁、墙混凝土强度等级

任务五　计算设置

第一步：使用项目二任务二中的操作方法，完成土方、框架梁、非框架梁、基础主梁 / 承台梁、基础次梁及砌体结构相应参数的修改。

第二步：选中“计算规则”选项卡下的“板”栏，将“分布钢筋配置”设置值修改为“A6@200”（见图 3-11）。

第三步：选中“计算规则”选项卡下的“板”栏，修改“单边标注支座负筋标注长度位置”的设置值为“负筋线长度”（见图 3-12）。

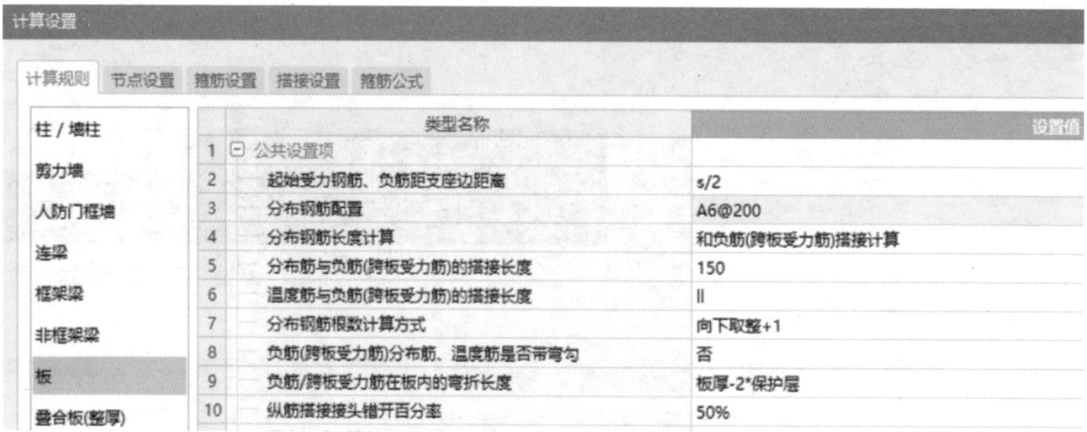

计算设置

计算规则　节点设置　箍筋设置　搭接设置　箍筋公式

柱 / 墙柱
剪力墙
人防门框墙
连梁
框架梁
非框架梁
板
叠合板(整厚)

	类型名称	设置值
1	⊟ 公共设置项	
2	起始受力钢筋、负筋距支座边距离	s/2
3	分布钢筋配置	A6@200
4	分布钢筋长度计算	和负筋(跨板受力筋)搭接计算
5	分布筋与负筋(跨板受力筋)的搭接长度	150
6	温度筋与负筋(跨板受力筋)的搭接长度	ll
7	分布钢筋根数计算方式	向下取整+1
8	负筋(跨板受力筋)分布筋、温度筋是否带弯勾	否
9	负筋/跨板受力筋在板内的弯折长度	板厚-2*保护层
10	纵筋搭接接头错开百分率	50%

▲ 图 3-11　修改“分布钢筋配置”设置值

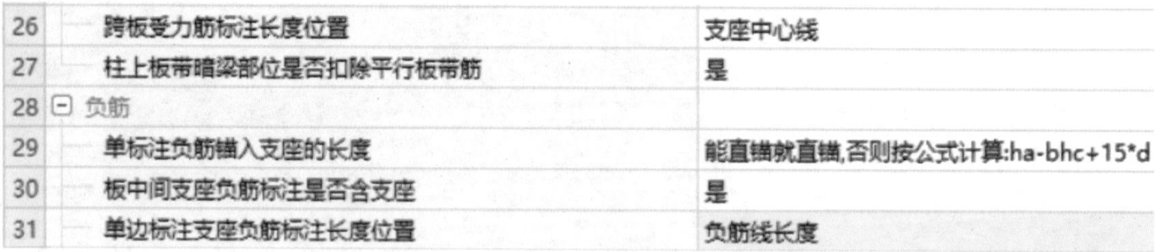

26	跨板受力筋标注长度位置	支座中心线
27	柱上板带暗梁部位是否扣除平行板带筋	是
28	⊟ 负筋	
29	单标注负筋锚入支座的长度	能直锚就直锚,否则按公式计算:ha-bhc+15*d
30	板中间支座负筋标注是否含支座	是
31	单边标注支座负筋标注长度位置	负筋线长度

▲ 图 3-12　修改“单边标注支座负筋标注长度位置”设置值

此处，读者需注意检查“26 跨板受力筋标注长度位置”，核查图中的跨板受力筋标注长度位置是支座内边线、支座轴线、支座中心线还是支座外边线，否则会影响后续跨板受力筋识别的准确性。此处，根据结施 06 的说明，不做修改。

任务六　图样分割

第一步：单击“图纸管理”下面的“分割”按钮，选择“手动分割”（见图 3-13）。

第二步：转动鼠标滚轮将结施 02 放大，单击“手动分割”按钮，按住鼠标左键，从左上角向右下角拉框选择。待框住所需内容时松开左键。则所有的图元被选中（见图 3-14）。

第三步：单击鼠标右键，弹出“手动分割”对话框，输入“首层剪力墙布置图”，对应楼层选择为“首层”（见图 3-15）。

第四步：单击“确定”按钮，则首层剪力墙布置图分割成功（见图 3-16）。

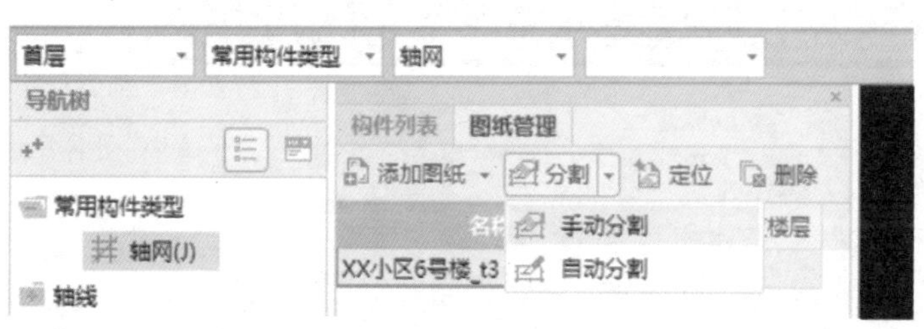

▲ 图 3-13　选择“手动分割”

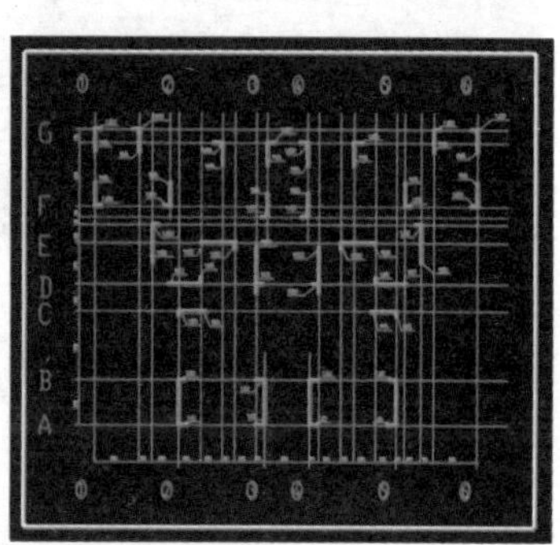

▲ 图 3-14　拉框选中所有图元

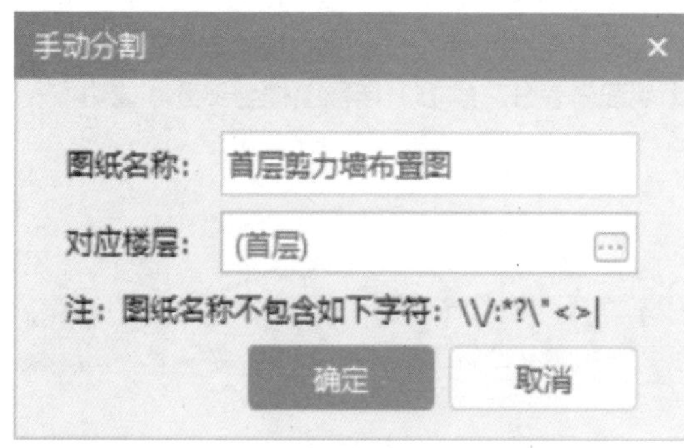

▲ 图 3-15　手动分割首层剪力墙布置图

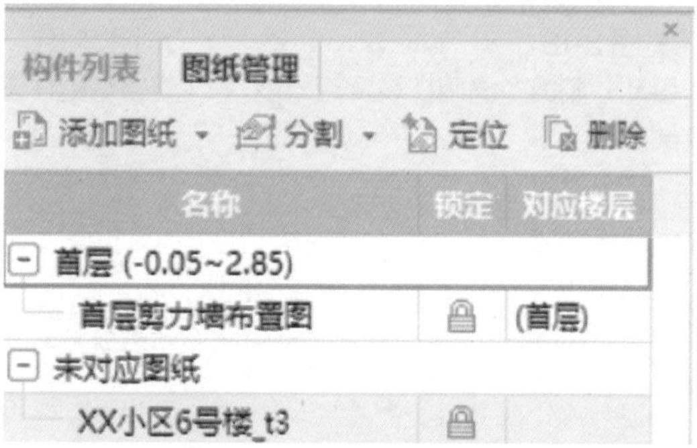

▲ 图 3-16　首层剪力墙布置图分割成功

第五步：转动鼠标滚轮将结施 03 放大。按住鼠标左键，从左上角向右下角拉框选择，待框住所需内容时松开左键，则所有暗柱大样被选中（见图 3-17）。

第六步：单击鼠标右键，弹出“手动分割”对话框，输入“剪力墙暗柱表及剪力墙配筋表”，对应楼层选择为“首层”（见图 3-18）。

第七步：单击“确定”按钮，则剪力墙暗柱表及剪力墙配筋表分割成功（见图 3-19）。用同样的方法完成首层梁布置图（X 方向）、首层梁布置图（Y 方向）及首层板配筋图分割（见图 3-20）。

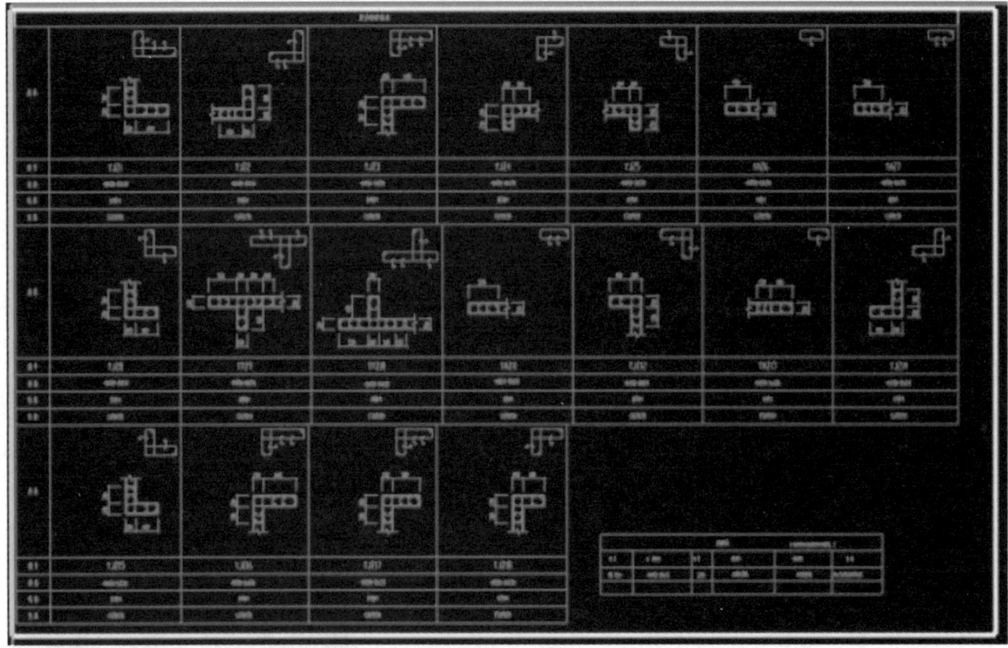

▲图 3-17
拉框选中所有暗柱大样

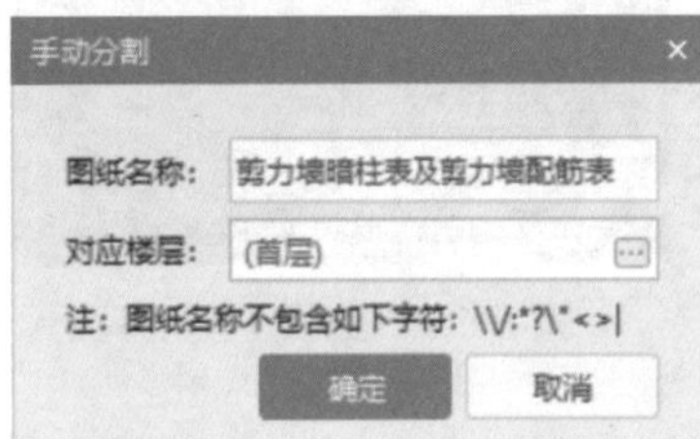

▲图 3-18
手动分割剪力墙暗柱表及剪力墙配筋表

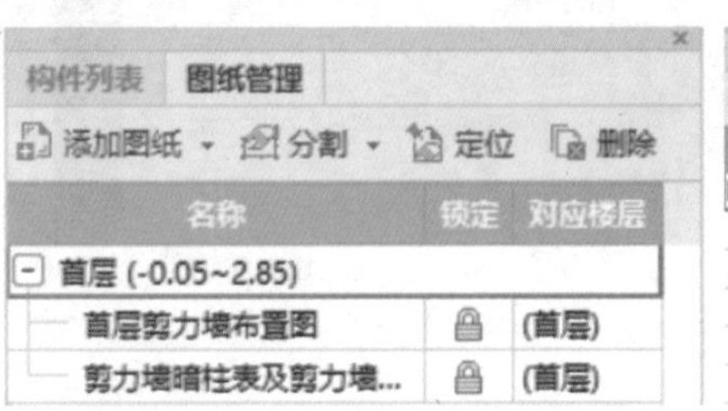

▲图 3-19
剪力墙暗柱表及剪力墙配筋表分割成功

▲图 3-20
所需图样全部分割成功

任务七　识别轴网

第一步：在“建模”界面双击“首层剪力墙布置图”，将其选定为当前图样（见图 3-21）。

第二步：在“建模”界面单击“识别轴网”（见图 3-22）。

第三步：单击“提取轴线”，选择软件默认的“按图层选择”方式（见图 3-23）。

第四步：单击轴线，则同图层的轴线被选中（见图 3-24）。单击鼠标右键确认，则轴线提取成功（见图 3-25）。

第五步：单击“提取标注”，选择软件默认的“按图层选择”方式（见图 3-26）。

第六步：单击所有轴线标注（包括轴号、轴距及尺寸标注线），则同图层的轴线标注被选中（见图 3-27）。单击鼠标右键确认，则轴线标注提取成功（见图 3-28）。

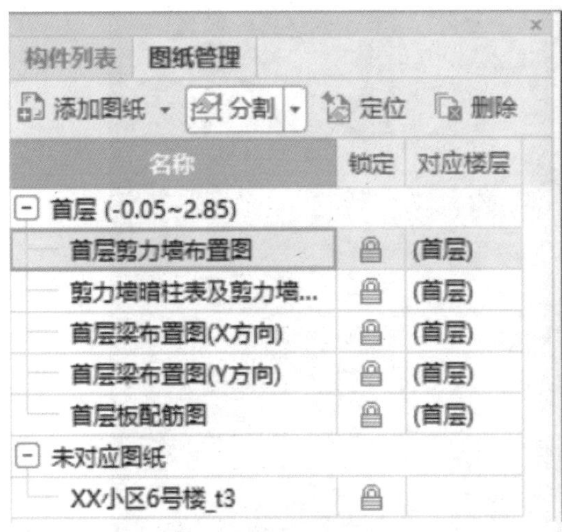

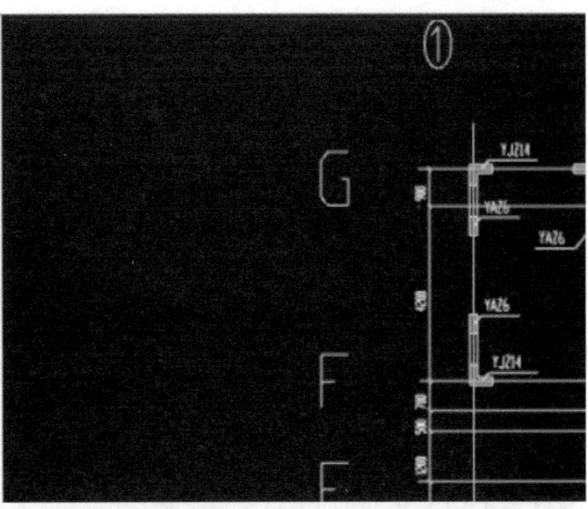

▲ 图 3-21　选择“首层剪力墙布置图”为当前图样

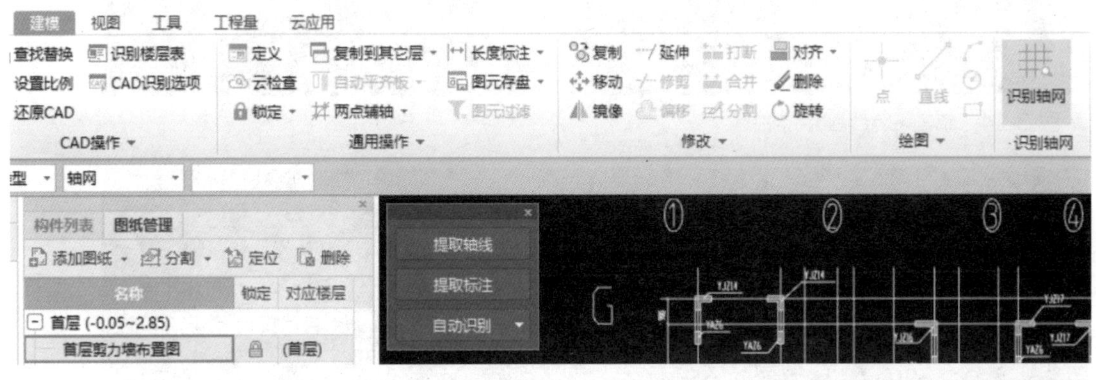

▲ 图 3-22　选中“识别轴网”

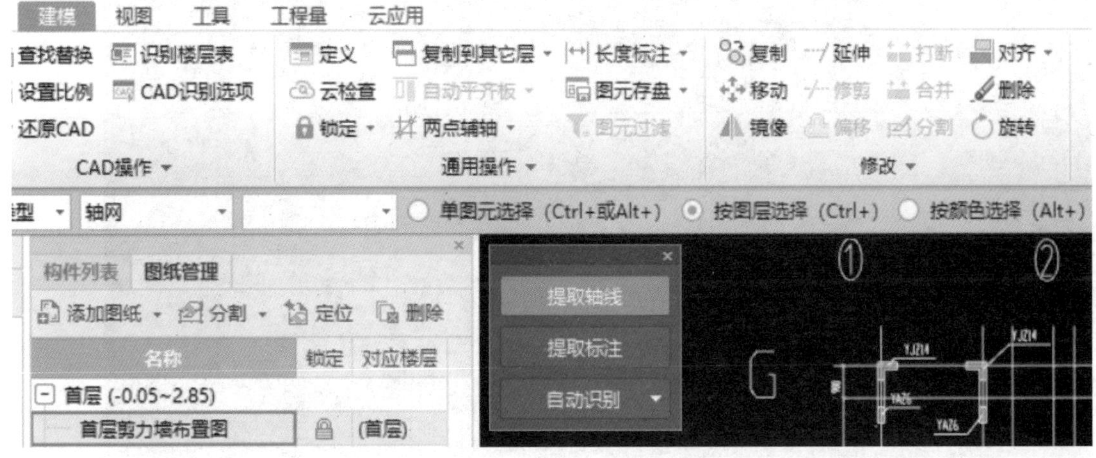

▲ 图 3-23　通过“按图层选择”方式提取轴线

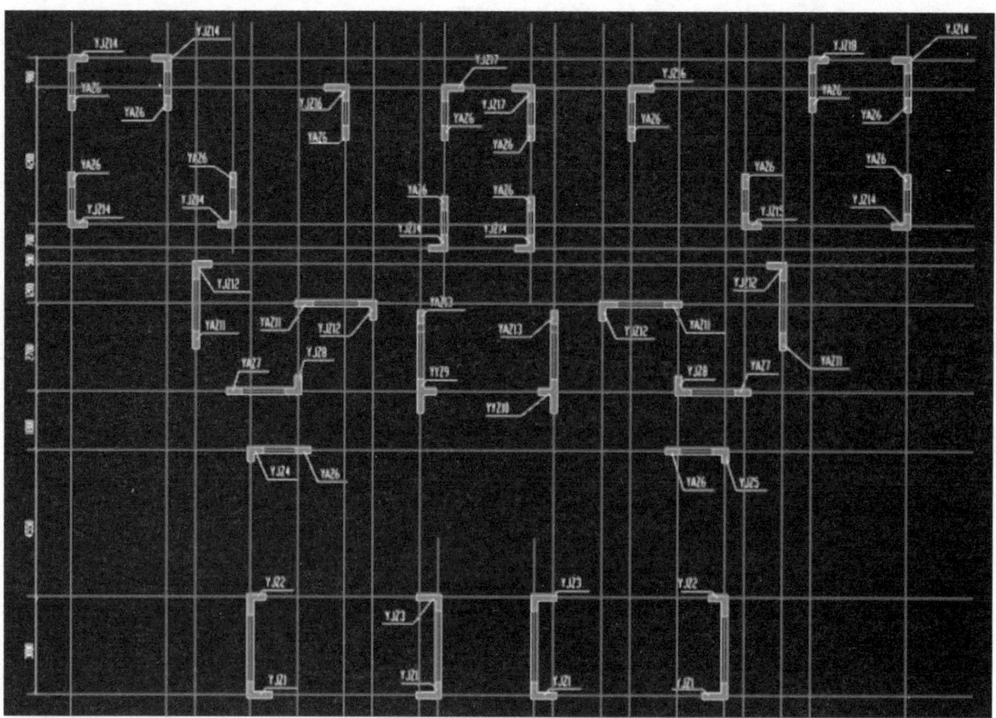

▲ 图 3-24　单击 CAD 图中的轴线

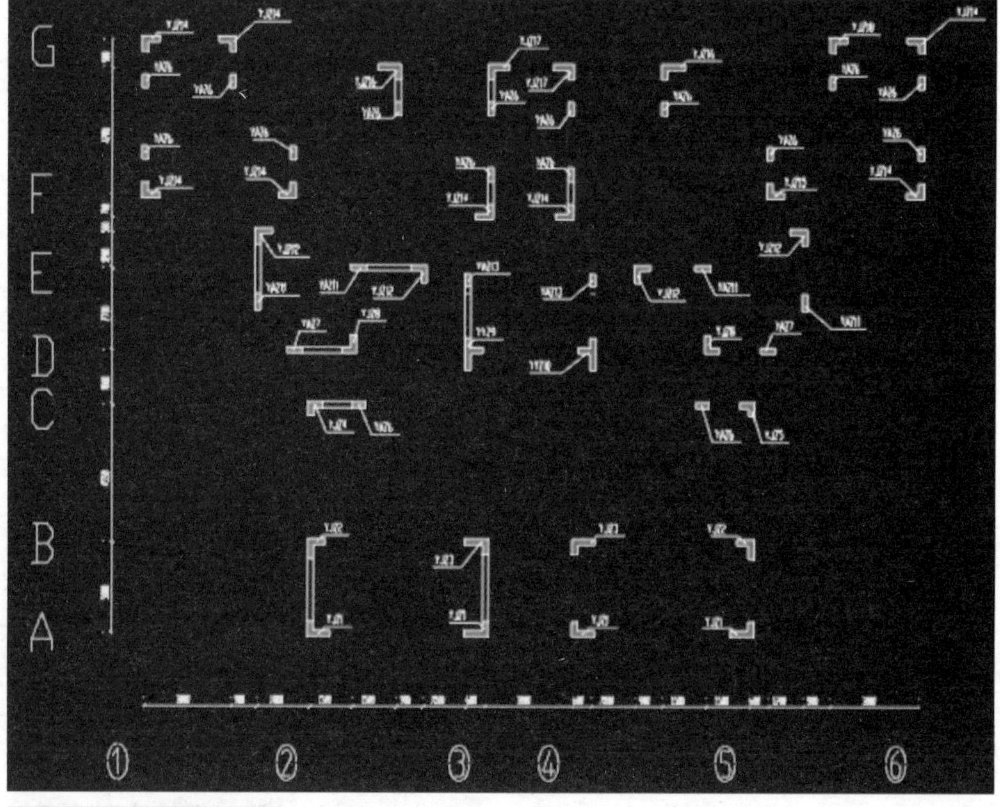

▲ 图 3-25　轴线提取成功

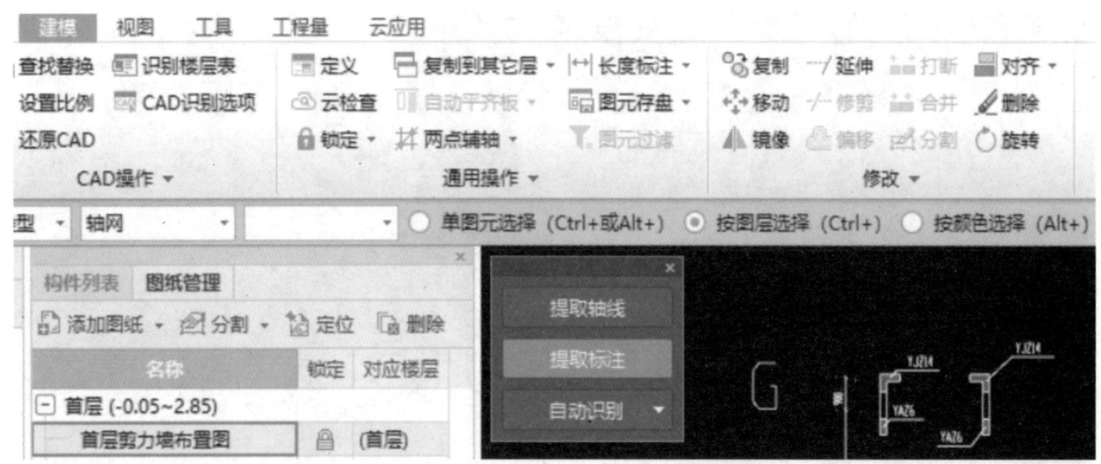

▲ 图 3-26　通过“按图层选择”方式提取标注

▲ 图 3-27　单击 CAD 图中的轴线标注

第七步：单击“自动识别”下的“自动识别”（见图 3-29），则轴网识别成功（见图 3-30）。

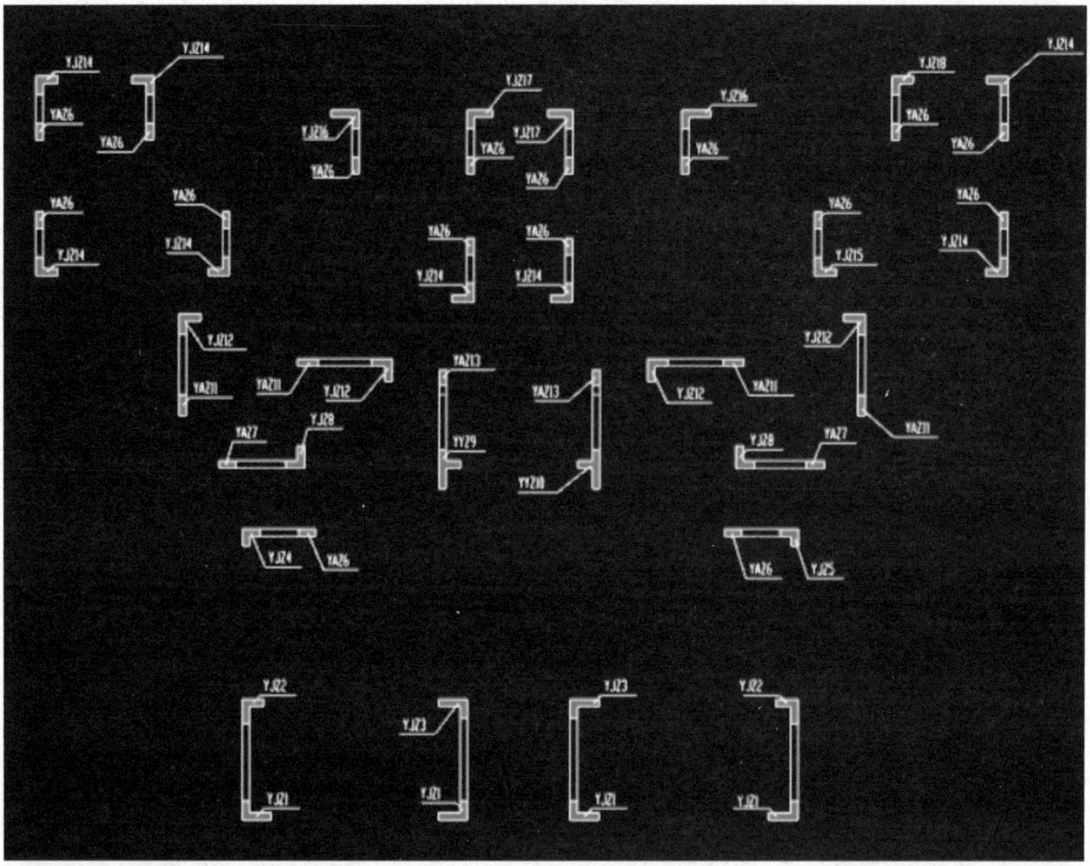

▲ 图 3-28　轴线标注提取成功

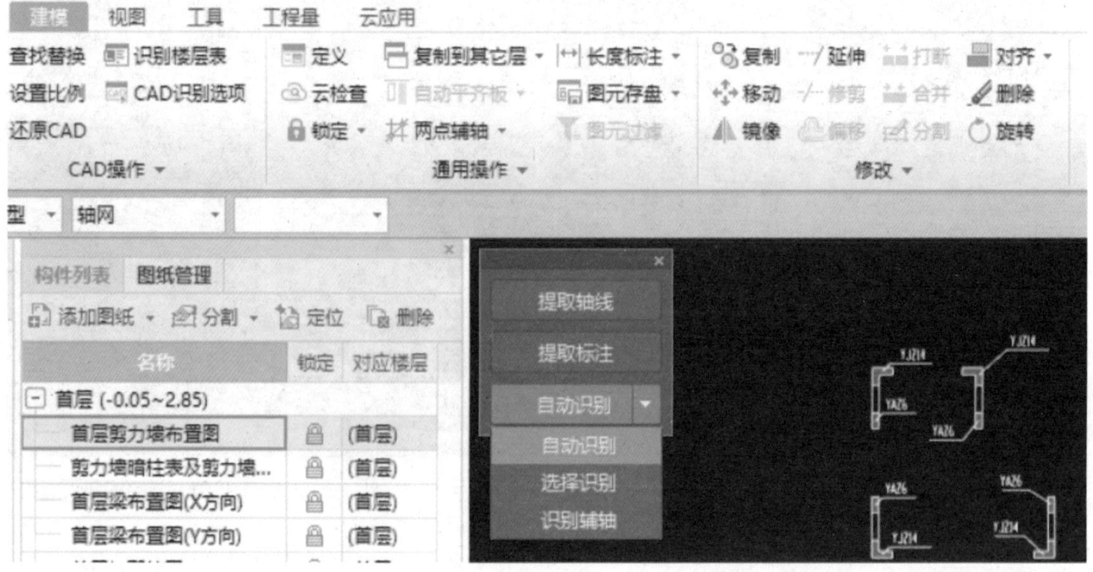

▲ 图 3-29　单击“自动识别”

▶图 3-30
轴网识别成功

任务八　识别暗柱大样

第一步：双击“剪力墙暗柱表及剪力墙配筋表”，将其选定为当前图样（见图 3-31）。

第二步：单击导航树中“柱”前面的“+”号，选择“柱（Z）”界面（见图3-32）。在该界面单击右上角的“识别柱大样”按钮（见图 3-33）。

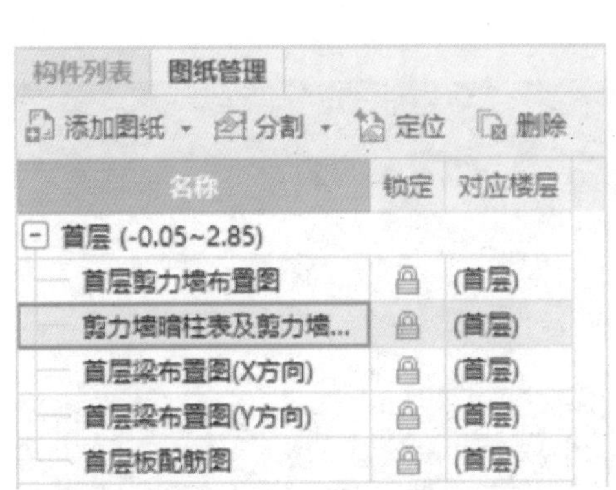

▲图 3-31
选择“剪力墙暗柱表及剪力墙配筋表”为当前图样

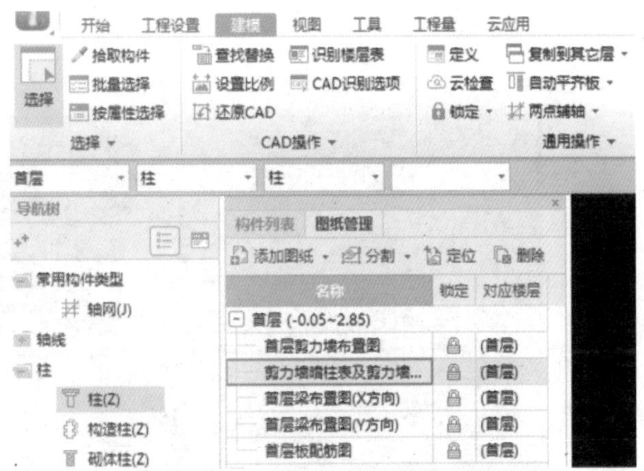

▲图 3-32　切换到“柱（Z）”界面

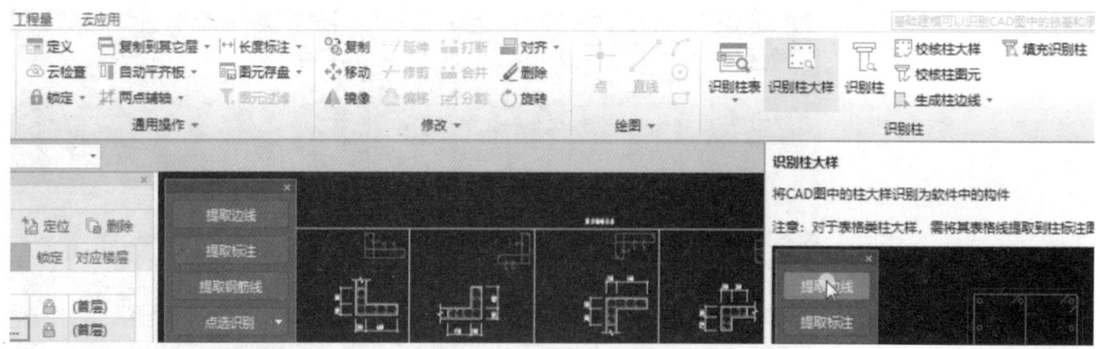

▲ 图 3-33　选中“识别柱大样”

第三步：单击“提取边线”，选择软件默认的“按图层选择”方式（见图 3-34）。

第四步：单击柱边框线，则同图层的柱边线被选中（见图 3-35）。单击鼠标右键确认，则柱边线提取成功（见图 3-36）。

第五步：单击“提取标注”，选择软件默认的“按图层选择”方式（见图 3-37）。

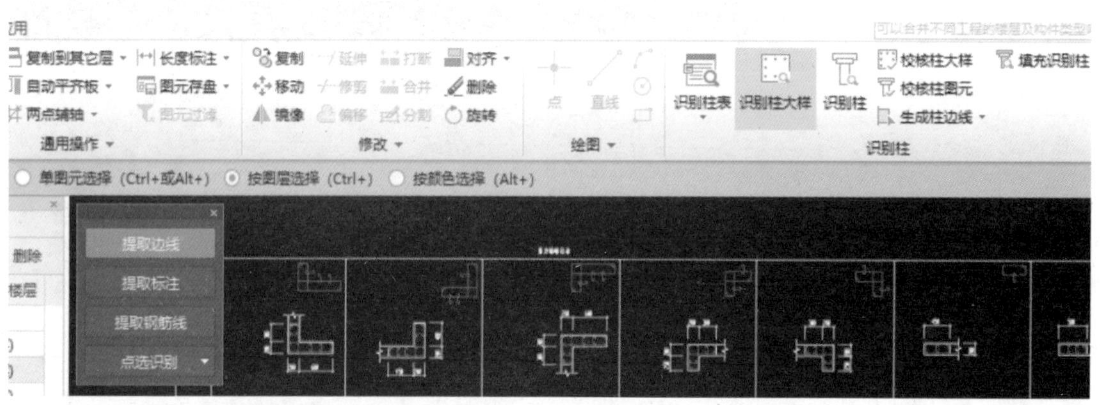

▲ 图 3-34　通过“按图层选择”方式提取边线

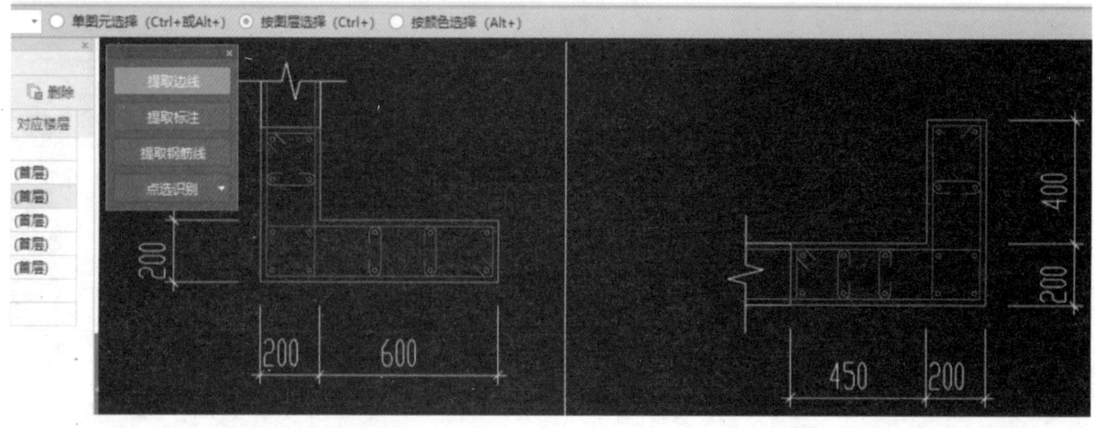

▲ 图 3-35　单击 CAD 图中的柱边线

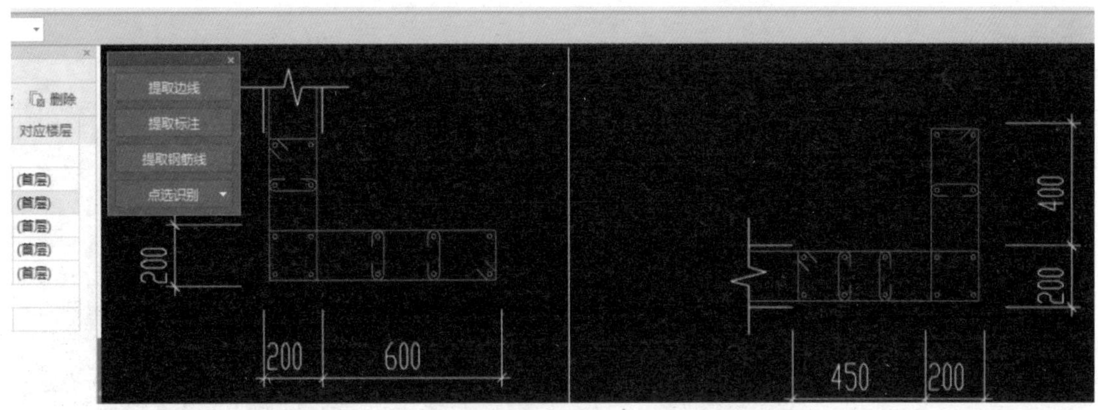

▲ 图 3-36　柱边线提取成功

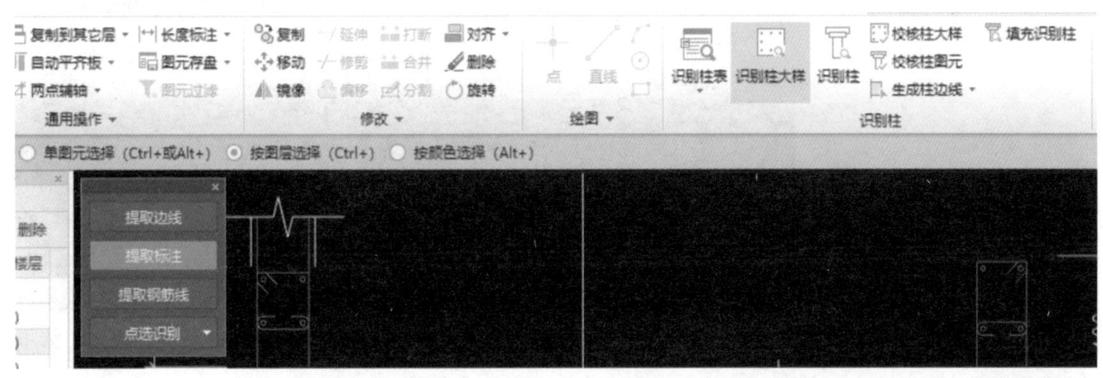

▲ 图 3-37　通过“按图层选择”方式提取标注

➤ 第六步：单击所有柱标注（包括柱名称、集中标注信息、原位标注信息及尺寸标注线），则同图层的柱标注被选中（见图 3-38）。单击鼠标右键确认，则柱标注提取成功（见图 3-39）。

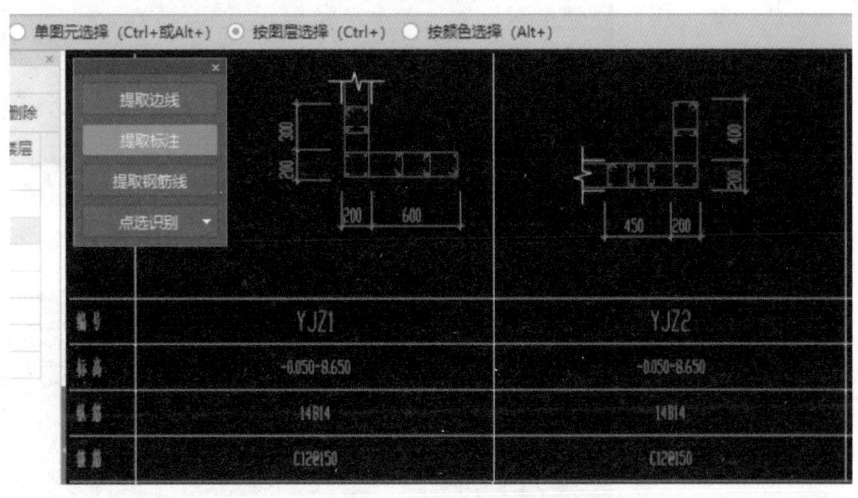

▲ 图 3-38　单击 CAD 图中的柱标注

➤ 第七步：单击“提取钢筋线”，选择软件默认的“按图层选择”方式（见图 3-40）。

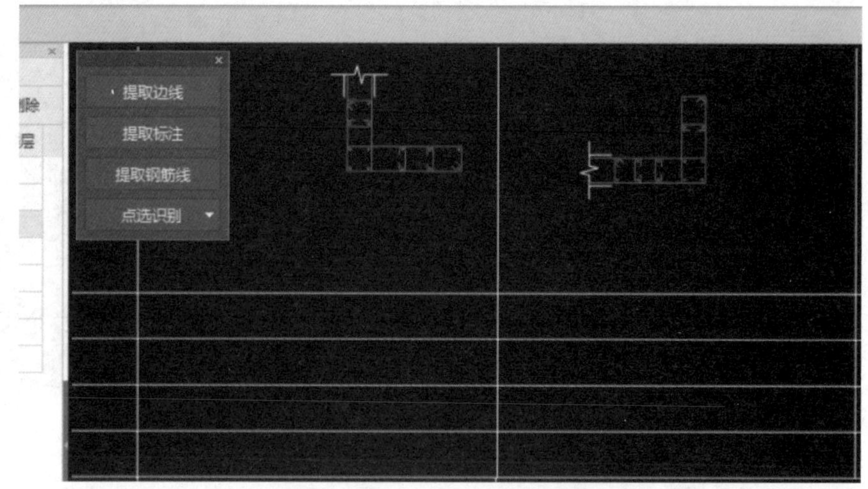

▲ 图 3-39　柱标注提取成功

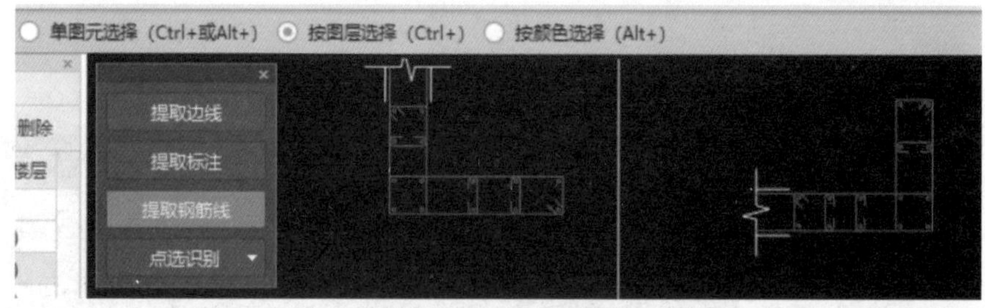

▲ 图 3-40　通过“按图层选择”方式提取钢筋线

➤ 第八步：单击所有钢筋线（包括线条、圆圈），则同图层的钢筋线被选中（见图 3-41）。单击鼠标右键确认，则柱钢筋线提取成功（见图 3-42）。

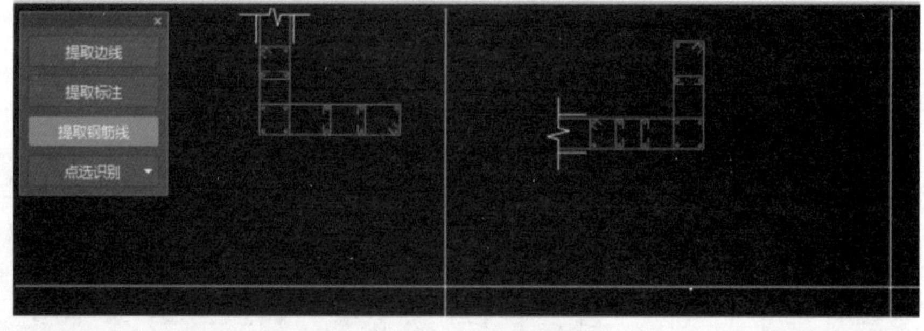

▲ 图 3-41　单击 CAD 图中的钢筋线

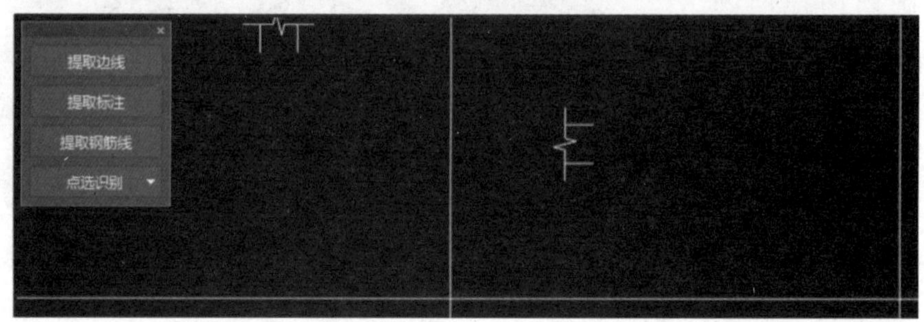

▲ 图 3-42　柱钢筋线提取成功

第九步：单击“点选识别”下的“自动识别”(见图 3-43)，则柱大样识别成功(见图 3-44)。

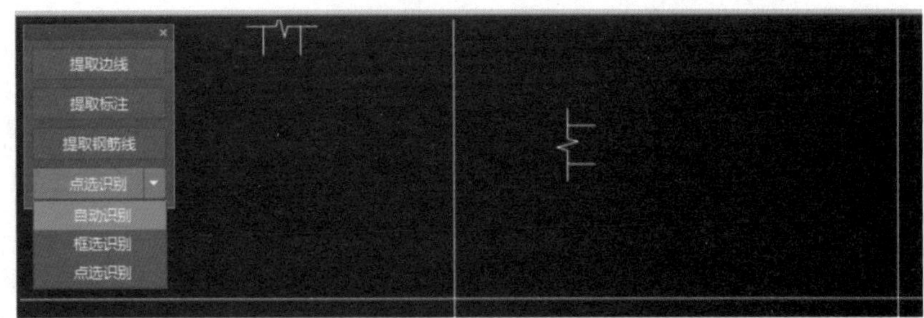

▲ 图 3-43　单击“自动识别”

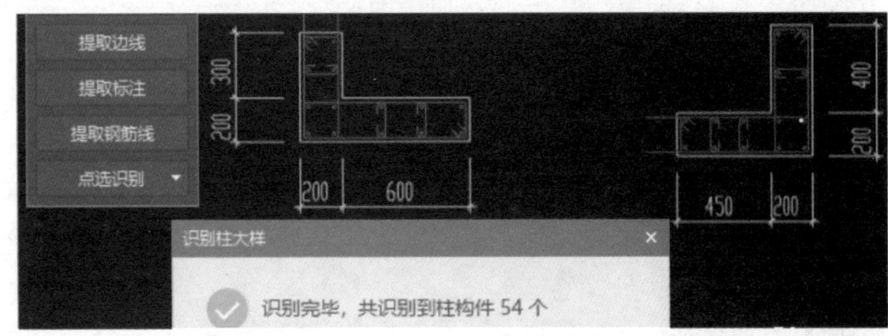

▲ 图 3-44　柱大样自动识别成功

第十步：单击提示框中的“确定”按钮，从弹出的“校核柱大样”提示框中可以看出，柱大样识别无误(见图 3-45)。

此处，“剪力墙暗柱表”非柱标注，故未被识别出来，被软件当作“未使用的标注”来处理是正确的，读者可以不予理会。

第十一步：关闭“校核柱大样”提示框，暗柱大样识别完成。

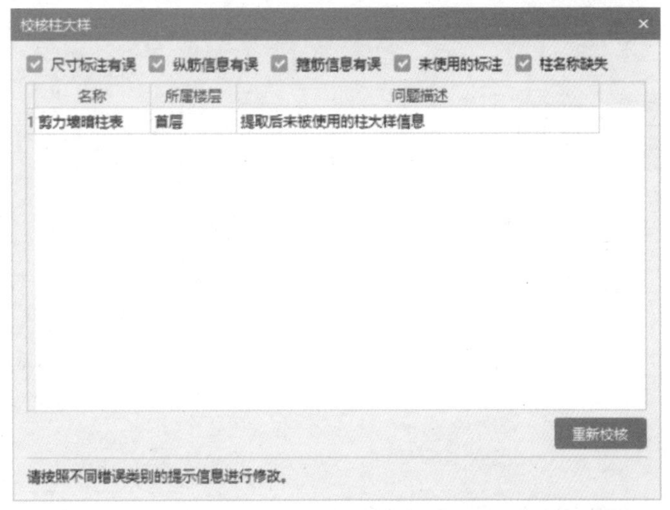

▲ 图 3-45 “校核柱大样”提示框

任务九　识别暗柱

第一步：使用本项目任务六所述操作方法，将首层剪力墙布置图再次从“× × 小区 6 号楼 _t3”中分割出来，名称确定为“首层剪力墙布置图 -1”，对应楼层选择为“首层”(见图 3-46)。双击“首层剪力墙布置图 -1”，将其选定为当前图样。

此处需要再次分割首层剪力墙布置图的原因是，由于当前版本软件的原因或是设计图样的问题，首层剪力墙布置图在提取完轴线后，墙及暗柱图元均消失，无法继续进行提取，需要再次将该图分割出来并进行导入。当然，读者也可以选择不对该图进行再次分割出来并进行导入，而是仍然在选中“首层剪力墙布置图”的基础上，选择“视图”下的“图层管理”导航栏，勾选“图层管理”下的“已提取的 CAD 图层”及“CAD 原始图层”，调出所需的 CAD 图层（见图 3-47）。

构件列表 图纸管理

添加图纸 · 分割 · 定位 删除

名称	锁定	对应楼层
首层 (-0.05~2.85)		
首层剪力墙布置图		(首层)
剪力墙暗柱表及剪力墙...		(首层)
首层梁布置图(X方向)		(首层)
首层梁布置图(Y方向)		(首层)
首层板配筋图		(首层)
首层剪力墙布置图-1		(首层)

▲图 3-46
首层剪力墙布置图再次分割成功

➤ 第二步：单击导航栏“CAD 识别”下的“识别柱”，在弹出的识别框中单击“提取边线”，选择软件默认的“按图层选择”方式（见图 3-48）。

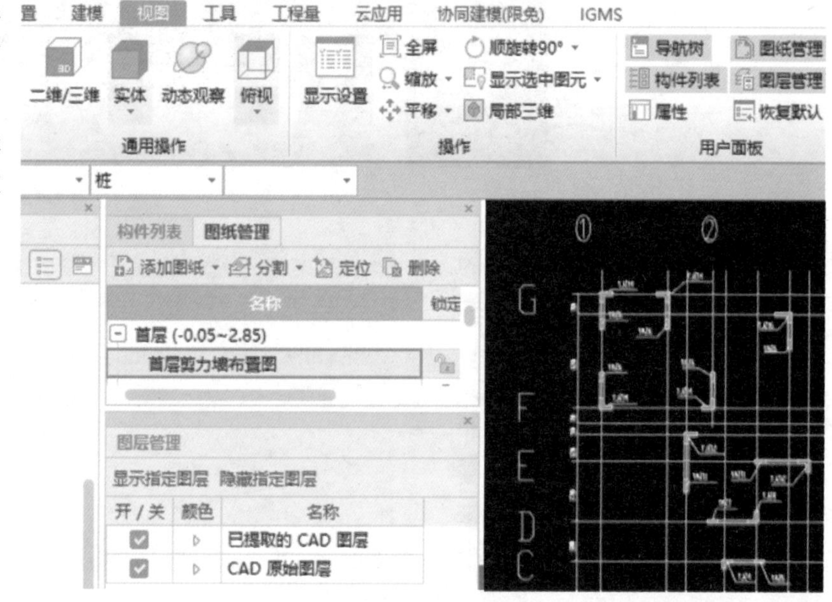

▲图 3-47 调出所需的 CAD 图层

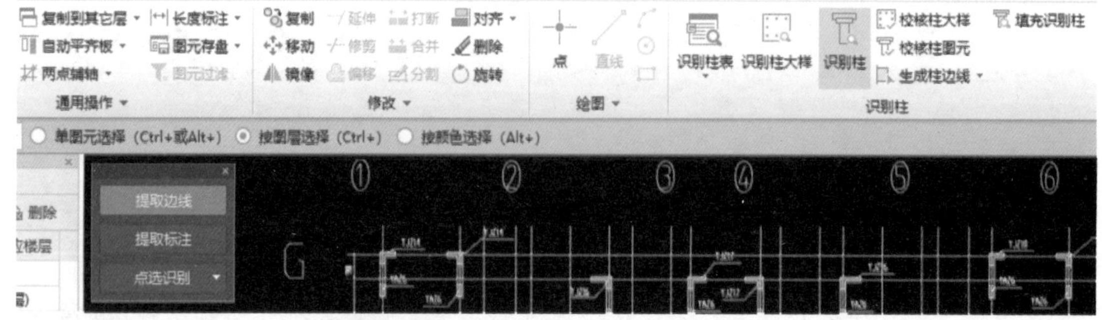

▲图 3-48 “按图层选择”方式提取边线

第三步：单击柱边线，则同图层的柱边线被选中（见图 3-49）。单击鼠标右键确认，则柱边线提取成功（见图 3-50）。

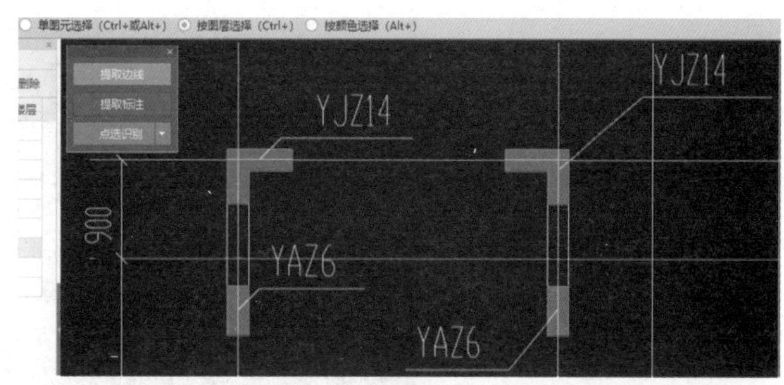

▲ 图 3-49　单击 CAD 图中的柱边线

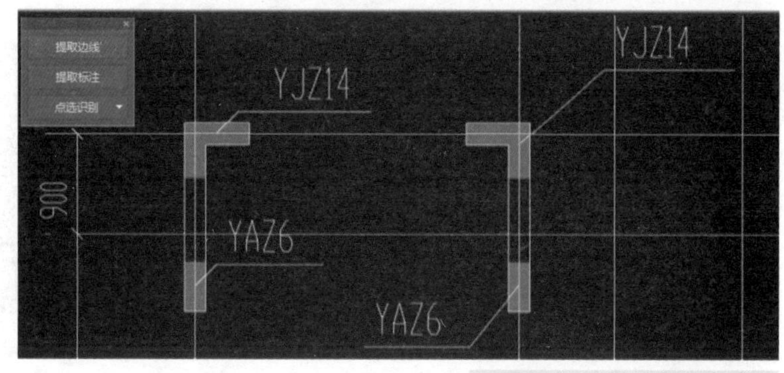

▲ 图 3-50　柱边线提取成功

第四步：单击“提取标注”，选择软件默认的“按图层选择”方式（见图 3-51）。

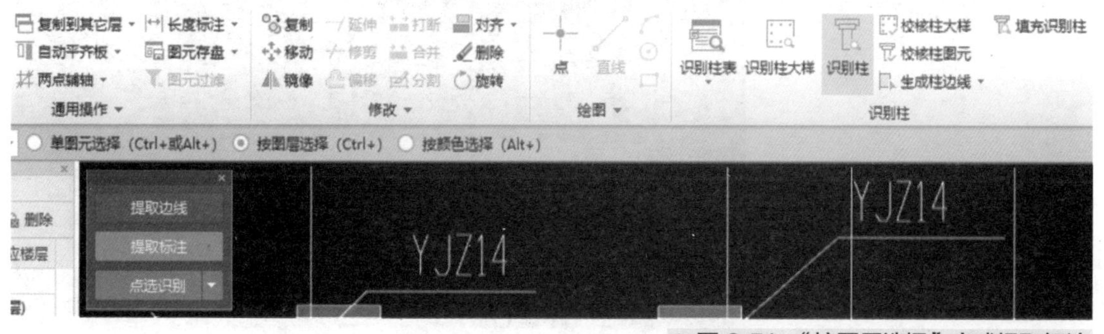

▲ 图 3-51　“按图层选择”方式提取标注

第五步：单击所有柱标注（包括柱名称、尺寸标注及引线等），则同图层的柱标注被选中（见图 3-52）。单击鼠标右键确认，则柱标注提取成功（见图 3-53）。

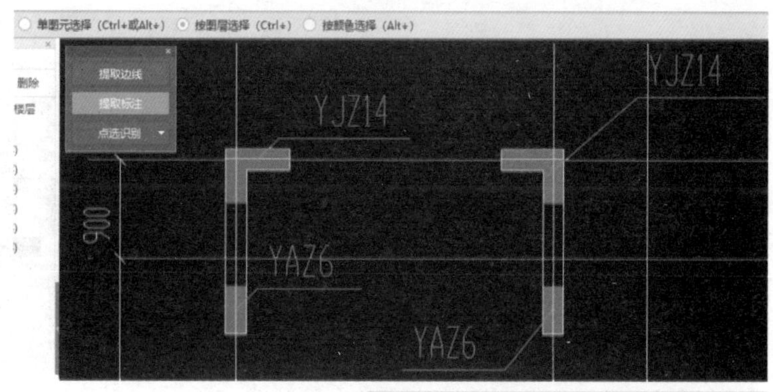

▲ 图 3-52　单击 CAD 图中的柱标注

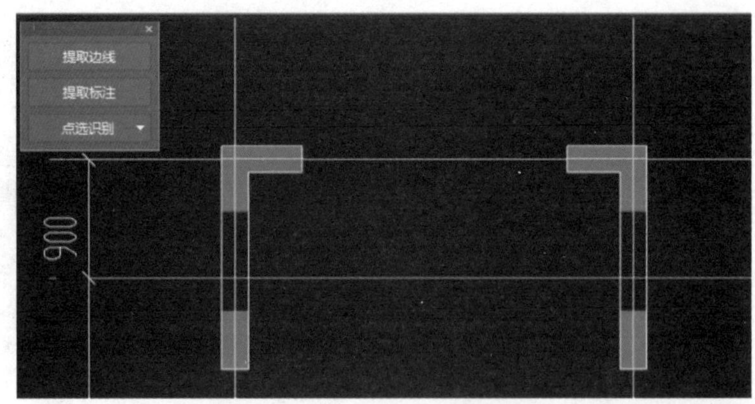

▲ 图 3-53　柱标注提取成功

第六步：单击“点选识别”下的“自动识别”（见图 3-54），则柱识别成功（见图 3-55）。

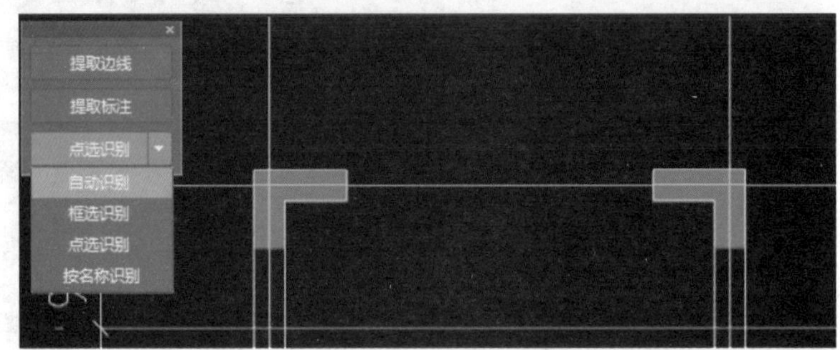

▲ 图 3-54　单击“自动识别”

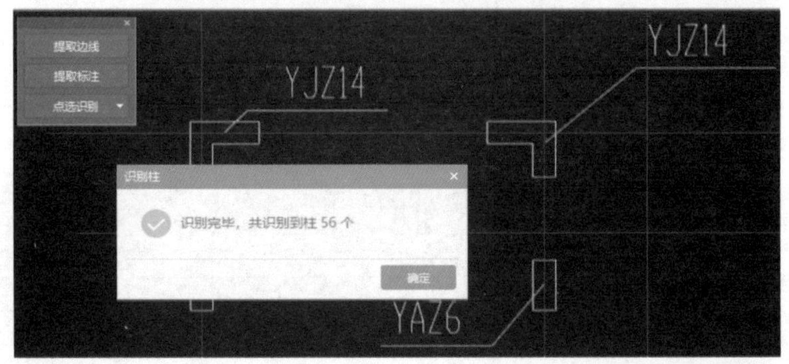

▲ 图 3-55　柱识别成功

第七步：单击“识别柱”对话框中的“确定”按钮，软件显示“校核通过”（见图 3-56），首层柱识别完成（见图 3-57）。

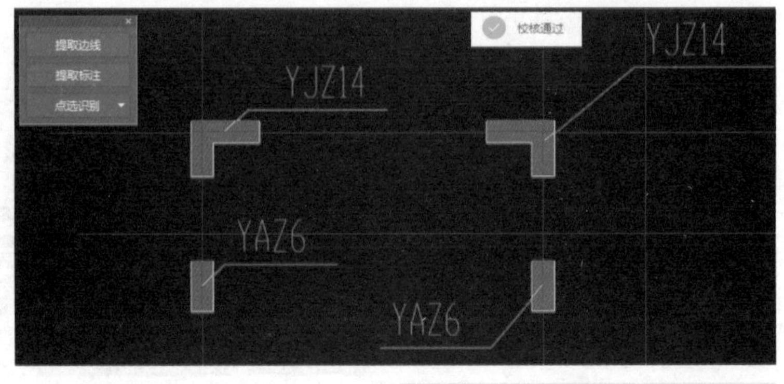

▲ 图 3-56　软件显示“校核通过”

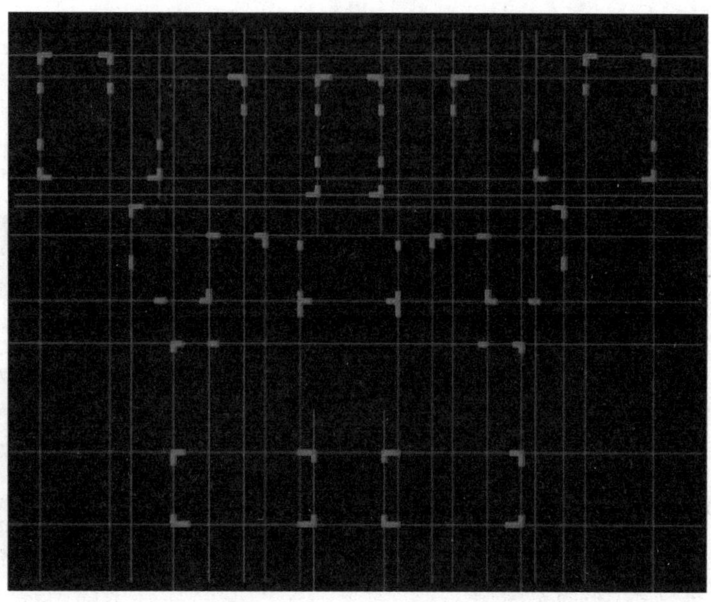

▶图 3-57　首层柱识别完成

任务十　识别剪力墙表

第一步：使用本项目任务六所述操作方法，将剪力墙配筋表从“××小区 6 号楼_t3”中分割出来，名称确定为“剪力墙配筋表”，对应楼层选择为“首层”（见图 3-58）。双击“剪力墙配筋表”，将其选定为当前图样。

构件列表　图纸管理

添加图纸　分割　定位　删除

名称	锁定	对应楼层
首层 (-0.05~2.85)		
首层剪力墙布置图		(首层)
剪力墙暗柱表及剪力墙...		(首层)
首层梁布置图(X方向)		(首层)
首层梁布置图(Y方向)		(首层)
首层板配筋图		(首层)
首层剪力墙布置图-1		(首层)
剪力墙配筋表		(首层)

▲图 3-58　首层剪力墙配筋表分割成功

第二步：单击导航树“墙”前面的“+”号，选择“剪力墙（Q）”界面（见图 3-59）。在该界面单击右上角的“识别剪力墙表”按钮（见图 3-60）。

▲图 3-59　切换到“剪力墙（Q）”界面

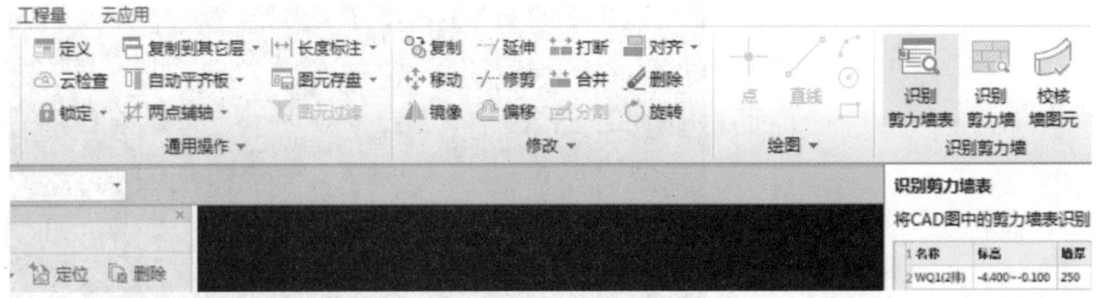

▲ 图 3-60 单击“识别剪力墙表”

➤ 第三步：按住鼠标左键从左上方向右下方拉框（见图 3-61），直到全部框选住所需要的剪力墙配筋表（见图 3-62），松开鼠标左键，则显示剪力墙配筋表被选定状态（见图 3-63）。

▲ 图 3-61 按住鼠标左键从左上方向右下方拉框

▲ 图 3-62 全部框选剪力墙配筋表

▲ 图 3-63 剪力墙配筋表被选中

➤ 第四步：单击鼠标右键，弹出“识别剪力墙表”对话框（见图 3-64）。

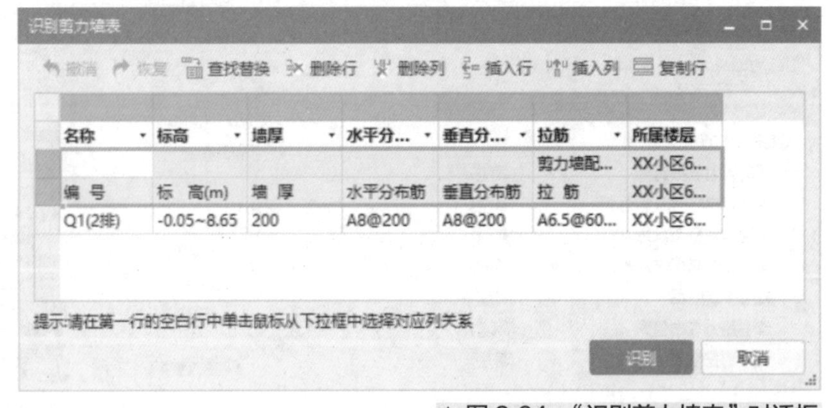

名称	标高	墙厚	水平分...	垂直分...	拉筋	所属楼层
					剪力墙配...	XX小区6...
编 号	标 高(m)	墙 厚	水平分布筋	垂直分布筋	拉 筋	XX小区6...
Q1(2排)	-0.05~8.65	200	A8@200	A8@200	A6.5@60...	XX小区6...

▲ 图 3-64 “识别剪力墙表”对话框

▶ 第五步：单击“删除行”，删除对话框中的无效行（即第一、二行），删后见图 3-65。单击“识别”按钮，弹出“识别剪力墙表”提示框（见图 3-66）。单击“确定”按钮，完成剪力墙表的识别。

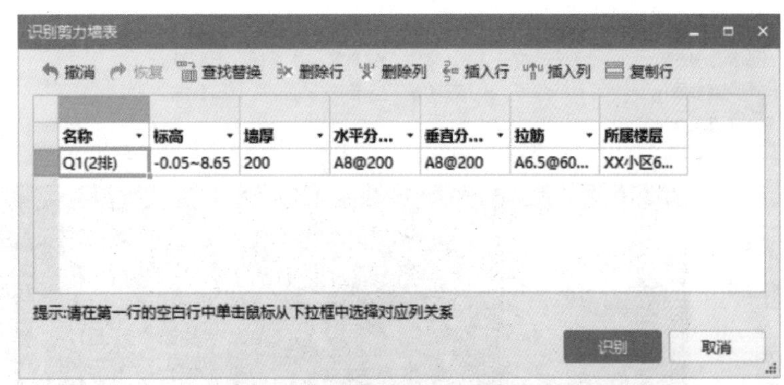

▲ 图 3-65　删除无效行后的“识别剪力墙表”对话框

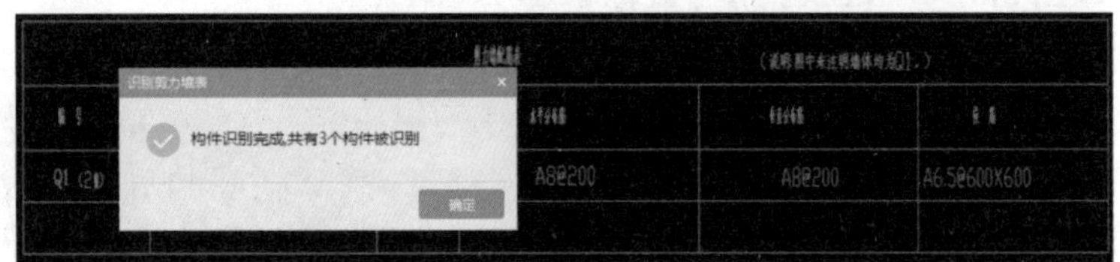

▲ 图 3-66　“识别剪力墙表”提示框

任务十一　识别剪力墙

▶ 第一步：使用本项目任务六所述操作方法，将首层剪力墙布置图再次从“× × 小区 6 号楼 _t3”中分割出来，名称改为“首层剪力墙布置图 -2”，对应楼层选择“首层”（见图 3-67）。双击“首层剪力墙布置图 -2”，将其选定为当前图样。读者也可采用本项目任务九第一步中“图层管理”的操作调出图层。

▶ 第二步：单击导航栏“CAD 识别”下的“识别剪力墙”（见图 3-68）。

▶ 第三步：单击“提取剪力墙边线”，选择软件默认的“按图层选择”方式（见图 3-69）。

▲ 图 3-67
首层剪力墙布置图再次分割出来

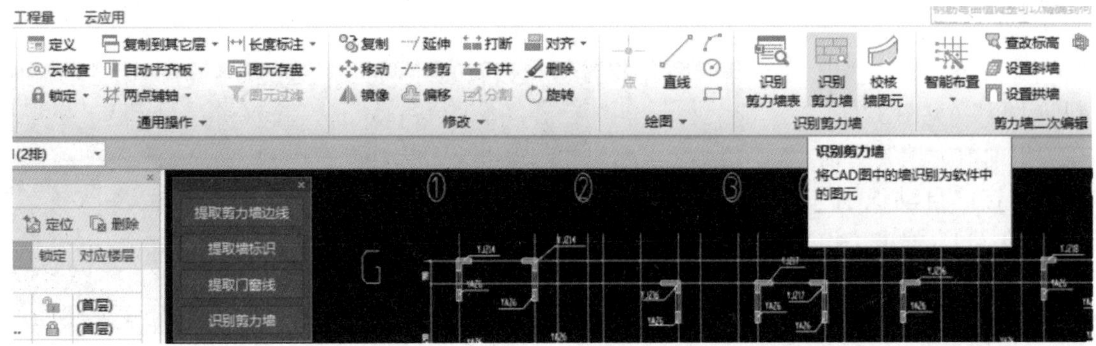

▲ 图 3-68　选中“识别剪力墙”

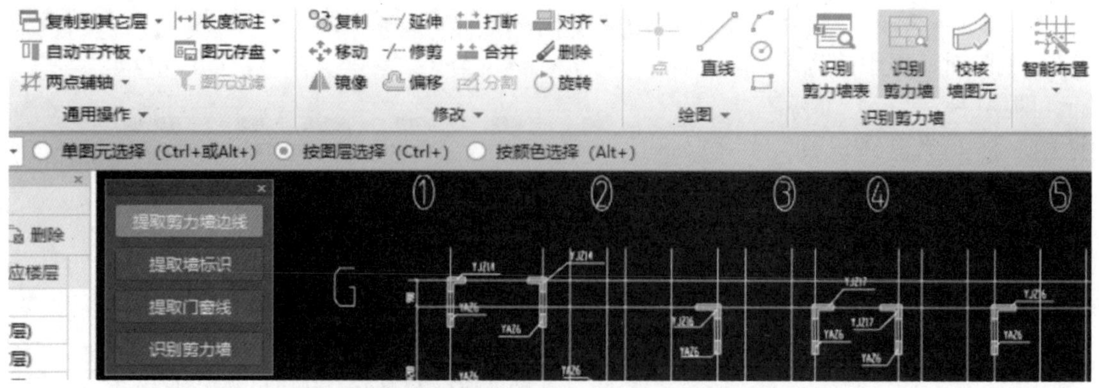

▲ 图 3-69 “按图层选择”方式提取剪力墙边线

➤ 第四步：单击剪力墙边框线，则同图层的剪力墙边线被选中（见图 3-70）。单击鼠标右键确认，则剪力墙边线提取成功（见图 3-71）。

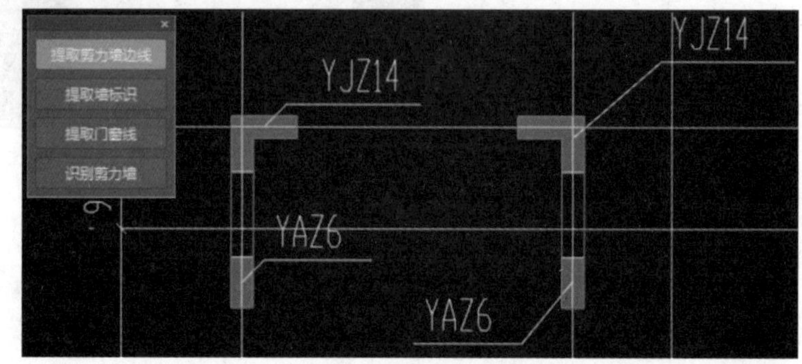

▲ 图 3-70 单击 CAD 图中的剪力墙边线

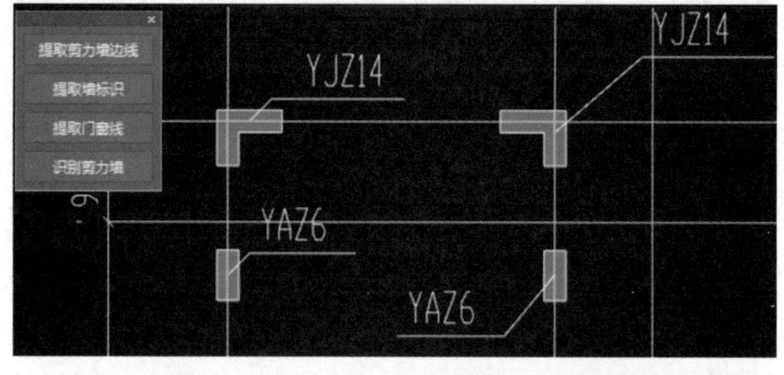

▲ 图 3-71 剪力墙边线提取成功

➤ 第五步：单击“识别剪力墙”（见图 3-72），在“识别剪力墙”对话框中单击“自动识别”（见图 3-73），弹出“识别剪力墙”提示框（见图 3-74）。

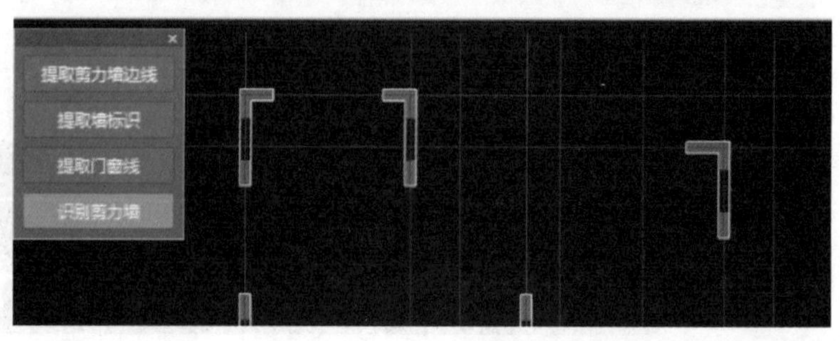

▲ 图 3-72 单击“识别剪力墙”

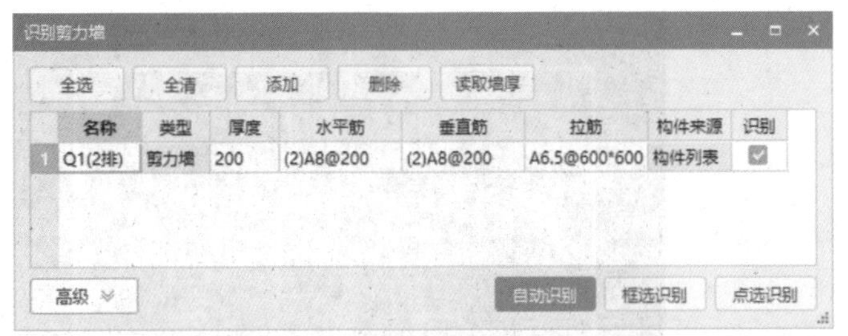

▲ 图 3-73　单击“自动识别”

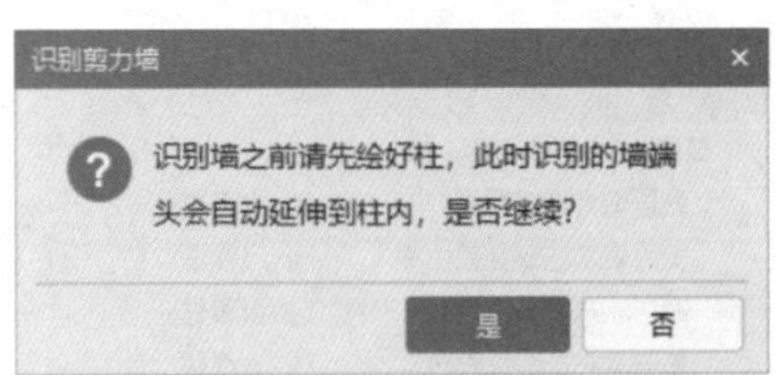

▲ 图 3-74　“识别剪力墙”提示框

➤ 第六步：单击“是”按钮，软件显示“校核通过”，首层剪力墙识别完成（见图 3-75）。

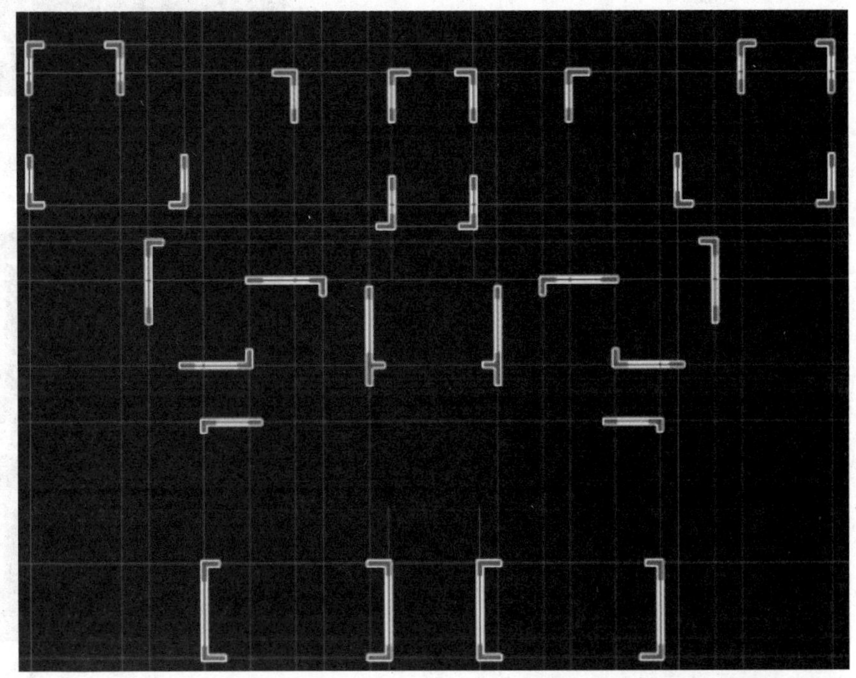
▲ 图 3-75　首层剪力墙识别完成

任务十二　识别梁

➤ 第一步：双击“首层梁布置图（X 方向）”，将其选定为当前图样（见图 3-76）。

➤ 第二步：选择“图纸管理”界面中的“定位”按钮进行图样定位（见图 3-77）。单击图样中的①轴与Ⓐ轴交点（见图 3-78），向右拖动首层梁布置图（X 方向）至已识别的轴网①轴与Ⓐ轴交点处（见图 3-79），单击鼠标左键完成图样的定位（见图 3-80）。

➤ 第三步：单击导航树“梁”前面的“+”号，切换到“梁（L）”界面（见图 3-81）。在该界面单击右上角的“识别梁”按钮（见图 3-82）。

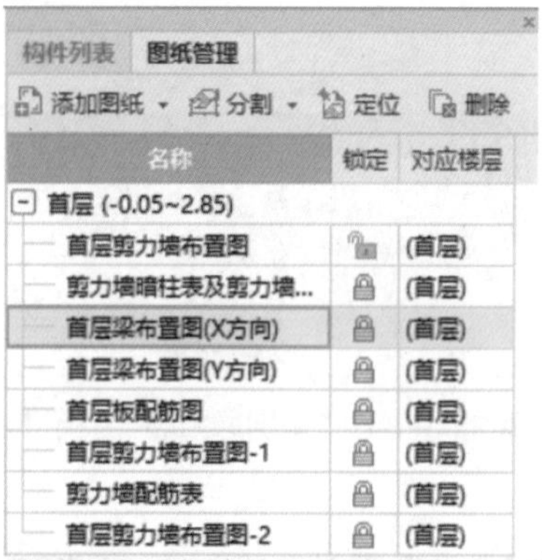

▲ 图 3-76
选择“首层梁布置图（X 方向）”为当前图样

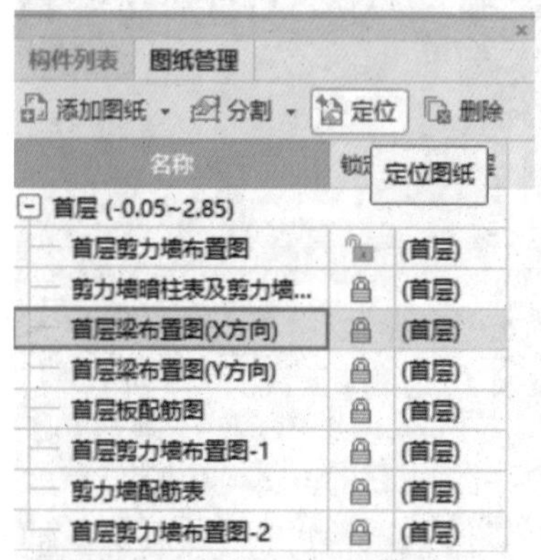

▲ 图 3-77 单击“定位”按钮

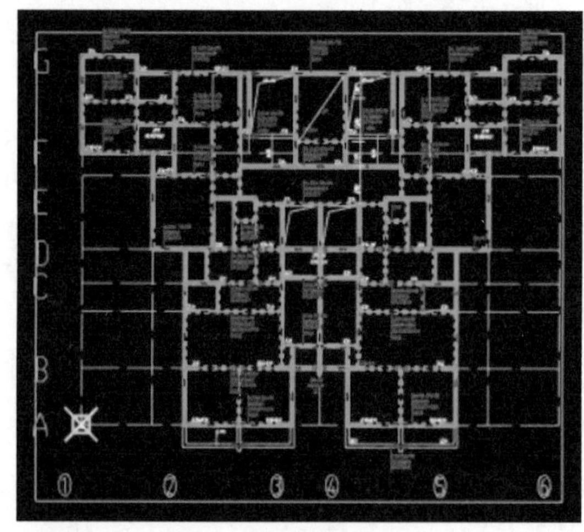

▲ 图 3-78 单击①轴与Ⓐ轴交点

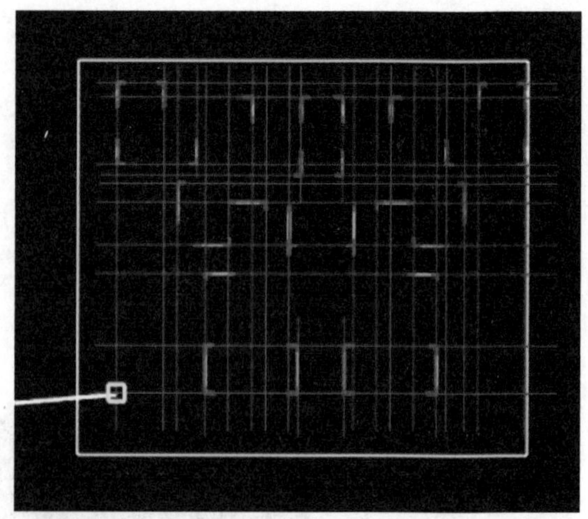

▲ 图 3-79
向右拖动图样至已识别的轴网①轴与Ⓐ轴交点处

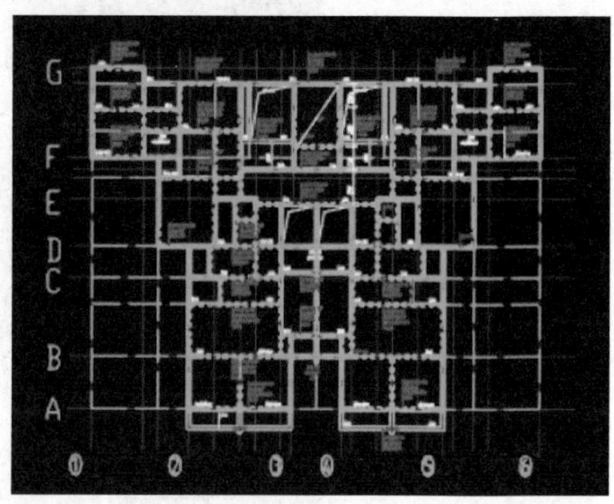

▲ 图 3-80 图样定位成功

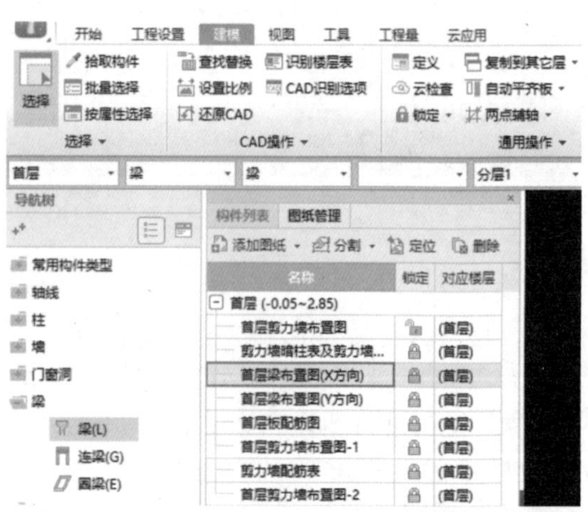

▲ 图 3-81 切换到“梁（L）”界面

第四步：单击“提取边线”，选择软件默认的“按图层选择”方式（见图 3-83）。

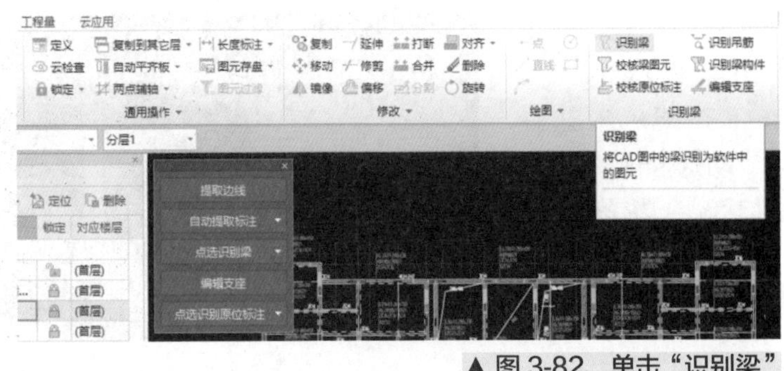

▲ 图 3-82　单击“识别梁”

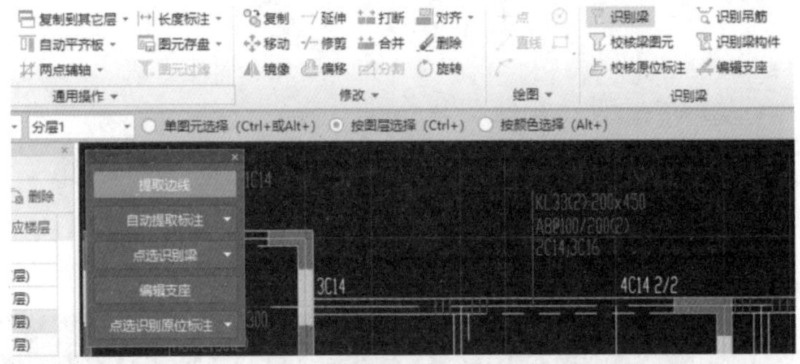

▲ 图 3-83　“按图层选择”方式提取边线

第五步：单击梁边线（见图 3-84），则同图层的梁边线被选中。单击鼠标右键确认，则梁边线提取成功（见图 3-85）。

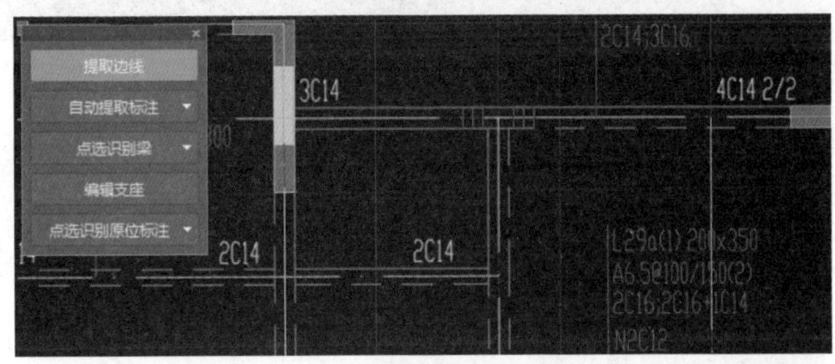

▲ 图 3-84　单击 CAD 图中的梁边线

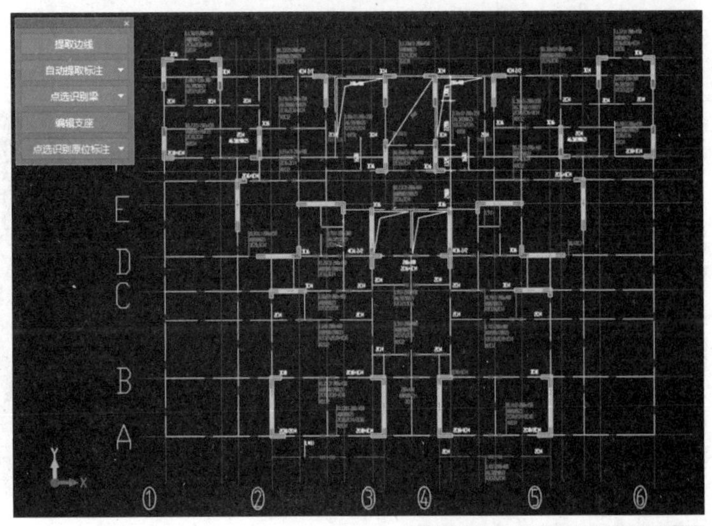

▲ 图 3-85　梁边线提取成功

第六步：单击“自动提取标注”，在下拉菜单中选择“自动提取标注”（见图3-86），选择软件默认的“按图层选择”方式（见图 3-87）。

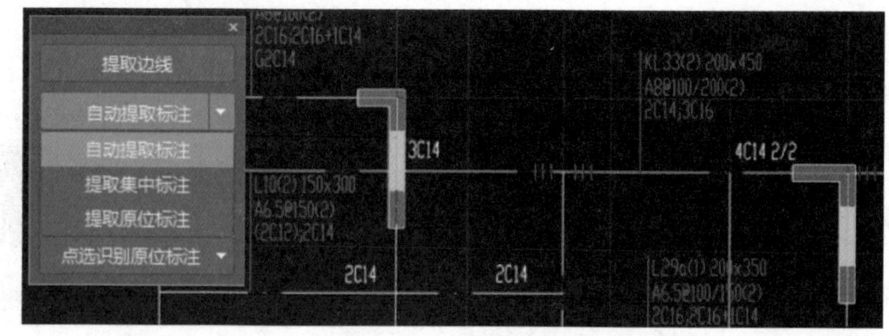

▲ 图 3-86 单击“自动提取标注”

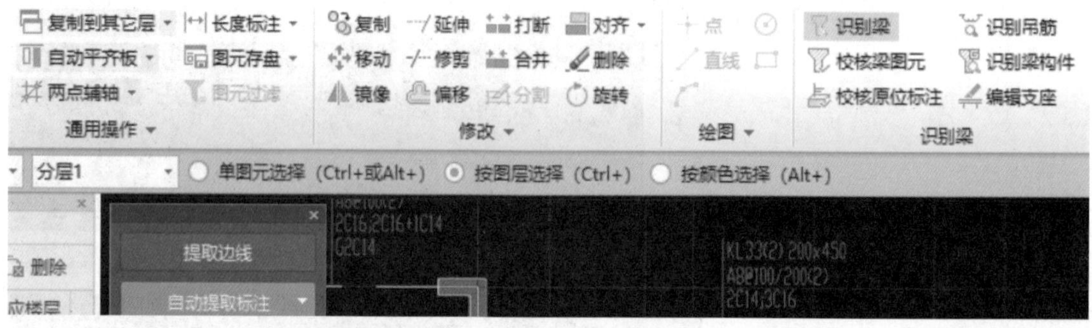

▲ 图 3-87 选择软件默认的“按图层选择”方式

第七步：单击所有梁标注（包括梁集中标注信息、原位标注信息，注意吊筋标注信息不选取），则同图层的梁标注被选中（见图 3-88）。单击鼠标右键确认，梁标注提取成功（见图 3-89）。

第八步：单击“点选识别梁”下的“自动识别梁”（见图 3-90），弹出“识别梁选项”对话框（见图 3-91）。单击“继续”按钮，软件进行梁识别，弹出“校核梁图元”对话框（见图 3-92）。

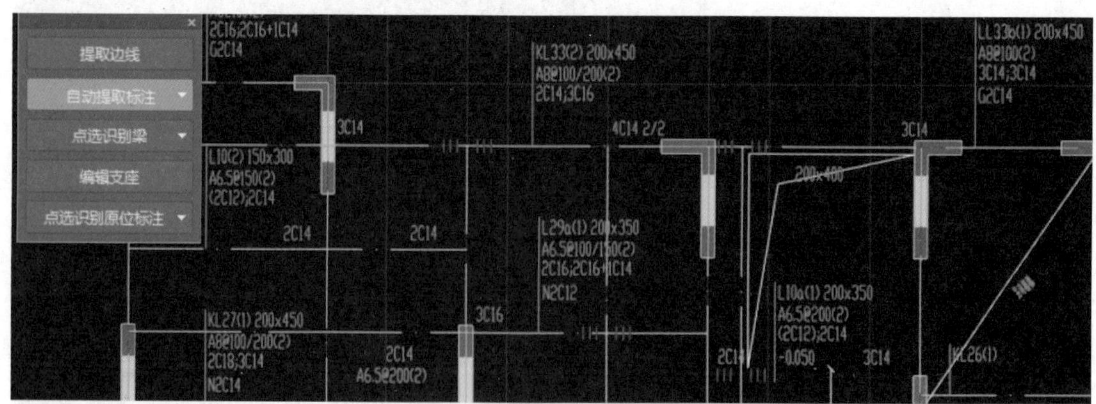

▲ 图 3-88 单击 CAD 图中的梁标注

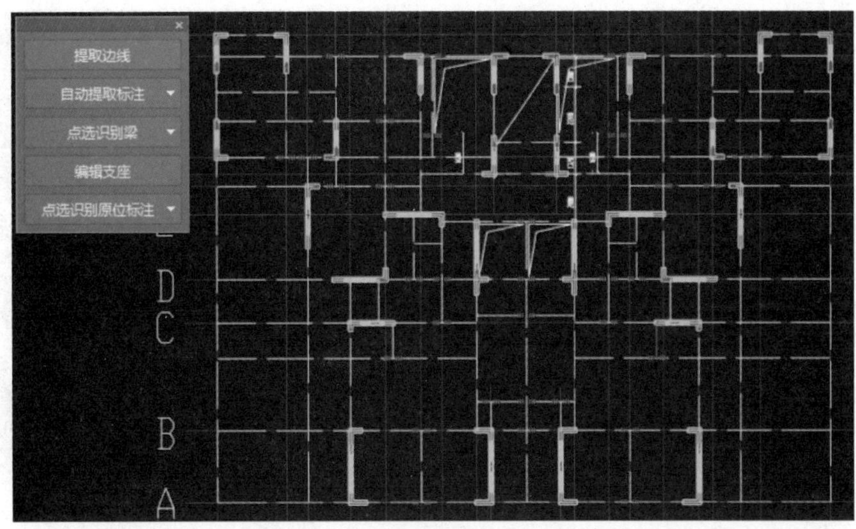

▶图 3-89
梁标注提取成功

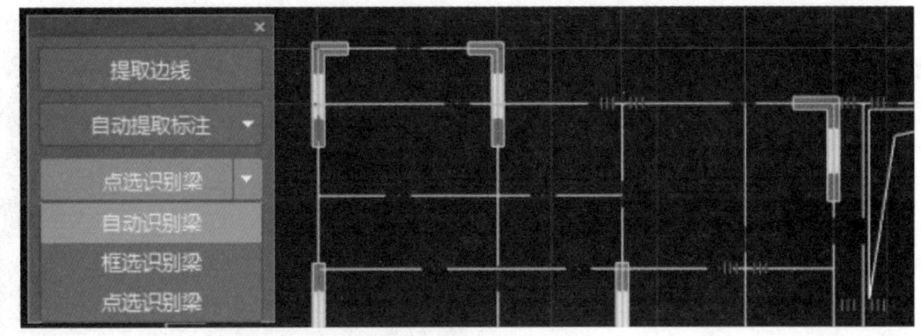

▶图 3-90
单击“点选识别梁”下的“自动识别梁”

识别梁选项

全部　缺少箍筋信息　缺少截面　复制图纸信息　粘贴图纸信息

	名称	截面(b*h)	上通长筋	下通长筋	侧面钢筋	箍筋	肢数
1	KL13(1)	200*450	2C18	2C14/2C18	N2C14	A8@100(2)	2
2	KL14(1)	200*450	2C18	2C14/2C18	N2C14	A8@100(2)	2
3	KL15(3)	200*450	2C18	2C18+1C16	N2C12	A8@100/200(2)	2
4	KL19(1)	200*400	(2C12)	2C14		A8@200(2)	2
5	KL20(3)	200*450	2C16	3C14		A8@100/200(2)	2
6	KL23(3)	200*400	2C16	3C14		A8@100/200(2)	2
7	KL25(1)	200*400	2C16	3C14	N2C12	A8@200(2)	2
8	KL26(1)	200*400	2C16	2C16		A8@100(2)	2
9	KL26a(3)	200*400	2C16	2C14		A8@100/200(2)	2
10	KL27(1)	200*450	2C18	3C14	N2C14	A8@100/200(2)	2
11	KL28(1)	200*450	2C18	2C16	N2C14	A8@100/200(2)	2

请检查并确认得到的梁信息　继续　取消

▲图 3-91　“识别梁选项”对话框

校核梁图元

梁跨不匹配　未使用的梁线　未使用的标注　缺少截面

名称	楼层	问题描述
KL19(1)	首层	当前图元跨数为0A，属性中跨数为1
KL25(1)	首层	当前图元跨数为0A，属性中跨数为1
KL26a(3)	首层	当前图元跨数为1B，属性中跨数为3
L10(2)	首层	当前图元跨数为1，属性中跨数为2
L10a(1)	首层	当前图元跨数为0A，属性中跨数为1
L11(2)	首层	当前图元跨数为1，属性中跨数为2
L11a(1)	首层	当前图元跨数为0A，属性中跨数为1
L18a(1)	首层	当前图元跨数为0A，属性中跨数为1
L24a(1)	首层	当前图元跨数为0A，属性中跨数为1
L29a(1)	首层	当前图元跨数为0B，属性中跨数为1
L30a(1)	首层	当前图元跨数为0B，属性中跨数为1

编辑支座　刷新

▲图 3-92　“校核梁图元”对话框

➤ 第九步：双击“首层梁布置图（Y方向）”，将其选定为当前图样（见图3-93）。使用第二步操作方法，完成图样“首层梁布置图（Y方向）”的定位（见图3-94）。

构件列表 | 图纸管理

添加图纸 · 分割 · 定位 · 删除

名称	锁定	对应楼层
⊟ 首层 (-0.05~2.85)		
首层剪力墙布置图		(首层)
剪力墙暗柱表及剪力墙...		(首层)
首层梁布置图(X方向)		(首层)
首层梁布置图(Y方向)		(首层)
首层板配筋图		(首层)
首层剪力墙布置图-1		(首层)
剪力墙配筋表		(首层)
首层剪力墙布置图-2		(首层)

▲ 图 3-93
选择“首层梁布置图（Y 方向）”为当前图样

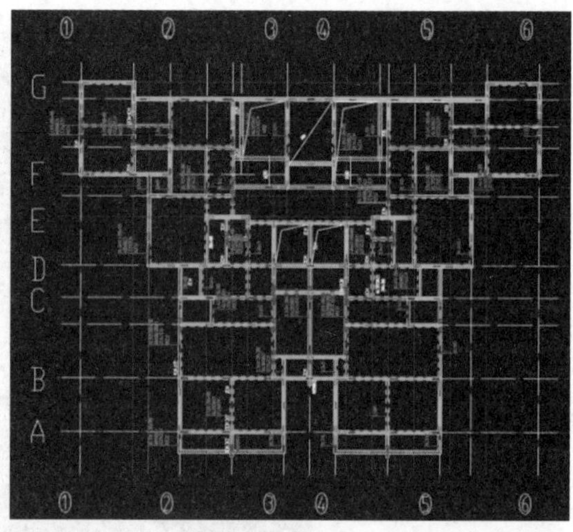

▲ 图 3-94 “首层梁布置图（Y 方向）”定位成功

第十步：使用第三～七步操作方法，完成梁边线提取（见图 3-95）及自动提取标注（见图 3-96）。

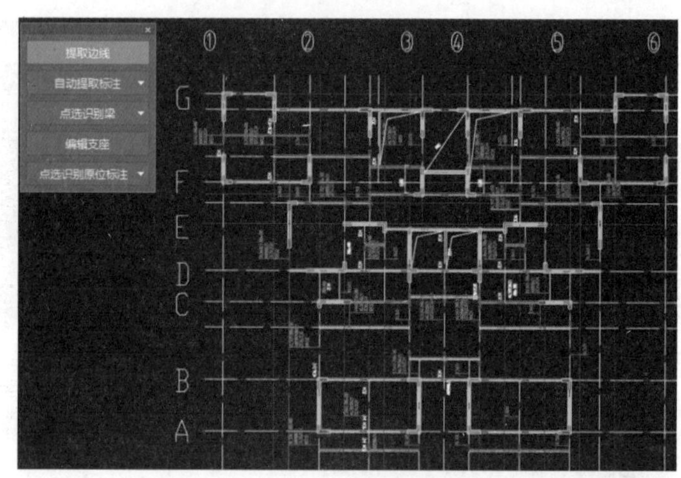

▲ 图 3-95 梁边线提取成功

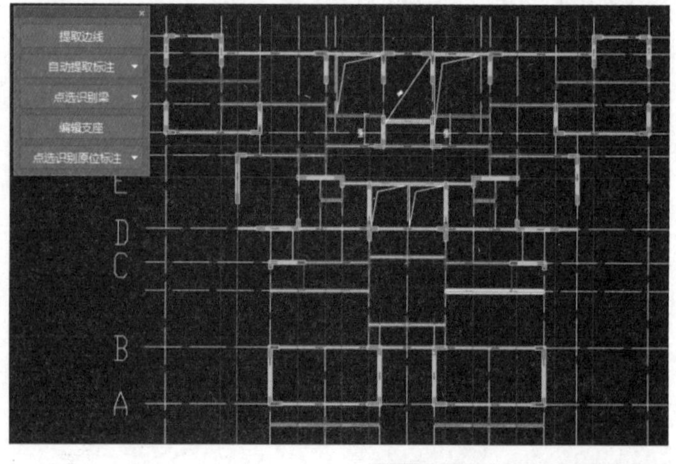

▲ 图 3-96 梁标注提取成功

第十一步：单击“点选识别梁”下的“自动识别梁”（见图3-97），弹出“识别梁选项”对话框（见图3-98）。单击“继续”按钮，软件进行梁识别，弹出“校核梁图元”对话框（见图3-99）。

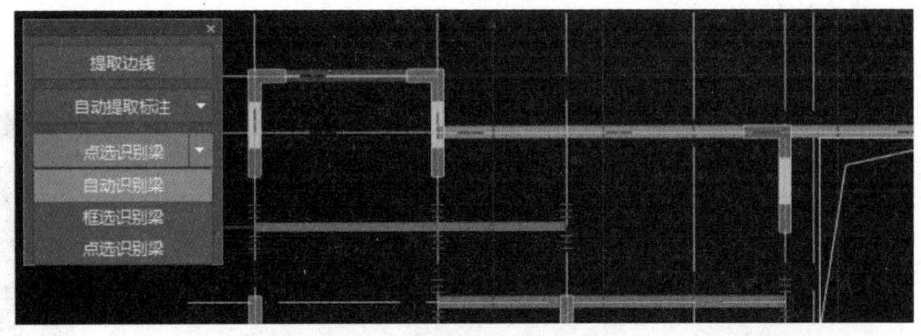

▲图3-97　单击“点选识别梁”下的“自动识别梁”

识别梁选项

◉全部 ○缺少箍筋信息 ○缺少截面　　复制图纸信息　粘贴图纸信息

	名称	截面(b*h)	上通长筋	下通长筋	侧面钢筋	箍筋	肢数
11	L3(2A)	200*300	(2C12)	2C16+1C14		A6.5@150(2)	2
12	L4a(1)	200*300	2C14	2C14		A6.5@150(2)	2
13	L4a(1)	150*300	2C18	2C14	N2C12	A6.5@150(2)	2
14	L5a(1)	200*300	2C14	2C14		A6.5@150(2)	2
15	L8a(1)	200*400	(2C12)	2C14		A6.5@200(2)	2
16	L10a(2)	200*400	(2C12)	2C14		A6.5@200(2)	2
17	LL1(1)	200*400	2C14	2C14	N2C14	A8@100(2)	2
18	LL12(1)	200*400	2C14	2C14	G2C14	A8@100(2)	2
19	XL3(XL)	200*400	3C20	2C14	N2C12	A8@100(2)	2
20	XL3a(XL)	200*450	3C20	3C16	N2C12	A8@100(2)	2

请检查并确认得到的梁信息　　继续　取消

▲图3-98　“识别梁选项”对话框

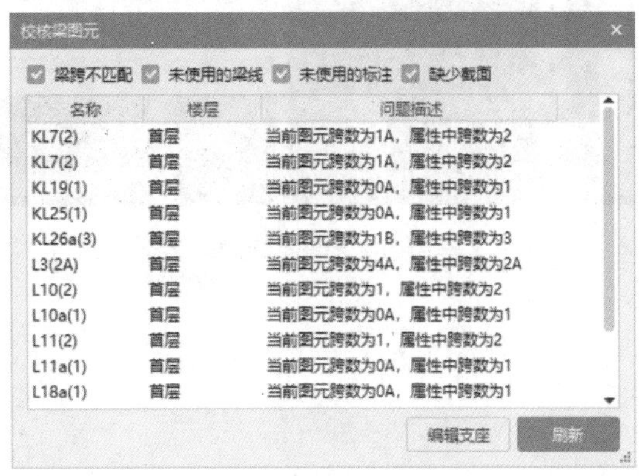

校核梁图元

☑梁跨不匹配 ☑未使用的梁线 ☑未使用的标注 ☑缺少截面

名称	楼层	问题描述
KL7(2)	首层	当前图元跨数为1A，属性中跨数为2
KL7(2)	首层	当前图元跨数为1A，属性中跨数为2
KL19(1)	首层	当前图元跨数为0A，属性中跨数为1
KL25(1)	首层	当前图元跨数为0A，属性中跨数为1
KL26a(3)	首层	当前图元跨数为1B，属性中跨数为3
L3(2A)	首层	当前图元跨数为4A，属性中跨数为2A
L10(2)	首层	当前图元跨数为1，属性中跨数为2
L10a(1)	首层	当前图元跨数为0A，属性中跨数为1
L11(2)	首层	当前图元跨数为1，属性中跨数为2
L11a(1)	首层	当前图元跨数为0A，属性中跨数为1
L18a(1)	首层	当前图元跨数为0A，属性中跨数为1

编辑支座　刷新

▲图3-99　“校核梁图元”对话框

第十二步：双击“校核梁图元”对话框中的“KL7（2）”（见图3-100），导图界面的KL7（2）被选中（见图3-101）。单击右上角的“编辑支座”按钮（见图3-102），点选KL7（2）上方与其垂直的一道梁（见图3-103），则该梁被设置成KL7（2）的支座（见图3-104）。单击“刷新”按钮（见图3-105），则KL7（2）的错误提示消失一条，表示其中一根梁KL7（2）的错误信息已修改完毕。

校核梁图元

☑梁跨不匹配 ☑未使用的梁线 ☑未使用的标注 ☑缺少截面

名称	楼层	问题描述
KL7(2)	首层	当前图元跨数为1A，属性中跨数为2
KL7(2)	首层	当前图元跨数为1A，属性中跨数为2
KL19(1)	首层	当前图元跨数为0A，属性中跨数为1
KL25(1)	首层	当前图元跨数为0A，属性中跨数为1
KL26a(3)	首层	当前图元跨数为1B，属性中跨数为3
L3(2A)	首层	当前图元跨数为4A，属性中跨数为2A
L10(2)	首层	当前图元跨数为1，属性中跨数为2
L10a(1)	首层	当前图元跨数为0A，属性中跨数为1
L11(2)	首层	当前图元跨数为1，属性中跨数为2
L11a(1)	首层	当前图元跨数为0A，属性中跨数为1
L18a(1)	首层	当前图元跨数为0A，属性中跨数为1

编辑支座　刷新

▲图3-100
双击“校核梁图元”对话框中的“KL7（2）”

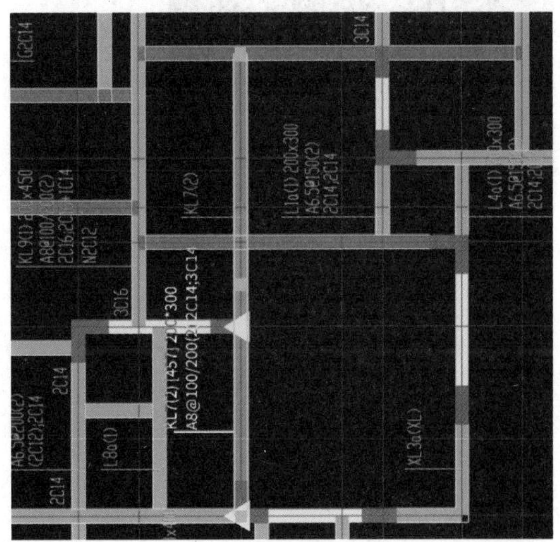

▲图3-101　导图界面的KL7（2）被选中

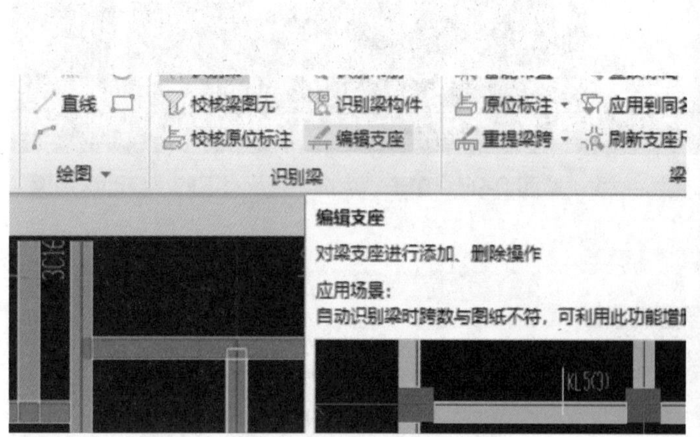

▲ 图 3-102　单击右上角的“编辑支座”按钮

▲ 图 3-103
点选 KL7（2）上方与其垂直的一道梁

▲ 图 3-104
点选的梁被设置成 KL7（2）的支座

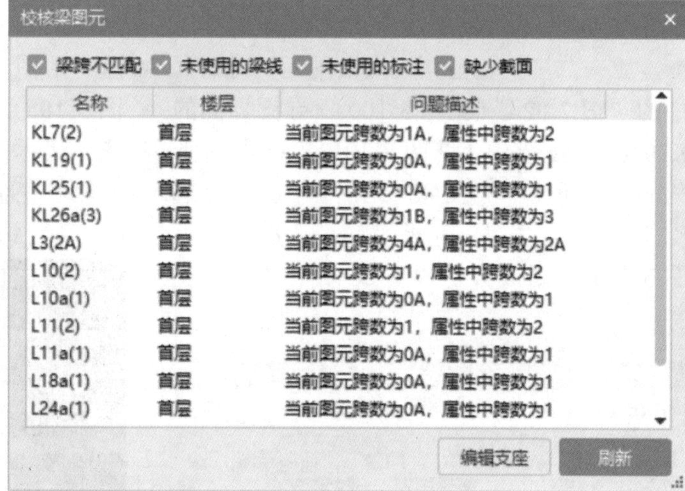

▲ 图 3-105　单击“刷新”按钮

➤ 第十三步：使用第十二步操作方法分别完成 KL7（2）、KL19（1）、KL25（1）、KL26a（3）、L10（2）、L10a（1）、L11（2）、L11a（1）、L18a（1）、L24a（1）、L29a（1）及 L30a（1）的支座编辑。需要注意的是，L29a（1）及 L30a（1）的跨数应为 2 跨而非集中标注中的 1 跨，设置支座时应按 2 跨设置（见图 3-106 和图 3-107）。

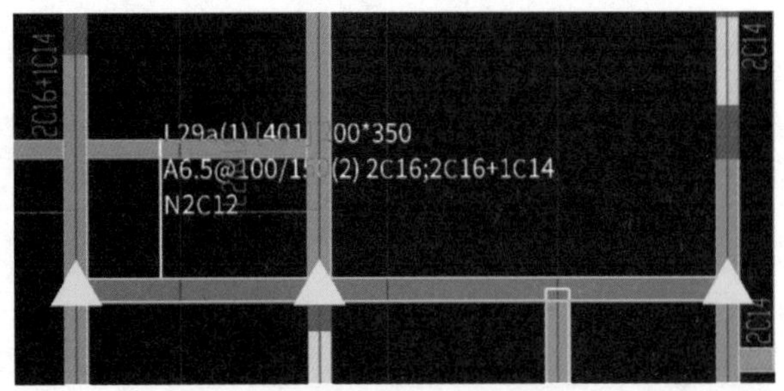

▲图 3-106　梁 L29a（1）支座设置

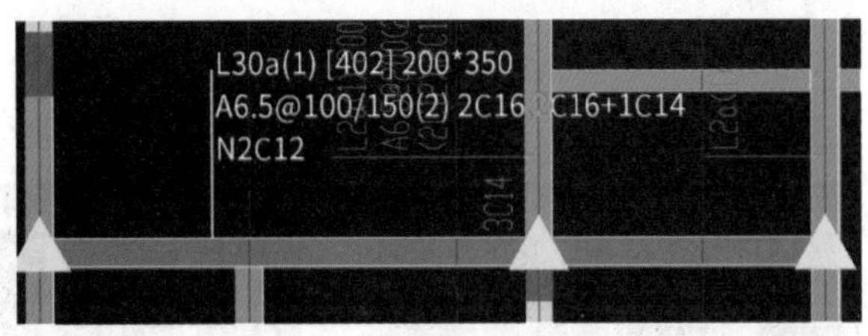

▲图 3-107　梁 L30a（1）支座设置

➤ 第十四步：单击“校核梁图元”对话框中的“刷新”按钮，对话框中的信息只剩下 L3（2A）、L29a（1）及 L30a（1）。因 L29a（1）及 L30a（1）已修改过，错误提示是设计图标注跨数错误所致，故不用再调整。接下来对 L3（2A）设置支座。双击“校核梁图元”对话框中的“L3（2A）”（见图 3-108），导图界面的 L3（2A）被选中（见图 3-109）。单击“校核梁图元”对话框中的“编辑支座”按钮（见图 3-110），单击从上往下数第三个支座（见图 3-111），则该支座被取消（见图 3-112）。单击从上往下数第四个支座（见图 3-113），则该支座被取消（见图 3-114）。单击“校核梁图元”对话框中的“刷新”按钮，则 L3（2A）的错误提示消失（见图 3-115）。

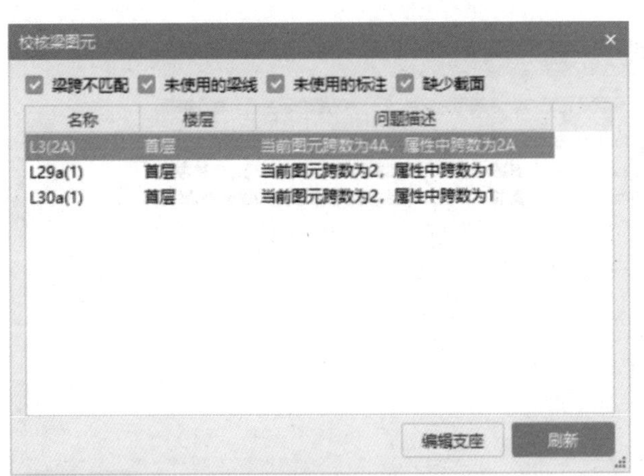

▲图 3-108　双击“校核梁图元”对话框中的“L3（2A）”

▲图 3-109　选中导图界面的 L3（2A）

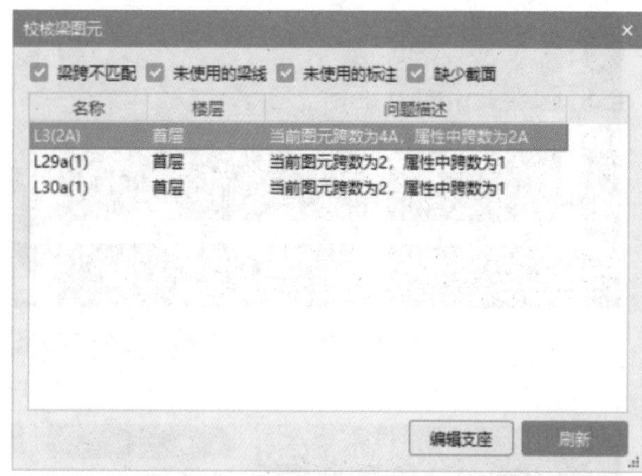

◀图 3-110
单击提示框中的“编辑支座”按钮

▲图 3-111
单击从上往下数第三个支座

▲图 3-112
从上往下数第三个支座被取消

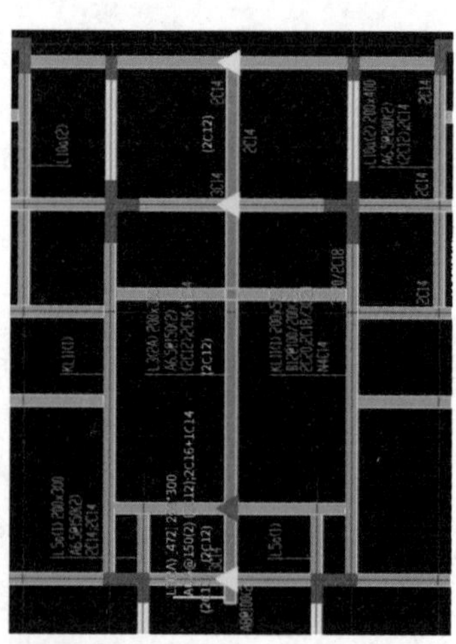

▲图 3-113
单击从上往下数第四个支座

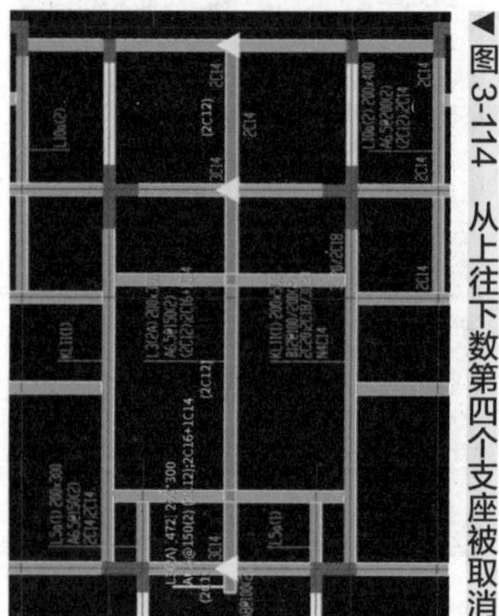

◀图 3-114 从上往下数第四个支座被取消

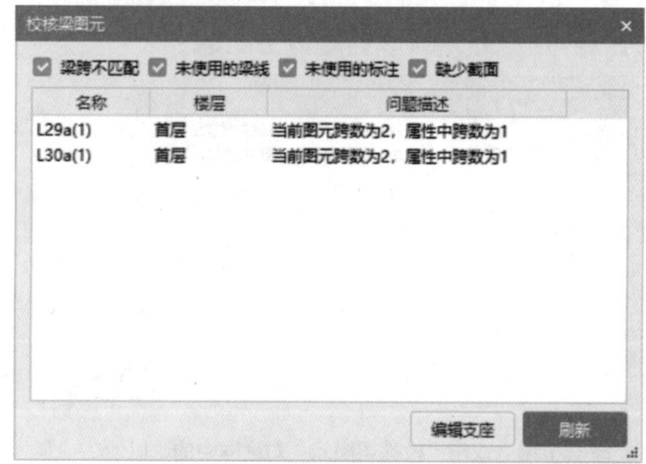

▲图 3-115 L3（2A）的错误提示消失

第十五步：单击“自动识别原位标注”下的“点选识别原位标注”（见图3-116），此步操作只点选有原位标注的梁。选中①轴上的梁LL1（1）（见图3-117），单击1跨左支座原位标注“3C14”（见图3-118），右键确认，则1跨左支座原位标注“3C14”识别成功（见图3-119）。因梁LL1（1）只有一处原位标注，故其原位标注已点选完毕。

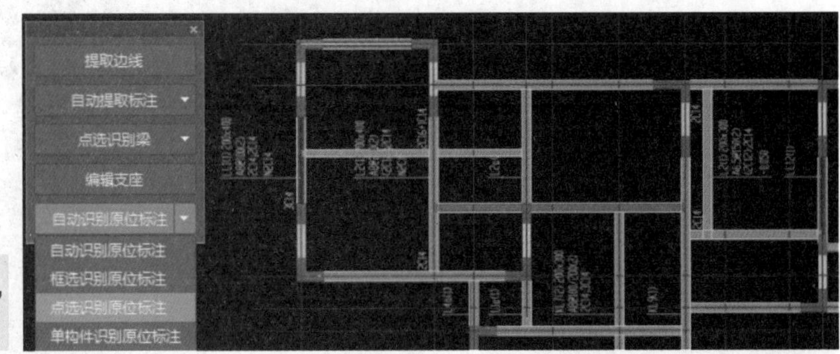

▶图3-116
单击“自动识别原位标注”下的“点选识别原位标注”

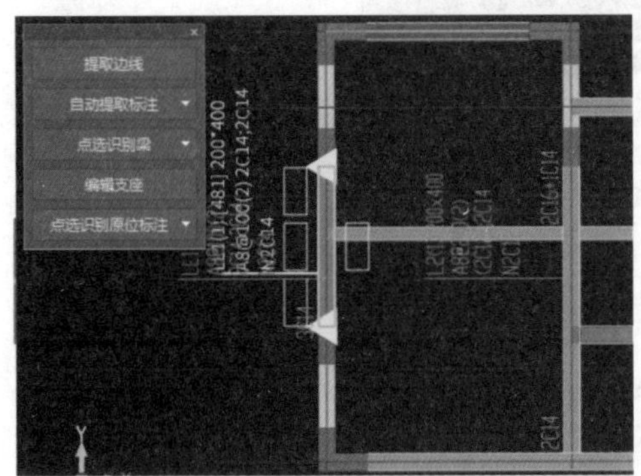

▲图3-117　选中①轴上的梁LL1（1）

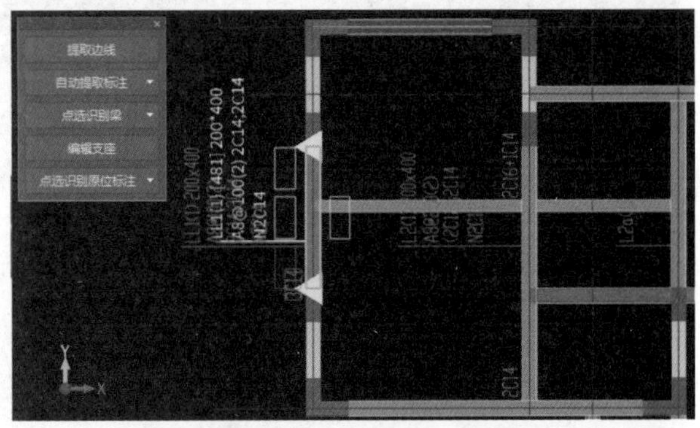

▲图3-118　单击1跨左支座原位标注“3C14”

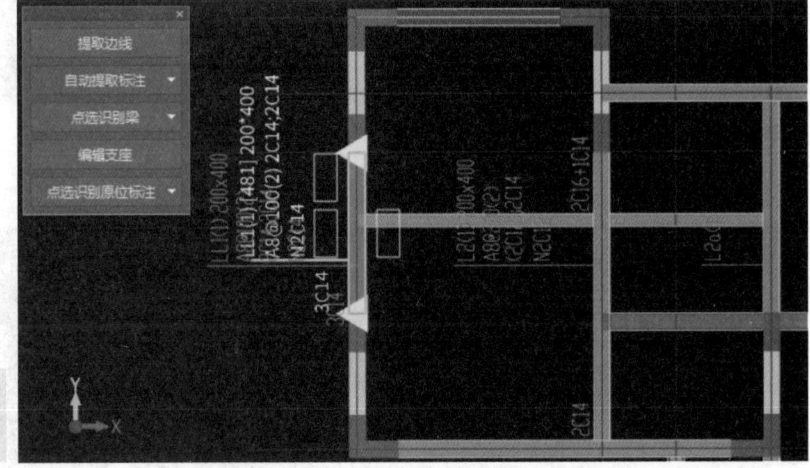

▶图3-119
1跨左支座原位标注“3C14”识别成功

第十六步：使用第十五步操作方法完成Y方向剩余梁的原位标注。需注意的是，在此步骤，只对有原位标注的梁进行“点选识别原位标注”的操作，图样设计没有体现原位标注的暂不处理（见图 3-120）。

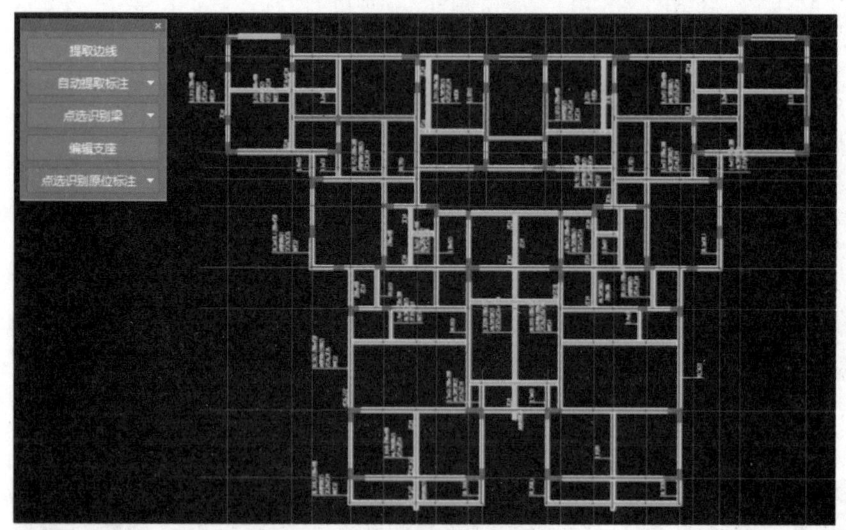

▲ 图 3-120 有原位标注的 Y 方向梁点选识别完毕

第十七步：单击右上角的“应用到同名梁”按钮（见图 3-121），在弹出的选择框中选择“同名称未提取跨梁”（见图 3-122），依次处理已进行过“点选识别原位标注”的Y方向梁（连梁除外，其标志为 LL），左键选中，右键确认（见图 3-123）。

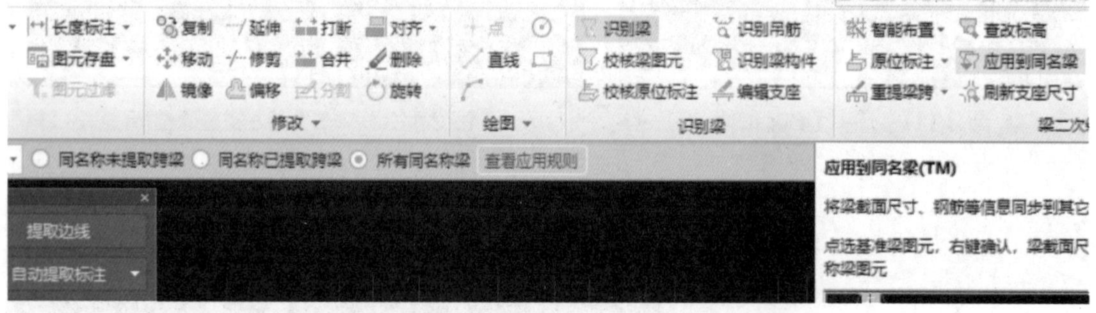

▲ 图 3-121 单击右上角的“应用到同名梁”按钮

▲ 图 3-122 在弹出的选择框中选择“同名称未提取跨梁”

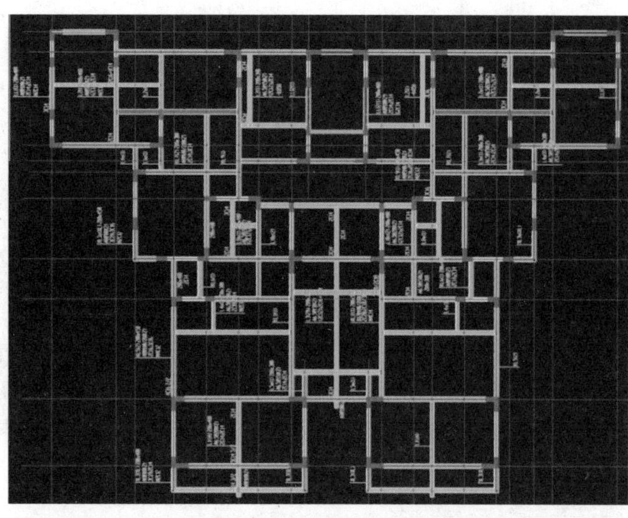

▲ 图 3-123　依次处理已进行过“点选识别原位标注”的梁

➤ 第十八步：将导航树切换到“连梁（G）”界面（见图 3-124），单击右上角的“应用到同名梁”按钮（见图 3-125），在弹出的选择框中选择“同名称未提取跨连梁”（见图 3-126），依次处理已进行过“点选识别原位标注”的梁 LL1（1），依次左键选中，右键确认，最终完成 Y 方向连梁“应用到同名梁”操作（见图 3-127）。

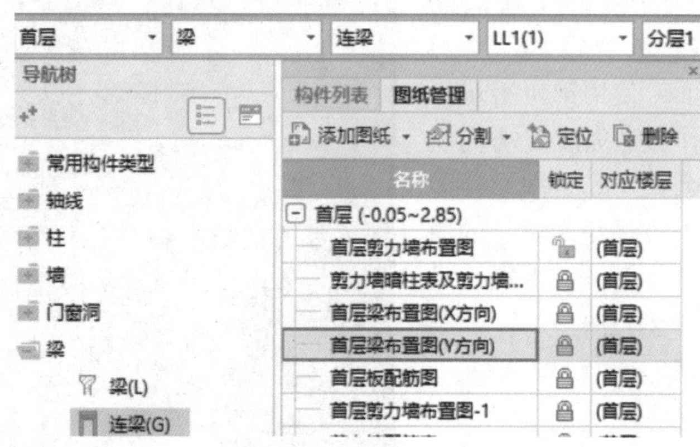

▲ 图 3-124　切换到“连梁（G）”界面

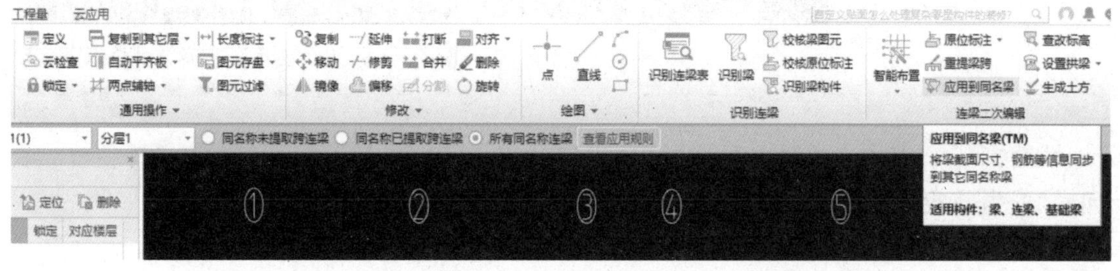

▲ 图 3-125　单击右上角的“应用到同名梁”按钮

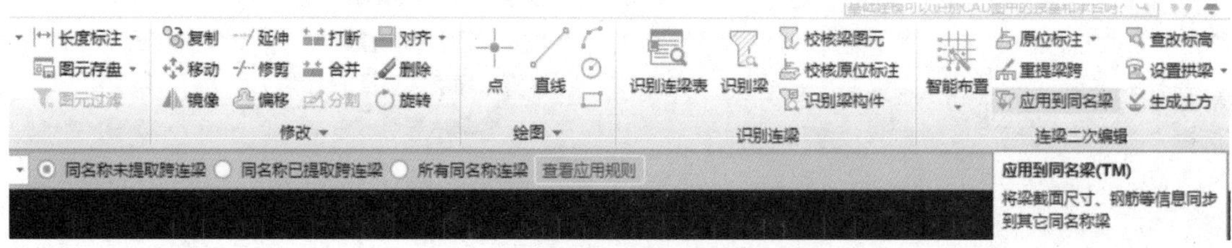

▲ 图 3-126　在弹出的选择框中选择“同名称未提取跨连梁”

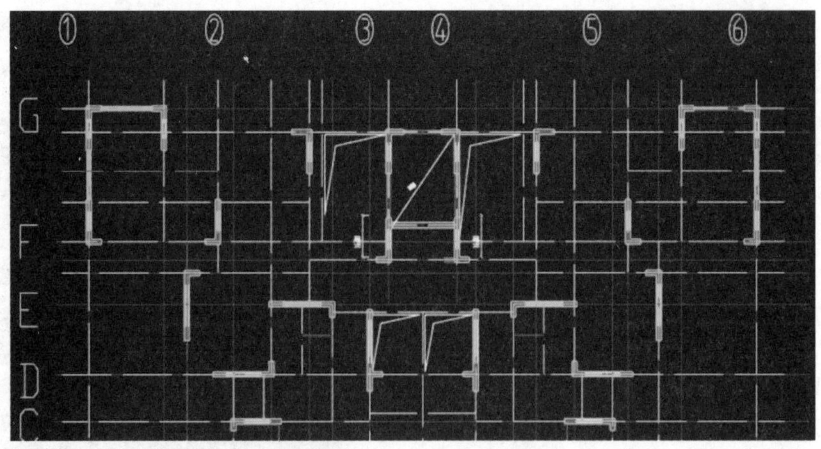

▶图 3-127
完成 Y 方向连梁“应用到同名梁”操作

➤ 第十九步：切换到“梁（L）”界面，使用第十五步操作方法完成 Y 方向剩余梁（即图样设计无原位标注的梁）的原位标注（含连梁，见图 3-128）。

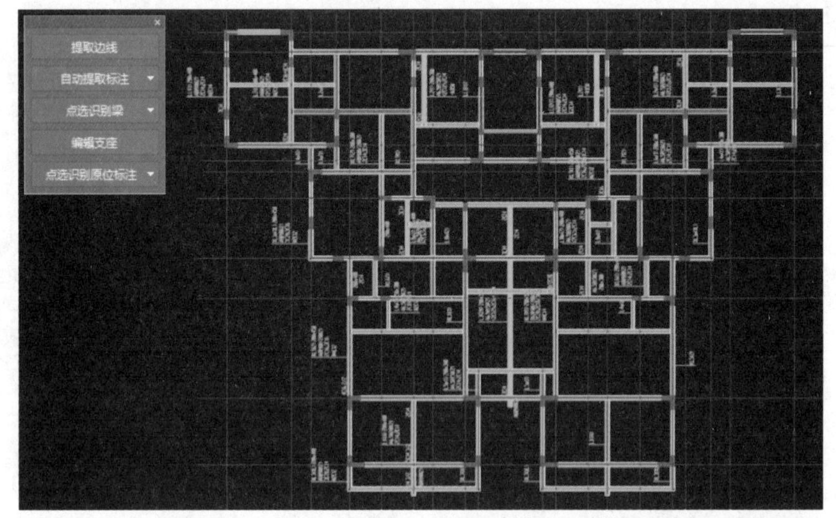

▲图 3-128 无原位标注的 Y 方向梁点选识别完毕

➤ 第二十步：双击“首层梁布置图（X 方向）”，将其选定为当前图样（见图 3-129）。

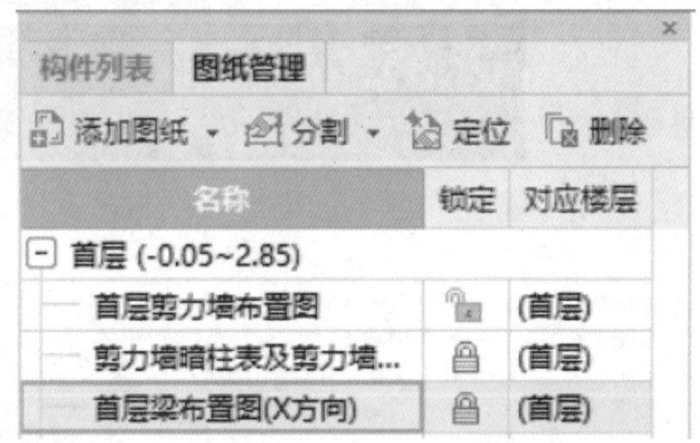

▶图 3-129
选择“首层梁布置图（X 方向）”为当前图样

第二十一步：单击“识别梁”按钮，弹出“识别梁”对话框（见图3-130）。

▲ 图3-130 X方向有原位标注的梁点选识别完毕

第二十二步：使用第十五、十六步操作方法，完成X方向有原位标注的梁的“点选识别原位标注”操作（见图3-131）。

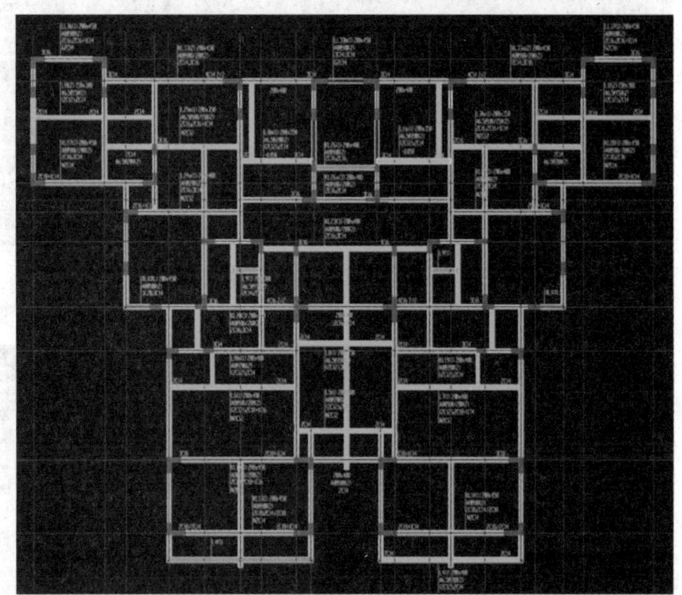

▲ 图3-131 有原位标注的X方向梁点选识别完毕

第二十三步：使用第十七步操作方法，依次处理已进行过“点选识别原位标注”的X方向梁（连梁除外，其标志为LL，见图3-132）。

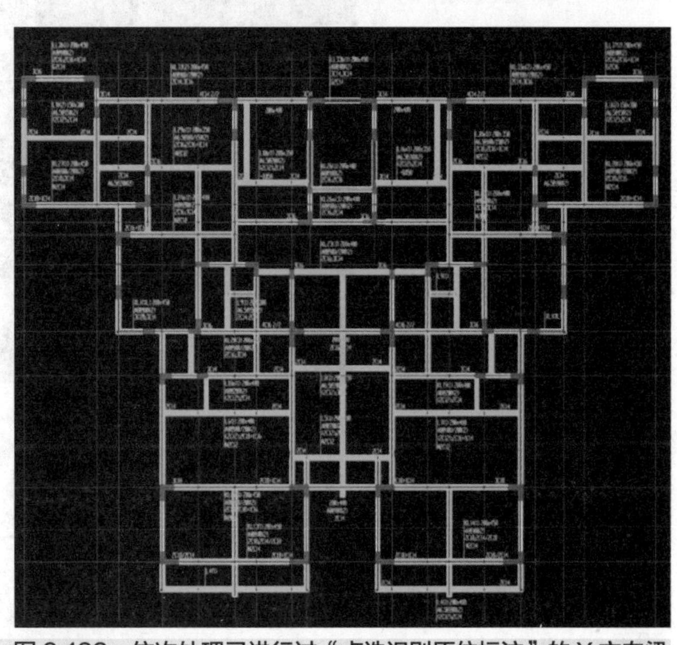

▲ 图3-132 依次处理已进行过“点选识别原位标注”的X方向梁

第二十四步：将导航树切换到“连梁（G）”界面，完成X方向连梁“应用到同名梁”操作（见图3-133）。

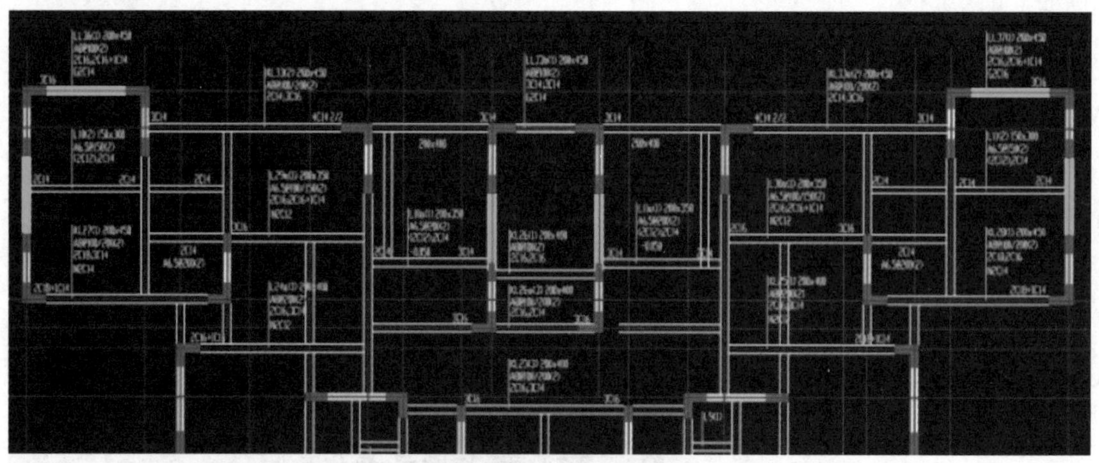

▲图 3-133 完成 X 方向梁“应用到同名梁”操作

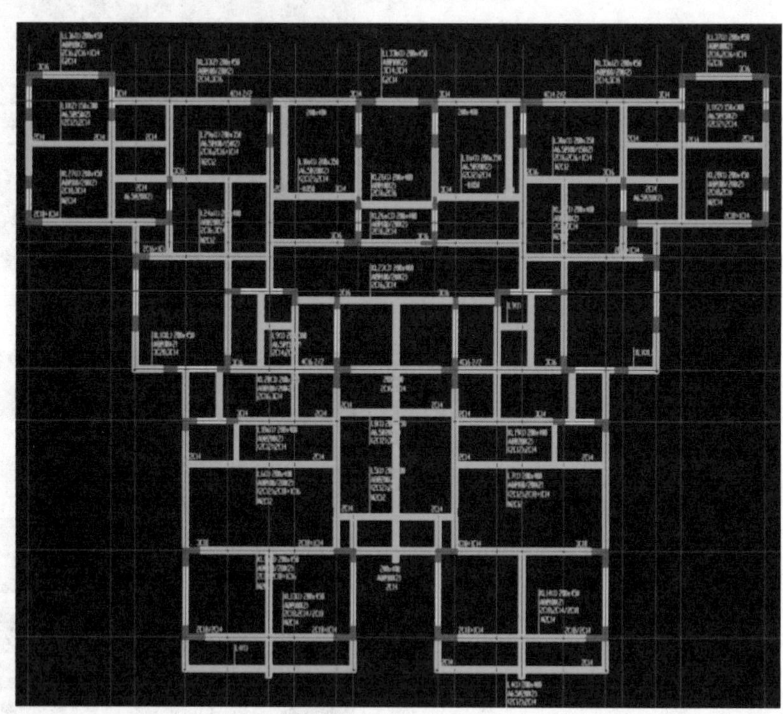

▲图 3-134 无原位标注的 X 方向梁点选识别完毕

第二十五步：切换到“梁（L）”界面，完成X方向剩余梁（即图样设计无原位标注的梁）的原位标注（含连梁，见图3-134）。

第二十六步：使用本项目任务六所示操作方法，将首层梁布置图（X方向）再次从“××小区6号楼_t3”中分割出来，名称修改为“首层梁布置图（X方向）-1”，对应楼层选择为“首层”（见图3-135）。读者也可采用本项目任务九第一步中“图层管理”的操作方法调出图层。

第二十七步：双击“首层梁布置图（X方向）-1”，将其选定为当前图样（见图3-136）。

构件列表	图纸管理	
添加图纸 · 分割 · 定位 删除		
名称	锁定	对应楼层
⊟ 首层 (-0.05~2.85)		
首层剪力墙布置图		(首层)
剪力墙暗柱表及剪力墙...		(首层)
首层梁布置图(X方向)		(首层)
首层梁布置图(Y方向)		(首层)
首层板配筋图		(首层)
首层剪力墙布置图-1		(首层)
剪力墙配筋表		(首层)
首层剪力墙布置图-2		(首层)
首层梁布置图(X方向)-1		(首层)

▲ 图 3-135
首层梁布置图（X 方向）再次分割成功

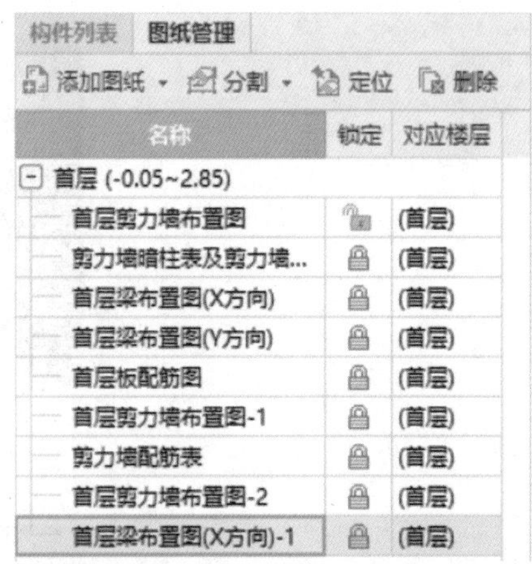

▲ 图 3-136
选择“首层梁布置图（X 方向）-1”为当前图样

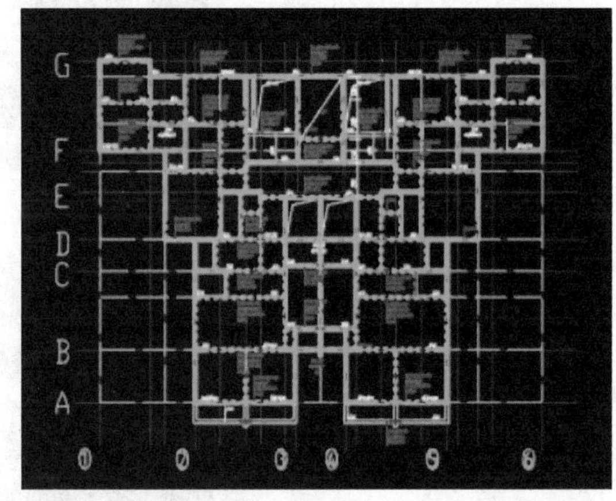

▲ 图 3-137 “首层梁布置图（X 方向）-1”定位成功

第二十八步：使用第二步操作方法，完成图样“首层梁布置图（X 方向）-1”的定位（见图 3-137）。

第二十九步：在右上角的导航栏单击“识别吊筋”按钮（见图 3-138），在下方弹出的框中选择软件默认的“按图层选择”方式（见图 3-139），单击 CAD 图中的钢筋线（见图 3-140），右键确认，完成钢筋和标注的提取（见图 3-141）。

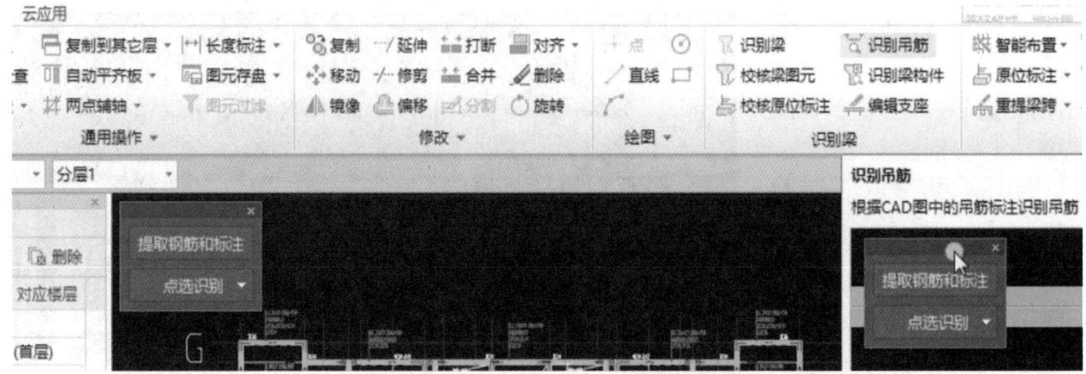

▲ 图 3-138　在右上角导航栏单击“识别吊筋”按钮

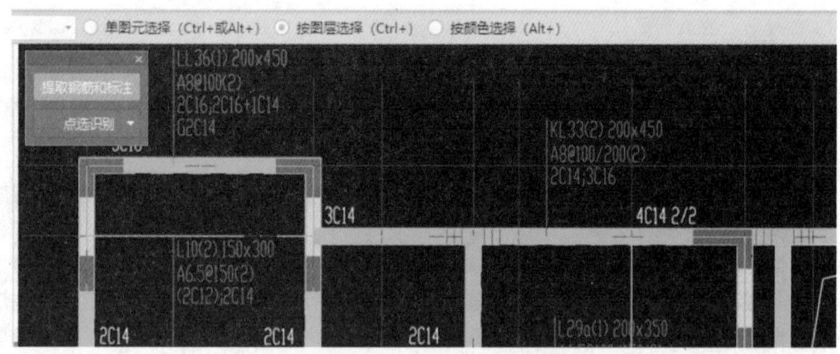

▲ 图 3-139 选择软件默认的“按图层选择”方式

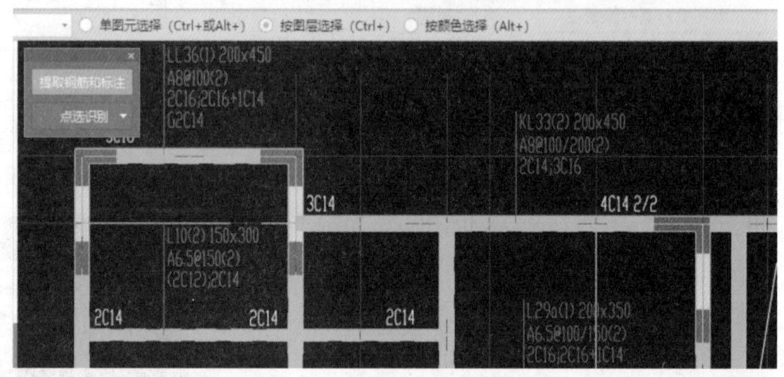

▲ 图 3-140 单击 CAD 图中的钢筋线

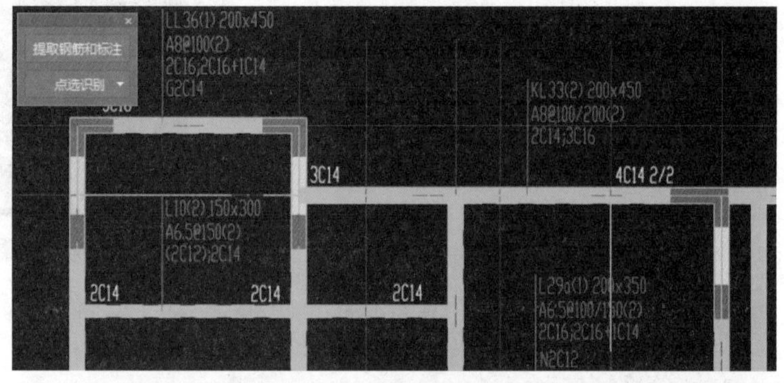

▲ 图 3-141 钢筋和标注提取完成

➤ 第三十步：单击“点选识别”下的“自动识别”（见图 3-142），在“识别吊筋”对话框中“无标注的吊筋信息”“无标注的次梁加筋”栏分别输入“0”“6”（见图 3-143）。单击“确定”按钮，则吊筋识别成功（见图 3-144）。再次单击“提示”框中的“确定”按钮，完成 X 方向梁吊筋识别（见图 3-145）。

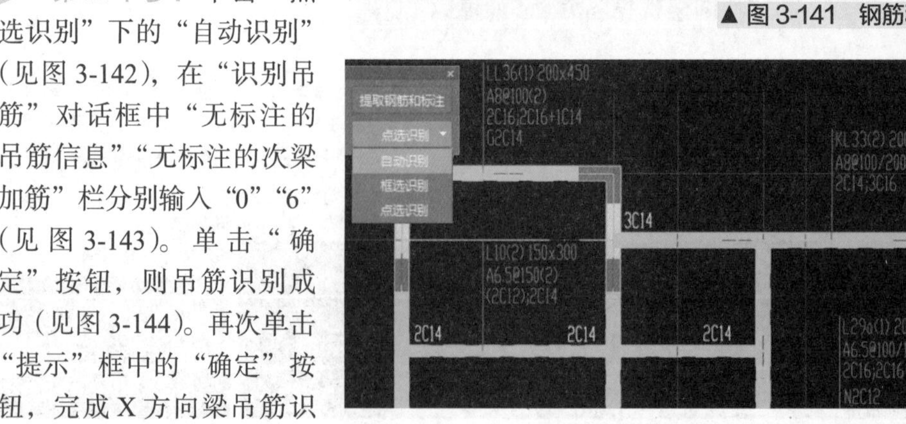

▲ 图 3-142 单击“点选识别”下的“自动识别”

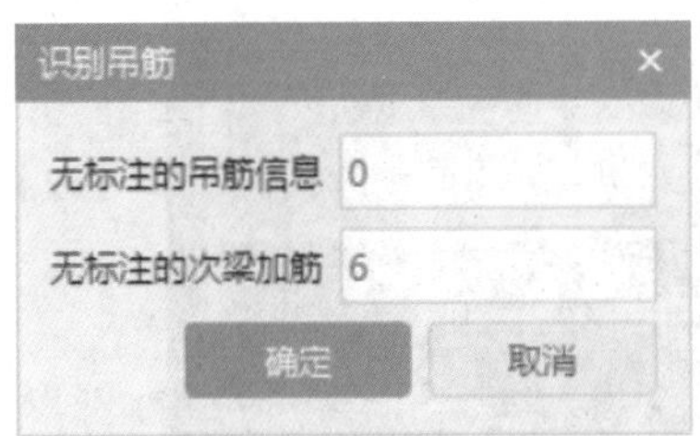

▲ 图 3-143
在“识别吊筋”对话框中分别输入“0”“6”

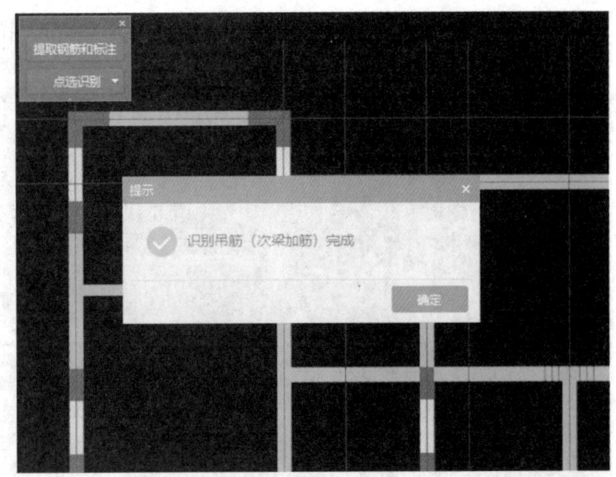

▲ 图 3-144　吊筋识别成功提示

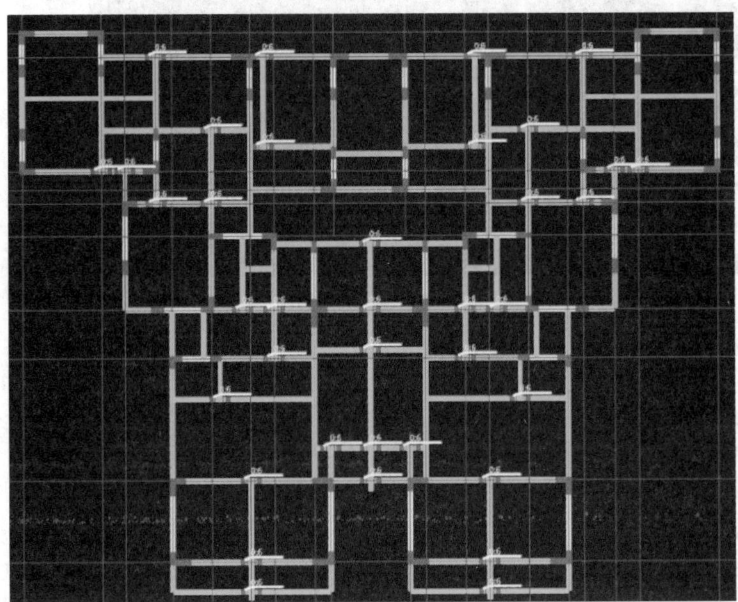

▲ 图 3-145　首层 X 方向梁吊筋识别完成

➤ 第三十一步：使用第二十六 ~ 三十步操作，依次完成图样分割（见图 3-146）、定位及 Y 方向梁吊筋识别（见图 3-147）。

至此，梁识别全部完成。

▲ 图 3-146　图样“首层梁布置图（Y 方向）-1”分割

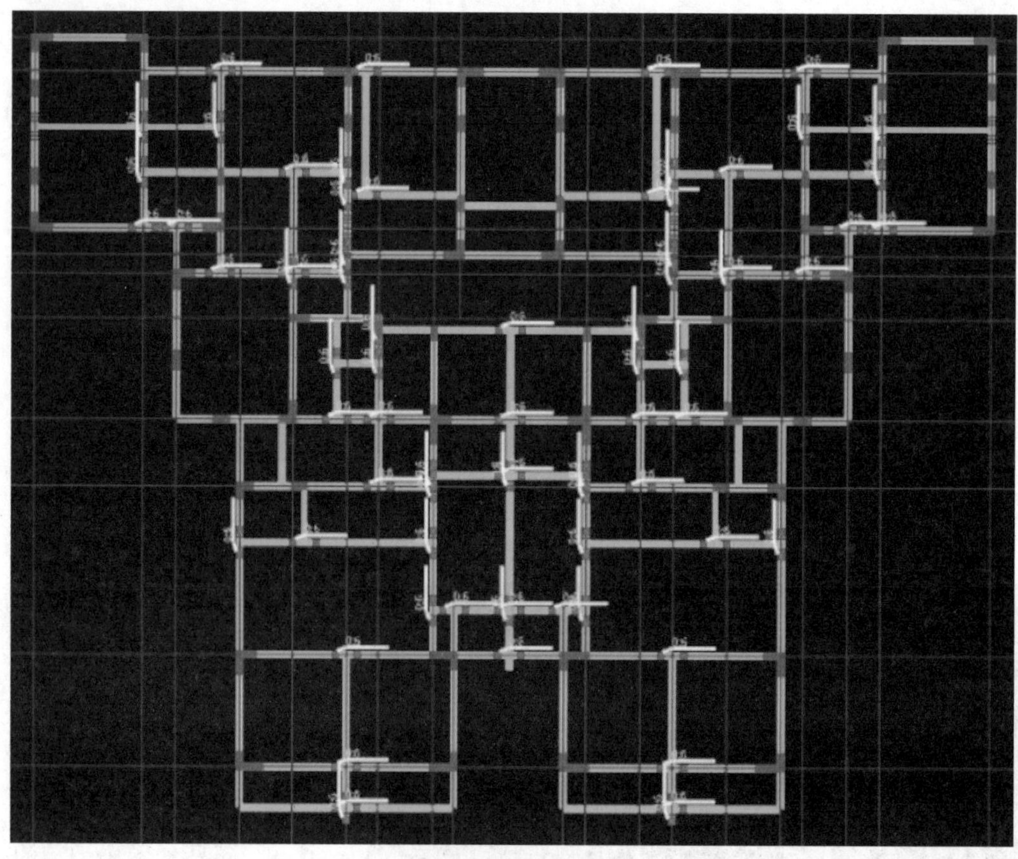

▲图 3-147 首层 Y 方向梁吊筋识别完成

任务十三 识别板

➤ 第一步：双击“首层板配筋图”，将其选定为当前图样（见图 3-148）。

➤ 第二步：选择“图纸管理”界面中的“定位”按钮，使用前述操作完成图样“首层板配筋图”的定位（见图 3-149）。

➤ 第三步：单击导航树“板”前面的“+”号，选择“现浇板（B）”界面（见图 3-150）。在该界面单击右上角的“识别板”按钮（见图 3-151）。

构件列表　图纸管理

添加图纸 ▾　分割 ▾　定位　删除

名称	锁定	对应楼层
⊟ 首层 (-0.05~2.85)		
首层剪力墙布置图		(首层)
剪力墙暗柱表及剪力墙...		(首层)
首层梁布置图(X方向)		(首层)
首层梁布置图(Y方向)		(首层)
首层板配筋图		(首层)

▲图 3-148 选择“首层板配筋图”为当前图样

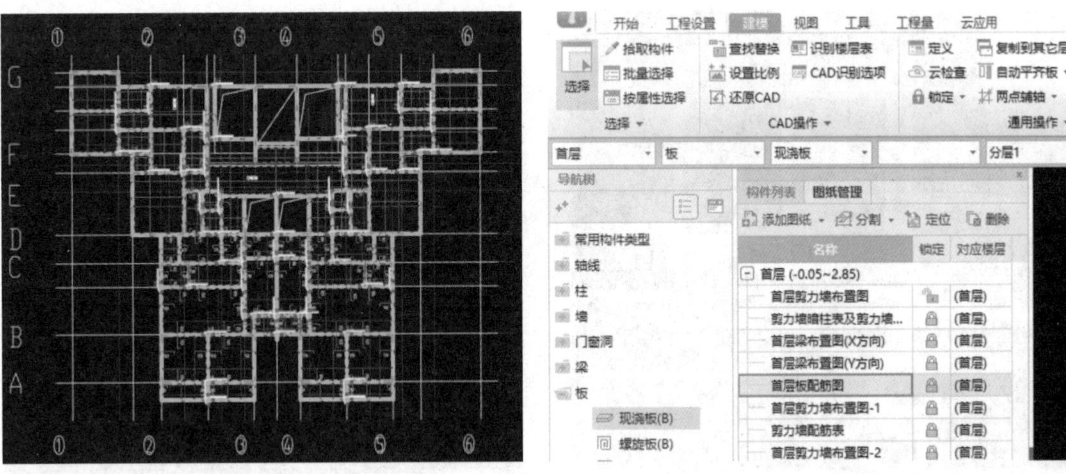

▲图3-149　“首层板配筋图”定位成功　　▲图3-150　切换到“现浇板（B）”界面

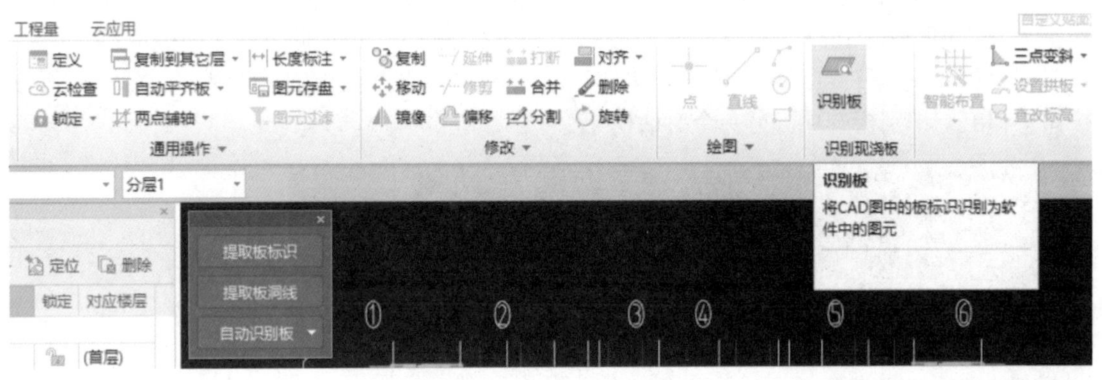

▲图3-151　选中“识别板”

第四步：单击“提取板洞线”，选择软件默认的“按图层选择”方式（见图3-152）。

第五步：单击板洞线，则同图层的板洞线被选中（见图3-153）。单击鼠标右键确认，则板洞线提取成功（见图3-154）。

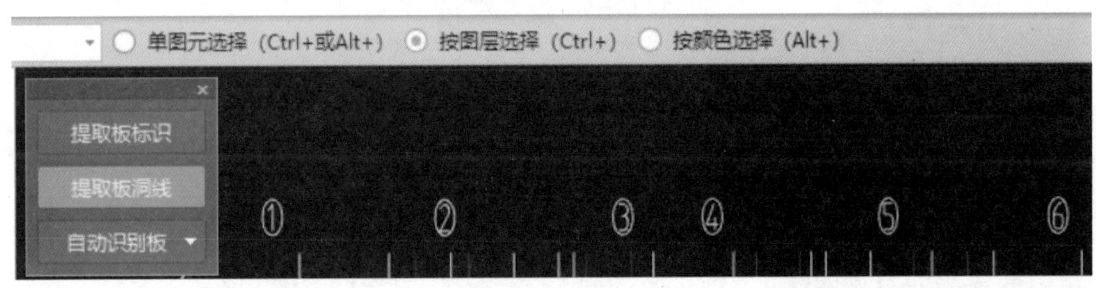

▲图3-152　单击“提取板洞线”

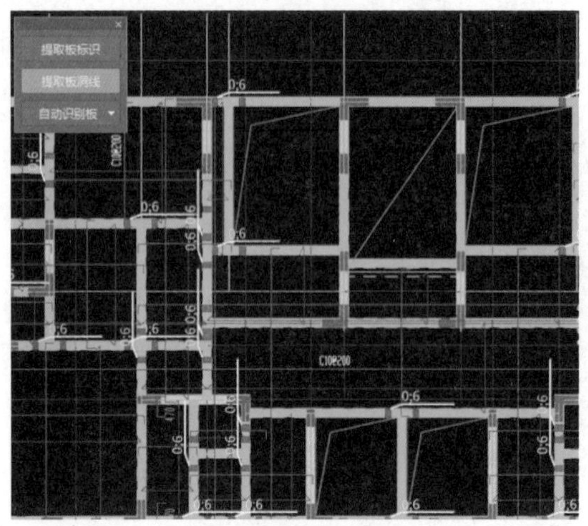

▲ 图 3-153 单击 CAD 图中的板洞线

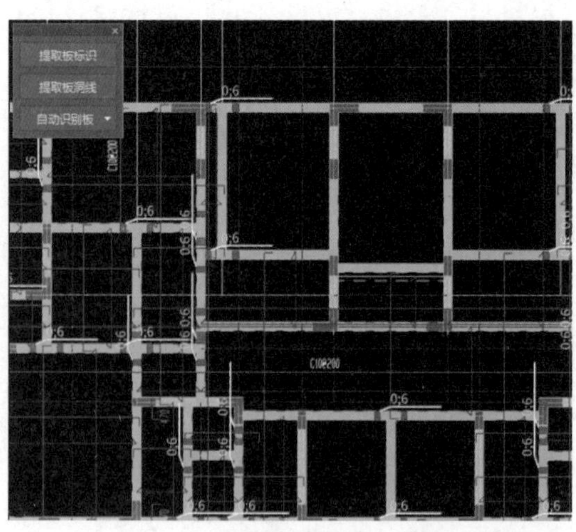

▲ 图 3-154 板洞线提取成功

第六步：单击“自动识别板”下的“自动识别板”（见图 3-155），弹出“识别板选项”对话框 1（见图 3-156a）。单击“确定”按钮，弹出“识别板选项”另一个对话框 2，在对话框 2 中分别输入“首层板”“120”（见图 3-156b）。单击对话框 2 中的“确定”按钮，完成首层板识别（见图 3-157）。

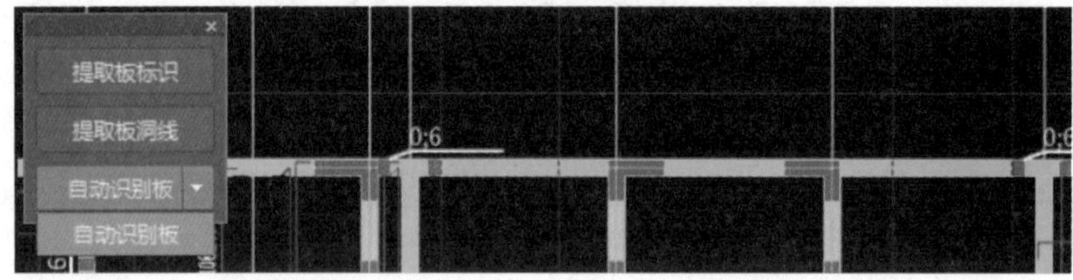

▲ 图 3-155 单击“自动识别板”

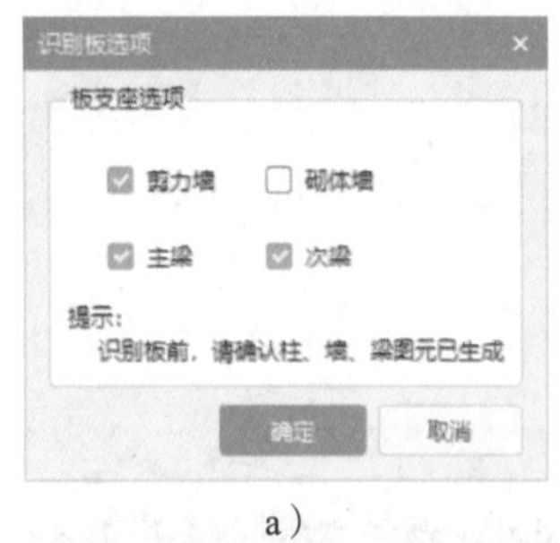

a）

识别板选项

构件信息

	名称	厚度(mm)
1	首层板	120

确定 取消

b）

▲ 图 3-156 “识别板选项”对话框

第七步：单击选中图 3-157 中楼梯间的板，按“Delete”键删除。选中所有板（见图 3-158），单击鼠标右键，在弹出的菜单栏中选择“属性（P）”（见图 3-159），弹出“属性列表”（见图 3-160）。点开“钢筋业务属性”下的“马凳筋参数”，弹出“马凳筋设置”对话框（见图 3-161）。在“马凳筋设置”对话框中输入马凳筋参数，单击“确定”按钮，完成首层板的属性修改（见图 3-162）。

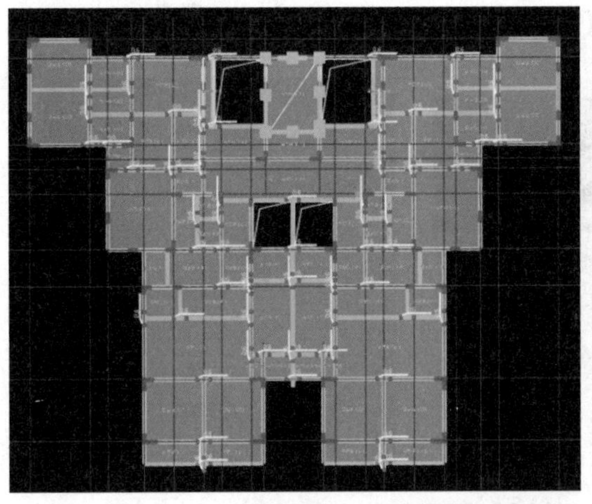

▲ 图 3-157　首层板识别完成

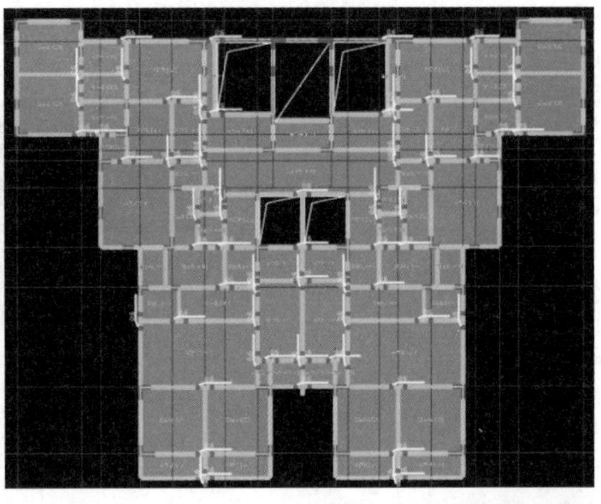

▲ 图 3-158　选中所有板

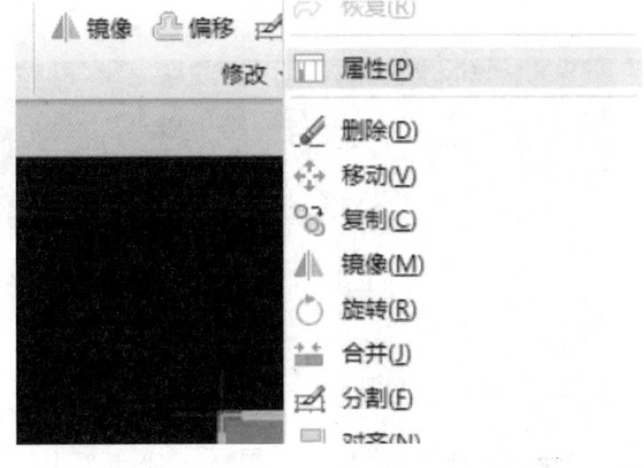

▲ 图 3-159　单击菜单栏中“属性（P）”

▲ 图 3-160　“属性列表”对话框

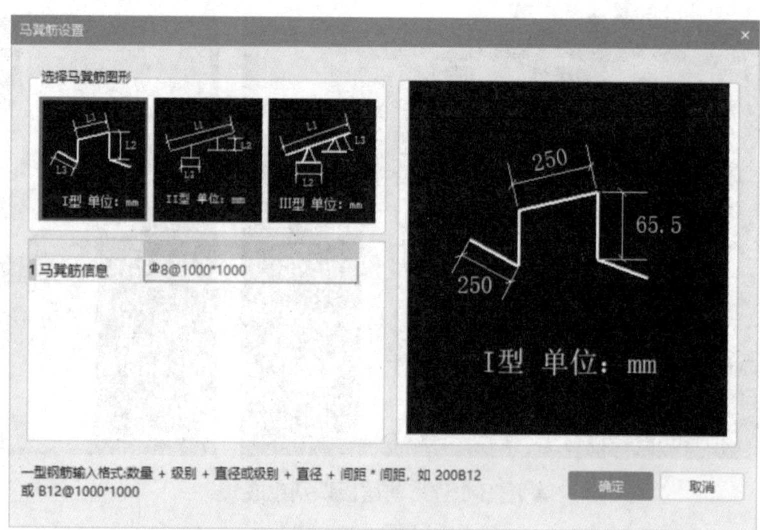

►图 3-161
在对话框中输入马凳筋参数

此处板配筋图中无板标注，故跳过“提取板标注”步骤。

首层板识别

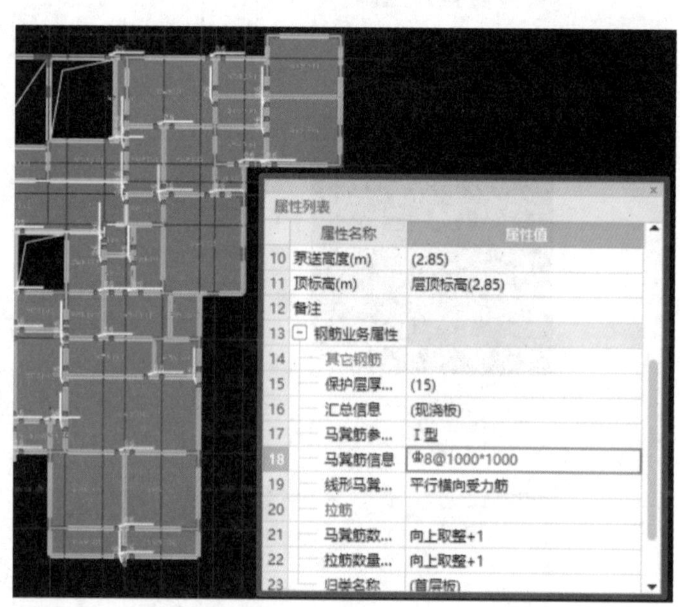

▲图 3-162 首层板的属性修改完成

任务十四 识别板筋

第一步：使用本项目任务六所述操作方法，将首层板配筋图再次从“××小区 6 号楼 _t3”中分割出来，名称确定为“首层板配筋图 -1”，对应楼层选择为“首层”（见图 3-163）。读者也可采用本项目任务九第一步中“图层管理”的操作方法调出图层。

➤ 第二步：双击“首层板配筋图-1”，将其选定为当前图样（见图3-164）。按前述操作方法完成图样定位（见图3-165）。

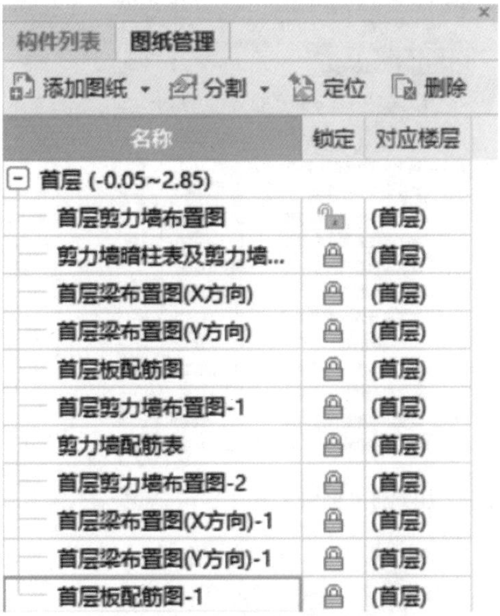

构件列表　图纸管理

添加图纸 ▾　分割 ▾　定位　删除

名称	锁定	对应楼层
⊟ 首层(-0.05~2.85)		
首层剪力墙布置图		(首层)
剪力墙暗柱表及剪力墙...		(首层)
首层梁布置图(X方向)		(首层)
首层梁布置图(Y方向)		(首层)
首层板配筋图		(首层)
首层剪力墙布置图-1		(首层)
剪力墙配筋表		(首层)
首层剪力墙布置图-2		(首层)
首层梁布置图(X方向)-1		(首层)
首层梁布置图(Y方向)-1		(首层)
首层板配筋图-1		(首层)

▲ 图3-163　将首层板配筋图再次分割出来

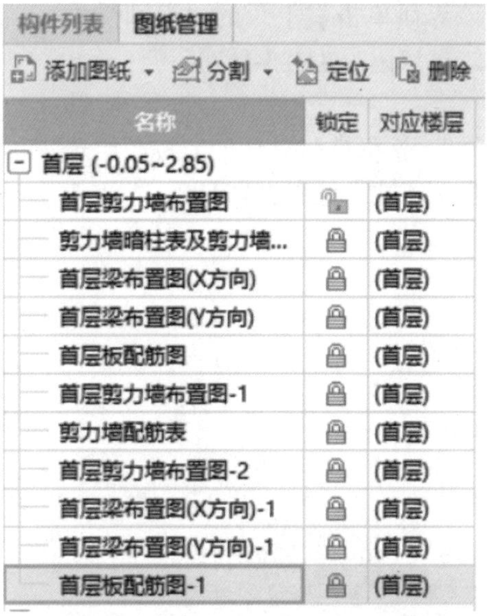

构件列表　图纸管理

添加图纸 ▾　分割 ▾　定位　删除

名称	锁定	对应楼层
⊟ 首层(-0.05~2.85)		
首层剪力墙布置图		(首层)
剪力墙暗柱表及剪力墙...		(首层)
首层梁布置图(X方向)		(首层)
首层梁布置图(Y方向)		(首层)
首层板配筋图		(首层)
首层剪力墙布置图-1		(首层)
剪力墙配筋表		(首层)
首层剪力墙布置图-2		(首层)
首层梁布置图(X方向)-1		(首层)
首层梁布置图(Y方向)-1		(首层)
首层板配筋图-1		(首层)

▲ 图3-164
选择“首层板配筋图-1”为当前图样

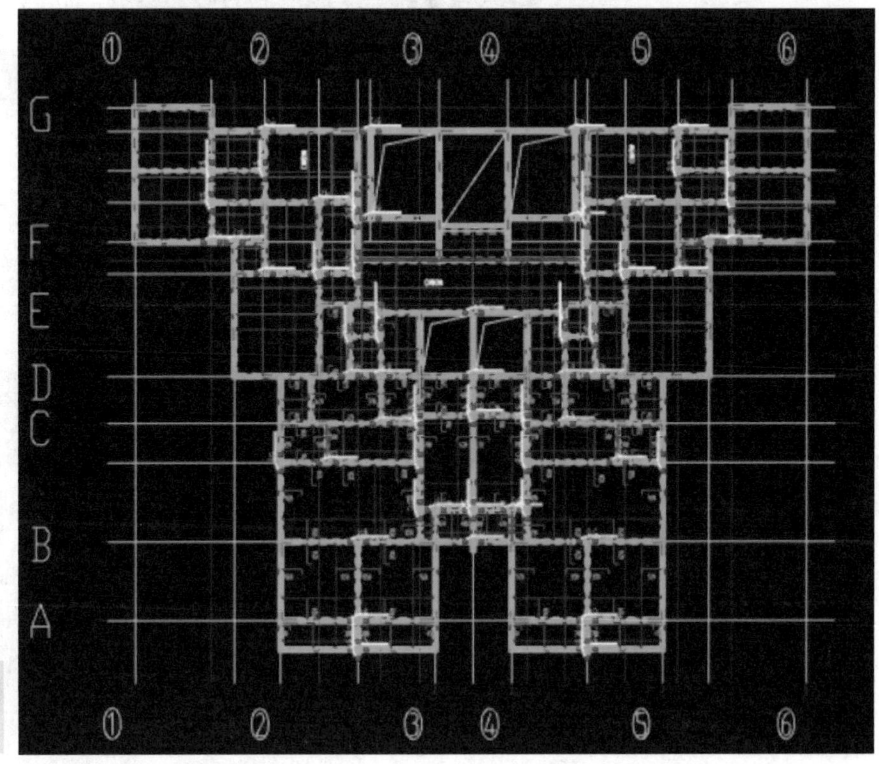

►图3-165
首层板配筋图定位成功

第三步：单击导航树“板”前面的“+”号，选择“板受力筋（S）”界面（见图 3-166）。在该界面单击右上角的“识别受力筋”按钮（见图 3-167）。

第四步：单击“提取板筋线”，选择软件默认的“按图层选择”方式（见图 3-168）。

▲ 图 3-166　切换到“板受力筋（S）”界面

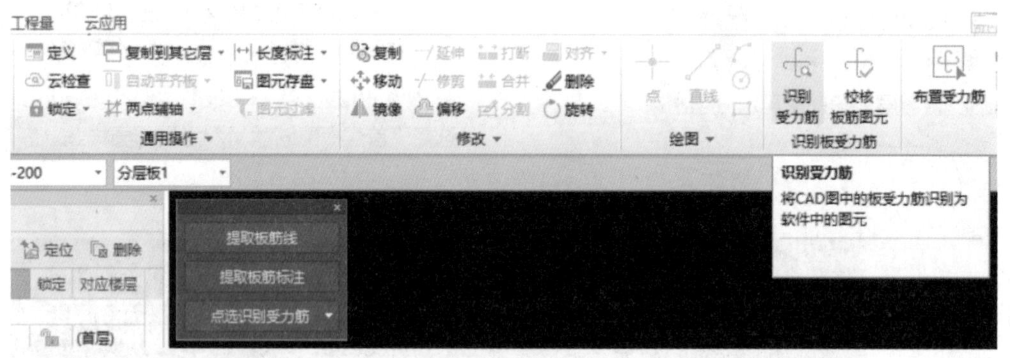

▲ 图 3-167　选中“识别受力筋”

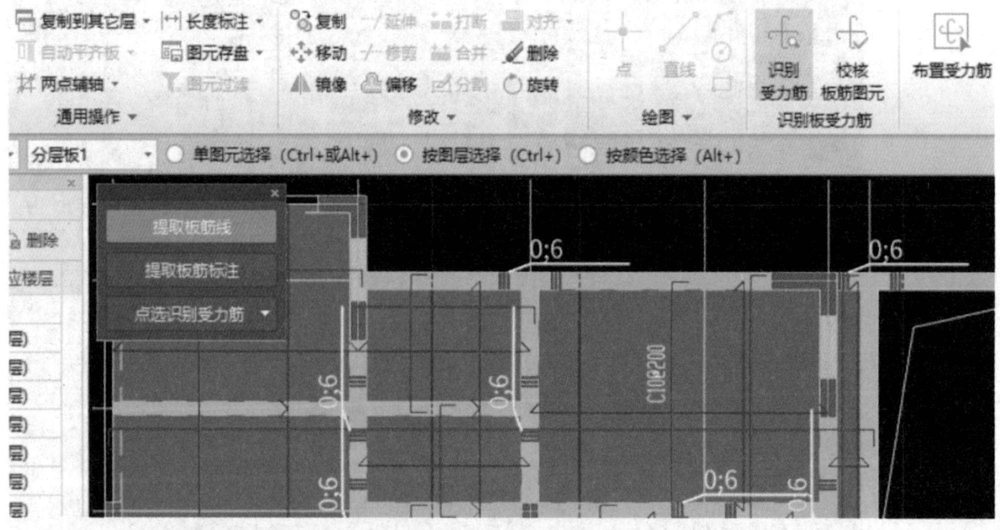

▲ 图 3-168　“按图层选择”方式提取板筋线

第五步：单击受力筋线，则同图层的受力筋线被选中（见图3-169）。单击鼠标右键确认，则受力筋线提取成功（见图3-170）。

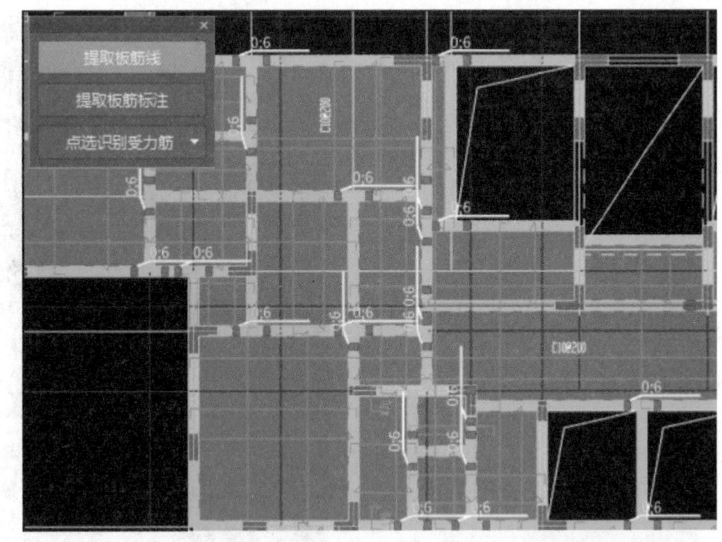

▲图3-169　单击CAD图中的受力筋线

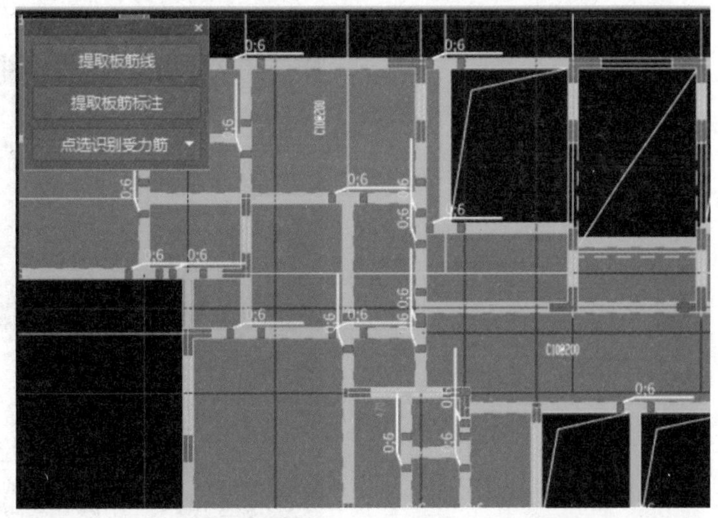

▲图3-170　受力筋线提取成功

第六步：单击“提取板筋标注”，选择软件默认的“按图层选择”方式（见图3-171）。

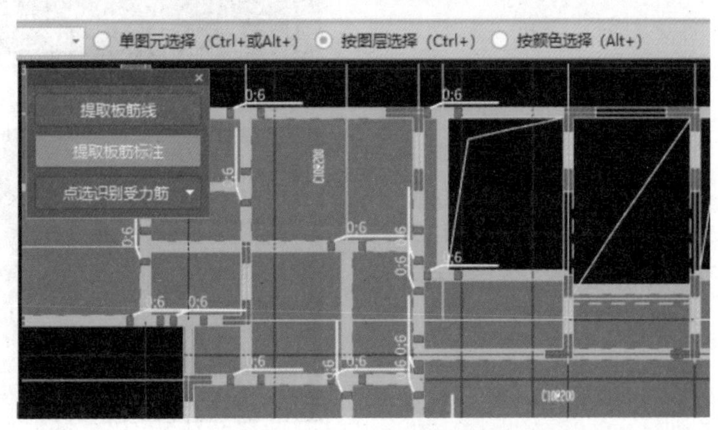

▲图3-171　“按图层选择”方式提取板筋标注

➤ 第七步：单击所有板筋标注，则同图层的板筋标注被选中（见图 3-172）。单击鼠标右键确认，则板筋标注提取成功（见图 3-173）。

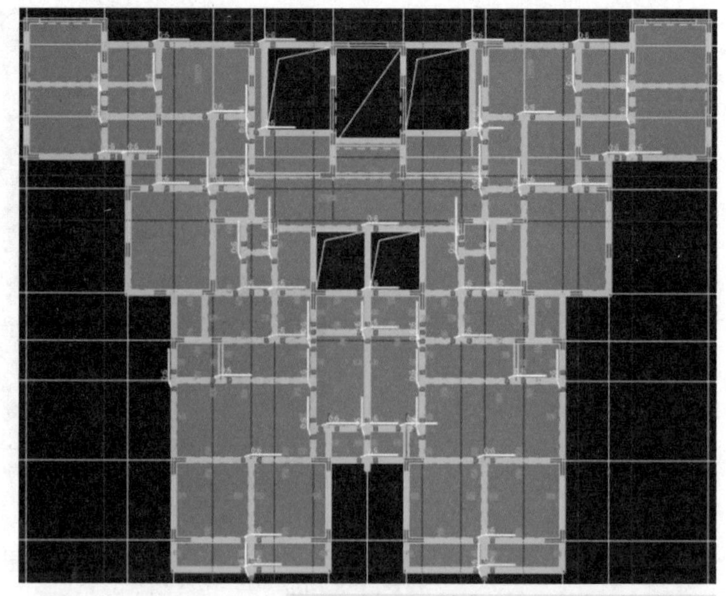

▲ 图 3-172 单击 CAD 图中的板筋标注

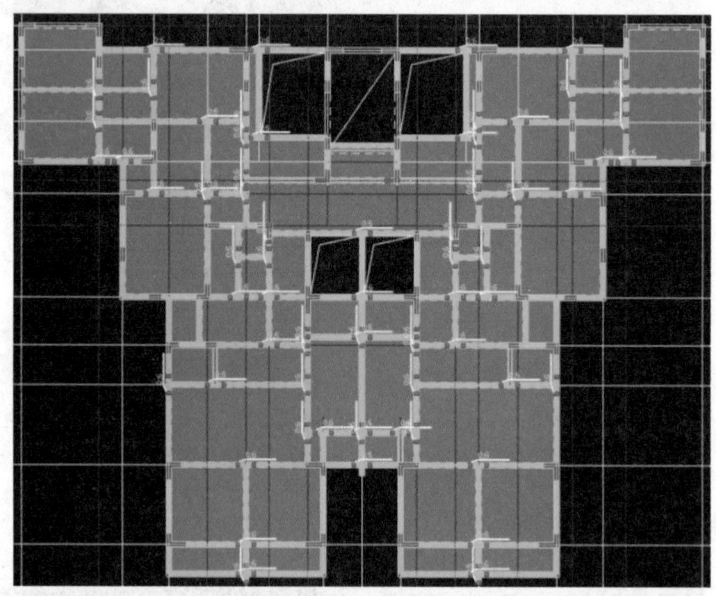

▲ 图 3-173 板筋标注提取成功

➤ 第八步：单击“点选识别受力筋”下的“自动识别板筋”（见图 3-174），弹出“识别板筋选项”对话框（见图 3-175）。在对话框中输入相应信息（见图 3-176），单击“确定”按钮，弹出“自动识别板筋”对话框（见图 3-177）。单击“确定”按钮，软件进行板筋识别，识别完毕后弹出“校核板筋图元”对话框（见图 3-178）。

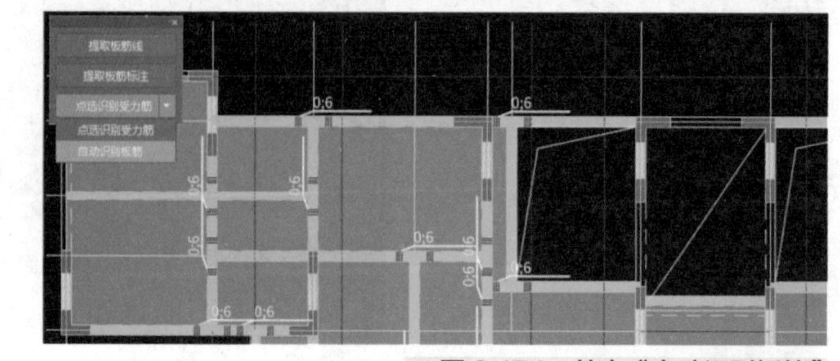

▲ 图 3-174 单击“自动识别板筋”

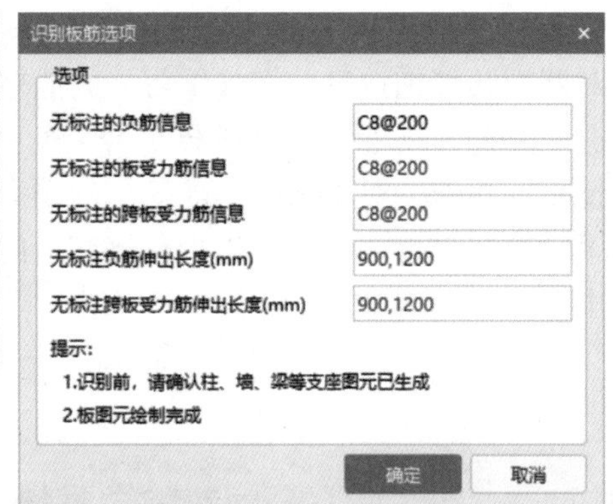

▲图 3-175 “识别板筋选项”对话框

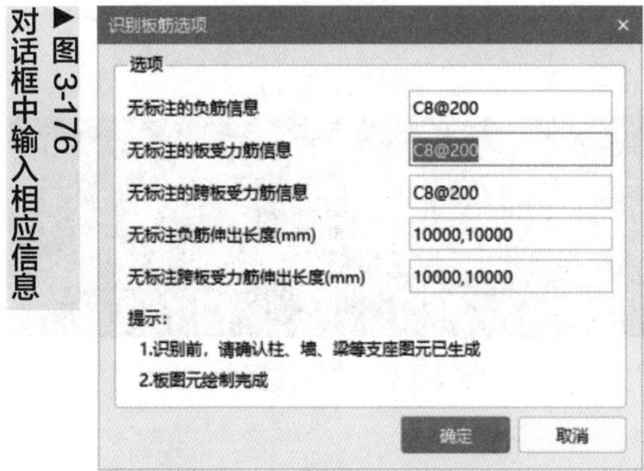

▲图 3-176 对话框中输入相应信息

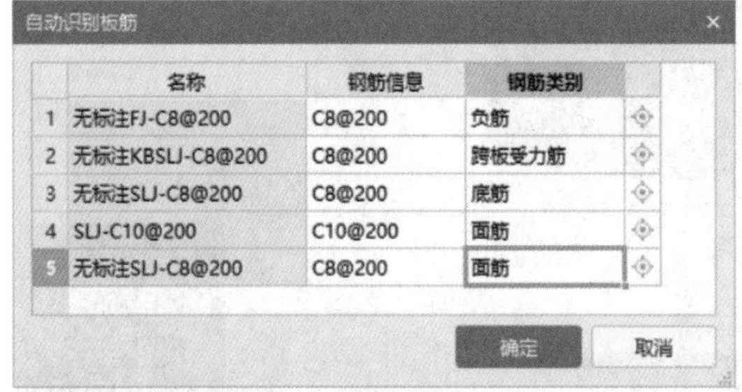

自动识别板筋

	名称	钢筋信息	钢筋类别
1	无标注FJ-C8@200	C8@200	负筋
2	无标注KBSLJ-C8@200	C8@200	跨板受力筋
3	无标注SLJ-C8@200	C8@200	底筋
4	SLJ-C10@200	C10@200	面筋
5	无标注SLJ-C8@200	C8@200	面筋

确定　取消

▲ 图 3-177 “自动识别板筋”对话框

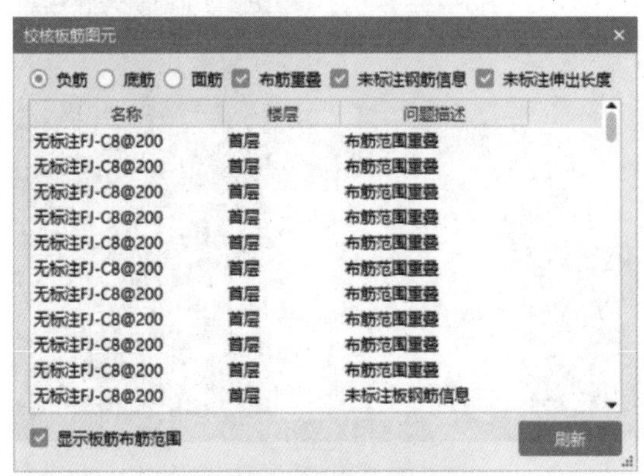

校核板筋图元

负筋　底筋　面筋　布筋重叠　未标注钢筋信息　未标注伸出长度

名称	楼层	问题描述
无标注FJ-C8@200	首层	布筋范围重叠
无标注FJ-C8@200	首层	布筋范围重叠
无标注FJ-C8@200	首层	布筋范围重叠
无标注FJ-C8@200	首层	布筋范围重叠
无标注FJ-C8@200	首层	布筋范围重叠
无标注FJ-C8@200	首层	布筋范围重叠
无标注FJ-C8@200	首层	布筋范围重叠
无标注FJ-C8@200	首层	布筋范围重叠
无标注FJ-C8@200	首层	布筋范围重叠
无标注FJ-C8@200	首层	布筋范围重叠
无标注FJ-C8@200	首层	未标注板钢筋信息

显示板筋布筋范围　刷新

▲ 图 3-178 “校核板筋图元”对话框

第九步：“校核板筋图元”对话框中的错误提示信息为“布筋重叠”“未标注钢筋信息”及“未标注伸出长度”三种。“未标注钢筋信息”是设计图省略标注所致，已按 C8@200 处理，故该错误提示信息无须修改，取消其前面的勾选即可（见图 3-179）。经核查，提示“未标注伸出长度”的负筋及跨板受力筋，其标注长度均识别正确，故取消“未标注伸出长度”前面的勾选即可（见图 3-180）。

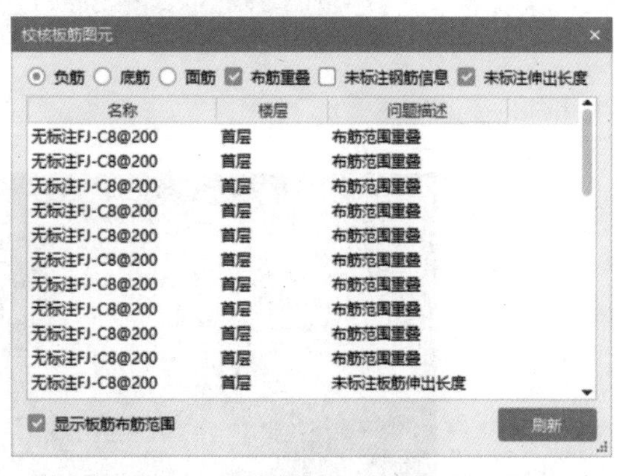

校核板筋图元

负筋　底筋　面筋　布筋重叠　未标注钢筋信息　未标注伸出长度

名称	楼层	问题描述
无标注FJ-C8@200	首层	布筋范围重叠
无标注FJ-C8@200	首层	布筋范围重叠
无标注FJ-C8@200	首层	布筋范围重叠
无标注FJ-C8@200	首层	布筋范围重叠
无标注FJ-C8@200	首层	布筋范围重叠
无标注FJ-C8@200	首层	布筋范围重叠
无标注FJ-C8@200	首层	布筋范围重叠
无标注FJ-C8@200	首层	布筋范围重叠
无标注FJ-C8@200	首层	布筋范围重叠
无标注FJ-C8@200	首层	布筋范围重叠
无标注FJ-C8@200	首层	未标注板筋伸出长度

显示板筋布筋范围　刷新

▲ 图 3-179 调整后的“校核板筋图元”对话框

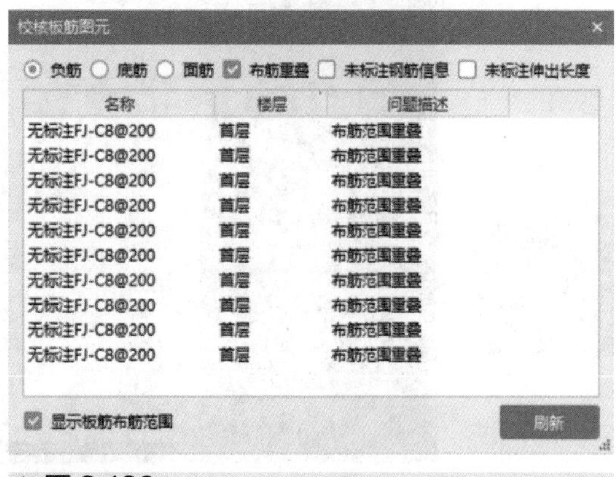

校核板筋图元

负筋　底筋　面筋　布筋重叠　未标注钢筋信息　未标注伸出长度

名称	楼层	问题描述
无标注FJ-C8@200	首层	布筋范围重叠
无标注FJ-C8@200	首层	布筋范围重叠
无标注FJ-C8@200	首层	布筋范围重叠
无标注FJ-C8@200	首层	布筋范围重叠
无标注FJ-C8@200	首层	布筋范围重叠
无标注FJ-C8@200	首层	布筋范围重叠
无标注FJ-C8@200	首层	布筋范围重叠
无标注FJ-C8@200	首层	布筋范围重叠
无标注FJ-C8@200	首层	布筋范围重叠
无标注FJ-C8@200	首层	布筋范围重叠

显示板筋布筋范围　刷新

▲ 图 3-180
再次调整后的“校核板筋图元”对话框

➤ 第十步：调整识别错误的负筋长度，调整面筋的布筋范围，直至“校核板筋图元”对话框中不再显示“布筋重叠”错误信息。单击“查看布筋情况”，弹出“选择受力筋类型”对话框（见图 3-181），使用前述操作方法补画软件漏识别的受力筋及跨板受力筋（见图 3-182）。

板筋范围调整是本节的难点，读者需对照视频仔细揣摩，多加练习，方能较好掌握。此外，读者一定要学会使用“查看布筋情况”功能，对于软件未能识别的受力筋要手动绘制上去，坚决杜绝少算钢筋量的情况出现。

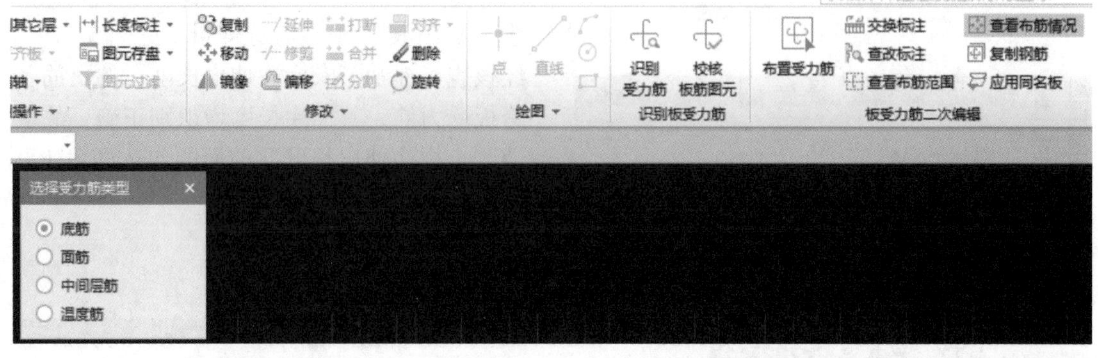

▲ 图 3-181 “选择受力筋类型”对话框

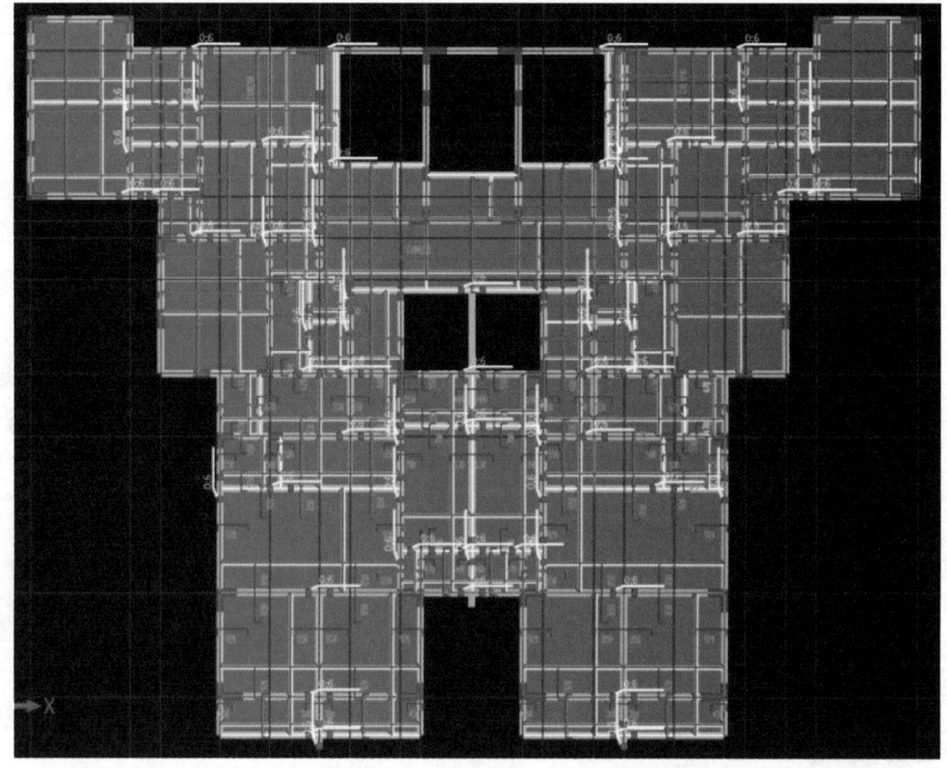

▲ 图 3-182 首层受力筋补画完成

首层板筋识别

任务十五　孔桩处理

孔桩是建筑工程造价中的难点，许多读者对孔桩如何处理一筹莫展。本任务的主要内容是巧用软件进行孔桩处理。

第一阶段，使用“表格输入”提取孔桩护壁钢筋量、钢筋笼工程量及机械连接接头个数。

➤ 第一步：在“表格输入”下的“钢筋”界面新建构件 ZH1，构件个数为默认值 1，在右侧的“图集列表”中选择“现浇桩”下的“桩（处理加密与非加密）”，并按设计图样进行相应的参数输入（见图 3-183）。绝大多数数据可以直接从图样上读取，少数不能直接读取的数据说明如下。

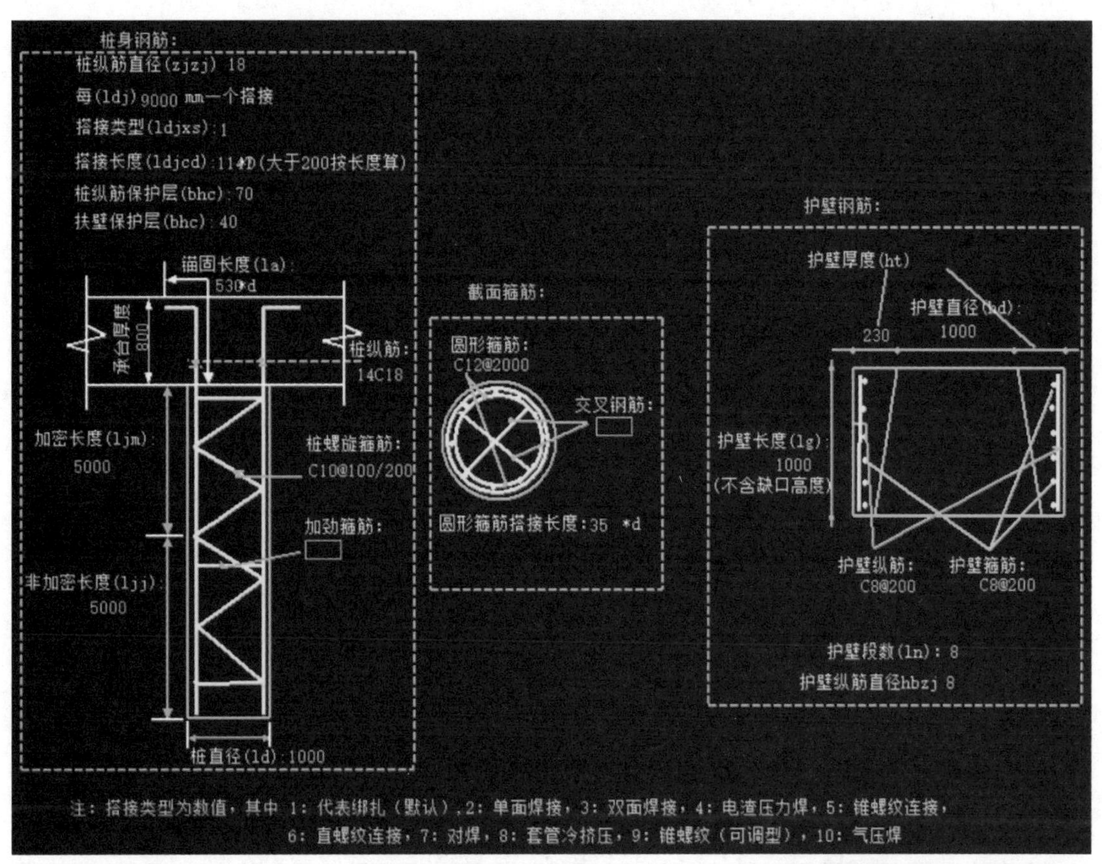

▲图 3-183　桩 ZH1 参数

①每（ldj）9000mm 一个搭接。“9000mm”来源于《贵州省建筑与装饰工程计价定额》（2016 版）的定额说明：钢筋的搭接（接头）数量应按设计图示或规范要求计算；设计图示及规范要求未标明的，按以下规定计算。ϕ10 以内的长钢筋按每 12m 计算一个钢筋

搭接（接头）；ϕ10 以上的长钢筋按每 9m 计算一个钢筋搭接（接头）。

② 搭接长度 1147。根据图样《人工挖孔灌注桩设计说明》，钢筋绑扎搭接时连接区段长度为 1.3，查询《混凝土结构施工图平面整体表示方法制图规则和构造详图（现浇混凝土框架、剪力墙、梁、板）》（16G101—1）第 60 页（见图 3-184），得知纵筋⏀18 在混凝土强度等级 C30、同一区段内搭接钢筋面积百分率大于 25% 且小于等于 50% 时考虑，其搭接长度为 49d，故纵筋搭接长度为 $1.3\times49\times18=1146.6\approx1147$。

③ 圆形箍筋搭接长度 35d。查询《混凝土结构施工图平面整体表示方法制图规则和构造详图（现浇混凝土框架、剪力墙、梁、板）》（16G101—1）第 58 页（见图 3-185），钢筋⏀12、⏀8 在混凝土强度等级 C30 时的锚固长度均为 35d。

④ 纵筋锚固长度（l_a）530。查询《混凝土结构施工图平面整体表示方法制图规则和构造详图（现浇混凝土框架、剪力墙、梁、板）》（16G101—1）第 58 页（见图 3-185）可知，纵筋⏀18 在混凝土强度等级 C30 时的锚固长度为 35d，因桩长已包括伸入承台内的高度 100mm，而 35d 的锚固长度也包括这 100mm，故软件中输入的锚固长度应为 $35\times18-100=530$。

纵向受拉钢筋搭接长度 l_l

钢筋种类及同一区段内搭接钢筋面积百分率		混凝土强度等级																
		C20	C25		C30		C35		C40		C45		C50		C55		C60	
		$d\leq25$	$d\leq25$	$d>25$	$d\leq25$	$d>25$	$d\leq25$	$d>25$	$d\leq25$	$d>25$	$d\leq25$	$d>25$	$d\leq25$	$d>25$	$d\leq25$	$d>25$	$d\leq25$	$d>25$
HPB300	≤25%	47d	41d	-	36d	-	34d	-	30d	-	29d	-	28d	-	26d	-	25d	-
	50%	55d	48d	-	42d	-	39d	-	35d	-	34d	-	32d	-	31d	-	29d	-
	100%	62d	54d	-	48d	-	45d	-	40d	-	38d	-	37d	-	35d	-	34d	-
HRB335 HRBF335	≤25%	46d	40d	-	35d	-	32d	-	30d	-	28d	-	26d	-	25d	-	25d	-
	50%	53d	46d	-	41d	-	38d	-	35d	-	32d	-	31d	-	29d	-	29d	-
	100%	61d	53d	-	46d	-	43d	-	40d	-	37d	-	35d	-	34d	-	34d	-
HRB400 HRBF400 RRB400	≤25%	-	48d	53d	42d	47d	38d	42d	35d	38d	34d	37d	32d	36d	31d	35d	30d	34d
	50%	-	56d	62d	49d	55d	45d	49d	41d	45d	39d	43d	38d	42d	36d	41d	35d	39d
	100%	-	64d	70d	56d	62d	51d	56d	46d	51d	45d	50d	43d	48d	42d	46d	40d	45d
HRB500 HRBF500	≤25%	-	58d	64d	52d	56d	47d	52d	43d	48d	41d	44d	38d	42d	37d	41d	36d	40d
	50%	-	67d	74d	60d	66d	55d	60d	50d	56d	48d	52d	45d	49d	43d	48d	42d	46d
	100%	-	77d	85d	69d	75d	62d	69d	58d	64d	54d	59d	51d	56d	50d	54d	48d	53d

▲图 3-184　纵向受拉钢筋搭接长度

受拉钢筋锚固长度 l_a

钢筋种类	混凝土强度等级																
	C20	C25		C30		C35		C40		C45		C50		C55		≥C60	
	$d\leq25$	$d\leq25$	$d>25$	$d\leq25$	$d>25$	$d\leq25$	$d>25$	$d\leq25$	$d>25$	$d\leq25$	$d>2$	$d\leq25$	$d>25$	$d\leq25$	$d>25$	$d\leq25$	$d>25$
HPB300	39d	34d	-	30d	-	28d	-	25d	-	24d	-	23d	-	22d	-	21d	-
HRB335、HRBF335	38d	33d	-	29d	-	27d	-	25d	-	23d	-	22d		21d	-	21d	-
HRB400、HRBF400 RRB400	-	40d	44d	35d	39d	32d	35d	29d	32d	28d	31d	27d	30d	26d	29d	25d	28d
HRB500、HRBF500	-	48d	53d	43d	47d	39d	43d	36d	40d	34d	37d	32d	35d	31d	34d	30d	33d

▲图 3-185　受拉钢筋锚固长度

第二步：单击“计算保存”，进行孔桩护壁钢筋量、钢筋笼工程量及钢筋机械连接接头个数提取（见图 3-186）。

从图 3-183 可以看出，护壁钢筋构成为 ⌀ 8，重量为 164.12kg；钢筋笼钢筋构成为 ⌀ 18、⌀ 10 及 ⌀ 12，重量为（644.941－164.12）kg=480.821kg；钢筋机械连接接头数量为 0。

第三步：使用第一、二步操作方法新建 ZH2，并设置 ZH2 的参数（见图 3-187），提取 ZH2 的钢筋量（见图 3-188）。搭接长度=1.3×49×20=1274。纵筋锚固长度（l_a）=35×20－100=600。护壁钢筋构成为⌀ 8，重量为 255.068kg；钢筋笼钢筋构成为⌀ 20、⌀ 12 及⌀ 14，重量为（1174.782－255.068）kg=919.714kg；钢筋机械连接接头数量为 0。

筋号	直径(mm)	级别	图号	图形	计算公式	公式描述	长度	根数	搭接	损耗(%)	单重(kg)	总重(kg)
1 桩纵筋	18	⌀	1	10530	5000+5000+530		10530	14	1147	0	23.354	326.956
2 护壁纵筋	8	⌀	1	1000	1000		1000	184	0	0	0.395	72.68
3 桩螺旋箍筋	10	⌀	8	9860 860 133 钢筋分 段	Round(sqrt(sqr(Pi*(860+2*d))+sqr(133))*(9860+2*d)/133/1)		205···	1	15120	0	136.189	136.189
4 圆形箍筋	12	⌀	356	800 420	Pi*(800+2*d)+420+2*d+2*11.9*d		3318	6	0	0	2.946	17.676
5 护壁箍筋	8	⌀	356	1364 280	Pi*(1364+2*d)+280+2*d+2*11.9*d		4822	48	0	0	1.905	91.44

▲图 3-186　单个桩 ZH1 的钢筋量

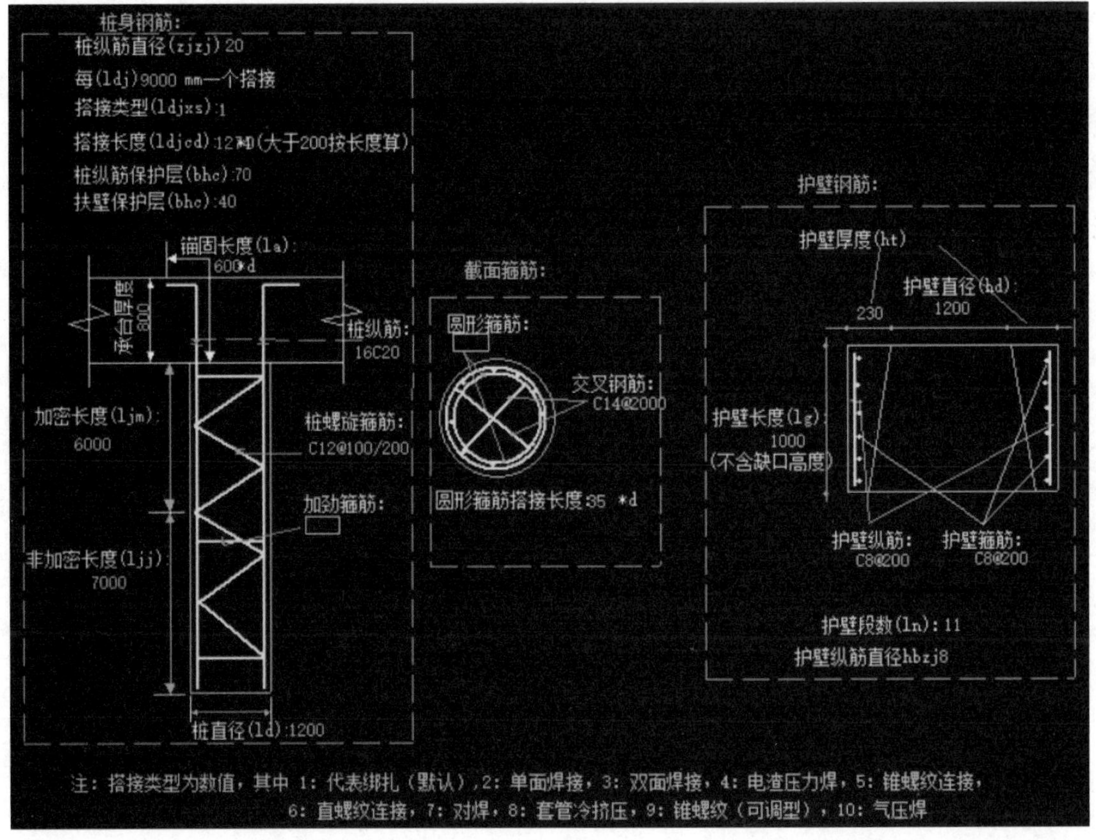

▲图 3-187　桩 ZH2 参数

筋号	直径(mm)	级别	图号	图形	计算公式	公式描述	长度	根数	搭接	损耗(%)	单重(kg)	总重(kg)
1 桩纵筋	20	虫	1	13600	7000+6000+600		13600	16	1274	0	36.739	587.824
2 护壁纵筋	8	虫	1	1000	1000		1000	286	0	0	0.395	112.97
3 桩螺旋箍筋	12	虫	8	12860 1060 137 钢筋分1段	Round(sqrt(sqr(Pi*(1060+2*d))+sqr(137))*(12860+2*d)/137/1)		320524	1	22848	0	304.914	304.914
4 交叉钢筋	14	虫	3	1060	1200-2*70+23.8*d		1393	16	0	0	1.686	26.976
5 护壁箍筋	8	虫	356	1564 280	Pi*(1564+2*d)+280+2*d+2*11.9*d		5450	66	0	0	2.153	142.098

▲ 图 3-188 单个桩 ZH2 的钢筋量

第四步：使用第一、二步操作方法新建 ZH3，并设置 ZH3 的参数（见图 3-189），提取 ZH3 的钢筋量（见图 3-190）。搭接长度=35×25=875。纵筋锚固长度（l_a）= 35×25−100=775。因处在不利地段，故护壁高度为 500mm 一节，且增加护筒（护筒折合两段护壁），故护壁节数为 12500/500+2=27。因软件不能处理正三角形钢筋，故使用交叉钢筋来处理（见图 3-191）。将正三角形钢筋等效为两根交叉钢筋，则每根交叉钢筋的长度修改为 0.866×（1600−2×70）mm=1264.36mm，根数为 18×3/2=27，直接在交叉钢筋的计算公式中进行修改（见图 3-192）。护壁钢筋构成为虫 8，重量为 462.51kg；钢筋笼钢筋构成为虫 25、虫 12 及虫 16，重量为（2239.302−462.51）kg=1776.792kg；钢筋机械连接接头（直径 25mm）数量为 20 个，电渣压力焊接头（直径 16mm）的数量为 27 个。

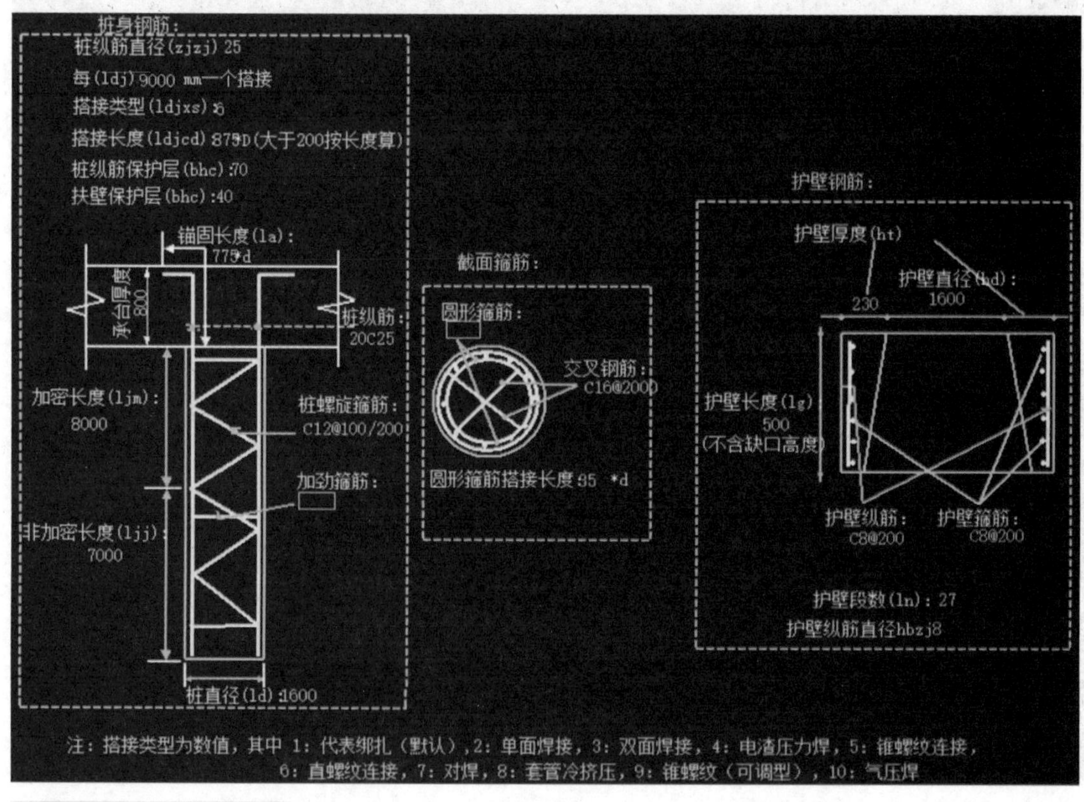

▲ 图 3-189 桩 ZH3 参数

筋号	直径(mm)	级别	图号	图形	计算公式	公式描述	长度	根数	搭接	损耗(%)	单重(kg)	总重(kg)	钢筋归类	搭接形式
1 桩纵筋	25	Φ	18	45 15730	7000+8000+775		15775	20	1	0	60.734	1214.68	直筋	直螺纹连接
2 护壁纵筋	8	Φ	1	500	500		500	891	0	0	0.198	176.418	直筋	绑扎
3 桩螺旋箍筋	12	Φ	8	14860 1460 130 钢筋分 段	Round(sqrt(sqr(Pi*(1460+···		533···	1	38304	0	508.193	508.193	箍筋	绑扎
4 交叉钢筋	16	Φ	3	1460	1460		1460	27	0	0	2.307	62.289	直筋	电渣压力焊
5 护壁箍筋	8	Φ	356	1964 280	Pi*(1964+2*d)+280+2*d +2*11.9*d		6707	108	0	0	2.649	286.092	箍筋	绑扎

▲ 图 3-190　单个桩 ZH3 的钢筋量

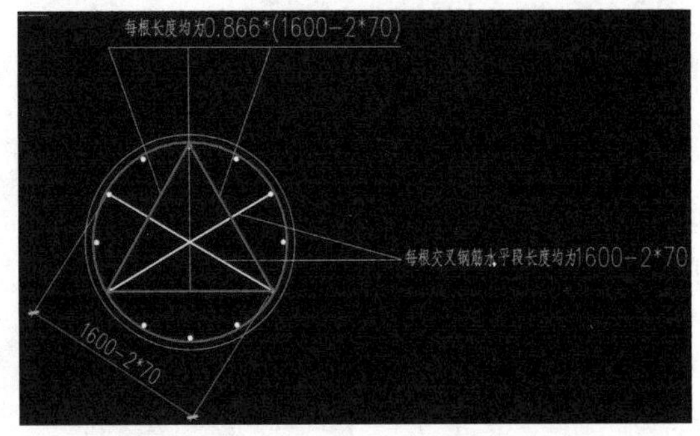

▶图 3-191

单个桩 ZH3 正三角形钢筋与交叉钢筋长度对比示意图

筋号	直径(mm)	级别	图号	图形	计算公式	公式描述	长度	根数	搭接	损耗(%)	单重(kg)	总重(kg)	钢筋归类	搭接形式
1 桩纵筋	25	Φ	18	45 15730	7000+8000+775		15775	20	1	0	60.734	1214.68	直筋	直螺纹连接
2 护壁纵筋	8	Φ	1	500	500		500	891	0	0	0.198	176.418	直筋	绑扎
3 桩螺旋箍筋	12	Φ	8	14860 1460 130 钢筋分 段	Round(sqrt(sqr(Pi*(1460+···		533···	1	38304	0	508.193	508.193	箍筋	绑扎
4 交叉钢筋	16	Φ	3	1264.36	1264.36		1264	27	0	0	1.997	53.919	直筋	电渣压力焊
5 护壁箍筋	8	Φ	356	1964 280	Pi*(1964+2*d)+280+2*d +2*11.9*d		6707	108	0	0	2.649	286.092	箍筋	绑扎

▲ 图 3-192　单个桩 ZH3 正三角形钢筋的计算式修改

➤ 第五步：为避免表格输入的桩 ZH1、ZH2 及 ZH3 的钢筋量对钢筋总量的影响，将 ZH1、ZH2 及 ZH3 的构件数量均改为 0，并锁定（见图 3-193）。

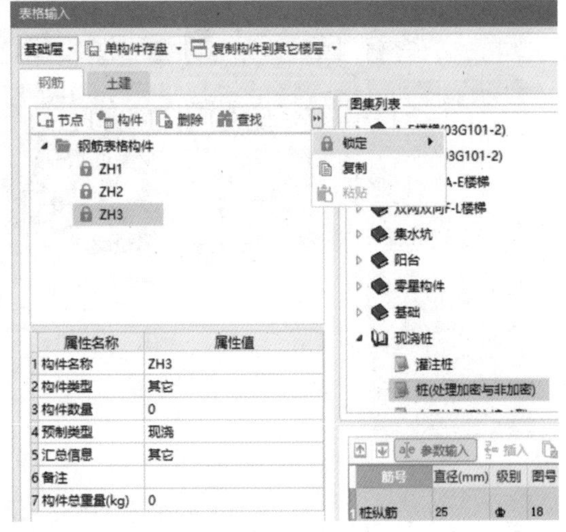

▶图 3-193

桩 ZH1、ZH2 及 ZH3 的构件数量均改为 0 并锁定

第二阶段，在基础层新建桩构件并套用做法。

➤ 第一步：在建模界面，进入基础层新建参数化桩 ZH1、ZH2 及 ZH3（见图 3-194）并输入相应参数（见图 3-195~图 3-197）。

属性名称	属性值
名称	ZH1
截面形状	护壁桩4
截面宽度(mm)	1000
截面高度(mm)	1000
桩深度(mm)	10050
加灌长度(mm)	300
结构类别	人工挖孔桩
材质	现浇混凝土
混凝土类型	(泵送混凝土
混凝土强度等级	C30
混凝土外加剂	(无)
泵送类型	(混凝土泵)
体积(m^3)	10.707
护壁体积(m^3)	6.065
土方体积(m^3)	16.771
坚石体积(m^3)	2.959
松石体积(m^3)	8.371
松土体积(m^3)	5.441
顶标高(m)	基础底标高

属性名称	属性值
名称	ZH2
截面形状	护壁桩4
截面宽度(mm)	1200
截面高度(mm)	1200
桩深度(mm)	13050
加灌长度(mm)	300
结构类别	人工挖孔桩
材质	现浇混凝土
混凝土类型	(泵送混...
混凝土强度等级	C30
混凝土外加剂	(无)
泵送类型	(混凝土泵)
体积(m^3)	18.742
护壁体积(m^3)	9.652
土方体积(m^3)	28.394
坚石体积(m^3)	3.722
松石体积(m^3)	16.015
松土体积(m^3)	8.657
顶标高(m)	基础底标高

属性名称	属性值
名称	ZH3
截面形状	护壁桩4
截面宽度(mm)	1600
截面高度(mm)	1600
桩深度(mm)	15050
加灌长度(mm)	300
结构类别	人工挖孔桩
材质	现浇混凝土
混凝土类型	(泵送混凝...
混凝土强度等级	C30
混凝土外加剂	(无)
泵送类型	(混凝土泵)
体积(m^3)	36.39
护壁体积(m^3)	13.953
土方体积(m^3)	50.343
坚石体积(m^3)	8.348
松石体积(m^3)	19.997
松土体积(m^3)	21.997
顶标高(m)	基础底标高

▲ 图 3-194　桩 ZH1、ZH2 及 ZH3 属性表

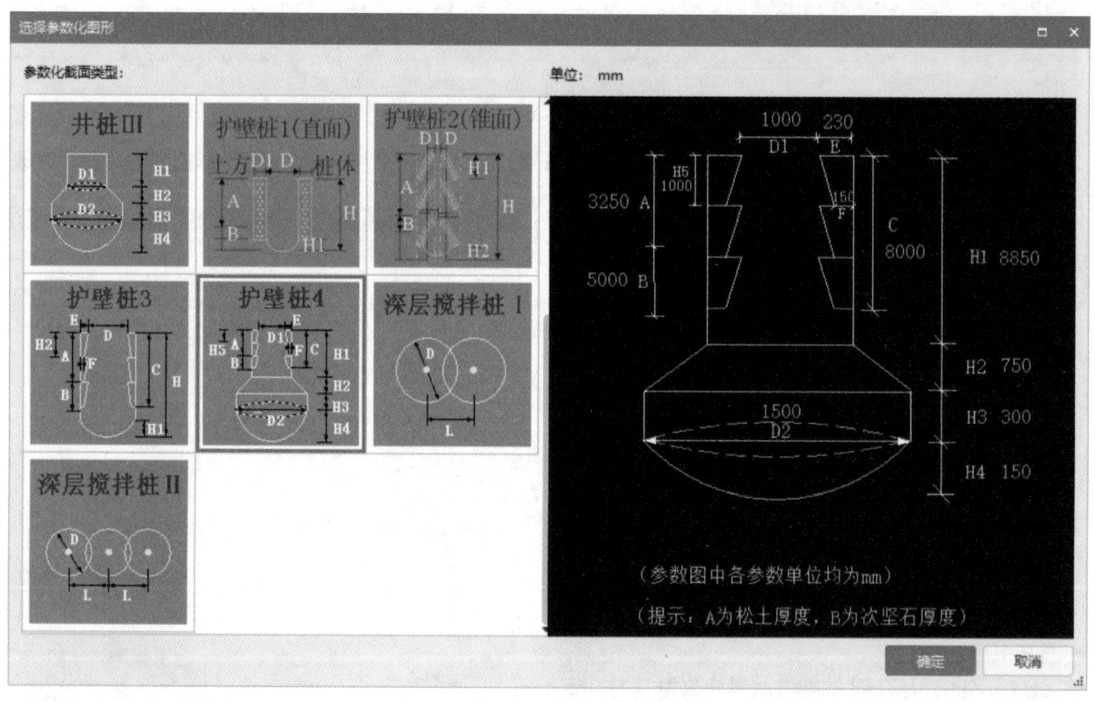

▲ 图 3-195　桩 ZH1 参数输入

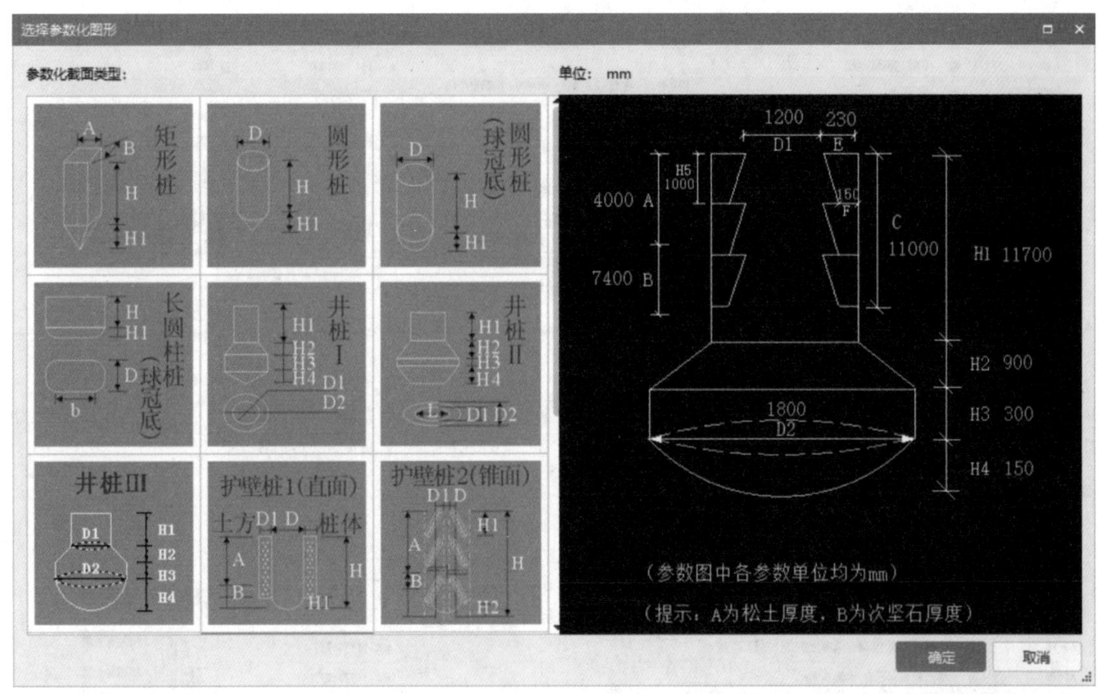

▲ 图 3-196　桩 ZH2 参数输入

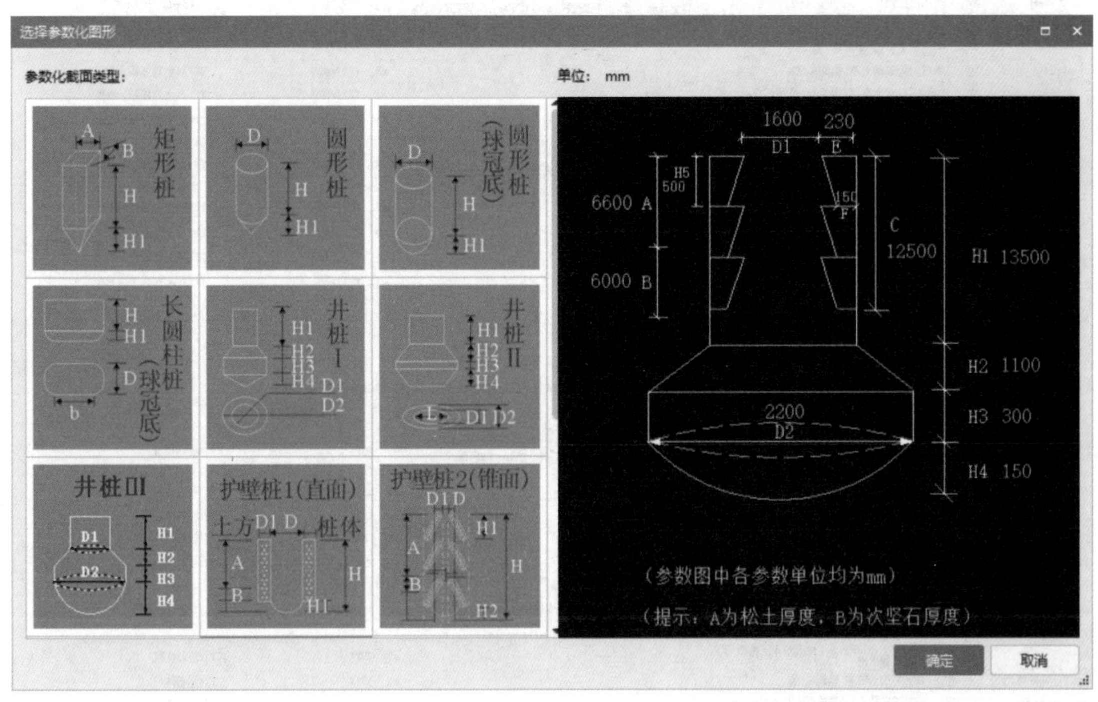

▲ 图 3-197　桩 ZH3 参数输入

➤ 第二步：为桩 ZH1、ZH2 及 ZH3 套用做法（见图 3-198~ 图 3-207）。

	编码	类别	名称	项目特征	单位	工程量表达式	表达式说明
1	− 010515001	项	现浇构件钢筋	1.钢筋种类、规格:护壁钢筋HRB400，直径8mm	t	164.12/1000	0.1641
2	A5-188	定	砌体内钢筋加固		t	164.12/1000	0.1641
3	− 010515004	项	钢筋笼	1.钢筋种类、规格:孔桩钢筋 HRB400，钢筋直径10、12、18	t	480.821/1000	0.4808
4	A5-187	定	混凝土灌注桩 钢筋笼 带肋钢筋HRB400		t	480.821/1000	0.4808
5	− 01B001	补项	桩头钢筋整理		根	1	1
6	A3-19	定	桩头钢筋整理(桩根数)		根	1	1
7	− 010302005	项	人工挖孔灌注桩	1.桩芯长度:13m 2.桩芯直径、扩底直径、扩底高度:1000mm、1500mm、150mm 3.护壁厚度、高度:上口230mm，下口150mm，每节高度1m，总高度8m 4.护壁混凝土种类、强度等级:商品泵送混凝土（天泵），C30 5.桩芯混凝土种类、强度等级:商品泵送混凝土（天泵），C30 6.其他:清单工程量未含超灌部分	m3	TJ+(TJJG-TJ)/(CDJG-CD)*0.1	TJ<体积>+(TJJG<体积（加加灌长度）>-TJ<体积>)/(CDJG<长度（加加灌长度）>-CD<长度>)*0.1
8	A3-101	定	人工挖孔灌注混凝土桩 桩芯 混凝土		m3	TJ+(TJJG-TJ)/(CDJG-CD)*(CDJG-CD+0.1)	TJ<体积>+(TJJG<体积（加加灌长度）>-TJ<体积>)/(CDJG<长度（加加灌长度）>-CD<长度>)*(CDJG<长度（加加灌长度）>-CD<长度>+0.1)
9	A3-98	定	人工挖孔灌注混凝土桩 桩壁 预拌混凝土【预算时充盈系数按10%，主材消耗量需再乘以系数1.1】		m3	HBTJ	HBTJ<护壁体积>
10	− 011702025	项	其他现浇构件模板	1.构件类型:人工挖孔桩护壁	m2	3.14*(1.0/2+1.0/2+0.08)*(0.08^2+1.0^2)^0.5*8	27.2163
11	A3-97	定	人工挖孔灌注混凝土桩 桩壁 模板		m2	3.14*(1.0/2+1.0/2+0.08)*(0.08^2+1.0^2)^0.5*8	27.2163

▲ 图 3-198 桩 ZH1 做法（一）

010301004	项	截（凿）桩头	1.桩类型:人工挖孔灌注桩 2.桩头截面、高度:1000mm，300mm 3.混凝土强度等级:C30 4.有无钢筋:有 5.其他:废渣场内双轮车转运50m，8t自卸汽车外运3km	m3	TJJG-TJ	TJJG<体积（加加灌长度）TJ<体积>
A3-18	定	凿桩头混凝土 灌注混凝土桩(含护壁)		m3	TJJG-TJ	TJJG<体积（加加灌长度）TJ<体积>
A1-75	定	单双轮车运石渣 运距≤50m		m3	TJJG-TJ	TJJG<体积（加加灌长度）TJ<体积>
A1-98	定	自卸汽车运石方(载重≤8t) 运距≤1km		m3	TJJG-TJ	TJJG<体积（加加灌长度）TJ<体积>
A1-99 *2	换	自卸汽车运石方(载重≤8t) 每增运1km 单价*2		m3	TJJG-TJ	TJJG<体积（加加灌长度）TJ<体积>
010302004	项	挖孔桩土方	1.地层情况:二类土 2.挖孔深度:10.05m 3.弃土（石）运距:场内双轮车转运50m，8t自卸汽车外运3km	m3	TFTJ*60%	TFTJ<土方体积>*60%
A3-58	定	挖孔桩土(石)方 人工挖孔桩平均孔径或平均边长≤1.2m 深度≤12m 一、二类土		m3	TFTJ*60%	TFTJ<土方体积>*60%
A1-21	定	单(双)轮车运土方 运距≤50m		m3	TFTJ*60%	TFTJ<土方体积>*60%
A1-53	定	自卸汽车运土方(载重≤8t 运距≤1km		m3	TFTJ*60%	TFTJ<土方体积>*60%
A1-54 *2	换	自卸汽车运土方(载重≤8t 每增运1km 单价*2		m3	TFTJ*60%	TFTJ<土方体积>*60%
010302004	项	挖孔桩石方	1.地层情况:极软岩 2.挖孔深度:10.05m 3.弃土（石）运距:场内双轮车转运50m，8t自卸汽车外运3km	m3	TFTJ*40%	TFTJ<土方体积>*40%
A3-79	定	挖孔桩土(石)方 人工挖孔桩人工凿石 孔深≤12m 极软岩		m3	TFTJ*40%	TFTJ<土方体积>*40%
A1-75	定	单双轮车运石渣 运距≤50m		m3	TFTJ*40%	TFTJ<土方体积>*40%
A1-98	定	自卸汽车运石方(载重≤8t) 运距≤1km		m3	TFTJ*40%	TFTJ<土方体积>*40%
A1-99 *2	换	自卸汽车运石方(载重≤8t) 每增运1km 单		m3	TFTJ*40%	TFTJ<土方体积>*40%

▲ 图 3-199 桩 ZH1 做法（二）

添加清单 添加定额 删除 查询 项目特征 fx 换算 做法刷 做法查询 提取做法 当前构件自动套做法

	编码	类别	名称	项目特征	单位	工程量表达式	表达式说明
27	− 010302004	项	挖孔桩石方	1.地层情况:软质岩 2.挖孔深度:10.05m 3.弃土（石）运距:场内双轮车转运50m，8t自卸汽车外运3km	m3	SSTJ	SSTJ<松石体积>
28	A3-80	定	挖孔桩土(石)方 人工挖孔桩人工凿石 孔深≤12m 软质岩		m3	SSTJ	SSTJ<松石体积>
29	A1-75	定	单双轮车运石渣 运距≤50m		m3	SSTJ	SSTJ<松石体积>
30	A1-98	定	自卸汽车运石方(载重≤8t) 运距≤1km		m3	SSTJ	SSTJ<松石体积>
31	A1-99 *2	换	自卸汽车运石方(载重≤8t) 每增运1km 单价*2		m3	SSTJ	SSTJ<松石体积>
32	− 010302004	项	挖孔桩石方	1.地层情况:硬质岩 2.挖孔深度:10.05m 3.弃土（石）运距:场内双轮车转运50m，8t自卸汽车外运3km 4.其他:单桩钎探深度2m，孔径22mm	m3	JSTJ	JSTJ<坚石体积>
33	A3-81	定	挖孔桩土(石)方 人工挖孔桩人工凿石 孔深≤12m 硬质岩		m3	JSTJ	JSTJ<坚石体积>
34	A1-75	定	单双轮车运石渣 运距≤50m		m3	JSTJ	JSTJ<坚石体积>
35	A1-98	定	自卸汽车运石方(载重≤8t) 运距≤1km		m3	JSTJ	JSTJ<坚石体积>
36	A1-99 *2	换	自卸汽车运石方(载重≤8t) 每增运1km 单价*2		m3	JSTJ	JSTJ<坚石体积>
37	A1-95	借	基底钎探【借用04定额】		m	2	2
38	− 01B002	补项	桩基检测		根	1	1
39	补子目1	补	桩基检测		根	1	1

▲ 图 3-200 桩 ZH1 做法（三）

	编码	类别	名称	项目特征	单位	工程量表达式	表达式说明
1	010515001	项	现浇构件钢筋	1.钢筋种类、规格:护壁钢筋HRB400，直径8mm	t	255.068/1000	0.2551
2	A5-188	定	砌体内钢筋加固		t	255.068/1000	0.2551
3	010515004	项	钢筋笼	1.钢筋种类、规格:孔桩钢筋 HRB400，钢筋直径12、14、20	t	919.714/1000	0.9197
4	A5-187	定	混凝土灌注桩 钢筋笼 带肋钢筋HRB400		t	919.714/1000	0.9197
5	01B001	补项	桩头钢筋整理		根	1	1
6	A3-19	定	桩头钢筋整理(桩根数)		根	1	1
7	010302005	项	人工挖孔灌注桩	1.桩芯长度:13m 2.桩芯直径、扩底直径、扩底高度:1000mm、1500mm、150mm 3.护壁厚度、高度:上口230mm，下口150mm，每节高度1m，总高度8m 4.护壁混凝土种类、强度等级:商品泵送混凝土（天泵），C30 5.桩芯混凝土种类、强度等级:商品泵送混凝土（天泵），C30 6.其他:清单工程量未含超灌部分	m3	TJ+(TJJG-TJ)/(CDJG-CD)*0.1	TJ<体积>+(TJJG<体积（加加灌长度）>-TJ<体积>)/(CDJG<长度（加加灌长度）>-CD<长度>)*0.1
8	A3-101	定	人工挖孔灌注混凝土桩 桩芯 混凝土		m3	TJ+(TJJG-TJ)/(CDJG-CD)*(CDJG-CD+0.1)	TJ<体积>+(TJJG<体积（加加灌长度）>-TJ<体积>)/(CDJG<长度（加加灌长度）>-CD<长度>)*(CDJG<长度（加加灌长度）>-CD<长度>+0.1)
9	A3-98	定	人工挖孔灌注混凝土桩 桩壁 预拌混凝土【预算时充盈系数按10%，主材消耗量需再乘以系数1.1】		m3	HBTJ	HBTJ<护壁体积>
10	011702025	项	其他现浇构件模板	1.构件类型:人工挖孔桩护壁	m2	3.14*(1.2/2+1.2/2+0.08)*(0.08^2+1.0^2)^0.5*11	44.3525
11	A3-97	定	人工挖孔灌注混凝土桩 桩壁 模板		m2	3.14*(1.2/2+1.2/2+0.08)*(0.08^2+1.0^2)^0.5*11	44.3525

▲图 3-201　桩 ZH2 做法（一）

	编码	类别	名称	项目特征	单位	工程量表达式	表达式说明
12	010301004	项	截（凿）桩头	1.桩类型:人工挖孔灌注桩 2.桩头截面、高度:1000mm，300mm 3.混凝土强度等级:C30 4.有无钢筋:有 5.其他:废渣场内双轮车转运50m，8t自卸汽车外运3km	m3	TJJG-TJ	TJJG<体积（加加灌长度）>-TJ<体积>
13	A3-18	定	凿桩头混凝土 灌注混凝土桩(含护壁)		m3	TJJG-TJ	TJJG<体积（加加灌长度）>-TJ<体积>
14	A1-75	定	单双轮车运石渣 运距≤50m		m3	TJJG-TJ	TJJG<体积（加加灌长度）>-TJ<体积>
15	A1-98	定	自卸汽车运石方(载重≤8t) 运距≤1km		m3	TJJG-TJ	TJJG<体积（加加灌长度）>-TJ<体积>
16	A1-99 *2	换	自卸汽车运石方(载重≤8t) 每增运1km 单价*2		m3	TJJG-TJ	TJJG<体积（加加灌长度）>-TJ<体积>
17	010302004	项	挖孔桩土方	1.地层情况:二类土 2.挖孔深度:10.05m 3.弃土（石）运距:场内双轮车转运50m，8t自卸汽车外运3km	m3	TFTJ*60%	TFTJ<土方体积>*60%
18	A3-58	定	挖孔桩土(石)方 人工挖孔桩平均孔径或平均边长≤1.2m 深度≤12m 一、二类土		m3	TFTJ*60%	TFTJ<土方体积>*60%
19	A1-21	定	单(双)轮车运土方 运距≤50m		m3	TFTJ*60%	TFTJ<土方体积>*60%
20	A1-53	定	自卸汽车运土方(载重≤8t 运距≤1km		m3	TFTJ*60%	TFTJ<土方体积>*60%
21	A1-54 *2	换	自卸汽车运土方(载重≤8t 每增运1km 单价*2		m3	TFTJ*60%	TFTJ<土方体积>*60%
22	010302004	项	挖孔桩石方	1.地层情况:极软岩 2.挖孔深度:10.05m 3.弃土（石）运距:场内双轮车转运50m，8t自卸汽车外运3km	m3	TFTJ*40%	TFTJ<土方体积>*40%
23	A3-79	定	挖孔桩土(石)方 人工挖孔桩人工凿石 孔深≤12m 极软岩		m3	TFTJ*40%	TFTJ<土方体积>*40%
24	A1-75	定	单双轮车运石渣 运距≤50m		m3	TFTJ*40%	TFTJ<土方体积>*40%
25	A1-98	定	自卸汽车运石方(载重≤8t) 运距≤1km		m3	TFTJ*40%	TFTJ<土方体积>*40%
26	A1-99 *2	换	自卸汽车运石方(载重≤8t) 每增运1km 单价*2		m3	TFTJ*40%	TFTJ<土方体积>*40%

▲图 3-202　桩 ZH2 做法（二）

	类别	名称	项目特征	单位	工程量表达式	表达式说明
27	项	挖孔桩石方	1.地层情况:软质岩 2.挖孔深度:10.05m 3.弃土（石）运距:场内双轮车转运50m，8t自卸汽车外运3km	m3	SSTJ	SSTJ<松石体积>
28	定	挖孔桩土(石)方 人工挖孔桩人工凿石 孔深≤12m 软质岩		m3	SSTJ	SSTJ<松石体积>
29	定	单双轮车运石渣 运距≤50m		m3	SSTJ	SSTJ<松石体积>
30	定	自卸汽车运石方(载重≤8t) 运距≤1km		m3	SSTJ	SSTJ<松石体积>
31	换	自卸汽车运石方(载重≤8t) 每增运1km 单价*2		m3	SSTJ	SSTJ<松石体积>
32	项	挖孔桩石方	1.地层情况:硬质岩 2.挖孔深度:10.05m 3.弃土（石）运距:场内双轮车转运50m，8t自卸汽车外运3km 4.其他:单桩钎探深度2m，孔径22mm	m3	JSTJ	JSTJ<坚石体积>
33	定	挖孔桩土(石)方 人工挖孔桩人工凿石 孔深≤12m 硬质岩		m3	JSTJ	JSTJ<坚石体积>
34	定	单双轮车运石渣 运距≤50m		m3	JSTJ	JSTJ<坚石体积>
35	定	自卸汽车运石方(载重≤8t) 运距≤1km		m3	JSTJ	JSTJ<坚石体积>
36	换	自卸汽车运石方(载重≤8t) 每增运1km 单价*2		m3	JSTJ	JSTJ<坚石体积>
37	借	基底钎探【借用04定额】		m	2	2
38	补项	桩基检测		根	1	1
39	补	桩基检测		根	1	1

▲图 3-203　桩 ZH2 做法（三）

	编码	类别	名称	项目特征	单位	工程量表达式	表达式说明
1	010515001	项	现浇构件钢筋	1. 钢筋种类、规格:护壁钢筋HRB400，直径8mm	t	462.51/1000	0.4625
2	A5-188	定	砌体内钢筋加固		t	462.51/1000	0.4625
3	010515004	项	钢筋笼	1. 钢筋种类、规格:孔桩钢筋 HRB400，钢筋直径12、16、25	t	1776.792/1000	1.7768
4	A5-187	定	混凝土灌注桩 钢筋笼 带肋钢筋HRB400		t	1776.792/1000	1.7768
5	010516003	项	机械连接	1. 连接方式:机械连接 2. 螺纹套筒种类:直螺纹 3. 规格:25mm	个	20	20
6	A5-217	定	直螺纹钢筋接头 钢筋直径≤25mm		个	20	20
7	010516003	项	电渣压力焊连接	1. 连接方式:电渣压力焊 2. 规格:16mm	个	27	27
8	A5-211	定	电渣压力焊接头 钢筋直径≤18mm		个	27	27
9	01B001	补项	桩头钢筋整理		根	1	1
10	A3-19	定	桩头钢筋整理(桩根数)		根	1	1
11	010302005	项	人工挖孔灌注桩	1. 桩芯长度:13m 2. 桩芯直径、扩底直径、扩底高度:1000mm、1500mm、150mm 3. 护壁厚度、高度:上口230mm，下口150mm，每节高度1m，总高度8m 4. 护壁混凝土种类、强度等级:商品泵送混凝土（天泵），C30 5. 桩芯混凝土种类、强度等级:商品泵送混凝土（天泵），C30 6. 其他:清单工程量未含超灌部分	m3	TJ+(TJJG-TJ)/(CDJG-CD)*0.1	TJ<体积>+(TJJG<体积（加加灌长度）>-TJ<体积>)/(CDJG<长度（加加灌长度）>-CD<长度>)*0.1
12	A3-101	定	人工挖孔灌注混凝土桩 桩芯 混凝土		m3	TJ+(TJJG-TJ)/(CDJG-CD)*(CDJG-CD+0.1)	TJ<体积>+(TJJG<体积（加加灌长度）>-TJ<体积>)/(CDJG<长度（加加灌长度）>-CD<长度>)*(CDJG<长度（加加灌长度）>-CD<长度>+0.1)
13	A3-98	定	人工挖孔灌注混凝土桩 桩壁 预拌混凝土【预算时充盈系数按10%，主材消耗量需再乘以系数1.1】		m3	HBTJ+3.14*((1.6/2+0.23)^2-*(1.6/2)^2))*0.5+3.14*((1.6/2+0.5)^2-(1.6/2)^2)*0.23	HBTJ<护壁体积>+3.14*((1.6/2+0.23)^2-*(1.6/2)^2))*0.5+3.14*((1.6/2+0.5)^2-(1.6/2)^2)*0.23

▲ 图 3-204　桩 ZH3 做法（一）

	编码	类别	名称	项目特征	单位	工程量表达式	表达式说明
14	011702025	项	其他现浇构件模板	1. 构件类型:人工挖孔桩护壁	m2	3.14*(1.6/2+1.6/2+0.08)*(0.08^2+0.5^2)^0.5*25+3.14*(1.6+0.23*2)*0.5+3.14*(1.6+0.5*2)*0.23+3.14*((1.6/2+0.5)^2-(1.6/2+0.23)^2)	73.866
15	A3-97	定	人工挖孔灌注混凝土桩 桩壁 模板		m2	3.14*(1.6/2+1.6/2+0.08)*(0.08^2+0.5^2)^0.5*25+3.14*(1.6+0.23*2)*0.5+3.14*(1.6+0.5*2)*0.23+3.14*((1.6/2+0.5)^2-(1.6/2+0.23)^2)	73.866
16	010301004	项	截（凿）桩头	1. 桩类型:人工挖孔灌注桩 2. 桩头截面、高度:1000mm，300mm 3. 混凝土强度等级:C30 4. 有无钢筋:有 5. 其他:废渣场内双轮车转运50m，8t自卸汽车外运3km	m3	TJJG-TJ+3.14*((1.6/2+0.23)^2-*(1.6/2)^2))*(0.5-0.1)+3.14*((1.6/2+0.5)^2-(1.6/2)^2)*0.23	TJJG<体积（加加灌长度）>-TJ<体积>+3.14*((1.6/2+0.23)^2-*(1.6/2)^2))*(0.5-0.1)+3.14*((1.6/2+0.5)^2-(1.6/2)^2)*0.23
17	A3-18	定	凿桩头混凝土 灌注混凝土桩(含护壁)		m3	TJJG-TJ+3.14*((1.6/2+0.23)^2-*(1.6/2)^2))*(0.5-0.1)+3.14*((1.6/2+0.5)^2-(1.6/2)^2)*0.23	TJJG<体积（加加灌长度）>-TJ<体积>+3.14*((1.6/2+0.23)^2-*(1.6/2)^2))*(0.5-0.1)+3.14*((1.6/2+0.5)^2-(1.6/2)^2)*0.23
18	A1-75	定	单双轮车运石渣 运距≤50m		m3	TJJG-TJ+3.14*((1.6/2+0.23)^2-*(1.6/2)^2))*(0.5-0.1)+3.14*((1.6/2+0.5)^2-(1.6/2)^2)*0.23	TJJG<体积（加加灌长度）>-TJ<体积>+3.14*((1.6/2+0.23)^2-*(1.6/2)^2))*(0.5-0.1)+3.14*((1.6/2+0.5)^2-(1.6/2)^2)*0.23
19	A1-98	定	自卸汽车运石方(载重≤8t) 运距≤1km		m3	TJJG-TJ+3.14*((1.6/2+0.23)^2-*(1.6/2)^2))*(0.5-0.1)+3.14*((1.6/2+0.5)^2-(1.6/2)^2)*0.23	TJJG<体积（加加灌长度）>-TJ<体积>+3.14*((1.6/2+0.23)^2-*(1.6/2)^2))*(0.5-0.1)+3.14*((1.6/2+0.5)^2-(1.6/2)^2)*0.23
20	A1-99 *2	换	自卸汽车运石方(载重≤8t) 每增运1km 单价*2		m3	TJJG-TJ+3.14*((1.6/2+0.23)^2-*(1.6/2)^2))*(0.5-0.1)+3.14*((1.6/2+0.5)^2-(1.6/2)^2)*0.23	TJJG<体积（加加灌长度）>-TJ<体积>+3.14*((1.6/2+0.23)^2-*(1.6/2)^2))*(0.5-0.1)+3.14*((1.6/2+0.5)^2-(1.6/2)^2)*0.23

▲ 图 3-205　桩 ZH3 做法（二）

	编码	类别	名称	项目特征	单位	工程量表达式	表达式说明
21	010302004	项	挖孔桩土方	1. 地层情况:二类土 2. 挖孔深度:10.05m 3. 弃土（石）运距:场内双轮车转运50m，8t自卸汽车外运3km	m3	TFTJ*60%	TFTJ<土方体积>*60%
22	A3-58	定	挖孔桩土(石)方 人工挖孔桩平均孔径或平均边长≤1.2m 深度≤12m 一、二类土		m3	TFTJ*60%	TFTJ<土方体积>*60%
23	A1-21	定	单(双)轮车运土方 运距≤50m		m3	TFTJ*60%	TFTJ<土方体积>*60%
24	A1-53	定	自卸汽车运土方(载重≤8t 运距≤1km		m3	TFTJ*60%	TFTJ<土方体积>*60%
25	A1-54 *2	换	自卸汽车运土方(载重≤8t 每增运1km 单价*2		m3	TFTJ*60%	TFTJ<土方体积>*60%
26	010302004	项	挖孔桩石方	1. 地层情况:极软岩 2. 挖孔深度:10.05m 3. 弃土（石）运距:场内双轮车转运50m，8t自卸汽车外运3km	m3	TFTJ*40%	TFTJ<土方体积>*40%
27	A3-79	定	挖孔桩土(石)方 人工挖孔桩人工凿石 孔深≤12m 极软岩		m3	TFTJ*40%	TFTJ<土方体积>*40%
28	A1-75	定	单双轮车运石渣 运距≤50m		m3	TFTJ*40%	TFTJ<土方体积>*40%
29	A1-98	定	自卸汽车运石方(载重≤8t) 运距≤1km		m3	TFTJ*40%	TFTJ<土方体积>*40%
30	A1-99 *2	换	自卸汽车运石方(载重≤8t) 每增运1km 单价*2		m3	TFTJ*40%	TFTJ<土方体积>*40%
31	010302004	项	挖孔桩石方	1. 地层情况:软质岩 2. 挖孔深度:10.05m 3. 弃土（石）运距:场内双轮车转运50m，8t自卸汽车外运3km	m3	SSTJ	SSTJ<松石体积>
32	A3-80	定	挖孔桩土(石)方 人工挖孔桩人工凿石 孔深≤12m 软质岩		m3	SSTJ	SSTJ<松石体积>
33	A1-75	定	单双轮车运石渣 运距≤50m		m3	SSTJ	SSTJ<松石体积>
34	A1-98	定	自卸汽车运石方(载重≤8t) 运距≤1km		m3	SSTJ	SSTJ<松石体积>
35	A1-99 *2	换	自卸汽车运石方(载重≤8t) 每增运1km 单价*2		m3	SSTJ	SSTJ<松石体积>

▲ 图 3-206　桩 ZH3 做法（三）

	编码	类别	名称	项目特征	单位	工程量表达式	表达式说明
36	− 010302004	项	挖孔桩石方	1.地层情况:硬质岩 2.挖孔深度:10.05m 3.弃土（石）运距:场内双轮车转运50m，8t自卸汽车外运3km 4.其他:单桩钎探深度2m，孔径22mm	m3	JSTJ	JSTJ<坚石体积>
37	A3-81	定	挖孔桩土(石)方 人工挖孔桩人工凿石 孔深≤12m 硬质岩		m3	JSTJ	JSTJ<坚石体积>
38	A1-75	定	单双轮车运石渣 运距≤50m		m3	JSTJ	JSTJ<坚石体积>
39	A1-98	定	自卸汽车运石方(载重≤8t) 运距≤1km		m3	JSTJ	JSTJ<坚石体积>
40	A1-99 *2	换	自卸汽车运石方(载重≤8t) 每增运1km 单价*2		m3	JSTJ	JSTJ<坚石体积>
41	A1-95	借	基底钎探【借用04定额】		m	2	2
42	− 01B002	补项	桩基检测		根	1	1
43	补子目1	补	桩基检测		根	1	1

▲图3-207 桩ZH3做法（四）

①《贵州省建筑与装饰工程计价定额》（2016版）规定：桩钢筋笼、铁件制安，实际发生时按本定额第五章“混凝土及钢筋混凝土工程”的相应定额项目执行。护壁钢筋执行本定额第五章“混凝土及钢筋混凝土工程”中的砌体内钢筋加固定额项目。

②《贵州省建筑与装饰工程计价定额》（2016版）规定：桩头钢筋整理，按所整理的桩的数量计算。01B001补充清单项，对应桩头钢筋整理清单。

③《房屋建筑与装饰工程工程量计算规范》（GB 50854—2013）规定：人工挖孔灌注桩以立方米计量，按桩芯混凝土体积计算。项目特征中的桩长应包括桩尖，空桩长度=孔深−桩长，孔深为自然地面至设计桩底的深度。人工挖孔桩桩芯清单工程量表达式为 $TJ+(TJJG-TJ)/(CDJG-CD)\times0.1$，式中 TJ 为不含加灌长度的桩芯混凝土体积，$TJJG$ 为包含加灌长度的桩芯混凝土体积，CD 为不含加灌长度的桩芯总高度（未包括伸入承台的0.1m），$CDJG$ 为包含加灌长度的桩芯总高度（未包括伸入承台的0.1m），清单工程量不考虑超灌的部分（0.3m高），但要把伸入承台的0.1m考虑进来。

《贵州省建筑与装饰工程计价定额》（2016版）规定：人工挖孔桩桩芯工程量按设计图示截面积乘以设计桩长另加加灌长度，以体积计算。加灌长度设计无规定的，按0.25m计算。机械成孔桩、人工挖孔桩，设计要求扩底时，扩底工程量按设计图示尺寸，以体积计算，并入相应的工程量内。人工挖孔桩桩芯定额工程量表达式 $TJ+(TJJG-TJ)/(CDJG-CD)\times(CDJG-CD+0.1)$ 中，TJ 为不含加灌长度的桩芯混凝土体积，$TJJG$ 为包含加灌长度的桩芯混凝土体积，CD 为不含加灌长度的桩芯总高度（未包括伸入承台的0.1m），$CDJG$ 为包含加灌长度的桩芯总高度（未包括伸入承台的0.1m），定额工程量不但要把伸入承台的0.1m考虑进来，还要把超灌的部分（0.3m高）算进来。ZH3的护壁工程量需增加护筒体积 $3.14\times[(1.6/2+0.23)^2-(1.6/2)^2]\times0.5+3.14\times[(1.6/2+0.5)^2-(1.6/2)^2]\times0.23$，相应凿桩头工程量增加 $3.14\times[(1.6/2+0.23)^2-(1.6/2)^2]\times(0.5-0.1)+3.14\times[(1.6/2+0.5)^2-(1.6/2)^2]\times0.23$。

《贵州省建筑与装饰工程计价定额》（2016版）规定：人工挖孔桩护壁及无护壁填芯混凝土的充盈系数，未包括在定额项目的材料消耗量内，编制预算时，其充盈系数可按10%计算。充盈系数均为编制预算时使用。实际出槽量不同时，可以调整。故计价时应注意将“A3-98 人工挖孔灌注混凝土桩 桩壁 预拌混凝土”的主材混凝土消耗量乘以系数1.1。

④《贵州省建筑与装饰工程计价定额》（2016版）规定：人工挖孔桩模板工程量，按现浇混凝土桩壁与模板的接触面积计算。因护壁从上到下逐节施工，每节桩壁

的竖直面及下底面施工时均直接与土壤接触，且顶面不需要支模，故桩壁与模板的接触面积仅为护壁的斜面部分。根据圆台侧面积计算公式，桩壁计算式为 $\pi(r+R)l$，r 为圆台上表面半径，R 为圆台下表面半径，l 为圆台母线长度，$l=\sqrt{(R-r)^2+h^2}$，式中 h 为圆台高度。故 ZH1 单节模板面积为 $3.14\times(1.0/2+1.0/2+0.08)\times(0.08^2+1.0^2)^{0.5}$，ZH2 单节模板面积为 $3.14\times(1.2/2+1.2/2+0.08)\times(0.08^2+1.0^2)^{0.5}$，ZH3 单节模板面积为 $3.14\times(1.6/2+1.6/2+0.08)\times(0.08^2+0.5^2)^{0.5}$，ZH3 护筒模板面积为 $3.14\times(1.6+0.23\times2)\times0.5+3.14\times(1.6+0.5\times2)\times0.23+3.14\times[(1.6/2+0.5)^2-(1.6/2+0.23)^2]$。

⑤《房屋建筑与装饰工程工程量计算规范》（GB 50854—2013）规定：截（凿）桩头以立方米计量，按设计桩截面乘以桩头长度以体积计算。《贵州省建筑与装饰工程计价定额》（2016 版）规定：凿桩头长度设计无规定时，桩头长度按桩体高 40d（d 为桩体主筋直径，主筋直径不同时取大者）计算；灌注混凝土桩凿桩头，按设计超灌高度（设计无规定时按 0.5m）乘以桩身设计截面积以体积计算。

⑥《房屋建筑与装饰工程工程量计算规范》（GB 50854—2013）规定：挖孔桩土（石）方按设计图示尺寸（含护壁）截面积乘以挖孔深度以立方米计算。《贵州省建筑与装饰工程计价定额》（2016 版）规定：人工挖孔桩土石方工程量，按设计图示桩断面面积（含桩壁）分别乘以土层、岩石层的成孔中心线长度以体积计算。因为极软岩土层不仅含有土方，还含有极软岩，且土石比为 6∶4，故该段土方体积为 $TFTJ\times60\%$，石方体积为 $TFTJ\times40\%$，式中 $TFTJ$ 为极软岩土段的土石方体积。

⑦《房屋建筑与装饰工程工程量计算规范》（GB 50854—2013）规定：桩基础的承载力检测、桩身完整性检测等费用按国家相关取费标准单独计算，不在本清单项目中。01B002、补子目 1 分别对应补充桩基检测清单项、定额。

⑧“A1-95 基底钎探”为借用定额，借用自《贵州省建筑装饰工程计价定额》（2004 版）。

第三阶段，根据基础图绘制或者识别桩图元。

以上解决方案为借助软件进行孔桩处理的方法，适用于施工图预算阶段。在竣工结算阶段，因同一名称的桩处在不同位置，其桩长可能不同，且土方、石方及护壁高度也会有所区别，使用该方法则会显得繁琐，读者可借鉴上述思路新建 Excel 表格进行处理。

后记

至此，本书告一段落。下面就本书第 1 版使用情况与读者作个简单交流。

本书第 1 版的部分读者有几年甚至几十年的手工算量经验，却从未使用过 BIM 算量软件，在与笔者的交流中，流露出对 BIM 软件算量的担忧，实则大可不必。拥有手工算量基础的读者，比一开始就使用软件算量而从未进行过手工算量的读者更有优势，因为他们清楚手工算量的流程，知道如何列项，也明白算量中有哪些细节需要处理，甚至可以对软件设置、计算不合理的地方进行手工修改，达到“知其所以然”的层次。他们所需做的，就是将手工算量的流程映射到 BIM 软件算量中，熟悉软件的功能，掌握软件操作方法，最好就一个工程项目从头到尾完整操作几遍。熟能生巧，这样便可掌握 BIM 算量的方法和技巧。同时笔者也对目前只会软件算量的读者作个小小的善意提醒：“尽信软件则不如无软件”，在享用 BIM 软件算量带来的便利的同时，也要尽可能熟悉钢筋平法规则、土建算量规则及计算公式等，既要“知其然”，又要“知其所以然”，克服软件算量的不足之处。

此外，还有部分读者反映本书案例图样与自己在实际项目中的设计图样不一致。这是工程行业中普遍存在的现象，因为工程项目本身就具有单件性的特点，每个项目都会有自身的特殊之处，反映在设计图样上，就会出现设计图存在差异的情况。本书在编写时考虑读者实践应用的需要，把影响工程造价的因素尽可能列出并写进教程，读者只需熟练掌握本书提到的思路和方法，完成中等及以下难度的项目便可绰绰有余；研究得比较深入的读者甚至可以使用本书的思路和方法处理难度更高的项目。本书在编写的时候要受两方面的约束。一方面要遵循案例图样进行项目编排，限于篇幅，案例图样未涉及的内容暂未列入。当然，本书的案例图样选取原则为构件类型尽可能丰富，以增强本书的适用性。另一方面，教程中软件操作思路和方法，会受 BIM 软件当前功能限制。当软件的功能有提升时，相应的软件操作方法也会有所提升。针对这两方面的情况，读者只需在熟练掌握本书内容的基础上，关注广联达软件的官方网站或者在网上查询相应的资料进行学习提升即可。

最后，感谢广大读者长期以来的支持，希望本书的出版对读者提升 BIM 算量能力可以起到一定的作用，也欢迎读者就书中内容以及专业知识在 BIM 算量交流群（434520347）里进行交流。